U0878851

中国国家标准汇编

397

GB 22457～22499

（2008 年制定）

中国标准出版社　编

中国标准出版社

北　京

图书在版编目（CIP）数据

中国国家标准汇编：2008年制定.397：GB 22457～22499/中国标准出版社编.—北京：中国标准出版社，2009

ISBN 978-7-5066-5360-2

Ⅰ.中… Ⅱ.中… Ⅲ.国家标准-汇编-中国-2008
Ⅳ.T-652.1

中国版本图书馆CIP数据核字（2009）第109225号

中国标准出版社出版发行
北京复兴门外三里河北街16号
邮政编码：100045
网址 www.spc.net.cn
电话：68523946 68517548
中国标准出版社秦皇岛印刷厂印刷
各地新华书店经销

*

开本 880×1230 1/16 印张 38.75 字数 1 130 千字
2009年7月第一版 2009年7月第一次印刷

*

定价 200.00 元

如有印装差错 由本社发行中心调换
版权专有 侵权必究
举报电话：(010)68533533

ISBN 978-7-5066-5360-2

出 版 说 明

1.《中国国家标准汇编》是一部大型综合性国家标准全集。自1983年起,按国家标准顺序号以精装本、平装本两种装帧形式陆续分册汇编出版。它在一定程度上反映了我国建国以来标准化事业发展的基本情况和主要成就,是各级标准化管理机构,工矿企事业单位,农林牧副渔系统,科研、设计、教学等部门必不可少的工具书。

2.《中国国家标准汇编》收入我国每年正式发布的全部国家标准,分为"制定"卷和"修订"卷两种编辑版本。

"制定"卷收入上一年度我国发布的、新制定的国家标准,顺延前年度标准编号分成若干分册,封面和书脊上注明"20××年制定"字样及分册号,分册号一直连续。各分册中的标准是按照标准编号顺序连续排列的,如有标准顺序号缺号的,除特殊情况注明外,暂为空号。

"修订"卷收入上一年度我国发布的、被修订的国家标准,视篇幅分设若干分册,但与"制定"卷分册号无关联,仅在封面和书脊上注明"20××年修订-1,-2,-3,……"字样。"修订"卷各分册中的标准,仍按标准编号顺序排列(但不连续);如有遗漏的,均在当年最后一分册中补齐。需提请读者注意的是,个别非顺延前年度标准编号的新制定的国家标准没有收入在"制定"卷中,而是收入在"修订"卷中。

读者配套购买《中国国家标准汇编》"制定"卷和"修订"卷则可收齐上一年度我国制定和修订的全部国家标准。

3.由于读者需求的变化,自1996年起,《中国国家标准汇编》仅出版精装本。

4.2008年我国制修订国家标准共5946项。本分册为"2008年制定"卷第397分册,收入国家标准GB 22457～22499的最新版本。

中国标准出版社

2009年5月

目　　录

ICS 11.040.40
C 45

GB

中华人民共和国国家标准

GB 22457—2008

STANDARDS PRESS OF CHINA

假肢配置服务

Service of fitting prosthesis

2008-09-19 发布　　　　2009-03-01 实施

中华人民共和国国家质量监督检验检疫总局
中国国家标准化管理委员会
发布

前 言

本标准的第6章为强制性的，其余为推荐性的。

本标准的附录A、附录B、附录C、附录D和附录H为规范性附录，附录E、附录F和附录G为资料性附录。

本标准由中华人民共和国民政部提出。

本标准由全国残疾人康复和专用设备标准化技术委员会(SAC/TC 148)归口。

本标准主要起草单位：国家康复辅具研究中心、中国康复研究中心、北京精博现代假肢矫形器技术有限公司、上海精博假肢矫形器有限公司、浙江省假肢科研康复中心、北京市假肢矫形技术中心。

本标准主要起草人：马凤领、刘俊玲、曹学军、蔡大伟、孟宏伟、赵立伟、姚娟、陶静、屈建国、孙刚、吴国士。

引　言

假肢配置服务是一项因人而异、针对性很强、复杂的专业性工作，需要配备专用的制作设施设备，而且要求技术人员按照科学、合理的程序进行。假肢配置服务涉及残疾人健康和安全，装配不当，不仅降低穿戴舒适性、动作协调性和代偿功能，达不到预期的康复效果，反而可能加重残疾。

国内从事假肢装配的机构由于发展水平和规模不同，假肢配置过程中在接待、检查、处方开具、配置协议签订、准备工作、制作、训练、交付、随访等的各项服务要求标准不统一。而且，因为没有相应的标准和规范对假肢装配机构服务质量进行约束和评价，致使在发生纠纷或确定责任时，残疾人的权益得不到有效保障。因此，本标准的制定非常必要和迫切。

本标准的制定与发布对假肢装配市场规范和残疾人权益保护将起到积极的作用。

假肢配置服务

1 范围

本标准规定了假肢配置过程中接待、检查、处方开具、配置协议签订、病历和配置协议的保存、装配前准备工作、制作、使用训练、装配质量检查、交付、标志、包装、运输、储存、随访等各项服务的要求。

本标准适用于从事假肢装配的各类机构。

2 规范性引用文件

下列文件中的条款通过本标准的引用而成为本标准的条款。凡是注日期的引用文件，其随后所有的修改单(不包括勘误的内容)或修订版均不适用于本标准，然而，鼓励根据本标准达成协议的各方研究是否可使用这些文件的最新版本。凡是不注日期的引用文件，其最新版本适用于本标准。

GB/T 191 包装储运图示标志

GB/T 9174 一般货物运输包装通用技术条件

GB/T 13461 组件式小腿假肢

GB/T 14191 假肢和矫形器术语

GB 14722 组件式髋部、膝部和大腿假肢

GB/T 15721.1 假肢与矫形器 肢体缺失 第1部分：先天性肢体缺失状况的描述方法

GB/T 15721.2 假肢与矫形器 肢体缺失 第2部分：下肢截肢残肢的描述方法

GB/T 15721.3 假肢与矫形器 肢体缺失 第3部分：上肢截肢残肢的描述方法

GB/T 16432 残疾人辅助器具 分类和术语

3 术语和定义

GB/T 14191、GB/T 15721.1、GB/T 15721.2、GB/T 15721.3、GB/T 16432 中确立的以及下列术语和定义适用于本标准。

3.1

假肢配置 prosthesis fitting

为肢残者安装、配备假肢，并最终交付成品假肢的过程。

3.2

假肢处方 prosthesis prescription

根据患者的实际情况，提出假肢配置的书面文件。

4 总则

4.1 流程

假肢配置操作流程服务应诚信、有效。

4.2 责任

假肢配置实行首诊负责制。如果首诊假肢制作师变动，应告知患者。

假肢配置流程合理分工、责任到人，实行签字制。

4.3 安全性

尊重患者，保护隐私，对有可能暴露患者隐私的操作应有遮挡，提供安全有效的防护措施。

STANDARDS PRESS OF CHINA

5 制度建设

5.1 管理

应建立内部质量管理体系，定期进行考核。

5.2 资源

5.2.1 人员

假肢装配机构的人员应着装整齐，主动服务，态度诚恳、耐心、周到。

5.2.2 设施设备

假肢装配机构应具备能满足假肢配置制作工艺流程的设备，并具有必要的无障碍设施。

5.2.3 环境

假肢装配机构应具备能顺利开展工作、保障假肢配置质量的接待、制作、训练、起居的场地，环境应整洁、肃静、舒心。

5.3 培训

应定期对假肢装配机构的人员进行服务语言、服务技能、服务意识等方面的培训。

6 假肢配置一般要求

6.1 总则

确定假肢配置协议后，在患者积极配合下，一般应在30天之内完成假肢制作，可交付患者。特殊病历另行商定。

6.2 接待

6.2.1 接待人员应热情向患者询问障碍困难情况，介绍假肢产品，鼓励和启发患者对康复充满信心；详细询问患者的自然情况和需求，填写病历，完成假肢病历的第1部分（见附录A）。

假肢病历第1部分内容至少包括以下信息：

——姓名、性别、年龄、国籍（或地区）、民族、身高、体重；

——身份证件类别和号码；

——联系方式、通讯地址；

——家庭住址、工作单位；

——截肢原因、时间、部位；

——病史（现病史、既往病史、家族病史、既往假肢安装史）。

6.2.2 如果已有病历，应调用已有病历，并询问和记录改动情况。

6.2.3 如实向患者宣传介绍本单位情况、产品情况。

6.3 检查

由假肢制作师负责对患者残肢和全身状况进行询问及检查，了解功能损害的范围、程度及代偿能力，对残疾状况给予描述。

检查过程中，应做好各项检查项目的详细记录，包括患者信息，填写假肢病历第2部分（见附录B和附录C。其中，下肢假肢配置尺寸测量按照GB 14722、GB/T 13461的测量表进行）。

假肢病历第2部分内容至少包括以下信息：

——全身状况，包括心理状态、意识状态；

——生活、工作环境，是否有特殊要求；

——残肢状况，如关节活动度、骨骼、肌肉、皮肤、神经及尺寸等。

6.4 开具假肢处方

根据截肢原因、功能缺失情况、心理状况、病史、活动能力、生活和工作环境等，并征询患者及家属的意见后，以最大程度补偿患者缺失功能为目的，确定假肢类型、部件、材料及必要的康复训练计划，由首诊假肢制作师开具假肢处方。患者或家属签字同意。

主要零部件应是符合国家标准要求的在检验合格有效期内的合格产品。

假肢处方是假肢病历的第3部分(见附录D)。

假肢处方的内容应至少包括以下信息:

——患者姓名、性别、年龄、肢体缺失部位;

——假肢类型:假肢名称;

——部件:各零部件的构成、型号及主要部件的生产厂家;

——材料:所用材料的材质名称。

6.5 签订假肢配置协议

开具假肢处方后,应签订假肢配置协议,参见附录E。

假肢配置协议的内容应至少包括以下信息:

——假肢类型:假肢名称;

——部件:各零部件的构成及型号;

——材质:所用材料的名称;

——费用,包括假肢价格;

——付款方式;

——交货期;

——争议的解决方式。

6.6 假肢病历和假肢配置协议的保存

假肢病历和假肢配置协议应至少保存15年。

6.7 假肢装配前的准备工作

6.7.1 假肢制作者应首先详细阅读处方,按程序开展工作。

6.7.2 向患者详细讲述补偿功能的预期情况及注意事项。

6.7.3 根据患者残肢情况,制定必要的残肢训练和康复训练计划。

6.7.4 确定是否装配临时假肢。

6.8 假肢制作

测量、取型、修型、接受腔成型、对线等应按有关技术操作规范进行。

6.9 假肢使用训练

应在专业人员指导下,使用必要的康复器械和器具,进行假肢穿戴训练、功能训练,以及假肢日常清洁养护。

6.10 假肢装配质量检查

假肢装配工序交接中,工作人员应仔细核对、签字,逐级负责。

6.10.1 由专业人员进行,应进行试穿,检查如下项目:

——符合处方;

——主要零部件和材质符合协议要求;

——代偿功能良好。

6.10.2 组装完成后,应让患者试穿、试用。按6.9.4检查适配性。

6.10.3 根据患者反馈,进行必要的调整。

6.10.4 完成假肢主要部件初步组装,并让患者试样,进行初期适配性评价。

6.10.4.1 初期适配性检查项目包括:

——穿戴是否正确;

——残肢与接受腔的适配性;

——检查对线是否符合要求;

——长度；

——各关节活动范围；

——穿戴假肢后残肢的检查；

——假肢的悬吊。

6.10.4.2　上肢初期适配性检查除上述要求外还应包括控制功能是否正常。

6.10.4.3　下肢初期适配性检查除上述要求外还应包括：

——接受腔与下肢部件的对线；

——接受腔边缘高度；

——坐位的检查；

——动态行走的检查。

6.10.5　假肢全部制作完成后，包括外包装，在正式交付患者使用前进行终期适配性评价。假肢终检合格后，交付患者正式使用。

6.10.5.1　上肢终期适配性检查包括：

——假肢制作是否符合处方要求；

——外观是否近似于健康侧；

——假肢的安全性；

——患者易操作性。

6.10.5.2　下肢终期适配性检查包括：

——假肢制作是否符合处方要求；

——外观是否近似于健康侧；

——接受腔是否符合设计要求；

——假肢的安全性。

6.10.6　假肢制作师签字，验收。

6.10.7　指导患者及其家属正确使用假肢方法及注意事项，包括残肢护理。

7　假肢交付

7.1　已检查合格的假肢，经患者确认后，办理交付手续，并做记录。

7.2　为患者提供合格证、保修卡和说明书。

7.2.1　合格证

合格证内容至少包括以下信息：

a)　装配机构名称；

b)　假肢类型；

c)　患者姓名；

d)　患者病历编号；

e)　装配完成日期。

7.2.2　保修卡

保修卡内容至少包括以下信息：

——患者姓名；

——患者病历编号；

——假肢类型；

——装配完成日期；

——保修范围；

——保修时间；

——假肢的维护和保养注意事项；

——维修记录，包括维修内容、时间等；

——客服联系方式，包括地址、电话、传真、邮箱等。

参见附录 F。

7.2.3 产品说明书

产品说明书内容至少包括如下信息：

——使用方法；

——注意事项；

——接受腔保养；

——零部件的保养；

——外装饰袜套保养。

参见附录 G。

7.3 如果患者提出问题或其他要求，应于 48 h 之内予以回应。

8 标志、包装、运输、储存

8.1 标志

应在假肢接受腔外侧加贴标有装配机构名称的标签。

8.2 包装、运输

8.2.1 如果需要寄送，应装在防尘袋内，有避光要求的应用深色包装袋。包装袋内还应装入保修卡、合格证和产品说明书。

8.2.2 运输包装箱应符合 GB/T 9174 的规定，包装储运图示标志应符合 GB/T 191 规定。

8.3 储存

在交付患者前，应包装完整，贮存在通风、干燥的库房内，并与易燃品和化学腐蚀品等物质隔离。

9 随访

9.1 随访记录表

根据协议和患者实际情况，装配机构应定期随访，并在随访记录表做好记录(见附录 H)。

随访记录表内容应至少包括如下信息：

——假肢的使用情况；

——残肢状况；

——个人的要求及建议；

——建议处理意见。

9.2 随访一般要求

定期随访可采取电话、信函、电子邮件、走访等形式。

如果假肢装配机构变迁，应及时告知患者。

如果产品零部件需更换或维修，应及时告知患者。

随访时间间隔视具体情况而定，一般宜为 3 个月、6 个月或 1 年。

附　录　A
（规范性附录）
假肢配置病历首页

姓名：________________性别：______年龄：______岁　　　患者病历编号：________________

国籍（或地区）：____________________民族：__________　　身高：______cm　体重：______kg

身份证件类别：□身份证　□护照　□军官（士兵）证　□其他：____________________

身份证件号码：____________________________________

电话：________________通讯地址：____________________________________邮编：________________

家庭住址：____工作单位：______________________________

截肢原因：__________________　截肢时间：______年____月____日　截肢部位：__________________

病史（现病史、既往病史、家族病史、既往假肢安装史）：

____

____

____

____

____

____

____。

其他需要说明的情况：

____

____

____。

接诊人签字：______________________________　　　就诊日期：______年____月____日

附 录 B
（规范性附录）
假肢配置检查表

姓名：________		患者病历编号：________
残侧：□左 □右 □两侧	截肢平面：________	残肢长____cm（健肢的____%）
截肢日期：____年____月____日	截肢原因：________	术后处理：________
本次是否有人护理：有□ 无□	本次是第____次安装假肢，首次安装时间：____年____月____日	

1. 健康状况（心脏血液循环疾病，药物依赖，其他疾病）
1.1 心血管疾病：□无 □有：________
1.2 其他肢体疾病：□无 □有：________
1.3 其他疾病：□无 □有：________
1.4 药物服用：□无 □有：________
1.5 运动协调性是否正常：□是 □否：________
1.6 站立位、坐位的平衡是否正常：□是 □否：________

2. 截肢者生活工作环境
2.1 居住环境路况：□平坦 □不平坦 □坡路 □台阶
2.2 日常生活：□自理 □护理
2.3 职业：________
2.4 工作及生活中的主要姿势：□坐 □站 □行走
2.5 工作及生活中的主要交通方式：□步行 □自行车 □公共交通 □小汽车 □轮椅 □其他：________

3. 残肢临床检查
3.1 控制残肢肌肉的肌力：外展____内收____伸展____屈曲____（肌力分级：0，1，2，3，4，5）
3.2 残肢关节运动范围
屈曲/中立/伸展：主动 ____/____/____ 被动 ____/____/____
内收/中立/外展：主动 ____/____/____ 被动 ____/____/____
内旋/中立/外旋：主动 ____/____/____ 被动 ____/____/____
3.3 屈曲或外展挛缩畸形：□无 □有：________
3.4 残端能否承重：□否 □能 残端承重能力：□低 □中 □高
3.5 皮下组织：□软 □中（正常） □硬 □少 □中 □多
3.6 皮肤疤痕粘连：□无 □有：________ 变色：□无 □有：________
3.7 皮肤敏感部位：□无 □有：________ 过敏：□无 □有：________
3.8 幻肢感：□无 □有 幻肢痛：□无 □有：________
3.9 残肢温度与对侧相比：□相同 □低 □高
3.10 骨端突出部：□无 □有：________
3.11 残肢有无浮肿：□无 □有：________
3.12 残肢其他问题：________
____

备注：

假肢制作师签字：________ 记录时间：____年____月____日

附　录　C
（规范性附录）
假肢配置尺寸测量记录

姓名：__________　　　　　　　　　　　　　　　　　　　　　　　　患者病历编号：________________

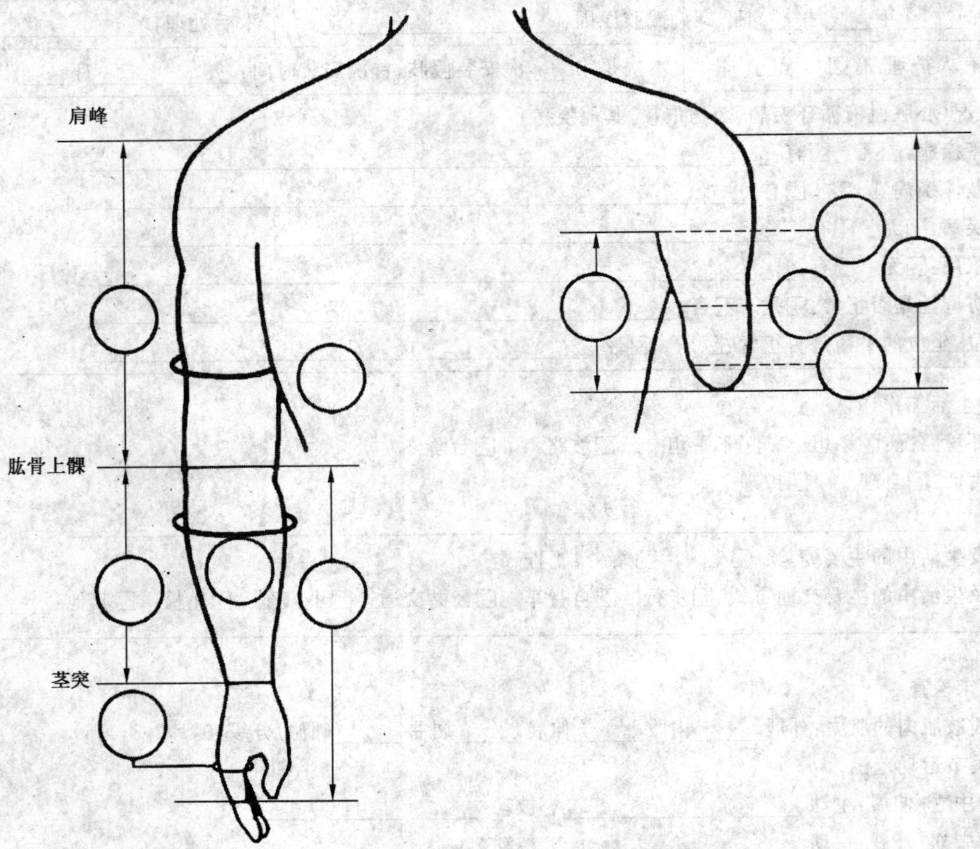

图 C.1　上臂假肢配置尺寸测量

假肢制作师签字：________________　　　　　　　　　　测量时间：______年____月____日

姓名：__________　　　　　　　　　　　　患者病历编号：________________

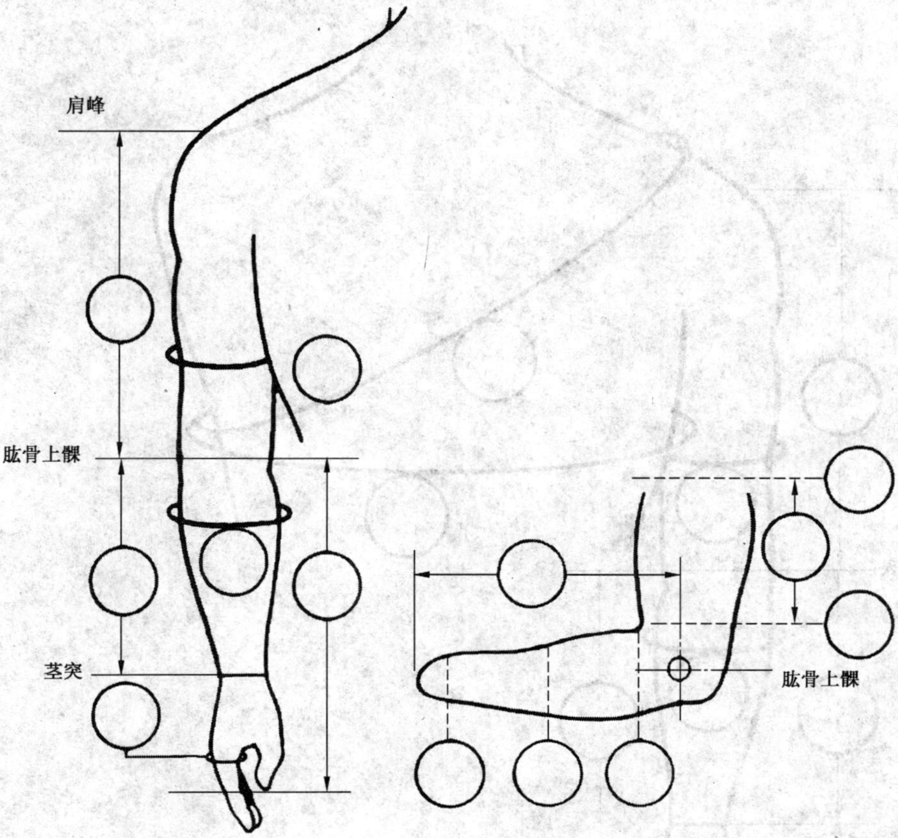

图 C.2　前臂假肢配置尺寸测量

假肢制作师签字：________________　　　　　　测量时间：_____年____月____日

姓名：__________　　　　　　　　　　　　　　　　　　　　患者病历编号：________________

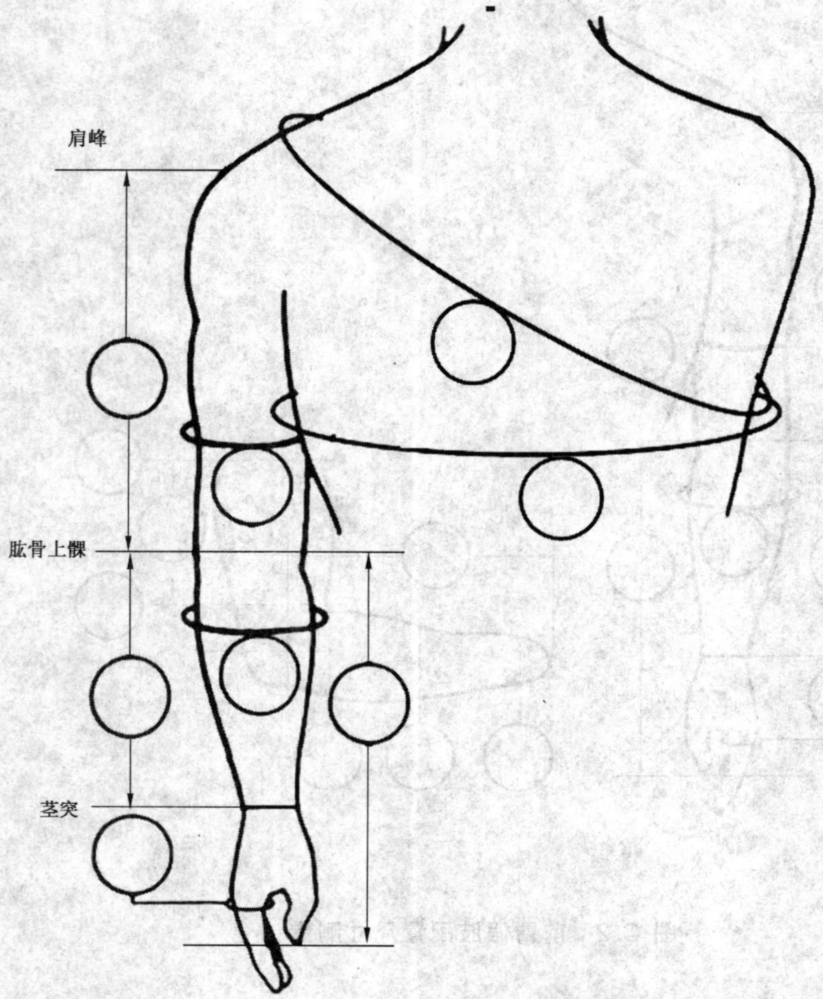

图 C.3　肩离断假肢配置尺寸测量

假肢制作师签字：________________　　　　　　　　　　测量时间：______年____月____日

姓名：__________　　　　　　　　　　　　　　　　患者病历编号：________________

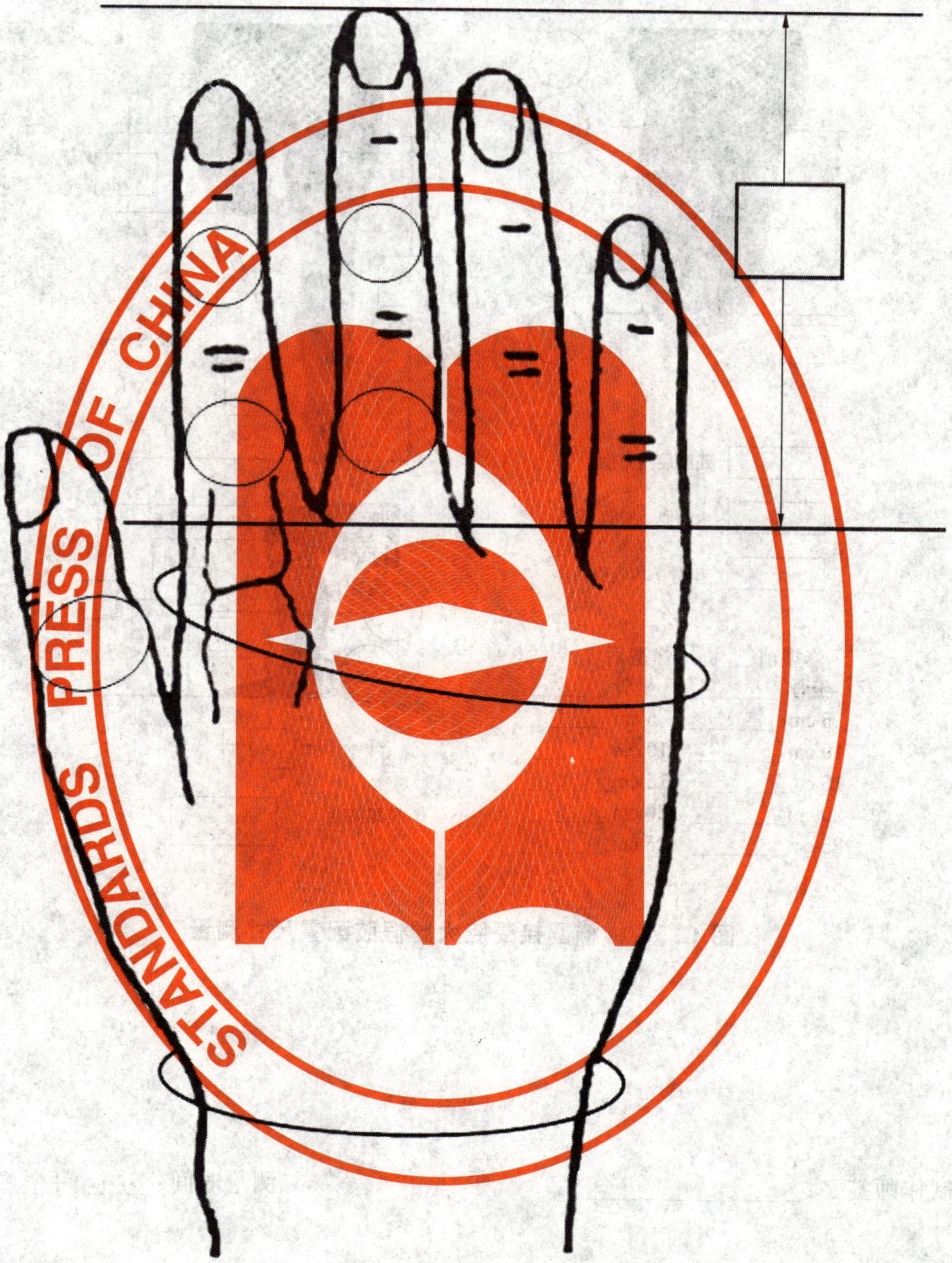

图 C.4　假手配置尺寸测量

假肢制作师签字：________________　　　　　　　　测量时间：______年____月____日

姓名：__________　　　　　　　　　　　　患者病历编号：________________

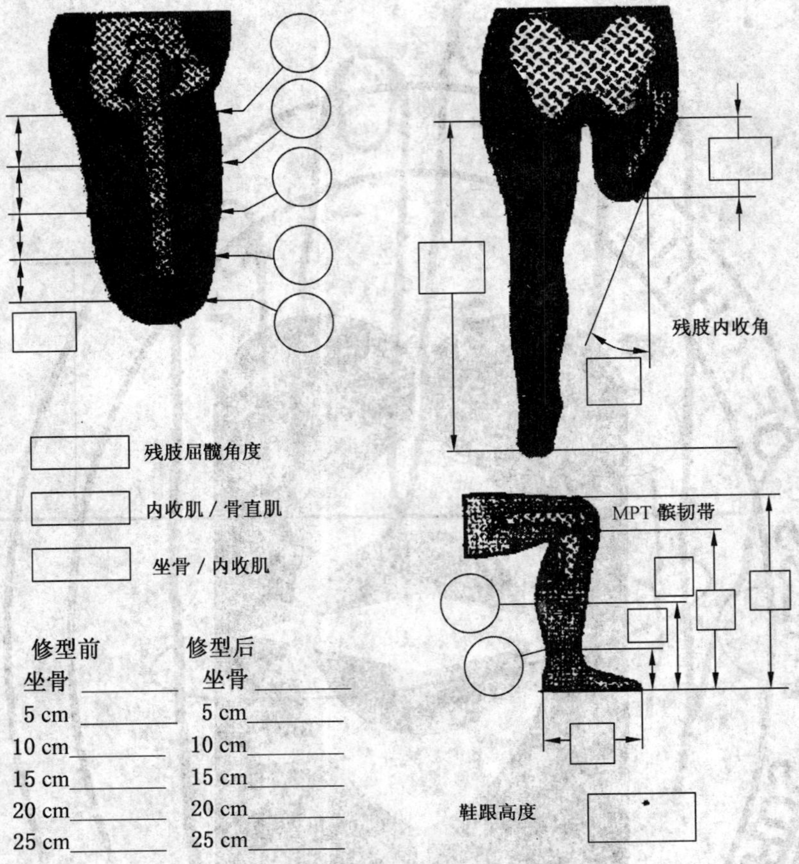

图 C.5　横椭圆接受腔大腿假肢配置尺寸测量

假肢制作师签字：________________　　　　测量时间：______年____月____日

姓名：__________ 患者病历编号：__________

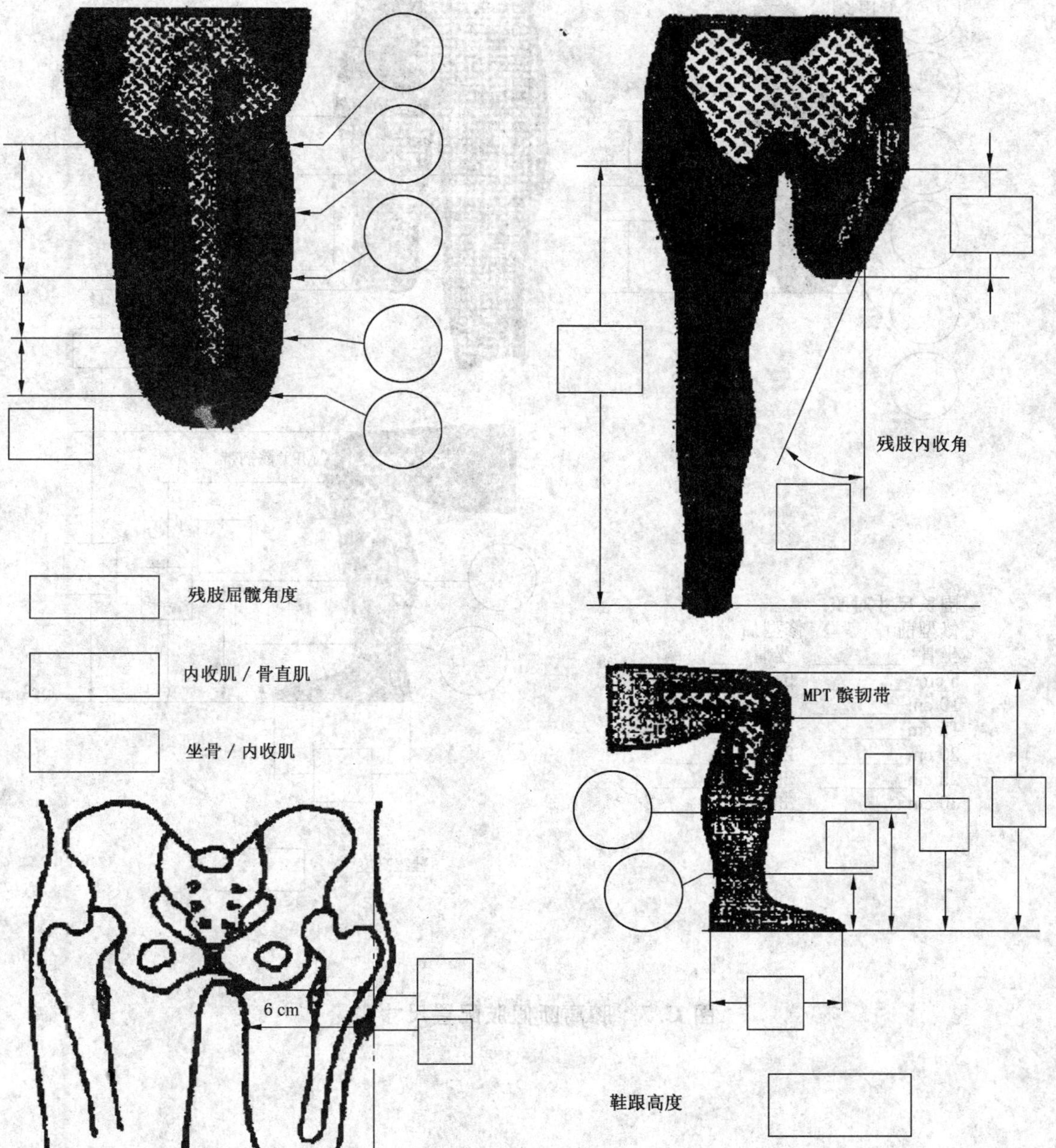

图 C.6　坐骨包容接受腔大腿假肢配置尺寸测量

假肢制作师签字：______________ 测量时间：_____年____月____日

姓名：__________　　　　　　　　　　　　　患者病历编号：________________

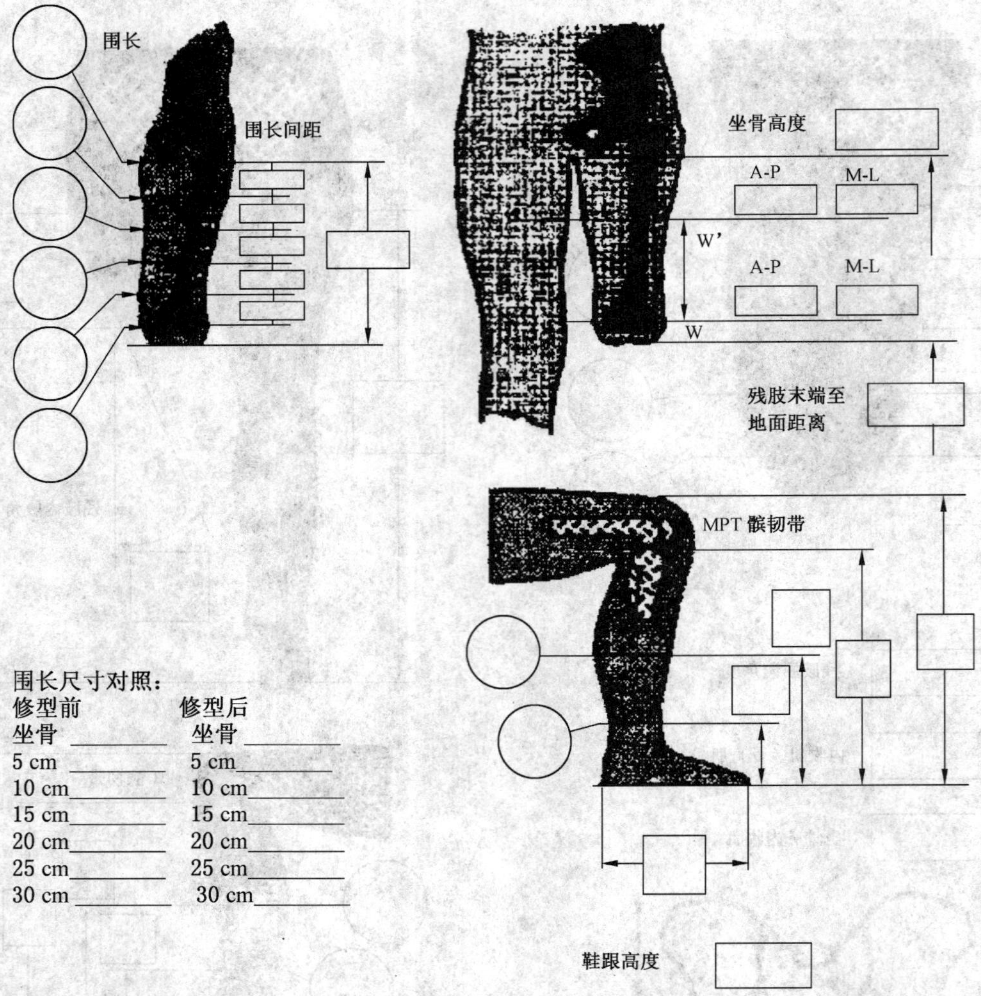

围长尺寸对照：

修型前	修型后
坐骨________	坐骨________
5 cm________	5 cm________
10 cm________	10 cm________
15 cm________	15 cm________
20 cm________	20 cm________
25 cm________	25 cm________
30 cm________	30 cm________

图 C.7　膝离断假肢配置尺寸测量

假肢制作师签字：________________　　　　　测量时间：______年____月____日

姓名：__________　　　　　　　　　　　　　　　　　　　患者病历编号：________________

图 C.8　髋离断假肢配置尺寸测量

假肢制作师签字：________________　　　　　　　　测量时间：______年____月____日

姓名：__________　　　　　　　　　　　　　　　　　　患者病历编号：________________

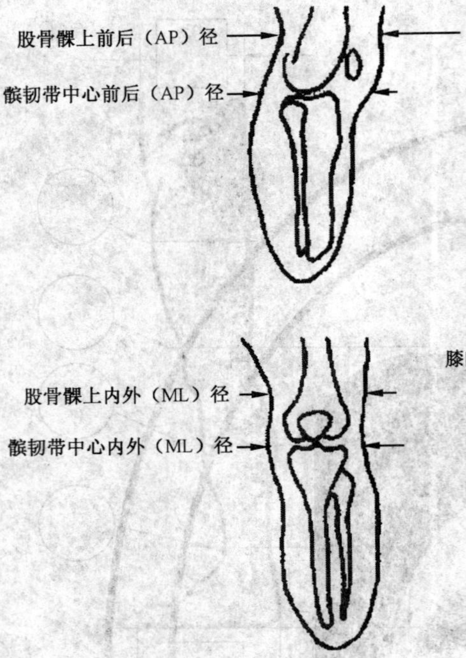

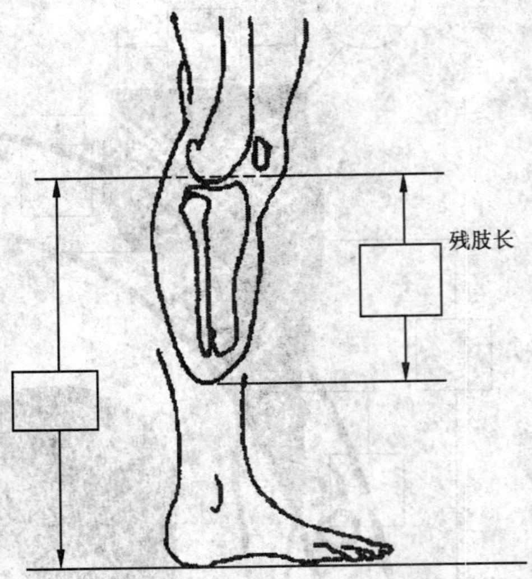

髌韧带以下距离 / cm	残肢围长	健肢围长
0		
腓骨小头		
5		
10		
15		
20		
25		
30		

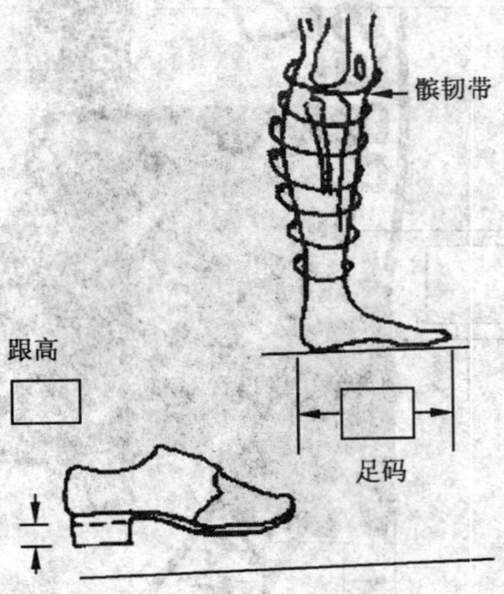

图 C.9　小腿假肢配置尺寸测量

假肢制作师签字：________________　　　　　　　　测量时间：______年____月____日

附　录　D
（规范性附录）
假肢配置处方

姓名：__________　性别：______　年龄：______岁　　患者病历编号：____________________

肢体缺失部位：____________________________　　假肢名称：____________________

接受腔	□单腔　□双层腔（内腔＋外腔）
□外腔材料	□进口　□国产
	□树脂　□板材　□其他：____________
□内腔材料	□热塑　□泡沫板　□皮革　□硅胶腔　□其他：__________
接受腔类型	□插入式　□全面接触式　□吸着式　□其他：__________

假肢结构：□骨骼式　□壳式

品名	型号	生产厂家	数量	品名	型号	生产厂家	数量
髋				肩			
膝				肘			
踝				手			
脚							

附件：

特殊要求：

____________（患者或家属签字）同意以上各项假肢配件选择。

假肢制作师（签字）：__________　填写时间：_____年___月___日

STANDARDS PRESS OF CHINA

附 录 E
（资料性附录）
假肢配置协议

患者病历编号：________________________

甲方：____（假肢配置机构名称）____

乙方：________________________

甲方与乙方就假肢配置事宜达成如下协议：

乙方选择装配以下假肢：

假肢名称	
主要部件型号	
材质	
价格(RMB)	

一、甲方的责任和义务：

1.甲方自乙方签订本协议后，立即为乙方开展假肢配置训练服务。

2.甲方根据假肢配置处方提供相应适配的假肢，需在乙方确认假肢部件无误时，方可进行假肢的组装，并为乙方进行专业性的假肢使用技术指导。

3.甲方有权拒绝乙方不合理的要求。

4.甲方应保证乙方的假肢质量和制作工艺。

二、乙方的责任和义务：

1.乙方应积极主动地配合甲方技术员制定的合理的假肢装配计划的进行。

2.乙方需在甲方规定时间到训练室或指定场所接受甲方技术员的假肢配置训练指导。

3.乙方在训练场所应避免大声喧哗、打闹或其他有可能妨碍他人的行为。

4.乙方需在甲方下班时把假肢脱下由甲方保管。未经甲方许可，乙方不得穿戴假肢外出。

三、付款方式

1.乙方在签订本协议时应交纳假肢配置费用的______%。

2.乙方对所装配的假肢无疑异时，应结清所有费用后办理出院手续。

四、交货期

甲方自乙方签订本协议后，在乙方积极配合下，一般应在____天之内完成假肢制作，并在乙方结清所有费用后，交付乙方。

五、违约条款

甲、乙双方应严格遵循所定协议的全部条款。如有违约甲、乙双方应协商解决。

六、争议的解决方式

如果双方协商不成，可以申请第三方调解，调解不成，由人民法院判决。

七、本协议一式两份，双方各执一份，双方签字或盖章后生效。

八、本协议的解释权归(假肢配置机构名称)所有。

甲方：
（假肢配置机构名称）
经办人(签字)：____________
年 月 日

乙方(签字)：________________
证件名称：________________
证件号码：________________
年 月 日

电话：________________
地址：________________

附 录 F
（资料性附录）
假肢配置保修卡

患者姓名：__________ 患者病历编号：____________________

装配完成日期：______年____月____日。

装配的假肢类型：____

保修范围：

1. 下肢假肢整体保修____年，上肢假肢整体保修____年。
2. 保修期从假肢装配完成交付患者使用后开始计算。
3. 以下易耗品不在保修范围之内：外包装海绵、外装饰袜套、假脚、吊带、气阀、装饰手套等。
4. 保修期外零部件更换及易耗品更换，只收取成本费，不收取其他费用。
5. 私自（包括在其他厂家）拆修假肢、不可抗拒的意外因素和非质量原因造成假肢损坏的，不在保修范围内。

盖章：

（假肢装配机构名称）

（假肢装配机构名称）

地址： 联系电话：

传 真： E-mail： 网 址：

维修记录

内容	时间	备注

附 录 G
（资料性附录）
假肢配置产品说明书

一、接受腔部分

保持内、外接受腔的清洁卫生；

切勿将接受腔置于高温处，以免变形，影响适配；

硅胶制品用清水清洗，切勿用强酸、强碱清洗。然后挂于阴凉处晾干，切勿曝晒或烘干；

避免接触锋利物体，以防产生裂纹；

切勿使用强酸、强碱与接受腔直接接触，以防腐蚀；

接受腔避免遭受过大外力撞击；

肌电类假肢应保持线路完整、干燥；

避免与污物、易染色物体接触；

二、残肢部分

观察残肢接触部位皮肤及受力情况，有异常反应及时与装配厂家联系；

残肢与接受腔出现不适感，请及时与装配厂家技术人员联系；

坚持穿戴假肢，防止残肢与接受腔不适应。

三、主要零部件部分

注意假肢各部件连接的牢固性，发现松动及时与装配厂家联系；

使用中出现假肢功能与装配初期有异常情况，及时咨询装配厂家；

根据装配厂家规定的假肢零部件保养要求，定期对其保养维护；

切勿使用强酸、强碱等腐蚀性物品与假肢零部件接触，以防腐蚀；

保持假肢整体的干燥性，不能受潮、水浸，防止被腐蚀；

非专业人员不得私自调节、拆卸假肢部件，以防导致人身安全；

避免假肢遭受过大的外力撞击；

维护假肢部件的清洁，保证假肢的正常使用；

避免接触高温、高热物体，以免非金属部件产生变形，影响使用。

四、配件部分

假肢电池、充电器使用请按说明书要求正确操作；

使用电池时，防止短路引起部件损坏；

假肢悬吊带、背带出现损坏断裂，请及时与装配技术员联系、维修；

切勿损坏假肢索控系统，保证假肢正常功能的发挥；

假肢外包装应避免与高温、高热物体接触，避免外力撞击；

假脚、硅胶手套应保持清洁，避免接触腐蚀性物品，以免损坏；

上肢肌电假肢不用时，手指间应留有空隙，且不应张开过大；

避免与污物、易染色物体、锋利物体接触，以免损坏断裂。

附　录　H
（规范性附录）
假肢配置随访记录表

患者姓名：__________　　患者病历编号：__________　　装配完成日期：____年____月____日

装配的假肢类型：__________　　随访方式：口电话　口信函　口电子邮件　口亲访　口其他__________

联系电话：__________　　通讯地址：__________

随访时间	随访内容	建议处理意见(如有,请填写)	患者联系信息变更	备注	随访人签字

注：随访内容包括假肢的使用情况、残肢状况、个人的要求及建议等。

STANDARDS PRESS OF CHINA

ICS 19.060
A 42

中华人民共和国国家标准

GB/T 22458—2008

仪器化纳米压入试验方法通则

General rules of instrumented nanoindentation test

2008-10-29 发布　　2009-05-01 实施

中华人民共和国国家质量监督检验检疫总局
中国国家标准化管理委员会　发布

前　言

本标准的附录 A、附录 B、附录 E、附录 F、附录 I 为规范性附录，附录 C、附录 D、附录 G、附录 H 为资料性附录。

请注意本标准的某些内容有可能涉及专利。本标准的发布机构不应承担识别这些专利的责任。

本标准由全国纳米技术标准化技术委员会(SAC/TC 279)提出并归口。

本标准起草单位:宝山钢铁股份有限公司、中国科学院力学研究所。

本标准主要起草人:王秀芳、张泰华、宋洪伟、杨晓萍、杨荣、郇勇。

引　言

受光学显微镜分辨能力的限制，常规显微硬度试验方法难以向纳米尺度延伸，基于深度测量的仪器化纳米压入技术应运而生。该技术从测量的尺度、原理、参数等方面均发生了显著变化，主要体现在：

——用压入载荷和深度的实时测量取代残余压痕对角线的测量，实现了测量尺度的纳米化和操作过程的自动化；

——通过建立合适的力学模型，可以获得硬度和多种材料参数，如压入模量；

——可以研究材料在整个加卸载过程中的力学响应。

近年来，国内纳米压入试验技术发展迅速，正逐渐成为纳米力学表征领域最重要的试验手段。然而，利用该技术进行试验，易受仪器、环境、方法、样品以及试验人员等诸多因素的影响，这往往导致结果的可比性差。因此，迫切需要通过标准化来规范仪器化纳米压入试验方法。

2002年，ISO 14577-1：2002《金属材料　硬度和材料参数的仪器化压入试验　第1部分：试验方法》、ISO 14577-2：2002《金属材料　硬度和材料参数的仪器化压入试验　第2部分：试验机的检验和校准》、ISO 14577-3：2002《金属材料　硬度和材料参数的仪器化压入试验　第3部分：标准块的校准》（英文版）发布。2007年，ASTM E 2546-07《仪器化压入试验规程》发布。本标准的编写，参考了上述标准的适用部分，同时考虑了未来的技术发展趋势，新增了两个附录。由于目前国内主要使用纳米压入仪进行仪器化压入试验，因此，本标准的适用范围限制在该类仪器的使用范围内。

仪器化纳米压入试验方法通则

1 范围

本标准规定了对仪器化纳米压入试验用仪器的能力要求和试验的基本方法，还规定了对仪器校准和检验、压头、标准样品的要求，以及仪器柔度和压头面积函数的确定方法，并给出了确定硬度和材料参数所需的数据分析方法和压头使用的注意事项。

本标准适用于测试各种体材料和薄膜的硬度、模量等，其压入深度范围通常在纳米量级，也可以扩展至几微米。

2 规范性引用文件

下列文件中的条款通过本标准的引用而成为本标准的条款。凡是注日期的引用文件，其随后所有的修改单(不包括勘误的内容)或修订版均不适用于本标准，然而，鼓励根据本标准达成协议的各方研究是否可使用这些文件的最新版本。凡是不注日期的引用文件，其最新版本适用于本标准。

GB/T 15000.3 标准样品工作导则(3) 标准样品定值的一般原则和统计方法

GB/T 13634—2000 试验机检验用测力仪的校准(ISO 376:1999,IDT)

JB/T 7522—2004 无损检测 材料超声速度测量方法

JJF 1059—1999 测量不确定度评定与表示(ISO GUM:1995,IDT)

3 术语和定义、符号

3.1 术语和定义

下列术语和定义适用于本标准。

3.1.1

载荷—深度曲线 load-depth curve

施加到压头上的载荷和由此导致的压入深度之间的曲线，它来源于加载—卸载循环过程中所采集的数据，见图1。

3.1.2

接触刚度 contact stiffness

与压头相接触试样的瞬时弹性响应，表示材料抵抗变形的能力，可通过载荷—深度曲线中卸载部分最大载荷处的切线的斜率来确定。

3.1.3

仪器柔度 instrument compliance

表示在压入载荷作用下机架、致动器、压头、试样台、砧座等的变形，它是由施加到试样上的载荷所导致的。

3.1.4

压头面积函数 indenter area function

沿压头尖端中心线的投影面积(截面积)与压头顶点至截面距离之间的函数关系。

3.1.4.1

标称的面积函数 nominal area function

按照压头设计形状计算得到的面积函数。

3.1.4.2

确定的面积函数 verified area function

利用附录A的方法间接确定的面积函数。

3.1.5

压入总功　total work of indentation

压头在压入加载过程中作用在试样上的总机械变形功，可通过计算加载曲线下的面积来确定，见图1。

3.1.6

卸载功　unloading work of indentation

压头在卸载过程中所释放出的变形功，可通过计算卸载曲线下的面积来确定，见图1。

3.1.7

零点　zero point

当压头初次接触试样且载荷为零时，载荷—位移—时间的参考点。它是用于确定深度精确值的一个估计值。

3.1.8

试验数据　test data

试验过程中测得的载荷—位移—时间数据点。

3.1.9

试验循环　test cycle

按照所施加载荷或者位移等随时间变化函数而规定的、在试样同一位置进行的一系列操作，包括压头趋近试样表面，单次或多次加载、保载和卸载等。

3.1.10

热漂移　thermal drift

由压头附近环境温度变化所引起的压头、压杆和试样等的膨胀或收缩，它将导致深度测量的误差。单位时间内膨胀或收缩的位移量为热漂移速率。

3.1.11

压痕半径　indentation radius

由球锥或球形压头在试样表面形成的圆形压痕的半径。对于非圆形的压痕，是指压痕外接圆的半径。压痕半径通常用于确定压入点的间距。

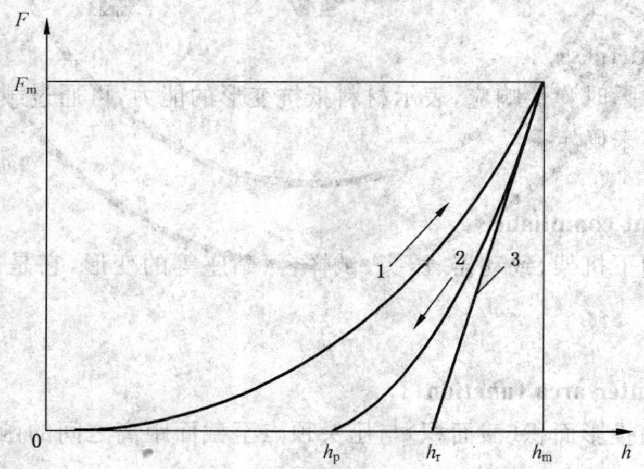

1——加载曲线；

2——卸载曲线；

3——卸载曲线最大载荷处的切线。

图1　仪器化纳米压入试验过程示意图

3.2 符号

符号、名称和单位见表 1 和图 2。

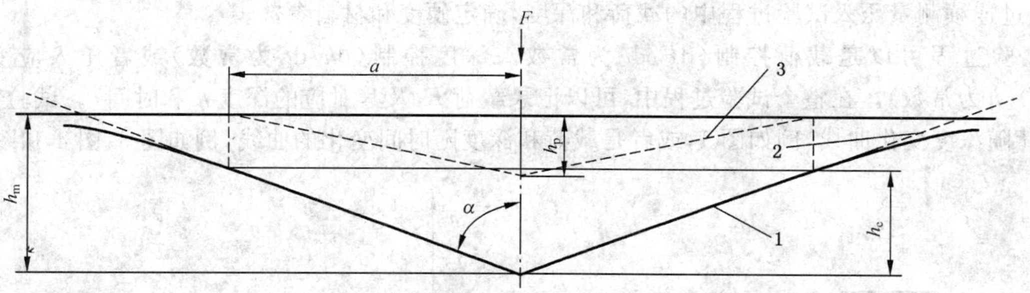

1——接触表面；
2——压头；
3——残余压痕。

图 2 典型的压痕横截面示意图

表 1 符号、名称和单位

符　号	名　称	单　位
F	试验载荷	N
F_m	最大试验载荷	N
h	试验载荷作用下的压入深度	nm
h_m	试验循环中的最大压入深度	nm
h_c	压头与试样接触的深度	nm
h_p	卸载后残余压痕的深度	nm
h_r	卸载曲线最大载荷处的切线与深度轴的交点(见图 1)	nm
$A(h_c)$	压头与试样的接触投影面积	nm^2
$A_s(h)$	深度 h 处的压头表面积	nm^2
a	压头与试样的接触投影半径	nm
α	角度,压头形状特征角(见附录 B)	°
R	球形压头半径(见附录 B)	nm
S	接触刚度	N/nm
t	相对于零点的时刻	s
E_{IT}	压入模量	GPa
H_{IT}	压入硬度	GPa
HM	马氏硬度	GPa
HM_s	马氏硬度,由递增的载荷—深度曲线的斜率确定	GPa
W_t	压入总功	N·nm
W_u	卸载功	N·nm
η_{IT}	卸载功与压入总功的比值	%
C_{IT}	压入蠕变率	%
R_{IT}	压入松弛率	%

4 测试原理

4.1 通过连续测量压入试验过程中的载荷和深度，确定硬度和材料参数。

4.2 试验过程可以是载荷控制（dF/dt 为常数）、深度控制（dh/dt 为常数）或者压入应变率控制（$(dh/dt)/h$ 为常数）。在整个试验过程中，可以记录载荷 F，及其对应的深度 h 和时间 t。试验直接给出的是载荷随深度变化曲线，例如图 1，或者是载荷和深度随时间变化的曲线，例如图 3、图 4 和图 5。

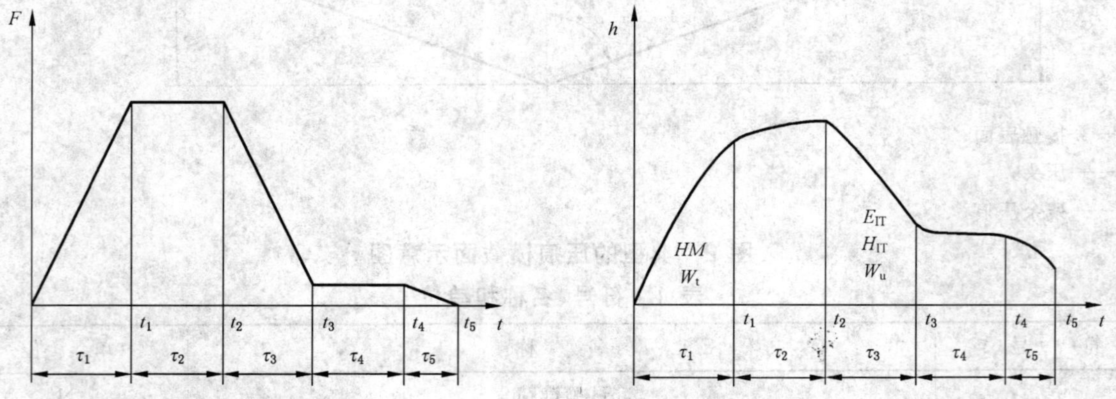

a) b)

τ_1——加载；

τ_2——保持最大载荷/压入蠕变；

τ_3——卸载；

τ_4——保载测量热漂移；

τ_5——第二次卸载。

图 3 载荷控制的试验过程示意图

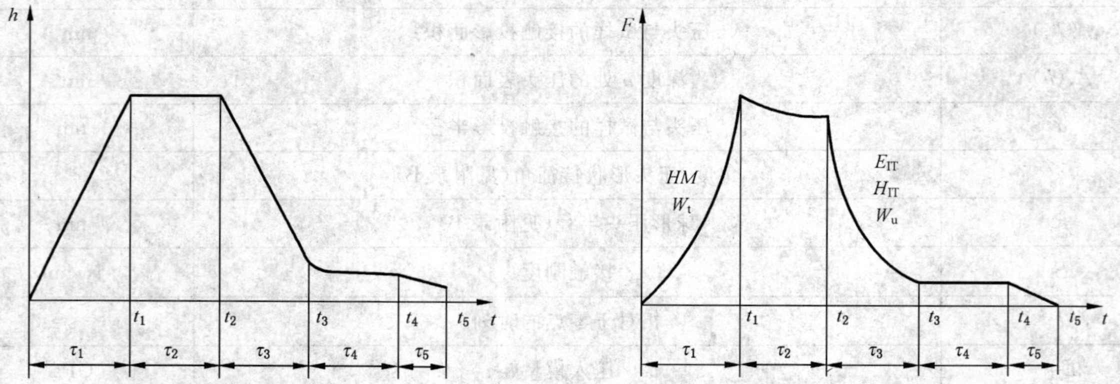

a) b)

τ_1——加载；

τ_2——保持最大深度/压入松弛；

τ_3——卸载；

τ_4——保载测量热漂移；

τ_5——第二次卸载。

图 4 深度控制的试验过程示意图

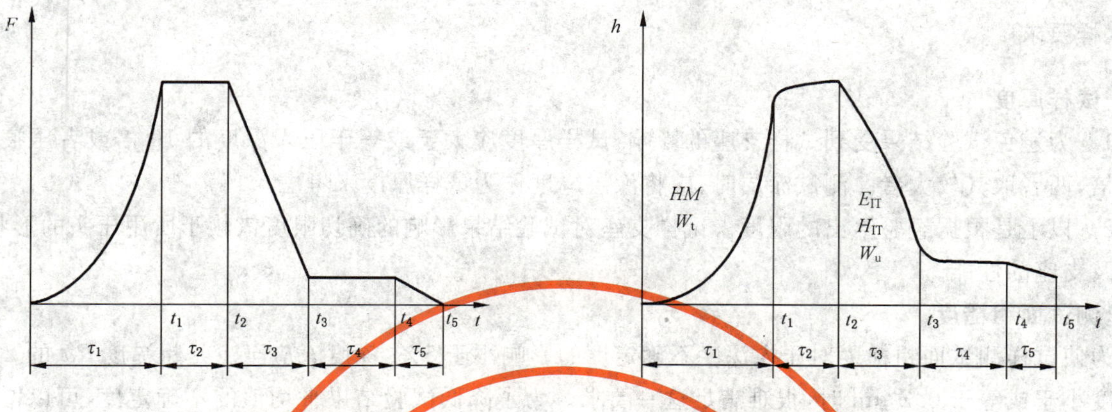

a)　　　　　　　　　　　　　　　　b)

τ_1——加载；

τ_2——保持最大载荷/压入蠕变；

τ_3——卸载；

τ_4——保载测量热漂移；

τ_5——第二次卸载。

图 5　应变率控制的试验过程示意图

4.3　在进行多次重复试验确定载荷和深度的情况下，每次试验都应单独指定载荷—深度测量的零点，见 8.3 的规定。

4.4　测量与时间相关的影响，推荐采用如下的方法：

a)　利用载荷控制方法，在规定的时间内保持载荷恒定，测量深度随时间变化曲线，见图 3 和附录 C 的图 C.1；

b)　利用深度控制方法，在规定的时间内保持深度恒定，测量载荷随时间变化曲线，见图 4 和附录 C 的图 C.2。

4.5　在图 3b)和 4b)中曲线的 τ_2 段，这两种控制方法会给出不同的结果。

5　仪器要求

5.1　仪器所用的压头可以具有多种形状，也可以采用多种材料制备，见附录 B。关于金刚石压头的更多信息，见附录 D。

5.2　仪器应具备在所要求的范围内施加预定载荷的能力。

5.3　仪器应具备在整个试验循环过程中采集和存储原始的载荷、位移和时间等数据的能力。

5.4　仪器应具备能够修正 5.3 所采集到的原始数据的能力，这些修正至少包括：零点、热漂移和仪器柔度。

5.5　仪器应具备确定其柔度和压头面积函数的能力。仪器柔度和压头面积函数的确定应采用满足附录 E 要求的标准样品，并采用附录 F 和附录 A 给出的方法。

5.6　仪器应具备对原始数据或修正数据进行所需分析的能力，可参考附录 C、附录 G 和附录 H 给出的或其他能产生类似结果的分析方法，确定材料参数。

5.7　仪器应在 7.1 所规定的温湿度范围内工作，在 I.2.2.4 和 I.2.3.3 所描述的极限范围内保持校准状态。

5.8　仪器应定期进行直接校准或间接检验，检验时应采用满足附录 E 要求的标准样品，采用附录 I 规定的方法。

5.9　仪器应按照能够校准的方式进行设计。

STANDARDS PRESS OF CHINA

6 试样要求

6.1 试样厚度

6.1.1 为避免试验结果受到试样支座的影响，试样厚度应大于或等于压入深度的10倍或者压痕半径的6倍，两者取其较大者。测试涂层时，应将涂层厚度作为试样厚度来考虑。

6.1.2 以上是根据经验给出的限度。试样支座对试验结果影响的确切限度依赖于所用压头的形状、试样以及支座的性能。

6.2 测试面粗糙度

为使试样测试面粗糙度对压入深度不确定度的影响小于5%，深度 h 应至少是粗糙度 Ra 的20倍。当深度小于或等于0.2 μm时，很难满足这一要求。为了降低试验结果平均值的不确定度，可以增加试验次数，这应在试验报告中加以陈述。

6.3 测试面倾斜度

试样测试面应垂直于试验载荷的方向，建议测试面倾斜小于1°。测试面的倾斜应包括在不确定度的计算中。

6.4 测试面清洁度

除非试验所必需，试样测试面不得有液体或润滑剂，也不能有灰尘颗粒等外来物。

6.5 测试面准备

6.5.1 试样测试面的准备应采用对表面硬度影响最小的方式，热或冷加工通常会改变试样的表面硬度。

6.5.2 由于压入深度一般不超过几个微米，对于特殊材料的试样应采用适当的抛光方法，例如电解抛光。

7 环境要求

7.1 试验应在规定的温度和湿度范围内进行，应记录试验温度和湿度。典型的环境温度范围是10 ℃～35 ℃，相对湿度范围是20%～80%。推荐试验条件：环境温度23 ℃±5 ℃，其波动小于1 ℃；试验时的热漂移速率小于或等于0.05 nm/s；相对湿度小于50%。

7.2 试验前，应控制引起温度波动的外界影响因素，仪器和试样都应稳定到环境温度。试验过程中，温度的稳定性较实际的试验温度更重要。为了减小热漂移，试验温度应在一个试验循环周期内保持稳定。

7.3 试验环境应清洁，尽量减少对仪器造成不利影响的振动和电磁干扰等。

8 测试程序

8.1 安装试样

8.1.1 为了不显著增加仪器柔度，试样应被牢固地支撑。试样应置于压入方向为刚性的支座上或者固定在适当的夹具内，试样与支座或夹具之间的接触面应无外来杂物。

8.1.2 试样测试面应垂直于试验载荷的作用方向。

8.2 选择试验位置

试验结果可能受到界面、自由表面或其他压入试验所造成塑性变形的影响，这取决于压头形状和试样性能。压入位置点和界面或自由表面之间的距离应至少是压痕半径的6倍，相邻压入位置点的间距应至少是压痕半径的10倍。在压痕的棱角上，偶尔会有开裂现象发生。发生开裂时，压痕半径应包含裂纹。有开裂发生的试验数据应剔除。以上所规定的最小间距适用于陶瓷和金属试样，例如铁及其合金。对于其他材料的试样，推荐压入位置点的间距至少是压痕半径的20倍。建议将第1次压入试验的数据与系列试验中后续试验的数据相对比。如果有显著的不同，压入点可能太近了，建议间距加倍。

8.3 确定零点

8.3.1 对于每次试验，都应单独指定零点。应报告零点的不确定度。零点位置的不确定度不宜超过压入最大深度的1%；如超过，应记录在试验报告中。

8.3.2 在载荷—深度曲线最初10%的位移范围内，应采集足够多的数据点，以便能在允许的不确定度范围内指定零点。推荐采用以下两种方法确定零点：

a) 判断试验载荷或接触刚度增加的首个拐点的方法。在零点附近，载荷或位移的步长应足够小，以使零点的不确定度小于极限要求。典型的载荷步长小于5 μN。

b) 外推拟合函数(例如2次多项式)的方法。拟合从零到不超过10%最大深度范围内的数据。计算零点的不确定度来源于拟合函数、拟合参数和外推的长度。

8.3.3 压入曲线的最初部分(例如5%)可能受振动和其他噪声的影响。拟合范围的上限应小于接触响应发生改变(例如，由开裂和塑性屈服引起)的深度。

8.4 规定试验循环

8.4.1 试验循环应选择载荷控制、深度控制或压入应变率控制。控制参数能够连续变化或阶梯变化。试验循环的所有部分应在试验报告中详细描述，包括：

a) 控制的属性，例如载荷、深度或压入应变率控制方式及其参数的变化形式和数值；

b) 最大的载荷或深度；

c) 每个阶段的时间，例如加载时间、卸载时间和在最大载荷下的保持时间均为30 s，卸载90%后测量热漂移速率的保持时间为60 s；

d) 数据的采集频率。

8.4.2 最大载荷的保持阶段，可用于测量与时间相关的试样变形。

8.4.3 试验载荷应在没有冲击和振动的情况下施加。在确定压头和试样接触零点的过程中，为了避免试样表面的力学性能因为碰撞而发生改变，压头的趋近速度要小，不应超过2 μm/s，趋近最后阶段的典型速度为10 nm/s～20 nm/s，或者更小。

8.4.4 每个试验循环都应测量热漂移速率。这可以通过在压头与试样接触之后或者在卸载过程中的某一点(常在最大载荷的10%～20%之间)插入一个保持阶段来实现。

8.4.5 为了获得可比的试验结果，对比试验应采用相同的试验循环。

8.5 执行试验循环

根据制造商或试验方法的要求执行试验循环，记录载荷—位移—时间数据。

8.6 修正数据

所获得的数据应按照5.4进行修正。

8.7 分析结果

为了得到所需的试验结果，应按照5.6分析修正过的试验数据。

9 试验结果的不确定度

9.1 应按照JJF 1059—1999进行不确定度的完全评价。

9.2 不确定度可分成A和B两类。A类不确定度包括：零点确定；载荷和位移测量(包括环境振动和磁场强度变化产生的影响)；卸载曲线的拟合；热漂移速率；由表面粗糙度引起的接触面积的变化。B类不确定度包括：载荷、位移；仪器柔度；压头面积函数确定值；由试验仪器温度不确定性和上次校准至今的时间间隔所造成的校准漂移；试样表面的倾斜。

9.3 通常，难以定量评价所有已识别的不确定度对随机不确定度的影响。在这种情况下，对A类标准不确定度的估算，可从统计分析试样重复压入试验结果来获得。B类标准不确定度可能对A类标准不确定度有贡献，要注意不能重复计算。

10 试验报告

试验报告宜包括如下信息：

a) 注明采用本标准；

b) 用于识别试样的必要细节；

c) 试验仪器的标识信息；

d) 压头材料和形状，以及压头面积函数；

e) 试验循环的详细描述，应包括：循环次数，加载速率、位移速率或应变率和时间，保持阶段的位置和保持时间，数据采集频率或者循环每一阶段所采集的数据点数；

f) 所得试验结果，总的扩展不确定度和试验次数；

g) 确定零点的方法；

h) 本标准未作规定的所有操作，或者是认为可选择的操作；

i) 可能已经影响试验结果的任何细节；

j) 试验环境温度和湿度；

k) 试验日期和时间；

l) 试验数据分析方法；

m) 如果需要，从测量的载荷—深度曲线确定的数值，以及关于不确定度估算的详细信息都可以包括在内。有时需要在试验报告中描述压入点在试样上的分布位置。

附　录　A
（规范性附录）
压头面积函数的确定方法

A.1　范围

本附录规定了压头面积函数的确定方法。

A.2　通则

压头尖端的实际形状与其设计形状之间往往存在显著差异，例如三棱锥压头尖端的圆弧面、四棱锥压头尖端的连接线、压头的加工角度与设计角度之间的偏差、压头磨损导致的形状变化。为了保证试验结果的准确性，应定期对压头面积函数进行重新确定。

A.3　方法

A.3.1　直接测量方法

利用可溯源的校准原子力显微镜进行高分辨力的三维形貌表征。

A.3.2　间接测量方法

推荐采用间接测量方法确定压头的面积函数。间接测量方法是通过在标准样品上进行多种不同深度的压入试验来完成的，假设标准样品的弹性模量不随压入深度而变化。它要求所有仪器校准已经完成，并确定了仪器柔度，否则就要采用迭代方法，同时确定仪器柔度和压头面积函数。在对试验的载荷—深度数据进行仪器柔度、热漂移等的修正后，以下方法就能够采用了。

推荐采用熔融石英标准样品，并以模量作为标准性能。该参量对加工硬化、热处理，蠕变等不敏感，而且可以通过非压入技术来测定，解决了可溯源的问题。

压入试验的深度范围通常从尽可能小到尽可能大，以便面积函数涵盖较宽的深度范围。对于控制载荷的压入，需要预先进行试验，以建立在标准样品中产生适当压入深度所需的载荷范围。在整个深度范围内，至少应选择10种不同的载荷；对每种载荷，至少应进行10次压入试验，剔除有明显偏差的数据，最后利用平均值来确定面积函数。

对于每次压入试验，都可以按照式(C.9)和(C.11)计算，得到一个接触深度 h_c' 及其对应的接触面积 A'。对所有试验得到的系列数据对(A',h_c')按式(A.1)进行拟合，就可以得到压头面积函数 $A(h_c)$：

$$A(h_c)=\sum_{n=0}^{8}C_n h_c^{\frac{1}{2^{n-1}}} \qquad \cdots\cdots(A.1)$$

式中：

C_n——最佳拟合常数。

对于棱锥压头，C_0 可考虑限定为标称面积函数中所用的数值；对于球形或球锥压头，C_1 限定为标称面积函数中所用的数值。如果将所有系数 C_n 都限定为正数，面积函数在大于拟合深度范围也有效。如果不限定 C_n 值的正负，拟合效果较好，但面积函数仅在拟合深度范围内才有效。

为了评估拟合质量，定义如式(A.2)的相对变化率参量 Var：

$$Var=\frac{A(h'_c)-A'}{A'} \qquad \cdots\cdots(A.2)$$

如果作 Var 随 h_c' 变化的曲线，可以看到拟合得到的面积函数 $A(h_c)$ 在不同深度处偏离试验测得 A' 的程度。

压头面积函数确定后，如果标准样品的测试性能与其标称值之间的偏差不能满足I.3.2.6的要求，应重新进行确定。在压头面积函数适用的任意深度，通过以上方法确定的面积函数和标称面积函数之间的差别(每个测量深度所对应的面积与标称面积之间的相对变化率)超过 30%，此压头应报废。

以上确定压头面积函数的方法对于标准样品的其他参数也适合，例如压入硬度 H_{IT} 或者马氏硬度 HM。用 HM 不能确定接触投影面积函数，而是给出压入表面积 A_s 随压入深度 h 变化曲线，即表面积函数。为了确定马氏硬度的表面积函数，推荐使用塑性好的标准样品。

附　录　B
（规范性附录）
压头的要求

B.1　范围

本附录规定了对用于仪器化纳米压入试验的各种典型压头形状、尺寸和加工允许偏差的要求，以及对压头校准的要求。

B.2　通则

B.2.1　制作压头的材料硬度应远高于试样的硬度，可以是金刚石、蓝宝石、硬质合金等。压头形状可以是四棱锥、三棱锥、球、球锥（尖端为球形的圆锥）等。由于金刚石晶体结构的影响，按照球形加工的压头通常为多面体，难以加工出理想的球形形状。

B.2.2　压头接触试样的表面应高度抛光，不应存在碎屑、凹坑、污染和其他缺陷。

B.2.3　每个压头都应有唯一的序列号，并标注在压头或支座上。压头太小不容易做标记的，应把序列号标于包装盒上。

B.2.4　应检验压头是否满足形状和尺寸要求，在其使用的深度范围内，应有经过确定的面积函数。

B.3　压头的形状

B.3.1　维氏压头（Vickers indenter）

B.3.1.1　该类压头形状为四棱锥。两个相对面之间的夹角用符号 2α 表示。这种压头的夹角及其允许偏差为 136°±0.3°，见图 B.1。

B.3.1.2　加工时，棱锥的四个面很难交于一点，相对面之间连接线的长度应小于 0.5 μm，见图 B.2。

B.3.1.3　压头尖端的半径不应超过 0.5 μm，见图 B.3。当压入深度小于 0.2 μm 时，推荐压头尖端半径小于 0.2 μm。

B.3.1.4　棱锥中心线与压头夹具中心线之间的角度不应超过 0.5°。

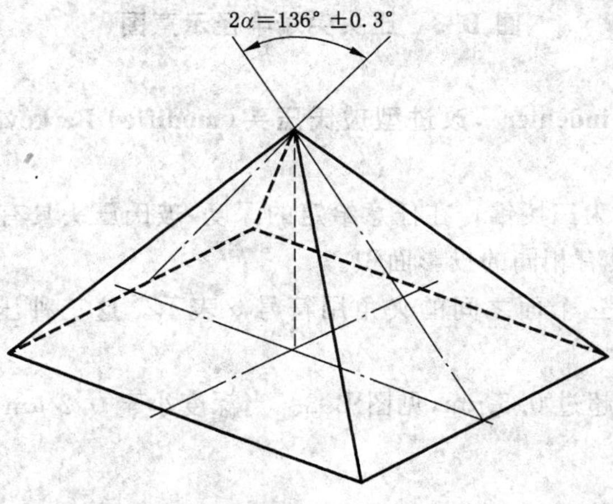

图 B.1　维氏压头的角度

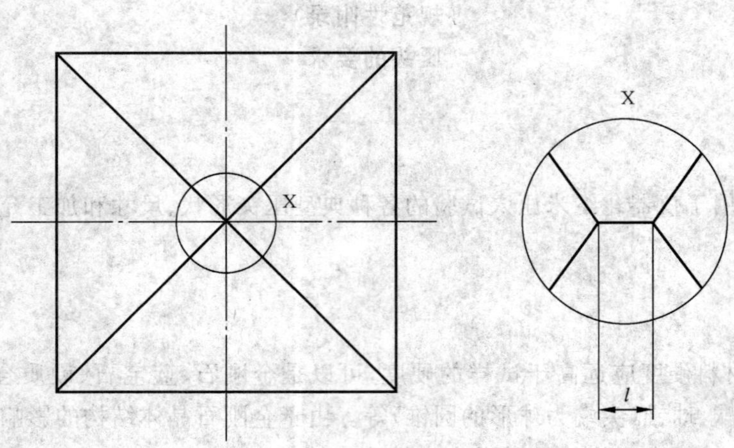

l——连接线长度。

图 B.2　维氏压头尖端连接线示意图

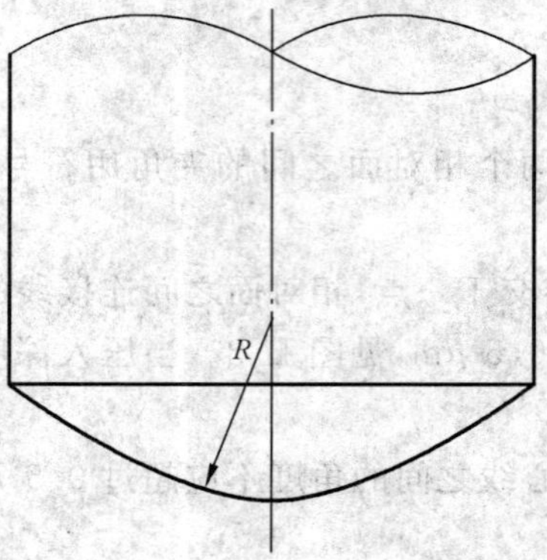

图 B.3　压头尖端半径示意图

B.3.2　玻氏压头(Berkovich indenter),改进型玻氏压头(modified Berkovich indenter)和立方角压头(cube corner indenter)

B.3.2.1　这类压头的形状均为三棱锥。在任意给定的深度,玻氏压头具有与维氏压头相同的表面积,改进型玻氏压头和维氏压头具有相同的投影面积。

B.3.2.2　三棱锥的中心线与三个面之间的夹角用符号 α 表示。这三种压头的夹角及其允许偏差见图 B.4。

B.3.2.3　压头尖端半径不应超过 0.5 μm,见图 B.3。当深度小于 0.2 μm 时,推荐压头尖端半径小于 0.2 μm。

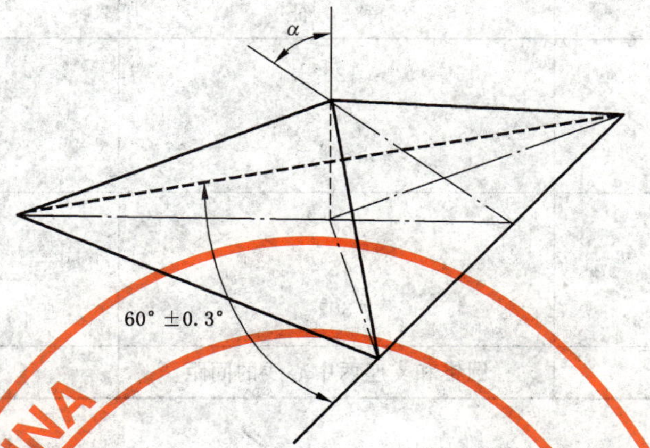

注 1：玻氏压头，α=65.03°±0.3°。

注 2：改进型玻氏压头，α=65.27°±0.3°。

注 3：立方角压头，α=35.26°±0.3°。

图 B.4 玻氏压头、改进型玻氏压头和立方角压头的角度

B.3.3 球形压头(ball indenter)

B.3.3.1 球形压头形状至少在三个不同位置处进行检验。证书中应给出至少三个不同位置测量直径的平均值。如果任一直径测量值不满足表 B.1 的允许偏差要求，此压头不合格。

表 B.1 球形压头的允许偏差

球直径/mm	允许偏差/mm
10	±0.005
5	±0.004
2.5	±0.003
1	±0.003
0.5	±0.003

B.3.3.2 硬金属球形压头的要求：硬度不小于 1500HV10；密度 14.8 g/cm³±0.2 g/cm³。推荐采用材料的化学组分：钴 5.0%～7.0%，除碳化钨之外的其他碳化物 2.0%，碳化钨为余量。

B.3.4 球锥压头(spherical tipped conical indenter)

球锥压头的形状特征应满足表 B.2 规定的允许偏差要求，各形状特征参数见图 B.5。

在接触零点开始测得的，在任意深度 h 处球冠的瞬时曲率半径 $R(h)$ 与球锥切点半径 R_{av} 之比应满足式(B.1)关系：

$$0.5 \leqslant |R(h)/R_{av}| \leqslant 2 \qquad \cdots\cdots(B.1)$$

从图 B.5 可知，球冠高度 h_s 与圆锥侧角 α 和球锥切点半径 R_{av} 之间应满足式(B.2)关系：

$$h_s = R_{av}(1 - \sin\alpha) \qquad \cdots\cdots(B.2)$$

考虑到从球冠到圆锥之间的过渡点难以规定，以及 R_{av} 和 α 不确定度的影响(见表 B.2)，当深度超过 0.5 h_s 时应注意。

表 B.2 球锥压头的允许偏差

	特　征	允许偏差
球锥切点的平均半径	$R_{av} \leqslant 50\ \mu m$	±0.25 R_{av}
	$50\ \mu m < R_{av} < 500\ \mu m$	±0.1 R_{av}

表 B.2（续）

	特　征	允许偏差
圆锥夹角 2α	120° 90° 60°	±5° ±5° ±5°
圆锥侧角 α	60° 45° 30°	±5° ±2.5° ±2.5°
压头安装	圆锥和支座两中心线的间距	＜0.01 mm

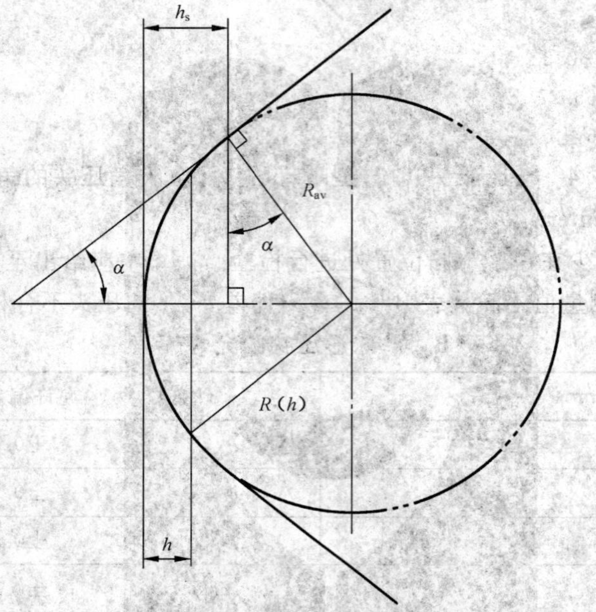

图 B.5　球锥压头的特征参数

B.4　压头形状检验和面积函数确定

压头应定期进行形状检验和面积函数确定。对于前者，应经有资质的实验室[1]检验，证明压头形状特征满足本附录的要求。对于后者，应采用附录 A 所列的方法和有证标准样品来完成。

B.5　检验报告

检验报告应包括如下的信息：

a）注明采用本标准附录；

b）检验日期；

c）检验机构的信息；

d）对压头的描述，包括序列号；

e）压头几何形状数据以及不确定度的说明；

f）确定的面积函数以及有效深度范围；

g）确定面积函数所采用技术的描述。

附 录 C
（资料性附录）
基于载荷—深度数据确定硬度和材料参数的方法

C.1 通则

仪器化纳米压入的载荷—深度数据可以用来确定硬度和多种材料参数。

在测定硬度和材料参数时，如果涉及到压头面积函数，推荐采用已确定的面积函数，具体确定方法见附录 A。

C.2 马氏硬度

马氏硬度 HM 定义为试验载荷 F 除以压头压入试样的表面积 $A_s(h)$，见式(C.1)：

$$HM = \frac{F}{A_s(h)} \qquad \text{(C.1)}$$

马氏硬度是针对维氏和玻氏两种棱锥压头定义的，它反映了材料抵抗弹塑性变形的能力，因此对所有材料均适用。

马氏硬度还可以通过载荷—深度曲线的斜率来确定，称之为 HM_s。这种方法的优势在于，对均质材料（表面层不均匀的尺寸与压入深度相比很小）不必确定零点。该式适用于均质材料的部分载荷—深度曲线，最好选择 50％～90％最大载荷部分：

$$h = k\sqrt{F} \qquad \text{(C.2)}$$

式中：

k——通过对式(C.2)进行线性回归所获得的斜率。

由式(C.1)和(C.2)可以确定出：

$$HM_s = \frac{1}{k^2}\frac{h^2}{A_s(h)} \qquad \text{(C.3)}$$

C.3 压入硬度[2]

压入硬度 H_{IT} 定义为试验载荷 F 除以压头和试样接触的投影面积 $A(h_c)$，见式(C.4)：

$$H_{IT} = \frac{F}{A(h_c)} \qquad \text{(C.4)}$$

要得到压入硬度，需确定载荷和接触投影面积。目前，常用两种形式的幂函数关系拟合卸载阶段的载荷—深度数据。

第一种形式，见式(C.5)：

$$F = B(h - h_f)^m \qquad \text{(C.5)}$$

式中：

B，m 和 h_f——拟合参数。

拟合范围通常选为初始卸载点至卸载曲线上部的 25％～50％，观察拟合曲线和卸载曲线的逼近效果，调整拟合范围，直到确定出最佳的拟合参数。推荐采用此形式。

第二种形式，见(C.6)：

$$F = B(h - h_p)^m \qquad \text{(C.6)}$$

式中：

B 和 m——拟合参数；

h_p——完全卸载后的残余深度。

对式(C.5)或(C.6)进行微分,并在 h_m 处取值,可得接触刚度 S,见式(C.7)和(C.8):

$$S=\frac{\mathrm{d}F}{\mathrm{d}h}\Big|_{h=h_m}=Bm(h_m-h_f)^{m-1} \quad \cdots\cdots(C.7)$$

$$S=\frac{\mathrm{d}F}{\mathrm{d}h}\Big|_{h=h_m}=Bm(h_m-h_p)^{m-1} \quad \cdots\cdots(C.8)$$

再按式(C.9)确定出接触深度 h_c:

$$h_c=h_m-\varepsilon\frac{F_m}{S} \quad \cdots\cdots(C.9)$$

式中:

ε——与压头形状有关的常数。对于玻氏压头、维氏压头和球压头,$\varepsilon=0.75$;对于锥形压头,$\varepsilon=0.73$。

获得 h_c 后,就可以利用面积函数 $A(h_c)$(见附录 A)计算接触投影面积,将其代入式(C.4)即可得到压入硬度。

C.4 压入模量[2]

压入模量 E_{IT} 按(C.10)和(C.11)式计算:

$$E_{IT}=\frac{1-\nu_s^2}{\dfrac{1}{E_r}-\dfrac{1-\nu_i^2}{E_i}} \quad \cdots\cdots(C.10)$$

$$E_r=\frac{\sqrt{\pi}}{2\beta}\frac{S}{\sqrt{A(h_c)}} \quad \cdots\cdots(C.11)$$

式中:

E_r——压入折合模量(reduced modulus);

E_i 和 ν_i——压头的弹性模量和泊松比,金刚石分别取 1 140 GPa 和 0.07;

ν_s——试样的泊松比;

β——与压头几何形状有关的常数,玻氏压头的 $\beta=1.034$,维氏压头的 $\beta=1.012$[3]。

注意,E_{IT} 和 E_r 是不同的。在确定 E_{IT} 时,如果不知道 ν_s,可以参照公开发表的数据。常见材料的 ν_s 为 0.15~0.35。如果 $\nu_s=0.25\pm0.1$,由此导致的 E_{IT} 的不确定度为 5.3%[4]。因此,在事先不知道材料的泊松比时,可以选择 $\nu_s=0.25$。在一些情况下,E_r 也可以直接使用。

上述分析基于弹性接触理论,式(C.9)仅适用于材料的压入凹陷(sink-in)情况,这时的压入模量与杨氏模量是可比的。如果材料是压入凸起(pile-up)的,压入模量和杨氏模量可能有明显差异。

C.5 压入蠕变率

保持载荷不变,测量压入深度随时间的变化,见图 C.1。用深度的相对变化率表征材料的蠕变行为,见式(C.12):

$$C_{IT}=\frac{h_2-h_1}{h_1}\times100\% \quad \cdots\cdots(C.12)$$

式中:

h_1——达到恒载荷 t_1 时刻的深度;

h_2——保持恒载荷结束 t_2 时刻的深度。

注意,蠕变数据可能受到热漂移的强烈影响。

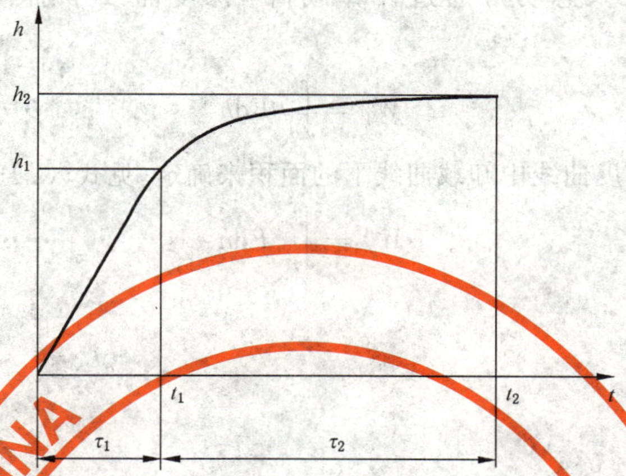

τ_1——载荷增加阶段；

τ_2——载荷保持阶段。

图 C.1　压入蠕变

C.6　压入松弛率

保持压入深度不变，测量载荷随时间的变化，见图 C.2。用载荷的相对变化率表征材料的松弛行为，见式(C.13)：

$$R_{IT}=\frac{F_1-F_2}{F_1}\times 100\% \qquad\cdots\cdots\cdots\cdots(C.13)$$

式中：

F_1——达到恒定深度 t_1 时刻的载荷；

F_2——保持恒定深度结束 t_2 时刻的载荷。

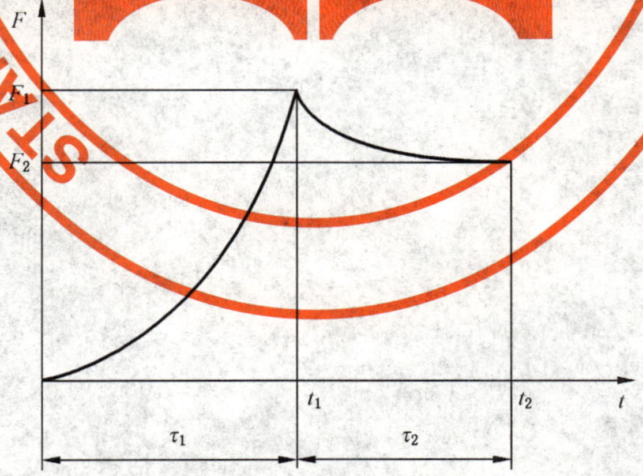

τ_1——深度增加阶段；

τ_2——深度保持阶段。

图 C.2　压入松弛

C.7　压入总功和卸载功

试验过程中的压入总功 W_t 转化成材料变形的弹性能和塑性能，其中在卸载过程中部分弹性能能

STANDARDS PRESS OF CHINA

够释放出来，剩余的弹性能无法释放，和塑性能共同储存在材料中[5]。

根据机械功的定义，压入总功可通过计算载荷—深度曲线中加载曲线下的面积来确定，见式(C.14)：

$$W_t = \int_0^{h_m} F\mathrm{d}h \qquad \text{(C.14)}$$

卸载功可通过计算载荷—深度曲线中卸载曲线下的面积来确定，见式(C.15)：

$$W_u = \int_{h_p}^{h_m} F\mathrm{d}h \qquad \text{(C.15)}$$

附 录 D
（资料性附录）
金刚石压头的注意事项

经验证明，符合规定的新压头在使用一段时间之后，表面会出现微小裂纹、凹坑等缺陷。如果能及时发现这些缺陷，多数压头重磨后可继续使用。否则，缺陷会加速恶化，导致压头报废。

应定期检查压头的缺陷或污染情况。推荐使用400倍的显微镜检查压头污染和较大的缺陷。亚微米级的损伤或污染可通过如下方式检查：对记录到的压头变化的判断，或如I.3和I.4所述的间接检验和常规检查，或使用扫描探针显微镜观察压头尖端形貌。

当压头出现缺陷时，重磨或修理后的压头应重新再检验压头形状和再确定面积函数。

压头表面的污染会导致试验误差增大。压头的清洗方法为：首先，设置最大载荷将压头压入较软的材料如铝等，尝试着去除污染。如果重复以上过程未能奏效，需要从仪器上卸下压头，将其压入膨胀聚苯乙烯表面数次。这种膨胀聚苯乙烯具有很好的溶解作用，它所具有的泡沫状态也不易损伤压头尖端。再将压头平缓地压入无水乙醇棉球，再使用400倍或更高倍数的光学显微镜进行观察，反复数次直至无可见的污染为止。

注意，为了避免损伤压头，在压入过程中勿让压头过度承受载荷，尤其侧向载荷。可以选用重量小于压头承受载荷的试样，平缓地将试样放到翻转的压头上，从而限制了最大载荷。

附 录 E
（规范性附录）
标准样品的要求

E.1 范围

本附录规定了用于附录 I.3 所规定的间接检验纳米压入试验仪器、附录 F 所描述的确定仪器柔度和附录 A 所描述的确定压头面积函数的标准样品的生产和定值的要求。

E.2 通则

E.2.1 标准样品的制造应选择能够给出必需的均质性、均匀性和结构稳定性的方法。

E.2.2 每个标准样品都应有标明其杨氏模量的证书，必要时可包括泊松比、压入模量和/或硬度等。

E.2.3 对每一个标准样品，都应规定其适用的深度或载荷范围，以及适用的压头形状。

试样特性限制压入载荷范围。例如，超过某一特定载荷，脆性试样会开裂；低于某一特定载荷，表面粗糙度或者微尺度不均匀性会导致不符合分散性要求的试验结果。压入载荷范围还与压头形状相关。

E.2.4 如果必要，给出标准样品的有效期。

E.3 材料选择

制作标准样品的材料应具有如下的特性：均匀的成分和性能，表面化学性质稳定，压痕周围没有或有很小的凸起，无明显时间相关性。推荐采用各向同性材料，例如熔融石英作为标准样品的选材。

E.4 加工

E.4.1 标准样品的厚度应不小于 2 mm，或者是深度的 20 倍，两者当中取其较大者。如果是制造过程的需要，这些数值可以更低些。

E.4.2 对于底面置于试样台上的标准样品，上下表面的平行度应小于 0.5°。对利用侧面进行装卡的标准样品，侧面与试验表面的垂直度应小于 0.5°。

E.4.3 标准样品试验面应尽可能光滑，要求在 10 μm 测试范围内 Ra 不大于 10 nm。当压入载荷或深度很小时，粗糙度应更小。

E.4.4 标准样品的加工应采用对其表面性能影响最小的方式来进行，从而保证利用压入等方法获得的试块的表面性能与试块整体性能尽可能接近。

E.4.5 如果标准样品是镶嵌在大块固定材料中的一小块材料，或者是沉积在基底上的表层，镶嵌材料或基底材料的刚度应足够高，以减小其柔度对标准样品测试的影响。

E.4.6 标准样品应无磁性。如果标准样品是钢，推荐在加工结束后对其进行去磁处理。

E.4.7 应在合适的位置对标准样品作标记。

E.5 均匀性检验

E.5.1 标准样品应进行均匀性检验。检验方法的精密度要高，至少应和定值的方法相当。

E.5.2 当标准样品有多个性能参量时，应选择典型参量，例如模量，进行均匀性检验。

E.5.3 应从同一批次标准样品中随机抽取有统计意义数量的样品进行测试，确保大块物料各部位性能的均匀性。各部位的测量值与所有部位平均值的偏差应在±5%以内。

E.6 定值

E.6.1 标准样品的制造商可根据 GB/T 15000.3 的要求，对标准样品进行定值及其数据处理，给出定值结果。

E.6.2 推荐采用JB/T 7522—2004所规定的方法确定标准样品的杨氏模量和泊松比，用于测量的设备准确度至少达到1.0%。

E.6.3 标准样品的定值报告应至少包含如下信息：

a) 注明采用本标准附录；

b) 定值日期；

c) 定值机构的信息；

d) 定值设备的相关数据、定值方法、设备和定值方法的可溯源性信息；

e) 杨氏模量和泊松比等参数的定值结果和不确定度；

f) 标准样品的序列号。

E.7 稳定性检验

E.7.1 应定期检验标准样品的稳定性。当有多个性能参量时，应选择易变和典型的参量进行检验。

E.7.2 当不同时期测定的结果与定值结果的偏差未超过测定方法的精密度时，认为标准样品的稳定性符合要求。

STANDARDS PRESS OF CHINA

附　录　F
（规范性附录）
仪器柔度的确定方法

F.1　范围

本附录规定了仪器柔度的确定方法。

F.2　通则

压入试验过程中所施加的载荷不仅使压头在试样表面产生位移，同时也引起试验仪器部分机架的弹性变形。应从位移测量结果中扣除相应的机架变形后才是真正的压入深度。

仪器柔度确定应在按照 I.2.2 和 I.2.3 对试验载荷和位移测量系统校准之后进行。

制造商应在交货之前确定出仪器的柔度值。

F.3　方法

仪器柔度的确定，至少采用五种不同的试验载荷，在标准样品上进行系列试验。应保证在所选取的载荷范围内，标准样品的性能不随压入深度的增加而变化。最小试验载荷的选取受标准样品和压头组合的限制。最大试验载荷应尽量靠近仪器的载荷极限，因为仪器柔度最好是在较大试验载荷情况下获得，但要保证标准样品不发生开裂等反常响应。压入测量结果偏差不应超过表 I.3 的限制。

本附录将仪器和试样简化为串联弹簧模型，总的测量柔度 C_t 按式(F.1)等于压头与试样的接触柔度 C_s 和仪器柔度 C_m 之和：

$$C_t = C_s + C_m \qquad \cdots\cdots(F.1)$$

设定仪器柔度的初始估计值为 C_m^*（可以为零），新的仪器柔度值和初始估计值之间的关系按式(F.2)确定：

$$C_m = C_m^* + C_\Delta \qquad \cdots\cdots(F.2)$$

式中：

C_Δ——C_m^* 的修正值。

实际上，总的测量柔度是固定不变的，存在式(F.3)：

$$C_s + C_m = C_m^* + C_s^* \qquad \cdots\cdots(F.3)$$

式中：

C_s^*——对应于初始估计值 C_m^* 的压头与试样的接触柔度。

将式(F.2)代入式(F.3)后，可以得到式(F.4)：

$$C_s^* = C_s + C_\Delta \qquad \cdots\cdots(F.4)$$

对于每次试验，都可按照式(C.7)或(C.8)和式(C.9)计算得到相应的 C_s^*（$=1/S^*$）值和接触投影面积 A^* 值。将所有试验得到的系列数据（A^*，C_s^*）按式(F.5)进行线性拟合：

$$C_s^* = m^*(A^*)^{-\frac{1}{2}} + C_\Delta \qquad \cdots\cdots(F.5)$$

在确定出最佳的拟合参数 m^* 和 C_Δ 后，利用式(F.2)可确定出 C_m。实际操作时，可能需要反复迭代，直至获得收敛的值。

由于标准样品的压入模量为不随深度变化的常数，由式(C.11)得：

$$C_s = \frac{1}{S} = \frac{\sqrt{\pi}}{2\beta E_r}A^{-\frac{1}{2}} = mA^{-\frac{1}{2}} \qquad \cdots\cdots(F.6)$$

通过此式得到的 m 可作为检查拟合效果的参考，最终的$(m^*-m)/m$ 值应在百分之几以内。

还有一种不计算接触投影面积 A 直接确定 C_Δ 方法。对于玻氏和维氏压头而言，标准样品的压入硬度不随深度增加而变化，注意球形压头不适用。由式(C.4)可得：

$$F_m \propto A \qquad \cdots\cdots\cdots\cdots(F.7)$$

同样可以将所有试验的系列数据(F_m,C_s^*)按式(F.8)进行线性拟合，以便确定出 C_Δ：

$$C_s^* = m^* F_m^{-\frac{1}{2}} + C_\Delta \qquad \cdots\cdots\cdots\cdots(F.8)$$

附 录 G
（资料性附录）
基于压入能量关系确定硬度和模量的方法

G.1 范围

本附录描述了两种确定材料压入硬度和压入模量的方法。

G.2 概述

目前，普遍采用附录C提供的方法分析载荷—深度数据。这种方法的主要技术路线为拟合卸载曲线并由此获得接触深度，这里称之为斜率—接触深度方法。本附录给出了两种基于压入能量关系的方法：第一种，基于卸载曲线的斜率和压入能量的关系，称之为斜率—能量方法；第二种，仅基于压入能量关系，称之为纯能量方法。

G.3 方法

改进型玻氏压头和维氏压头是自相似的，均可等效为等截面积的圆锥压头，三者的载荷—深度曲线一样，因此可以用圆锥压头代替棱锥压头进行分析。

假设试样为各向同性、均匀的弹塑性体，其单轴应力—应变关系由线弹性和幂硬化函数组成。

G.3.1 斜率—能量方法[6]

对于理想圆锥压头（$\alpha=68^\circ$），见图2，压入总功 W_t 和卸载功 W_u 之间存在如下式（G.1）关系：

$$\frac{H_{IT}}{E_r} \approx f\left(\frac{W_t - W_u}{W_t}\right) \qquad \text{(G.1)}$$

存在式（G.2）经验函数关系：

$$\frac{H_{IT}}{E_r} \approx 0.2 - 0.2\,\frac{W_t - W_u}{W_t} = 0.2\,\frac{W_u}{W_t} \qquad \text{(G.2)}$$

同时存在式（G.3）函数关系：

$$\frac{H_{IT}}{E_r^2} = \frac{4\beta^2}{\pi}\,\frac{F_m}{S^2} \qquad \text{(G.3)}$$

解式（G.1）和式（G.3）可得式（G.4）和（G.5）：

$$E_r = \frac{\pi}{4\beta^2} f\left(\frac{W_t - W_u}{W_t}\right)\frac{S^2}{F_m} \qquad \text{(G.4)}$$

$$H_{IT} = \frac{\pi}{4\beta^2} f^2\left(\frac{W_t - W_u}{W_t}\right)\frac{S^2}{F_m} \qquad \text{(G.5)}$$

解式（G.2）和式（G.3）可得式（G.6）和（G.7）：

$$E_r = \frac{\pi}{20\beta^2}\,\frac{W_u}{W_t}\,\frac{S^2}{F_m} \qquad \text{(G.6)}$$

$$H_{IT} = \frac{\pi}{100\beta^2}\left(\frac{W_u}{W_t}\right)^2\frac{S^2}{F_m} \qquad \text{(G.7)}$$

式（G.4）～（G.7）中，可由载荷—深度曲线确定出 W_t、W_u、F_m 和 S，压入模量和硬度的计算与接触面积无关。

G.3.2 纯能量方法[7,8]

按式（G.8）定义名义硬度 H_n 为：

$$H_n = \frac{F_m}{A(h_m)} \qquad \text{(G.8)}$$

对于圆锥形压头，存在式(G.9)：

$$\frac{H_n}{E_r} \approx \Psi\left(\frac{W_u}{W_t}\right) \qquad \text{(G.9)}$$

所以可得式(G.10)：

$$E_r \approx \frac{H_n}{\Psi(W_u/W_t)} \qquad \text{(G.10)}$$

式(G.8)～(G.10)中，F_m、h_m、W_u、W_t 均可由载荷—深度曲线直接确定。

定义 $V_r=V_0/V_1$ 为钝化压头的相对钝化率，其中 V_0 和 V_1 分别为对应最大深度的理想压头体积和实际钝化压头体积。H_n/E_r 与体积钝化率 V_r、压入比功 W_u/W_t 的函数可表示为式(G.11)：

$$\frac{H_n}{E_r} = \frac{1}{V_r}\sum_{i=1}^{6} b_i\left[\frac{W_u/W_t}{1+(1.433\,7/V_r^3-0.979\,9/V_r^2+0.251\,7/V_r+0.231\,6)(1-1/V_r)}\right]^i \qquad \text{(G.11)}$$

式中：

$b_1=0.184\,08$，$b_2=-0.248\,35$，$b_3=0.507\,21$，$b_4=-0.861\,18$，$b_5=0.751\,87$，$b_6=-0.253\,88$。

试验步骤：利用附录 A 方法校准玻氏压头的面积函数 $A(h_m)$，根据式(G.12)和(G.13)可得式(G.14)：

$$V_0=\frac{A(h_m)}{3}\left[\frac{A(h_m)}{24.56}\right]^{\frac{1}{2}} \qquad \text{(G.12)}$$

$$V_1=\int_0^{h_m}A(h)\,\mathrm{d}h \qquad \text{(G.13)}$$

$$V_r=\frac{V_0}{V_1} \qquad \text{(G.14)}$$

再利用压入试验的加卸载曲线，计算 H_n、W_t 和 W_u；最后，利用式(G.11)，确定出 E_r。

STANDARDS PRESS OF CHINA

附　录　H
（资料性附录）
基于压入连续接触刚度确定硬度和模量的方法

H.1　范围

本附录描述了一种通过测量压入过程中连续接触刚度来获得压入硬度和压入模量的方法。

H.2　概述

目前，接触刚度测量有单一和连续两种方法。如果试验仪器采用准静态加载方式，即本标准正文规定的加载方式，只能利用卸载曲线计算单一接触刚度，得到材料在最大压入深度处的硬度和模量。

试验仪器的动态加载方式能获得加载段的连续接触刚度。这种加载方式是在准静态加载的基础上，叠加高频交变的载荷信号，以获得同频交变的等幅位移信号。通过计算连续接触刚度，可以得到硬度和模量随压入深度变化曲线[2]。

H.3　仪器

用于本试验方法的仪器除了满足本标准第 5 章的要求之外，还应具备如下能力。

能够通过锁相放大器将相对较高频率（如 45 Hz）的可调简谐载荷叠加在准静态的加载信号上，利用反馈电路保持压入过程中压头的简谐位移振幅稳定，幅值一般在 1 nm～2 nm 范围，并测量出简谐载荷与简谐位移的振幅之比及其相位差。这样，仪器可获得连续的接触刚度和接触阻尼。

为了将图 H.1 中 a）所示的试验系统简化为 b）所示的动力学模型，仪器的设计必须保证所有的运动都严格限制在一个自由度上。其中，运动部件（包括线圈、压杆、电容位移传感器的活动极板和压头）的质量 m 由刚度为 K_s 的两个叶片弹簧支撑，弹簧的特点为在叶片平面内刚度足够高而在垂直方向上刚度足够低。带有压头的压杆被线圈—磁铁装置驱动，压头上的准静态载荷由加在线圈上缓慢变化的电流控制，再叠加小幅简谐分量，这可由锁相放大器的振荡器完成。压头位移由平行板电容器测量。因此，试验系统可以用一维简谐振子模型描述，其运动方程表示为式（H.1）：

$$m\frac{d^2 z}{dt^2}+D\frac{dz}{dt}+Kz=P(t) \qquad \cdots\cdots(H.1)$$

式中：

z——活动部件的位移。

如果试验系统和试样的阻尼分别为 D_i 和 D_s，则等效阻尼为式（H.2）：

$$D=D_i+D_s \qquad \cdots\cdots(H.2)$$

如果试样的刚度为 S，机架的刚度为 K_f，则等效刚度为式（H.3）：

$$K=(S^{-1}+K_f^{-1})^{-1}+K_s \qquad \cdots\cdots(H.3)$$

如果激励载荷为 $P(t)$，假设载荷函数可表达为式（H.4）：

$$P(t)=P_0 e^{i\omega t} \qquad \cdots\cdots(H.4)$$

产生的位移按式（H.5）表示为：

$$z(t)=z_0 e^{i(\omega t-\phi)} \qquad \cdots\cdots(H.5)$$

式中：

P_0——激励载荷幅值；

z_0——位移幅值；

ϕ——位移滞后载荷的相位角；

ω——角频率，$\omega=2\pi f$。

将(H.4)和(H.5)式代入(H.1)式，可得动态刚度和相位角，分别按(H.6)和式(H.7)表示为：

$$\frac{P_0}{z_0}=\sqrt{(K-m\omega^2)^2+(\omega D)^2} \quad \cdots\cdots(\text{H.6})$$

$$\tan\phi=\frac{\omega D}{K-m\omega^2} \quad \cdots\cdots(\text{H.7})$$

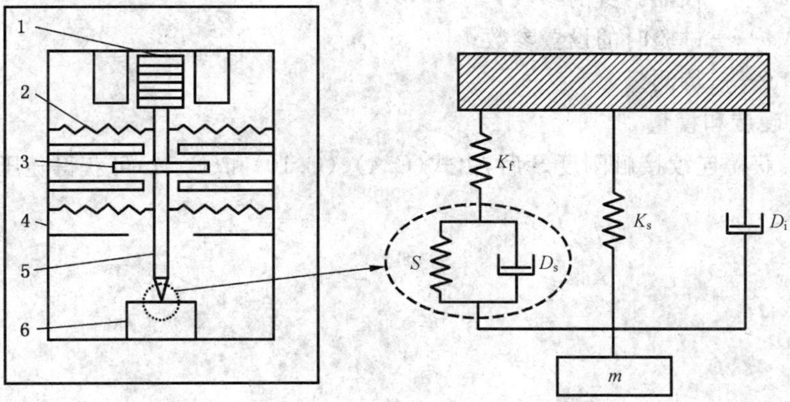

1——加载线圈；
2——支撑弹簧；
3——位移传感器；
4——机架；
5——压杆；
6——试样。

图 H.1 一种仪器化纳米压入仪的工作原理示意图及其动力学模型

如果运动部件悬浮在空气中而不与试样接触，系统的刚度为 $K=K_s$，阻尼为 $D=D_i$，则可以通过空载试验拟合确定出仪器参数 K_s、m 和 D_i。一般情况下，仪器的阻尼是压头位置的函数。将压头处于最低阻尼处，进行第一次校准。第二次校准将用来测量阻尼和压头位置的函数关系，由(H.6)式可得系统的阻尼 D_i，见式(H.8)：

$$D_i=\frac{1}{\omega}\sqrt{\left(\frac{P_0}{z_0}\right)^2-(K_s-m\omega^2)^2} \quad \cdots\cdots(\text{H.8})$$

因此，在单一频率(一般指正常工作频率)下，动态刚度可以通过压头运动范围内的一系列位置进行测量，并且利用(H.6)式计算出不同位置的阻尼。阻尼与位置的关系可以用表格形式或者作为最佳拟合函数储存起来。如果试验系统被应用到一定的频率范围，则阻尼应表示为压头位置和频率的函数。

在试验过程中，加载速率最好开始较慢，然后逐渐加快。确保试验系统能够平滑地调节简谐载荷的振幅，以便简谐位移的振幅保持稳定。以下由式(H.9)表示的驱动方式可满足要求：

$$\frac{1}{F}\left(\frac{\mathrm{d}F}{\mathrm{d}t}\right)=C \quad \cdots\cdots(\text{H.9})$$

式中：

$0.02\mathrm{s}^{-1}<C<0.2\mathrm{s}^{-1}$。

这种算法的载荷—时间曲线见图5。

H.4 方法

H.4.1 接触刚度和阻尼

由式(H.3)和(H.6)可得试样的接触刚度和接触阻尼系数，分别按(H.10)和式(H.11)表示为：

$$S=\left[\frac{1}{\frac{P_0}{z_0}\cos\phi-(K_s-m\omega^2)}-\frac{1}{K_f}\right]^{-1} \qquad \cdots\cdots(\text{H.10})$$

$$D_s\omega=\frac{P_0}{z_0}\sin\phi-D_i\omega \qquad \cdots\cdots(\text{H.11})$$

式中：

K_f,K_s,m 和 D_i——仪器本身的参数；

ω——试验时的设置参数；

P_0,z_0 和 ϕ——待测量。

H.4.2 连续压入硬度和模量

利用加载曲线获得连续接触刚度 S 后，由式(C.4)、(C.10)和(C.11)可获得随压入深度变化的硬度和压入模量。

附 录 I
（规范性附录）
仪器的校准和检验方法

I.1 范围

本附录规定了纳米压入试验仪器的校准和检验方法，包括仪器主要功能的直接校准方法、仪器整体性能评价的间接检验方法和仪器运行状态的常规检查方法。

I.2 直接校准

I.2.1 通则

I.2.1.1 校准的温度应在 23 ℃±5 ℃范围内，其波动应小于 1 ℃。如果需要校准温度范围，直接校准应在该范围内合适的温度点进行，以确定校准和温度之间关系的有效性。如果必要，可以确定一个校准修正函数或者一系列在特定操作温度下有效的校准结果。

I.2.1.2 用于校准的仪器应尽可能溯源到国家标准或国际标准。

I.2.1.3 校准包括试验载荷、位移测量装置和时间的校准。

I.2.2 试验载荷的校准

I.2.2.1 应对仪器的每一个加载和卸载范围进行校准。至少对整个试验载荷范围内均匀分布的 16 点进行校准，也就是 16 次加载和 16 次卸载。试验过程应重复 3 次。

I.2.2.2 对试验载荷的校准，推荐采用如下可溯源的方法：

a） 利用经校准的电子天平；

b） 利用经校准的质量块配平载荷；

c） 利用与 GB/T 13634—2000 中第 1 级相一致的校准装置。

I.2.2.3 用于载荷校准的装置应准确到每一个校准载荷的 0.25%或 1 μN 以内，两者中取较大者。

I.2.2.4 试验载荷的重复性应在表 I.1 所示的标称值允许偏差范围之内。仪器校准的载荷范围应规定为最小校准载荷到最大校准载荷。

表 I.1 试验载荷的允许偏差

载荷范围/N	允许偏差/%
$0.1 \leqslant F < 2$	±1.5[a]
$0.001 \leqslant F < 0.1$	±2.5[a]

[a] 推荐允许偏差为±1%。

I.2.3 位移测量装置的校准

I.2.3.1 对位移测量装置估测能力的要求取决于测量的最小深度。对应于各种不同深度范围的仪器估测能力应满足表 I.2 的要求。

表 I.2 位移测量装置的估测能力和最大允许误差

应用范围/μm	位移测量装置的估测能力/nm	最大允许误差/μm
$h > 2$	≤100	1%h
$0.2 < h \leqslant 2$	≤10	1%h
$h \leqslant 0.2$	≤1	2 nm[a]

[a] 对于 $h \leqslant 0.2$ μm，推荐±1%h 的误差。

I.2.3.2 应对仪器位移测量的所有范围进行校准。在每个方向上，至少对仪器整个行程范围内均匀分布的16点进行校准。试验过程应重复3次。

I.2.3.3 每次测量值与标称值的误差应在表I.2所给定的允许误差范围之内。仪器校准的位移范围应规定为最小校准长度到最大校准长度。

I.2.3.4 对位移测量装置的校准，推荐采用如下的方法：

a) 激光干涉方法；

b) 电感方法；

c) 电容方法；

d) 压电方法。

I.2.3.5 用于位移校准的装置应准确到每一个校准长度的0.25%或1 nm以内，两者当中取其较大者。

I.2.4 时间的校准

利用独立的校时装置，对一个试验阶段所需要的时间，至少持续10 s，进行校准。试验仪器所报告的时间与独立校时装置测量时间的差别应小于1 s。对于这种校准，手动非溯源的秒表可以满足要求。

I.3 间接检验

I.3.1 通则

间接检验是为了检验仪器的整体性能。间接检验应定期进行，或者在要求高精度的试验之前进行。推荐在较短时间内进行的间接检验，至少每周都进行。

间接检验采用附录E所描述的标准样品，在温度23 ℃±5 ℃及其波动小于1 ℃的范围内进行。

I.3.2 方法

I.3.2.1 间接检验应至少采用经常使用的两种试验载荷来进行。对于每种试验载荷，应选择两种不同的标准样品，其性能应涵盖尽可能宽的应用范围，建议相差1倍以上。

I.3.2.2 如果试验仪器仅在一种载荷下应用，可以只在这种试验载荷下进行检验，但至少选择两种标准样品，涵盖被测样品的性能范围。

I.3.2.3 在每个标准样品上，推荐在每种试验载荷下至少进行10次试验，以减小测量平均值的不确定度。

I.3.2.4 对于每个标准样品，按式(I.1)从 n 个测量值 $q_1 \ldots q_n$ 计算其算术平均值 $\bar{q}$：

$$\bar{q} = \frac{1}{n}\sum_{i=1}^{n} q_i \qquad \cdots\cdots(\text{I.1})$$

应按式(I.2)计算测量数据的标准偏差 $s(q)$，作为描述数据分散性的参数：

$$s(q) = \sqrt{\frac{\sum_{i=1}^{n}(q_i - \bar{q})^2}{n-1}} \qquad \cdots\cdots(\text{I.2})$$

式中：

q——材料参数。

测量值的相对分散性用式(I.3)给出的变异系数 V 来描述：

$$V = \frac{s(q)}{\bar{q}} \times 100\% \qquad \cdots\cdots(\text{I.3})$$

I.3.2.5 在特定的检验条件下，试验仪器的重复性利用测量值的变异系数来确定，应满足表I.3给出的条件。

表 I.3 试验仪器的重复性

材料参数	不同应用范围的变异系数	
	0.2 μm≤h≤1 μm	h>1 μm
HM，H_{IT}	5%	2%
E_{IT}[a]	5%	5%

a 对于几乎理想的塑性材料，这些限制不可能满足。

I.3.2.6 在90%置信度条件下，通过以上试验得到的标准样品性能的算术平均值 $\bar{q}$ 与标准样品标称值 q 之间的偏差小于5%，可以认为仪器的整体性能能够满足试验的要求。

I.3.3 间接检验失败

当间接检验结果不符合要求时，应按照制造商的仪器故障检修指南排查原因，然后重复进行间接检验。如果结果仍不符合要求，仪器的间接检验失败。

I.4 常规检查

I.4.1 方法

至少采用两种不同的试验载荷在一块已知材料参数的试样上进行试验。应采用合适的图表记录试验结果。如果结果超出该试样的正常重复性范围，应进行间接检验。

I.4.2 常规检查失败

当常规检查结果不符合要求时，应按照制造商的仪器故障检修指南排查原因，然后重复进行常规检查。如果结果仍不符合要求，仪器的常规检查失败。

I.5 校准和检验的时间间隔

I.5.1 直接校准

下列情况下，应按照I.2.2、I.2.3和I.2.4进行直接校准。

a) 新仪器；

b) 仪器安装、拆卸和重新装配或更换位置之后；

c) 间接检验结果不符合要求时；

d) 时间间隔超过3年。

I.5.2 间接检验

每次直接校准之后应进行间接检验。两次间接检验的间隔不应超过1年。建议根据仪器使用的频繁程度，执行更频繁的间接检验。

I.5.3 常规检查

在进行任何系列试验之前，或者在每次系列试验之间周期性地(例如每天)进行常规检查。推荐每次系列试验之前和之后均进行常规检查。

I.6 校准和检验报告

I.6.1 直接校准报告

直接校准报告应至少包括如下的信息：

a) 注明采用本标准附录；

b) 试验仪器的标识信息；

c) 仪器校准的载荷范围，以及所校准的载荷和相应的试验结果；

d) 仪器校准的位移范围，以及所校准的位移和相应的试验结果；

e) 环境温度和湿度；

f) 校准日期和校准机构的信息。

I.6.2 间接检验报告

间接检验报告应包括本标准第10章描述的试验报告所有需要的信息。试样描述应包括标准样品的标称杨氏模量和/或其他材料参数。

I.6.3 常规检查文件

不需要给出正式报告,但推荐保留这些试验结果的记录。

参 考 文 献

［1］ ISO/IEC 17025：2005 General requirements for the competence of testing and calibration Laboratories

［2］ W C Oliver，G M Pharr. An improved technique for determining hardness and elastic modulus using load and displacement sensing indentation experiments. Journal of Materials Research. 1992，7(6)：1564-1583.

［3］ R B King. Elastic analysis of some punch problems for a layered medium. International Journal of Solids and Structures，1987，23 (12)：1657-1664.

［4］ 张泰华. 微/纳米力学测试技术及其应用. 北京：机械工业出版社，2004.

［5］ Rong Yang，Taihua Zhang，Peng Jiang，Yilong Bai. Experimental verification and theoretical analysis of the relationships between hardness，elastic modulus，and the work of indentation. Applied Physics Letters. 2008，92：231906.

［6］ Cheng Yang-Tse，Cheng Che-Min. Relationships between hardness，elastic modulus，and the work of indentation. Applied Physics Letters. 1998，73：614-616.

［7］ Dejun Ma，Chung Wo Ong，Sing Fai Wong，He Jiawen. New method for determining Young's modulus by non-ideally sharp indentation. Journal of Materials Research. 2005，20(6)：1498-1506.

［8］ Dejun Ma，Taihua Zhang，Chung Wo Ong. Evaluation of effectiveness of representative methods for determining Young's modulus and hardness from instrumented indentation results. Journal of Materials Research. 2006，21(1)：225-233.

STANDARDS PRESS OF CHINA

ICS 81.080
Q 46

中华人民共和国国家标准

GB/T 22459.1—2008/ISO 13765-1:2004

耐火泥浆
第1部分:稠度试验方法(锥入度法)

Refractory mortars—Part 1:Determination of consistency using the penetrating cone method

(ISO 13765-1:2004,IDT)

2008-10-30 发布　　　　2009-07-01 实施

中华人民共和国国家质量监督检验检疫总局
中国国家标准化管理委员会　发布

前　言

GB/T 22459—2008《耐火泥浆》包括7个部分：

——第1部分：稠度试验方法（锥入度法）；

——第2部分：稠度试验方法（跳桌法）；

——第3部分：粘接时间试验方法；

——第4部分：常温抗折粘接强度试验方法；

——第5部分：粒度分布（筛分析）试验方法；

——第6部分：预搅拌泥浆含水量试验方法；

——第7部分：高温性能试验方法。

本部分为GB/T 22459—2008的第1部分，等同采用ISO 13765-1:2004《耐火泥浆——第1部分：锥入度法测定泥浆的稠度》（英文版）。

本部分由全国耐火材料标准化技术委员会提出并归口。

本部分主要起草单位：中冶集团武汉冶建技术研究有限公司、中钢集团洛阳耐火材料研究院、武汉科技大学。

本部分主要起草人：谢朝晖、方昌荣、彭西高、葛山、杜文忠、祝洪喜、王渝斌、彭艳。

耐火泥浆
第1部分:稠度试验方法(锥入度法)

1 范围

GB/T 22459的本部分规定了耐火泥浆稠度试验的术语和定义、原理、仪器设备、取样、试验程序、结果计算和试验报告。

本部分适用于锥入度法测定耐火泥浆的稠度。

2 规范性引用文件

下列文件中的条款通过本部分的引用而成为本部分的条款。凡是注日期的引用文件,其随后所有的修改单(不包括勘误的内容)或修订版均不适用于本部分,然而,鼓励根据本部分达成协议的各方研究是否可使用这些文件的最新版本。凡是不注日期的引用文件,其最新版本适用于本部分。

GB/T 17617　耐火原料和不定形耐火材料　取样(GB/T 17617—1998,neq ISO 8656-1:1988)

3 术语和定义

本部分采用以下术语和定义。

3.1

耐火泥浆　refractory mortar

一种经过细磨的耐火材料和结合剂的混合物,一般是在加入水或其他规定的液体后,用于铺砌和粘接耐火砖。

注1:这种耐火材料的成分与所用耐火砖的成分相关。

注2:在某些情况下,耐火泥浆可以预搅拌成成品状态供货。

3.2

耐火泥浆的稠度　consistency of refractory mortar

指材料在应用状态下所测定的黏度。

4 原理

用一只特定的圆锥体沉入试样的深度来测定耐火泥浆的稠度。

5 仪器设备

5.1　稠度测定仪:由锥入度仪、圆锥体和试样盒组成。

锥入度仪的示意图如图1所示。对圆锥体和试样盒的要求见5.1.1和5.1.2。

5.1.1　圆锥体:圆锥体为铜质或耐腐蚀钢质,表面光滑并经过抛磨,其尺寸如图2所示。锥体和撞杆的总质量为150 g±0.25 g。锥体和用淬火硬化钢或不锈钢制作的锥尖之间紧密结合,接口处无错台。

5.1.2　试样盒:内径100 mm、深50 mm的圆盒。

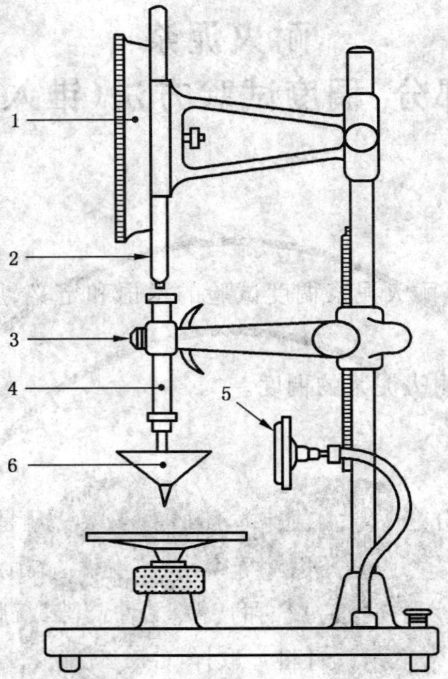

1——刻度盘；

2——齿杆；

3——按钮；

4——撞杆；

5——反光观察镜；

6——圆锥体。

注：反光观察镜可有可无。

图 1 锥入度仪示意图

5.2 搅拌机：由不锈钢搅拌锅与搅拌叶片组成(见图 3)。

5.2.1 不锈钢搅拌锅：容量约为 5 L，其通常的外形与尺寸如图 3 所示。在搅拌过程中，搅拌锅能安全地固定在搅拌机机架上。并且在一定程度上，搅拌锅相对于搅拌叶片的高度以及搅拌锅与搅拌叶片之间的间隙都应可以进行细致调整并固定。

5.2.2 搅拌叶片：其通常的外形、尺寸和允许公差如图 3 所示。搅拌叶片由转速可控的电动机驱动，在绕自身轴旋转的同时，绕搅拌锅的轴作行星运动。两个旋转的方向应该相反，并且两个转速之间的比率不应为整数。

当使用多台搅拌机时，搅拌锅和搅拌叶片应配套使用。根据使用的频率，应定期检查的搅拌锅和搅拌叶片之间的间隙(如图 3 所示)。

注：图 3 中所示的间隙(3 mm±1 mm)指的是在空搅拌锅中，搅拌叶片应尽可能地贴近搅拌锅壁。在直接测量间隙较困难时，可以使用简单的量具(如塞尺)。

5.3 天平：最大量程为 6 kg，最小分度值 1 g。

5.4 量筒：最小分度值 5 mL。

5.5 温度计：最小分度值 1 ℃。

单位为毫米

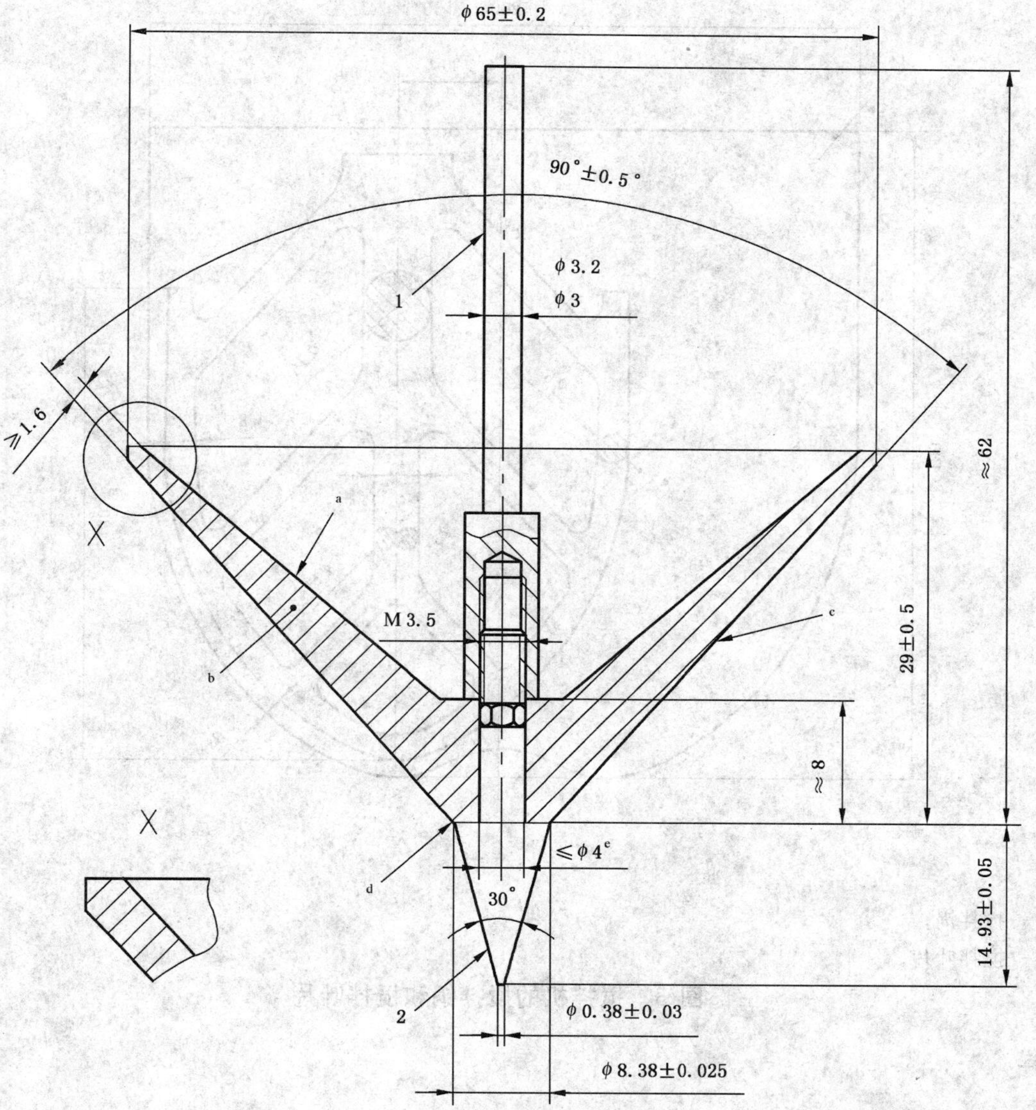

1——不锈钢圆棒；

2——针尖(由淬火硬化钢或不锈钢制成)。

a——加工达到规定质量；

b——黄铜或耐腐蚀钢质；

c——平滑并抛光的表面；

d——紧密结合；

e——平滑过渡无错台。

图 2　锥入度仪圆锥体

单位为毫米

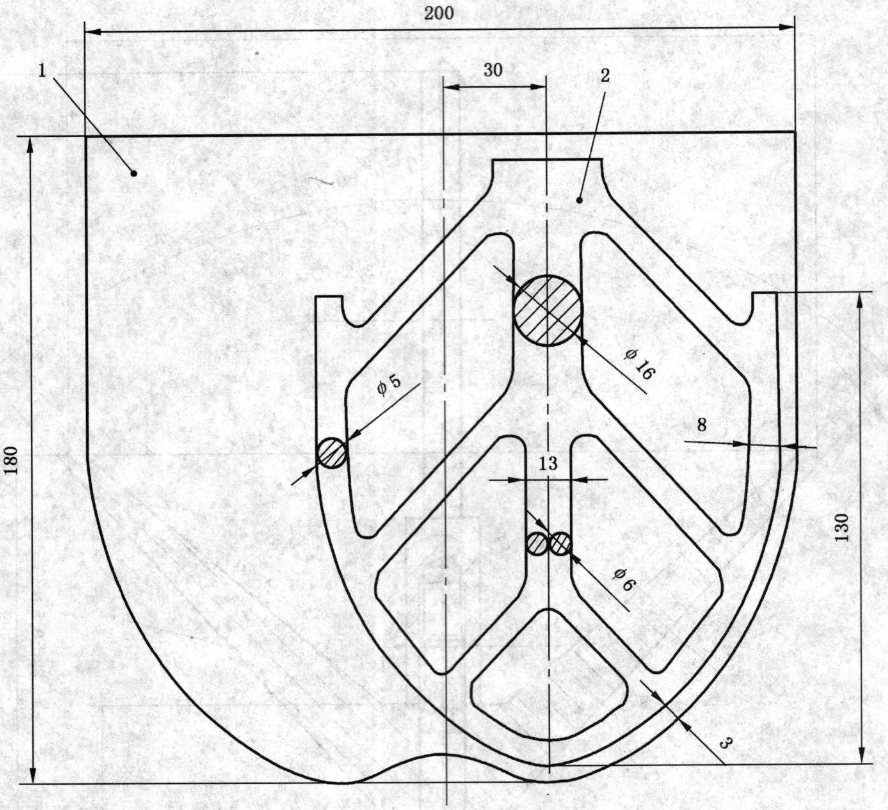

1——搅拌锅；

2——搅拌叶片。

图 3 搅拌机的搅拌锅和搅拌叶片

6 取样

对于干粉泥浆，按 GB/T 17617 的规定取样或由双方协商。用四分法或取样器将样品缩分至约 5 kg。

对于预搅拌泥浆，应将包装容器中的全部泥浆倒入更大容量的容器中并混合均匀后取样。特别注意不能抛弃任何漂浮的液体。确保在湿态混合物中取得具有代表性的样品。

7 试验程序

7.1 干粉泥浆，称取试样置于搅拌机中，根据生产厂家的使用说明加水(或规定的液体)，混合均匀。记录加液量。将混合好的泥浆放置 15 min，或根据生产厂家的使用说明进行操作。对于预搅拌泥浆，应在“原样(as received)”状态下进行测试。

7.2 测量混合好的泥浆的温度，精确至 1 ℃。

7.3 将锥入度仪垂直放好，安装清洁干燥的圆锥体。

7.4 在试样盒中装满混合好的耐火泥浆，用水平尺将试样表面刮平，将试样盒放置到试验台上。

7.5 调整圆锥体的位置，使它的尖端刚好与试样盒中心的耐火泥浆表面接触。推下刻度盘计量杆，使其下端与撞杆的顶端互相接触。调节指针,对准零点。

7.6 按下启动(放松)按钮,保持 5 s,让圆锥体自由下沉。松开按钮,推下刻度盘计量杆,使其下端与撞杆的顶端互相接触。读取刻度盘上数值,精确至 0.1 mm,作为耐火泥浆的稠度。

7.7 提起刻度盘计量杆和圆锥体。清洁圆锥体,按 7.3~7.6 的规定重复测定一次。

8 结果计算

以 2 次试验结果的平均值作为耐火泥浆稠度的试验结果,精确至 0.1 mm。

对于干粉泥浆,以干料质量为基数,计算试样加水或规定液体量的百分数。

9 试验报告

试验报告应包括以下内容:

a) 所有被测试材料的必要信息,包括材料说明、生产商、种类、牌号、批号等;

b) 执行的标准;

c) 检测机构的名称;

d) 干粉泥浆加水(或规定的液体)量的质量分数;

e) 试验结果,即锥入的深度作为稠度值,精确至 0.1 mm,包括试验的单值及平均值;

f) 试验环境温度;

g) 混合均匀后的泥浆温度;

h) 与规定操作过程的任何差异;

i) 检测过程中观察到的任何不正常现象(异常);

j) 试验日期。

STANDARDS PRESS OF CHINA

ICS 81.080
Q 46

中华人民共和国国家标准

GB/T 22459.2—2008/ISO 13765-2:2004

耐火泥浆
第2部分:稠度试验方法(跳桌法)

Refractory mortars—Part 2: Determination of consistency using the reciprocating flow table method

(ISO 13765-2:2004,IDT)

2008-10-30 发布　　　　2009-07-01 实施

中华人民共和国国家质量监督检验检疫总局
中国国家标准化管理委员会　发布

前　言

GB/T 22459—2008《耐火泥浆》包括7个部分：

——第1部分：稠度试验方法(锥入度法)；

——第2部分：稠度试验方法(跳桌法)；

——第3部分：粘接时间试验方法；

——第4部分：常温抗折粘接强度试验方法；

——第5部分：粒度分布(筛分析)试验方法；

——第6部分：预搅拌泥浆含水量试验方法；

——第7部分：高温性能试验方法。

本部分为GB/T 22459—2008的第2部分，等同采用ISO 13765-2:2004《耐火泥浆——第2部分：跳桌法测定泥浆的稠度》(英文版)。

本部分由全国耐火材料标准化技术委员会提出并归口。

本部分主要起草单位：中冶集团武汉冶建技术研究有限公司、中钢集团洛阳耐火材料研究院、武汉科技大学。

本部分主要起草人：谢朝晖、方昌荣、彭西高、葛山、杜文忠、祝洪喜、王渝斌、彭艳。

耐火泥浆
第2部分：稠度试验方法（跳桌法）

1 范围

GB/T 22459的本部分规定了耐火泥浆稠度试验的术语和定义、原理、仪器设备、取样、试验程序、结果计算和试验报告。

本部分适用于跳桌法测定耐火泥浆的稠度。

2 规范性引用文件

下列文件中的条款通过GB/T 22459本部分的引用而成为本部分的条款。凡是注日期的引用文件，其随后所有的修改单（不包括勘误的内容）或修订版均不适用于本部分，然而，鼓励根据本部分达成协议的各方研究是否可使用这些文件的最新版本。凡是不注日期的引用文件，其最新版本适用于本部分。

GB/T 17617 耐火原料和不定形耐火材料 取样(GB/T 17617—1998,neq ISO 8656-1:1988)

GB/T 22459.1 耐火泥浆 第1部分：稠度试验方法（锥入度法）(GB/T 22459.1—2008,ISO 13765-1:2004,IDT)

3 术语和定义

GB/T 22459.1确立的术语和定义适用于本标准。

4 原理

试样在跳桌的机械振动作用下直径增加，以增加值来表示耐火泥浆的稠度。

5 仪器设备

5.1 跳桌和模具，如图1所示。

5.2 搅拌机：由不锈钢搅拌锅与搅拌叶片组成（见图2）。

5.2.1 不锈钢搅拌锅：容量约为5 L，其通常的外形与尺寸如图2所示。在搅拌过程中，搅拌锅能安全地固定在搅拌机机架上。并且在一定程度上，搅拌锅相对于搅拌叶片的高度以及搅拌锅与搅拌叶片之间的间隙都应能进行细致调整并固定。

5.2.2 搅拌叶片：其通常的外形、尺寸和允许公差如图2所示。搅拌叶片由转速可控的电动机驱动，在绕自身轴旋转的同时，绕搅拌锅的轴作行星运动。两个旋转的方向应该相反，并且两个转速之间的比率不应为整数。

当使用多台搅拌机时，搅拌锅和搅拌叶片应配套使用。根据使用的频率，应定期检查搅拌锅和搅拌叶片之间的间隙（如图2所示）。

注：图2中所示的间隙(3 mm±1 mm)指的是在空搅拌锅中，搅拌叶片应尽可能地贴近搅拌锅壁。在直接测量间隙较困难时，可以使用简单的量具（如塞尺）。

STANDARDS PRESS OF CHINA

单位为毫米

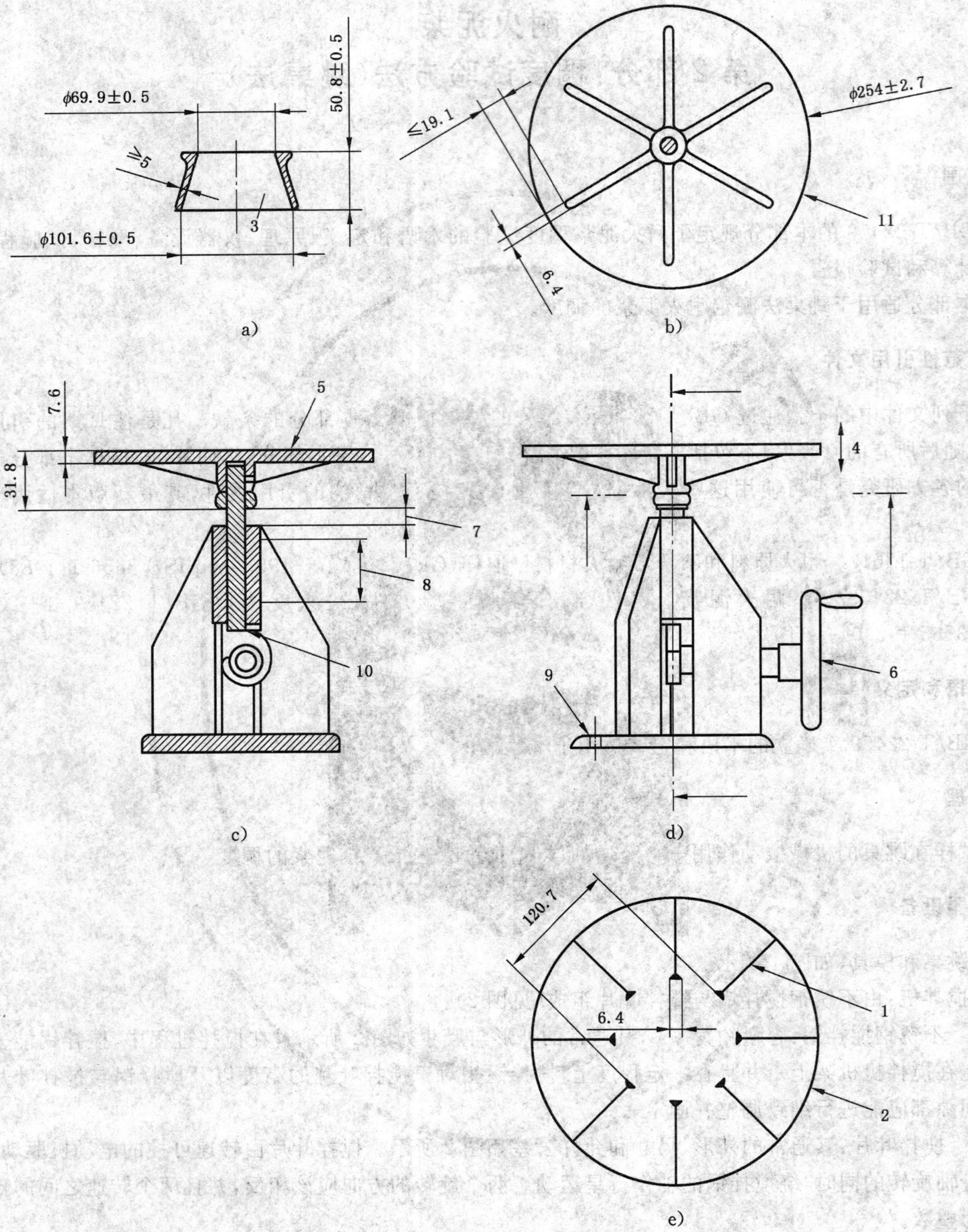

1——跳桌表面的刻度线；

2——跳桌(黄铜或青铜质)；

3——模具；

4——跳桌的运动方向；

5——跳桌固定在杆上，总质量为 4.1 kg±0.5 kg；

6——摇动手柄或柔性连接驱动马达(二者选其一)；

7——下落距离；

8——产生 12.7 mm±0.1 mm 下落的机构；

9——固定孔；

10——被强化的接触表面；

11——跳桌的仰视图。

图 1 跳桌和模具

单位为毫米

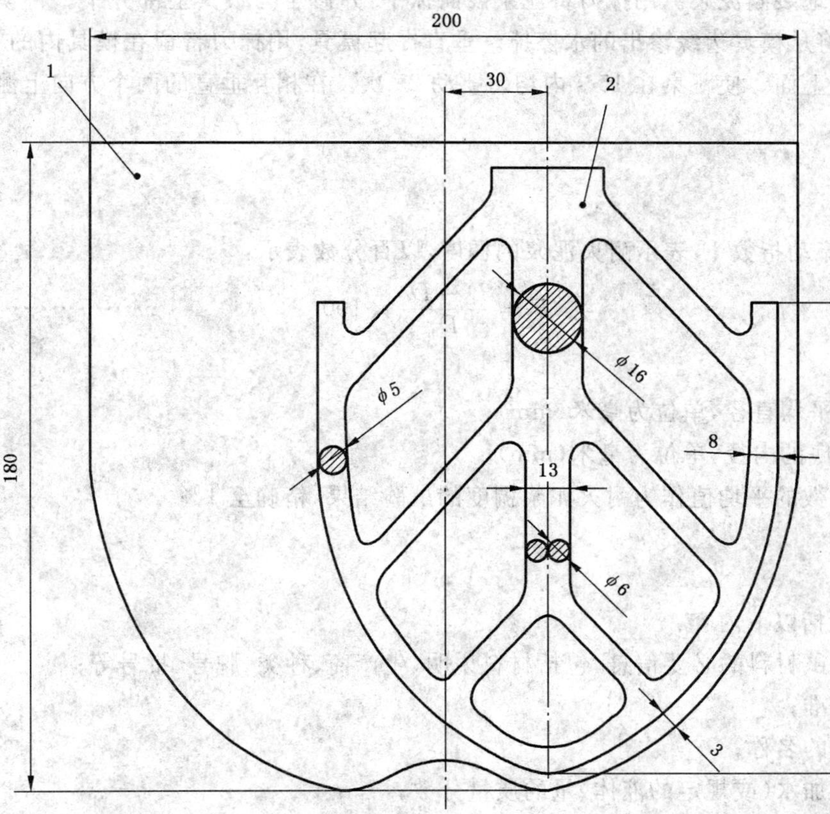

1——搅拌锅;

2——搅拌叶片。

图 2 搅拌机的搅拌锅和搅拌叶片

5.3 温度计。

5.4 抹刀。

5.5 量筒。

6 取样

对于干粉泥浆，按 GB/T 17617 的规定取样或由双方协商。用四分法或取样器将样品缩分至约 5 kg。

对于预搅拌泥浆,应将包装容器中的全部泥浆倒入更大容量的容器中并混合均匀后取样。特别注意不能抛弃任何漂浮的液体。确保在湿态混合物中取得具有代表性的样品。

7 试验程序

试验进行 3 次。

如果跳桌未使用的时间超过 24 h,在试验前应摇动跳桌 10 次。跳桌表面应擦拭干净,然后将清洁、干燥的模具放在跳桌中心。

干粉泥浆,称取试样置于搅拌机中,根据生产厂家的使用说明加水(或规定的液体),混合均匀。记录加液量。将混合好的泥浆放置 15 min,或根据生产厂家的使用说明进行操作。对于预搅拌泥浆,应在“原样(as received)”状态下进行测试。

测量混合好的泥浆的温度，精确至 1 ℃。

在模具中均匀地装满泥浆。用抹刀将泥浆表面抹平，并修至与模具上部齐平。将模具四周跳桌表面擦干净，尤其要将从模具边缘渗出的水擦掉。垂直提起模具，用抹刀将留在模具内的泥浆刮下，并放在跳桌上泥浆的最上面。使跳桌在 15 s 内均匀跳动 25 次。在相互垂直的两个方向上测量泥浆的平均直径，精确至毫米。

8　结果计算

按式(1)计算流动指数 F，表示耐火泥浆的稠度，以百分数表示：

$$F=\frac{D-D_0}{D_0}\times 100 \quad\cdots\cdots(1)$$

式中：

D——泥浆的平均直径，单位为毫米(mm)；

D_0——模具下底的内径，单位为毫米(mm)。

以 3 次流动指数的平均值作为耐火泥浆稠度的试验结果，精确至 1%。

9　试验报告

试验报告应包括以下内容：

a)　所有被测试材料的必要信息，包括材料说明、生产商、种类、牌号、批号等；

b)　执行的标准；

c)　检测机构的名称；

d)　干粉泥浆加水(或规定的液体)量的质量分数；

e)　试验结果，即流动指数作为泥浆稠度的试验结果，精确至 1%，包括试验的单值及平均值；

f)　试验环境温度；

g)　混合均匀后的泥浆温度；

h)　与规定操作过程的任何差异；

i)　检测过程中观察到的任何不正常现象(异常)；

j)　试验日期。

ICS 81.080
Q 46

中华人民共和国国家标准

GB/T 22459.3—2008/ISO 13765-3:2004

耐火泥浆 第3部分:粘接时间试验方法

Refractory mortars—Part 3: Determination of joint stability

(ISO 13765-3:2004,IDT)

STANDARDS PRESS OF CHINA

2008-10-30 发布

2009-07-01 实施

中华人民共和国国家质量监督检验检疫总局
中国国家标准化管理委员会 发布

前　言

GB/T 22459—2008《耐火泥浆》包括 7 个部分：

——第 1 部分：稠度试验方法(锥入度法)；

——第 2 部分：稠度试验方法(跳桌法)；

——第 3 部分：粘接时间试验方法；

——第 4 部分：常温抗折粘接强度试验方法；

——第 5 部分：粒度分布(筛分析)试验方法；

——第 6 部分：预搅拌泥浆含水量试验方法；

——第 7 部分：高温性能试验方法。

本部分为 GB/T 22459—2008 的第 3 部分，等同采用 ISO 13765-3:2004《耐火泥浆——第 3 部分：粘接稳定性(粘接时间)的测定》(英文版)。

本部分由全国耐火材料标准化技术委员会提出并归口。

本部分主要起草单位：中冶集团武汉冶建技术研究有限公司、中钢集团洛阳耐火材料研究院、武汉科技大学。

本部分主要起草人：谢朝晖、方昌荣、彭西高、葛山、杜文忠、祝洪喜、王渝斌、彭艳。

耐火泥浆
第3部分：粘接时间试验方法

1 范围

GB/T 22459 的本部分规定了耐火泥浆粘接时间试验的术语和定义、原理、仪器设备、取样、试验程序、结果计算和试验报告。

本部分适用于测定耐火泥浆的粘接时间。

2 规范性引用文件

下列文件中的条款通过 GB/T 22459 的本部分的引用而成为本部分的条款。凡是注日期的引用文件，其随后所有的修改单(不包括勘误的内容)或修订版均不适用于本部分，然而，鼓励根据本部分达成协议的各方研究是否可使用这些文件的最新版本。凡是不注日期的引用文件，其最新版本适用于本部分。

GB/T 17617 耐火原料和不定形耐火材料 取样(GB/T 17617—1998，neq ISO 8656-1:1988)

GB/T 22459.1 耐火泥浆 第1部分：稠度试验方法(锥入度法)(GB/T 22459.1—2008，ISO 13765-1:2004，IDT)

GB/T 22459.2 耐火泥浆 第2部分：稠度试验方法(跳桌法)(GB/T 22459.2—2008，ISO 13765-2:2004，IDT)

3 术语和定义

下列术语和定义适用于本部分。

3.1

粘接稳定性(粘接时间) joint stability

在不破坏泥浆接缝的情况下，用手揉动砖至泥浆接缝稳定而砖不能再移动。

注：用耐火泥浆失水干涸前可揉动的时间作为泥浆的粘接时间。

4 原理

用耐火泥浆粘砌耐火砖来测定耐火泥浆的粘接时间。

5 仪器设备

5.1 搅拌机：采用 GB/T 22459.1 或 GB/T 22459.2 中规定的搅拌机。

5.2 电热干燥箱：装有温度控制器，能满足 110 ℃±5 ℃温度控制。

5.3 稠度测定仪：采用 GB/T 22459.1 或 GB/T 22459.2 中规定的稠度测定仪。

5.4 天平：最大量程为 10 kg，最小分度值 1 g。

5.5 秒表。

5.6 隔棒：由洁净的金属(如不锈钢)制成的圆棒，直径为 3 mm±0.1 mm。

5.7 量筒。

6 取样

对于干粉泥浆，按 GB/T 17617 的规定取样或由双方协商。用四分法或取样器将样品缩分至约 5 kg。

对于预搅拌泥浆，应将包装容器中的全部泥浆倒入更大容量的容器中并混合均匀后取样。特别注意不能抛弃任何漂浮的液体。确保在湿态混合物中取得具有代表性的样品。

7 试验程序

7.1 将 4 块砖面平整、边角整齐(用硬毛刷刷去杂物)的标形砖(230 mm×114 mm×65(75) mm)置于干燥箱中。在 110 ℃±5 ℃干燥至少 24 h，然后自然冷却至室温。检测用耐火砖必须与被检测的耐火泥浆相匹配。

7.2 干粉泥浆，称取试样置于搅拌机中，加水(或规定的液体)均匀搅拌，达到要求的稠度。将混合好的泥浆放置 30 min，或根据生产厂家的使用说明进行操作。预搅拌泥浆应在“原样(as received)”状态下检测。按 GB/T 22459.1 或 GB/T 22459.2 的要求记录下稠度。

7.3 在烘干后耐火砖 230 mm×114 mm 的面上涂抹搅拌好的耐火泥浆。每块耐火砖的纵向端面应相互平行，允许误差±1 mm；横向端面也应相互平行，允许误差 0.5 mm。在泥浆涂层上放置两根隔棒，隔棒平行于 114 mm 的棱，且距两棱各 30 mm。然后如图 1 所示，放上另一块砖。

单位为毫米

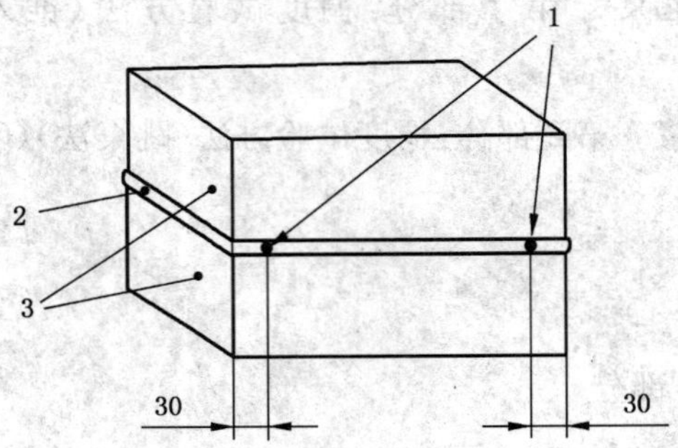

1——金属隔棒；
2——耐火泥浆；
3——耐火砖。

图 1 试验砖的放置

7.4 用手轻压上面的一块砖，沿 230 mm 长度方向来回揉动，直到砖缝达到 3 mm。

7.5 抽出隔棒，注意不破坏砖缝，除去边缘多余的泥浆。启动秒表，沿 230 mm 长度方向来回揉动上面一块砖，揉动时不能破坏泥浆接缝。当砖不能再揉动时，停止秒表。记录所用时间，单位为秒。

7.6 按 7.3～7.5 的规定，用另外一对砖重复测定一次。

8 结果计算

以 2 次测定时间的平均值(单位为秒)作为耐火泥浆的粘接时间。

9 试验报告

试验报告应包括以下内容：

a) 所有被测试材料的必要信息，包括材料说明、生产商、种类、牌号、批号等；

b) 执行的标准；

c) 检测机构的名称；

d) 检测用耐火砖的种类、牌号和生产商；

e) 干粉泥浆加水(或规定的液体)量的质量分数；

f) 试验结果，也就是粘接时间(以秒为单位)，包括试验的单值及平均值；

g) 泥浆的稠度及稠度测试方法，也就是 GB/T 22459.1 或 GB/T 22459.2；

h) 试验环境温度；

i) 与规定操作过程的任何差异；

j) 检测过程中观察到的任何不正常现象(异常)；

k) 试验日期。

STANDARDS PRESS OF CHINA

ICS 81.080
Q 46

中华人民共和国国家标准

GB/T 22459.4—2008/ISO 13765-4:2004

耐火泥浆
第4部分:常温抗折粘接强度试验方法

Refractory mortars—Part 4: Determination of flexural bonding strength

(ISO 13765-4:2004,IDT)

2008-10-30 发布 2009-07-01 实施

中华人民共和国国家质量监督检验检疫总局
中国国家标准化管理委员会 发布

前 言

GB/T 22459—2008《耐火泥浆》包括7个部分：

——第1部分：稠度试验方法(锥入度法)；

——第2部分：稠度试验方法(跳桌法)；

——第3部分：粘接时间试验方法；

——第4部分：常温抗折粘接强度试验方法；

——第5部分：粒度分布(筛分析)试验方法；

——第6部分：预搅拌泥浆含水量试验方法；

——第7部分：高温性能试验方法。

本部分为GB/T 22459—2008的第4部分，等同采用ISO 13765-4:2004《耐火泥浆——第4部分：抗折粘接强度的测定》(英文版)。

本部分由全国耐火材料标准化技术委员会提出并归口。

本部分主要起草单位：中冶集团武汉冶建技术研究有限公司、中钢集团洛阳耐火材料研究院、武汉科技大学。

本部分主要起草人：谢朝晖、方昌荣、彭西高、葛山、杜文忠、祝洪喜、王渝斌、彭艳。

耐火泥浆
第4部分:常温抗折粘接强度试验方法

1 范围

GB/T 22459的本部分规定了耐火泥浆常温抗折粘接强度试验的术语和定义、原理、仪器设备、取样及试块制备、试验程序、结果计算和试验报告。

本部分适用于测定耐火泥浆砌筑后(经过烘干和烧成)耐火砖之间粘接面的抗折粘接强度。

2 规范性引用文件

下列文件中的条款通过GB/T 22459的本部分的引用而成为本部分的条款。凡是注日期的引用文件,其随后所有的修改单(不包括勘误的内容)或修订版均不适用于本部分,然而,鼓励根据本部分达成协议的各方研究是否可使用这些文件的最新版本。凡是不注日期的引用文件,其最新版本适用于本部分。

GB/T 17617 耐火原料和不定形耐火材料 取样(GB/T 17617—1998,neq ISO 8656-1:1988)

GB/T 22459.1 耐火泥浆 第1部分:稠度试验方法(锥入度法)(GB/T 22459.1—2008,ISO 13765-1:2004,IDT)

GB/T 22459.2 耐火泥浆 第2部分:稠度试验方法(跳桌法)(GB/T 22459.2—2008,ISO 13765-2:2004,IDT)

3 术语和定义

下列术语和定义适用于本部分。

3.1

抗折粘接强度 flexural bonding strength

试件在三点弯曲装置上粘接面所能承受的最大应力。

4 原理

用被检测的耐火泥浆将两块耐火砖试块粘接成规定尺寸的长方体试件,经烘干和烧成后,于室温下,按规定加荷速率在试件粘接面上施加弯曲应力,直至粘接面断裂。

5 仪器设备

5.1 加荷装置:加荷装置由相互平行的加荷刀口和两条支撑刀口构成(如图1所示)。

加荷刀口应在支撑刀口的中间并与两刀口等距。L_s和R值、试件横端面之间的平行度以及试件上下表面之间平行度的允许偏差见表1。加荷装置应能在试件中间按一定的加荷速率均匀地施加荷载,加荷速率的规定见表1。

单位为毫米

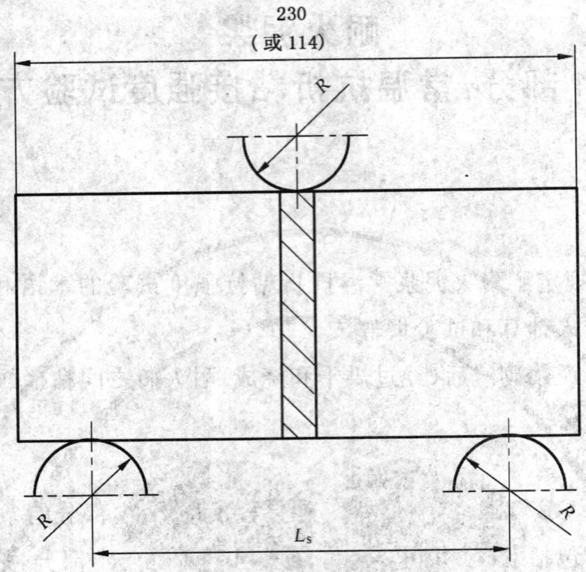

L_s——支撑点间距；

R——加荷刀口和支撑刀口的曲率半径。

图 1 加荷装置

表 1 试块尺寸、允许偏差和加荷速率等

试块尺寸 长×宽×高 ($l×b×h$)/mm	宽 b、高 h 允许偏差/mm	横端面平行度允许偏差/mm	上下表面平行度允许偏差/mm	支撑点间距 L_s/mm	刀口曲率半径 R/mm	加荷速率/($N·s^{-1}$)	
						致密定形	隔热定形
115×114×75	—	—	—	180±1	15±0.5	370±37	120±12
115×114×65	—	—	—	180±1	15±0.5	260±26	86±8.6
100×40×40	±1	±0.15	±0.25	180±1	5±0.5	36±3.6	12±1.2
57.50×25×25	±1	±0.10	±0.20	100±1	5±0.5	13±1.3	4.2±0.42
57×40×40	±1	±0.15	±0.25	100±1	4±0.5	64±6.4	21±2.1

5.2 搅拌机：采用 GB/T 22459.1 或 GB/T 22459.2 中规定的搅拌机。

5.3 电热干燥箱：装有温度控制器，能满足 110 ℃±5 ℃温度控制。

5.4 稠度测定仪：采用 GB/T 22459.1 或 GB/T 22459.2 中规定的稠度测定仪。

5.5 天平：最大量程为 2 kg，最小分度值 1 g。

5.6 卡尺：最小分度值 0.1 mm。

5.7 加热炉：应能满足 7.3 规定的加热要求。

5.8 热电偶高温计。

5.9 切割工具。

6 取样及试块制备

6.1 取样

对于干粉泥浆，按 GB/T 17617 的规定取样或由双方协商。用四分法或取样器将样品缩分至约 5 kg。

对于预搅拌泥浆，应将包装容器中的全部泥浆倒入更大容量的容器中并混合均匀后取样。特别注意不能抛弃任何漂浮的液体。确保在湿态混合物中取得具有代表性的样品。

6.2 试块制备

试块尺寸见表1,实际使用的尺寸应由检测各方在试验前协商。

试块数量:10块。用来制作5对试件,每对试件由被泥浆粘接在一起的两个试块组成。

根据表1中规定的尺寸和允许偏差从供试验用的耐火砖上切取试块。试块上相邻的棱应相互垂直,角应为直角,表面应平整、无裂纹,粘接面应清洁。每个试块应有一个用于粘接的原砖面。检测中所用的耐火砖,应与被检测的耐火泥浆相匹配。

试验前,试块应置于干燥箱中在110 ℃±5 ℃下保温8 h或至恒量,然后自然冷却至室温。

7 试验程序

7.1 试件制备

7.1.1 干粉泥浆,用天平称取1.5 kg。根据稠度要求,按GB/T 22459.1或GB/T 22459.2的规定加水(或规定的液体)混合搅拌,达到要求的稠度值。测定泥浆稠度后,将泥浆放置30 min,或根据生产厂家的使用说明进行操作。

对于预搅拌泥浆,经搅拌均匀后取样约1 kg。

测定稠度值后,按7.1.2的规定操作。

7.1.2 取一对干燥后的试块,将搅拌均匀的泥浆涂抹在两个试块的原砖面上,刮去泥浆。再次涂抹泥浆于试块的原砖面上,随即粘接两个泥浆的涂抹面(见图2)。用力压住试块两端,同时横向揉动以挤出多余的泥浆。刮去被挤出的多余泥浆,做成2 mm的砖缝(协商约定的厚度除外)。不得扭动试件,试块间错位不应超过0.5 mm。

重复以上操作,使用10块试块制作5对试件。

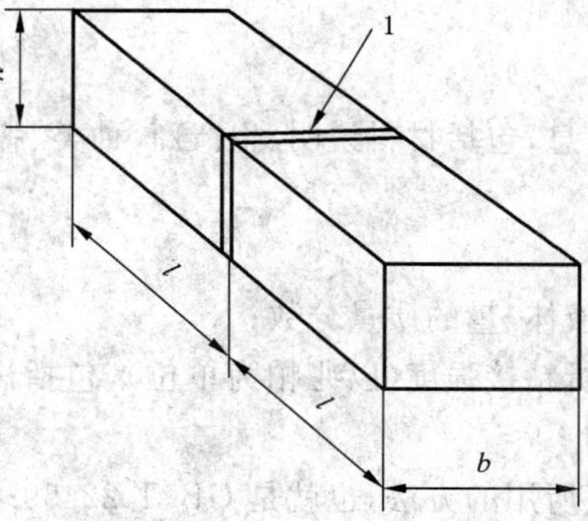

1——泥浆。

图2 试件

7.2 试件干燥

试件在室温下自然干燥24 h。试件放置时,放置面应平行于泥浆的粘接面(即直立放置)。

小心地将自然干燥后的试件直立放进干燥箱。升温至65 ℃±5 ℃,保温4 h。然后升温至110 ℃±5 ℃,保温12 h。

7.3 试件烧成

将干燥后的试件直立放在加热炉内的均热带。试件之间的间距及试件与均热板之间的间距,不应小于10 mm。试件与发热元件之间的间距,不应小于20 mm。无均热板时,发热元件的辐射热不应直射到试件的泥浆粘接面。

加热时,炉内应保持氧化气氛或规定的气氛。升温速度规定如下:一般为5 ℃/min,硅质泥浆3 ℃/min。

升到规定温度后，保温 3 h(硅质泥浆为 5 h)。保温期间，温度波动不应超过±10 ℃。

保温结束后，试件随炉自然冷却至室温。

7.4 抗折粘接强度的测定

7.4.1 测量烘干并烧后试件粘接面处的宽度 b 和高度 h。每个试件在不同的点测量 2 次，计算平均值，精确至 0.1 mm。

7.4.2 将试件置于支撑刀口上。将加荷刀口对准试件的粘接面，其偏差不应超过 2 mm。以表 1 规定的加荷速率垂直加荷，直至粘接面断裂，记录断裂时的最大载荷。

7.4.3 仔细地检查每一个试件，当发现试件粘接面的空白区达到 20%或以上，或者试件整个粘接面的泥浆层与砖面脱开呈光面时，则将该结果舍去。在这种情况下，如果正常的试件少于 3 个，则应从 6.2 起重新操作。

8 结果计算

按式(1)计算断裂模量 σ_F 作为试件的抗折粘接强度，单位为兆帕(MPa)，精确至 0.1 MPa。

$$\sigma_F = \frac{3F_{\max}L_s}{2bh^2} \quad \cdots\cdots(1)$$

式中：

$F_{\max}$——试件粘接面断裂时的最大载荷，单位为牛顿(N)；

L_s——支撑点的间距，单位为毫米(mm)；

b——粘接面处试件的宽度，单位为毫米(mm)；

h——粘接面处试件的高度，单位为毫米(mm)。

抗折粘接强度取 5 次测定结果的平均值，准确至 0.1 MPa，但不包括 7.4.3 舍去的数值。

9 试验报告

试验报告应包括以下内容：

a) 所有被测试材料的必要信息，包括材料说明、生产商、种类、牌号、批号、试块尺寸等；

b) 执行的标准；

c) 检测机构的名称；

d) 干粉泥浆加水(或规定的液体)量的质量分数；

e) 试验结果，也就是常温抗折粘接强度(以兆帕为单位)，包括试验的单值及平均值，粘接面未被破坏时应注明；

f) 泥浆的稠度以及测试稠度所用的方法，也就是 GB/T 22459.1 或 GB/T 22459.2；

g) 烧成温度和保温时间；

h) 与规定操作过程的任何差异；

i) 检测过程中观察到的任何不正常现象(异常)；

j) 试验日期。

ICS 81.080
Q 46

中华人民共和国国家标准

GB/T 22459.5—2008/ISO 13765-5:2004

耐火泥浆
第5部分:粒度分布(筛分析)试验方法

Refractory mortars—Part 5: Determination of grain size distribution (sieve analysis)

(ISO 13765-5:2004,IDT)

2008-10-30 发布　　　　2009-07-01 实施

中华人民共和国国家质量监督检验检疫总局
中国国家标准化管理委员会　发布

前　言

GB/T 22459—2008《耐火泥浆》包括7个部分：

——第1部分：稠度试验方法（锥入度法）；

——第2部分：稠度试验方法（跳桌法）；

——第3部分：粘接时间试验方法；

——第4部分：常温抗折粘接强度试验方法；

——第5部分：粒度分布（筛分析）试验方法；

——第6部分：预搅拌泥浆含水量试验方法；

——第7部分：高温性能试验方法。

本部分为GB/T 22459—2008的第5部分，等同采用ISO 13765-5:2004《耐火泥浆——第5部分：粒度分布（筛分析）试验方法》（英文版）。

本部分由全国耐火材料标准化技术委员会提出并归口。

本部分主要起草单位：中冶集团武汉冶建技术研究有限公司、中钢集团洛阳耐火材料研究院、武汉科技大学。

本部分主要起草人：谢朝晖、方昌荣、彭西高、葛山、杜文忠、祝洪喜、王渝斌、彭艳。

耐火泥浆
第5部分:粒度分布(筛分析)试验方法

1 范围

GB/T 22459 的本部分规定了耐火泥浆粒度分布(筛分析)试验的术语和定义、原理、仪器设备、取样、试验程序、结果计算和试验报告。

本部分适用于筛分析法测定耐火泥浆的粒度分布。

2 规范性引用文件

下列文件中的条款通过 GB/T 22459 的本部分的引用而成为本部分的条款。凡是注日期的引用文件,其随后所有的修改单(不包括勘误的内容)或修订版均不适用于本部分,然而,鼓励根据本部分达成协议的各方研究是否可使用这些文件的最新版本。凡是不注日期的引用文件,其最新版本适用于本部分。

GB/T 6005 试验筛 金属丝编织网、穿孔板和电成型薄板筛孔的基本尺寸(GB/T 6005—1997,eqv ISO 565:1990)

GB/T 17617 耐火原料和不定形耐火材料 取样(GB/T 17617—1998,neq ISO 8656-1:1988)

GB/T 22459.6 耐火泥浆 第6部分:预搅拌泥浆含水量试验方法(GB/T 22459.6—2008,ISO 13765-6:2004,IDT)

3 术语和定义

下列术语和定义适用于本部分。

3.1

粒度分布 grain size distribution

每级颗粒尺寸的质量分数,用百分数表示。

4 原理

使材料通过一系列孔径逐渐减小的筛,用所使用的筛网孔径来定义被分出来的颗粒粒度分布。

干粉耐火泥浆的粒度分布测定可采用干筛法,也可使用湿筛法,而后者可以得到更具重现性的结果。

预搅拌泥浆的粒度分布应采用湿筛法,化学结合泥浆应采用干筛法。

5 仪器设备

5.1 标准筛及筛盒:筛框规格为 ϕ200 mm,符合 GB/T 6005 的规定。

5.2 筛刷。

5.3 天平:最小分度值为 0.1 g。

5.4 电热干燥箱:装有温度控制器,能满足 110 ℃±5 ℃温度控制。

5.5 振筛机:至少能同时夹持 5 个标准筛进行振动。

6 取样

对于干粉泥浆,按 GB/T 17617 的规定取样或由双方协商。用四分法或取样器将样品缩分至约 5 kg。

对于预搅拌泥浆，应将包装容器中的全部泥浆倒入更大容量的容器中并混合均匀后取样。特别注意不能抛弃任何漂浮的液体。确保在湿态混合物中取得具有代表性的样品。

7 试验程序

7.1 一般规定

每个试样应试验2次。

确保筛网在使用前是清洁和干燥的。

7.2 干筛法

称量至少50 g试样，在110 ℃±5 ℃电热干燥箱中烘干至恒量。在干燥器中冷却至室温后，称量并记录其质量m_1，精确至0.1 g。

将套筛装到振筛机上，筛孔最大的筛在上面，筛孔最小的筛和筛底盒在下面。

将试样放在顶层筛中，开启振筛机操作15 min。如果有细粉粘附上层筛网时，可以使用筛刷轻轻地刷拭，以使这些物料通过筛网到下一层筛中。

从振筛机上取下套筛，小心地将筛分开，然后将各筛中的试样分别倒在几张干净的纸上。

称量从每个筛和筛底盒中收集的试样，精确至0.1 g。记录每段粒度试样的质量m_R，R表示筛孔尺寸。

7.3 干粉泥浆的湿筛法

称量至少50 g试样，置于清洁、干燥的蒸发皿（或合适的玻璃碟）上，将泥浆均匀摊在皿上。在110 ℃±5 ℃电热干燥箱中烘干至恒量，即干燥2 h后，再反复干燥每次10 min，直至相继两次称量之差不超过0.2 g或0.5%。

在干燥器中冷却至室温后，称量并记录其质量m_1，精确至0.1 g。

将试样浸透水，使细粉和粗颗粒完全分开，且不再团聚。再将试样放到最细的筛上，用水冲洗（使用接在水龙头上的橡胶管），直至通过筛的水变清为止。

注：必要时，水洗前可在一定体积的水中搅拌使泥浆试样分散。

水洗后，将筛中所余试样移入蒸发皿中。在110 ℃±5 ℃下干燥蒸发皿和试样1 h或至恒量。从蒸发皿中取出试样，称量并记录其质量m_2，精确至0.1 g。

将套筛装到振筛机上，筛孔最大的筛在上面，筛孔最小的筛和筛底盒在下面。将上面步骤中得到的试样放在顶层筛中，开启振筛机操作15 min。如果有细粉粘附上层筛网时，可使用筛刷轻轻地刷拭，以使这些物料通过筛网到下一层筛中。

从振筛机上取下套筛，小心地将筛分开，然后将各筛中的试样分别倒在几张干净的纸上。称量从各筛中收集的试样，精确至0.1 g。记录每段粒度试样的质量m_R，R表示筛孔尺寸。

7.4 预搅拌泥浆的湿筛法

称取2份试样，每份至少50 g。称量并记录其质量m_1，精确至0.1 g。一份试样按GB/T 22459.6测定耐火泥浆的含水量w_W，另一份按以下进行湿筛分析。

将试样浸透水，使细粉和粗颗粒完全分开，且不再团聚。

将试样放到最细的筛上，用水冲洗（使用接在水龙头上的橡胶管），直至通过筛的水变清为止。水洗后，将筛中所余试样移入蒸发皿中。在110 ℃±5 ℃下干燥蒸发皿和试样1 h或至恒量。

试样在干燥器中冷却至室温。从蒸发皿中取出试样，称量并记录其质量m_2，精确至0.1 g。

将套筛装到振筛机上，筛孔最大的筛在上面，筛孔最小的筛在下面。将上面步骤中得到的试样放在顶层筛中，开启振筛机操作15 min。如果有细粉粘附上层筛网时，可使用筛刷轻轻地刷拭，以使这些物料通过筛网到下一层筛中。

从振筛机上取下套筛，小心地将筛分开，然后将各筛中的试样分别倒在几张干净的纸上。称量从每个筛中收集的试样，精确至0.1 g。记录每段粒度试样的质量m_R，R表示筛孔尺寸。

8 结果计算

8.1 筛分析

8.1.1 干筛法

按式(1)计算保留在筛孔尺寸为 R 的筛上的试样的增量百分比(质量分数)w_R：

$$w_R(\%)=\frac{m_R}{m_1}\times 100 \qquad \cdots\cdots(1)$$

式中：

m_R——保留在筛孔尺寸为 R 的筛上的试样的质量，单位为克(g)；

m_1——用于筛分析的试样质量，单位为克(g)；

用筛底盒中所余试样的质量来计算通过最细筛试样的质量分数。

8.1.2 干粉泥浆的湿筛法

按式(2)计算保留在筛孔尺寸为 R 的筛上的试样的增量百分比(质量分数)w_R：

$$w_R(\%)=\frac{m_R}{m_1}\times 100 \qquad \cdots\cdots(2)$$

式中：

m_R——保留在筛孔尺寸为 R 的筛上的试样的质量，单位为克(g)；

m_1——用于筛分析的试样质量，单位为克(g)。

按式(3)计算通过最细筛试样的质量分数 w_F：

$$w_F(\%)=\frac{m_1-m_2}{m_1}\times 100 \qquad \cdots\cdots(3)$$

式中：

m_2——水洗和干燥后保留在最细筛上试样的质量，单位为克(g)。

8.1.3 预搅拌泥浆的湿筛法

按式(4)计算原始试样干燥后的质量 m_d，单位为克(g)：

$$m_d=\frac{m_1\times(100-w_W)}{100} \qquad \cdots\cdots(4)$$

式中：

m_1——湿态试样的质量，单位为克(g)；

w_W——湿态试样含水量的质量分数，%。

按式(5)计算保留在筛孔尺寸为 R 的筛上的试样的增量百分比(质量分数)w_R：

$$w_R(\%)=\frac{m_R}{m_d}\times 100 \qquad \cdots\cdots(5)$$

式中：

m_R——保留在筛孔尺寸为 R 的筛上的试样的质量，单位为克(g)；

m_d——原始试样干燥后的质量，单位为克(g)。

按式(6)计算通过最细筛试样的质量分数 w_F：

$$w_F(\%)=\frac{m_d-m_2}{m_d}\times 100 \qquad \cdots\cdots(6)$$

式中：

m_2——水洗和干燥后保留在最细筛上试样的质量，单位为克(g)。

8.2 试验结果

用 2 份试样的平均值作为试验结果，精确至 0.1%。

STANDARDS PRESS OF CHINA

如果2份试样筛分析所得累积粒度分布百分比之和的误差超过1%，则试验结果无效，应重新进行试验。

粒度分布可以用以下任一种方法表示：

a） 保留在单个筛上增量百分数，例如：−0.150 mm，+0.075 mm=7.4%；

b） 累积粒度分布，用不能通过某特定筛孔尺寸的累积试样的百分数表示该粒度分布的百分数。

9 试验报告

试验报告应包括以下内容：

a） 所有被测试材料的必要信息，包括材料说明、生产商、种类、牌号、批号等；

b） 执行的标准；

c） 所采用的测试方法，也就是湿筛法或干筛法；

d） 检测机构的名称；

e） 试验结果，包括：

——所使用的筛孔尺寸；

——粒度分布的平均值；

——是用保留在单个筛上的增量百分数表达，或是用大于某特定筛孔尺寸的累积试样的百分数表达；

f） 试验环境温度；

g） 与规定操作过程的任何差异；

h） 检测过程中观察到的任何不正常现象(异常)；

i） 试验日期。

ICS 81.080
Q 46

中华人民共和国国家标准

GB/T 22459.6—2008/ISO 13765-6:2004

耐火泥浆
第6部分:预搅拌泥浆含水量试验方法

Refractory mortars—Part 6: Determination of moisture content of ready-mixed mortars

(ISO 13765-6:2004,IDT)

2008-10-30 发布 2009-07-01 实施

中华人民共和国国家质量监督检验检疫总局
中国国家标准化管理委员会 发布

前 言

GB/T 22459—2008《耐火泥浆》包括7个部分：

——第1部分：稠度试验方法(锥入度法)；

——第2部分：稠度试验方法(跳桌法)；

——第3部分：粘接时间试验方法；

——第4部分：常温抗折粘接强度试验方法；

——第5部分：粒度分布(筛分析)试验方法；

——第6部分：预搅拌泥浆含水量试验方法；

——第7部分：高温性能试验方法。

本部分为GB/T 22459—2008的第6部分，等同采用ISO 13765-6:2004《耐火泥浆——第6部分：预搅拌泥浆含水量试验方法》(英文版)。

本部分由全国耐火材料标准化技术委员会提出并归口。

本部分主要起草单位：中冶集团武汉冶建技术研究有限公司、中钢集团洛阳耐火材料研究院、武汉科技大学。

本部分主要起草人：谢朝晖、方昌荣、彭西高、葛山、杜文忠、祝洪喜、王渝斌、彭艳。

耐火泥浆
第6部分:预搅拌泥浆含水量试验方法

1 范围

GB/T 22459的本部分规定了预搅拌耐火泥浆含水量试验的术语和定义、原理、仪器设备、取样、试验程序、结果计算和试验报告。

本部分适用于测定预搅拌泥浆的含水量。

2 规范性引用文件

下列文件中的条款通过GB/T 22459的本部分的引用而成为本部分的条款。凡是注日期的引用文件,其随后所有的修改单(不包括勘误的内容)或修订版均不适用于本部分,然而,鼓励根据本部分达成协议的各方研究是否可使用这些文件的最新版本。凡是不注日期的引用文件,其最新版本适用于本部分。

GB/T 17617　耐火原料和不定形耐火材料　取样(GB/T 17617—1998,neq ISO 8656-1:1988)

3 术语和定义

下列术语和定义适用于本部分。

3.1

含水量　moisture content

样品在110 ℃干燥后质量的损失与样品原始质量的百分比。

4 原理

在110 ℃±5 ℃的干燥箱内,将已知质量的样品干燥至恒量。

5 仪器设备

5.1 天平:最小分度值为0.1 g。

5.2 电热干燥箱:装有温度控制器,能满足110 ℃±5 ℃温度控制。

5.3 干燥器。

6 取样

按GB/T 17617的规定取样或由双方协商。

将预搅拌泥浆从包装容器中全部倒入更大容量的容器中并混合均匀后取样。特别注意不能抛弃任何漂浮的液体。确保在湿态混合物中取得具有代表性的样品。

7 试验程序

每个样品应试验2次。

用天平称量至少50 g样品,精确至0.1 g,置于一只清洁、干燥的蒸发皿(或合适的玻璃碟)上。将泥浆均匀摊在皿上,记录质量 m_1。

将试样在110 ℃±5 ℃干燥箱中烘干5 h或至恒量,即干燥2 h后,再反复干燥每次10 min,直至相继两次称量之差不超过0.2 g或0.5%。

从干燥箱中取出试样，放入干燥器中冷却至室温。

称量干燥后的试样，精确至0.1 g，记录质量m_2。

8 结果计算

按式(1)计算含水量w_W(质量分数)，数值用%表示：

$$w_W = \frac{m_1 - m_2}{m_1} \times 100 \qquad \cdots\cdots(1)$$

式中：

m_1——湿试样的质量，单位为克(g)；

m_2——试样干燥后的质量，单位为克(g)。

取2次试验的平均值作为含水量的结果，精确至0.1%。

如果2次试验之间的误差超过1%时，应重新试验。

9 试验报告

试验报告应包括以下内容：

a) 所有被测试材料的必要信息，包括材料说明、生产商、种类、牌号、批号等；

b) 执行的标准；

c) 检测机构的名称；

d) 试验结果，即按第8章计算的含水量的质量分数，包括试验的单值及平均值；

e) 与规定操作过程的任何差异；

f) 检测过程中观察到的任何不正常现象(异常)；

g) 试验日期。

ICS 81.080
Q 46

中华人民共和国国家标准

GB/T 22459.7—2008

耐火泥浆 第7部分:高温性能试验方法

Refractory mortars—Part 7: Determination of properties at elevated temperatures

2008-10-30 发布　　2009-07-01 实施

中华人民共和国国家质量监督检验检疫总局
中国国家标准化管理委员会　发布

前　言

GB/T 22459—2008《耐火泥浆》包括7个部分：

——第1部分：稠度试验方法(锥入度法)；

——第2部分：稠度试验方法(跳桌法)；

——第3部分：粘接时间试验方法；

——第4部分：常温抗折粘接强度试验方法；

——第5部分：粒度分布(筛分析)试验方法；

——第6部分：预搅拌泥浆含水量试验方法；

——第7部分：高温性能试验方法。

本部分为GB/T 22459—2008的第7部分。

本部分由全国耐火材料标准化技术委员会提出并归口。

本部分主要起草单位：中冶集团武汉冶建技术研究有限公司、中钢集团洛阳耐火材料研究院、武汉科技大学。

本部分主要起草人：谢朝晖、方昌荣、彭西高、葛山、杜文忠、祝洪喜、王渝斌、彭艳。

耐火泥浆
第7部分:高温性能试验方法

1 范围

GB/T 22459的本部分规定了耐火泥浆耐火度、高温抗折粘接强度、线变化率、热膨胀、荷重软化温度等试验项目的成型设备、试样制备及试验方法。

本部分适用于耐火泥浆上述性能的试样制备和试验。

2 规范性引用文件

下列文件中的条款通过GB/T 22459的本部分的引用而成为本部分的条款。凡是注日期的引用文件,其随后所有的修改单(不包括勘误的内容)或修订版均不适用于本部分,然而,鼓励根据本部分达成协议的各方研究是否可使用这些文件的最新版本。凡是不注日期的引用文件,其最新版本适用于本部分。

GB/T 3002 耐火材料 高温抗折强度试验方法

GB/T 5988 耐火材料 加热永久线变化试验方法

GB/T 7320 耐火材料 热膨胀试验方法

GB/T 7322 耐火材料 耐火度试验方法

GB/T 17617 耐火原料和不定形耐火材料 取样

GB/T 22459.1 耐火泥浆 第1部分:稠度试验方法(锥入度法)

GB/T 22459.2 耐火泥浆 第2部分:稠度试验方法(跳桌法)

GB/T 22459.4 耐火泥浆 第4部分:常温抗折粘接强度试验方法

YB/T 370 耐火制品荷重软化温度试验方法(非示差-升温法)

3 仪器设备

3.1 搅拌机:采用GB/T 22459.1或GB/T 22459.2中规定的搅拌机。

3.2 电热干燥箱:装有温度控制器,能满足110 ℃±5 ℃的温度控制。

3.3 稠度测定仪:采用GB/T 22459.1或GB/T 22459.2中规定的稠度测定仪。

3.4 架盘天平:最大量程1 000 g,最小分度值为1 g。

3.5 游标卡尺:分度值为0.02 mm。

3.6 量筒:分度值为5 mL。

3.7 成型模具:160 mm×40 mm×40 mm可拆卸的三联式钢模;热膨胀成型模具模腔尺寸应与所采用的试块尺寸相适应;圆孔直径为ϕ50 mm的钢质圆柱模具,模具与试样接触面应光滑。

3.8 捣固棒:钢质,棒头曲率半径约为5 mm。

3.9 干燥器。

3.10 干燥板:金属板,板上均匀分布直径约为10 mm的透气孔,孔间的中心距约为15 mm。

3.11 机械式或液压式压力试验机:加荷速率均匀,测量装置示值误差在±2%以内。

4 取样

对于干粉泥浆,按GB/T 17617的规定取样或由双方协商。用四分法或分样器将样品缩分至约5 kg。

STANDARDS PRESS OF CHINA

对于预搅拌泥浆，应将包装容器中全部泥浆倒入更大容量的容器中并混合均匀后取样。特别注意不能抛弃任何漂浮的液体。确保在湿态混合物中取得具有代表性的样品。

5 耐火度试验

5.1 干粉泥浆，将试样再次按四分法或用分样器缩分至约 50 g。对大于 180 μm 的颗粒，应将其研磨至小于 180 μm，随磨随筛，混合均匀后按 GB/T 7322 的规定制备试锥并测定耐火度。

5.2 预搅拌泥浆，取 500 g 试样放入垫有薄纸的容器中，置于 110 ℃±5 ℃的干燥箱烘干至恒量，即每次烘 1 h，取出冷却后称量，如此反复，相继两次称量的质量差不超过 0.5%。将试样弄碎后按四分法或用分样器缩分至约 50 g。对大于 180 μm 的颗粒，应将其研磨至小于 180 μm，随磨随筛，混合均匀后按 GB/T 7322 的规定制备试锥并测定耐火度。

6 高温抗折粘接强度试验

试样的成型和烘干按 GB/T 22459.4 中 7.1～7.2 的规定进行，并按 GB/T 3002 的规定进行高温抗折粘接强度试验。

7 线变化率试验

7.1 试样的形状尺寸：160 mm×(40±1)mm×(40±1)mm 的长方体。

7.2 按 GB/T 22459.1 或 GB/T 22459.2 的规定加水（或规定的液体）搅拌均匀，使泥浆稠度为 100 mm～110 mm(锥入度法)，或 10%～20%(跳桌法)。

预搅拌成品泥浆以混合均匀状态直接制样，必要时，可采用吸水性模具。

7.3 在成型模具内壁和底板上用机油均匀铺贴一层薄纸，将搅拌好的泥浆(或预搅拌成品泥浆)装入模具中，用捣固棒均匀捣实，以刮刀抹平。

7.4 在模具上铺上薄纸，再将干燥板盖在纸上，然后连模带板上下翻转，以试样成型面作底。小心地拆去模板，脱模时注意不使试块变形。小心地除去试块表面的薄纸。

7.5 在线变化率试块上表面长度方向的中心线上，用卡尺的两个尖端轻轻地插入深约 2 mm，做出距离为 140 mm～150 mm 的两个测量标点。

7.6 将试样连同干燥板一起放入干燥箱，于 65 ℃±5 ℃保温 5 h～6 h，注意干燥箱里的湿度，防止试块发生开裂或翘曲。

7.7 再升温至 110 ℃±5 ℃，干燥至恒量。

7.8 从干燥箱中取出样品，在干燥器中冷却至室温。

7.9 按 GB/T 5988 进行线变化率试验。

8 热膨胀试验

8.1 试样的形状尺寸：长方体(或圆柱体)试块：边长(或直径)10 mm，长度为 50 mm±0.5 mm；或边长(或直径)20 mm，长度为 100 mm±0.5 mm。试样两端面应平整、互相平行且与其轴线垂直。

8.2 按 GB/T 22459.1 或 GB/T 22459.2 的规定加水（或规定的液体）搅拌均匀，使泥浆稠度为 100 mm～110 mm(锥入度法)，或 10%～20%(跳桌法)。将搅拌好的泥浆(或预搅拌成品泥浆)装入模具中，用捣固棒均匀捣实，以刮刀抹平。

8.3 小心地拆卸模具，将试样平放在干燥板上，将试样连同干燥板一起放入干燥箱，于 65 ℃±5 ℃保温 2 h，注意干燥箱里的湿度，防止试块发生开裂或翘曲。再升温至 110 ℃±5 ℃，干燥至恒量。

8.4 按 GB/T 7320 进行线膨胀试验。

9 荷重软化温度试验

9.1 试样的形状尺寸：ϕ 50 mm×(50±0.5) mm 的圆柱体。

试块上、下两底面应研磨平整、相互平行并与轴线垂直，不得有肉眼可见的裂纹。

9.2 干粉泥浆，用天平称取 1.5 kg，按 GB/T 22459.1 或 GB/T 22459.2 的规定加水(或其他规定的液体)混合搅拌，使泥浆呈半干状。

预搅拌泥浆以混合均匀状态直接制样。

9.3 将搅拌好的半干粉泥浆装入成型模具中，在压力机上压制成型，成型压力为 980 N/cm^2。用压力机小心地顶出试样，试样在室温下放置，自然干燥 24 h。

9.4 预搅拌泥浆直接装入模具中，用捣棒均匀捣打泥浆使密实并排出气泡，以刮刀抹平，脱模时注意不使试块变形，必要时可采用吸水性模具。

9.5 小心地将试样竖直放入干燥箱。于 65 ℃±5 ℃保温 4 h。然后升温至 110 ℃±5 ℃，干燥至恒量。

9.6 从干燥箱取出试样，在干燥器中冷却至室温。

9.7 按 YB/T 370 进行荷重软化开始温度试验。

10 试验报告

试验报告应包括以下内容：

a) 所有被测试材料的必要信息，包括材料说明、生产商、种类、牌号、批号等；

b) 执行的标准；

c) 检测机构的名称；

d) 干粉泥浆加水(或规定液体)量的质量分数；

e) 被试验泥浆的稠度，以及测定稠度所使用的方法，也就是采用 GB/T 22459.1 或GB/T 22459.2；

f) 试验结果；

g) 试验环境温度；

h) 与规定操作过程的任何差异；

i) 检测过程中观察到的任何不正常现象(异常)；

j) 试验日期。

ICS 67.240
X 04

中华人民共和国国家标准

GB/T 22460—2008/ISO 15305:1998

动植物油脂 罗维朋色泽的测定

Animal and vegetable fats and oils—Determination of Lovibond colour

(ISO 15305:1998,IDT)

2008-11-04 发布　　2009-01-01 实施

中华人民共和国国家质量监督检验检疫总局
中国国家标准化管理委员会　发布

前　言

本标准等同采用 ISO 15305:1998《动植物油脂　罗维朋色泽的测定》(英文版)。

为便于使用,本标准还做了下列编辑性修改:

——删除国际标准的前言;

——将“本国际标准”一词改为“本标准”;

——用小数点“.”代替原文中作为小数点的逗号“,”。

本标准与原 GB/T 5525—1985《植物油脂检验　透明度、色泽、气味、滋味鉴定法》中色泽鉴定部分相比主要变化如下:

——对罗维朋比色计法,增加了方法的适用范围、原理、操作者要求、扦样、试样制备、结果表示、精密度和测试报告以及本方法适用的仪器;

——取消了重铬酸钾溶液比色法,该方法采用强酸配制的标准色值系列使用时有不安全因素。由于罗维朋比色计法的普及,重铬酸钾溶液比色法在所有的油脂产品标准已不再使用。

本标准的附录 A 为资料性附录。

本标准由国家粮食局提出。

本标准由全国粮油标准化技术委员会归口。

本标准负责起草单位:国家粮食局科学研究院、河南工业大学、国家粮食局西安油脂科学研究设计院。

本标准主要起草人:薛雅琳、周显青、张玉荣、张磊。

STANDARDS PRESS OF CHINA

动植物油脂
罗维朋色泽的测定

1 范围

本标准规定了动植物油脂罗维朋色泽测定的方法。

本标准适用于动植物油脂色泽的测定。

2 规范性引用文件

下列文件中的条款通过本标准的引用而成为本标准的条款。凡是注日期的引用文件,其随后所有的修改单(不包括勘误的内容)或修订版均不适用于本标准,然而,鼓励根据本标准达成协议的各方研究是否可使用这些文件的最新版本。凡是不注日期的引用文件,其最新版本适用于本标准。

GB/T 15687 油脂试样制备(GB/T 15687—1995,eqv ISO 661:1989)

3 原理

在同一光源下,由透过已知光程的液态油脂样品的光的颜色与透过标准玻璃色片的光的颜色进行匹配,用罗维朋色值表示其测定结果。

4 仪器

常用实验室仪器,特别是下列仪器:

4.1 色度计

F(BS684)型和 F/C 型通用罗维朋比色计(Lovibond universal tintometer) 均适用[1)]。

注:旧型号 AF905、AF900/C 及 E 型比色计可适用,但是目前已不再生产。而罗维朋 AF710 型、罗维朋斯科费特(Lovibond Schofleld)、维松(Wesson)和 AOCS 色度计不适合。

4.2 照明室

4.2.1 和 4.2.2 中的任一型号的仪器均适用。

4.2.1 F(BS684)型和 F/C 型通用罗维朋比色计

按使用说明书的要求,比色计应安置在洁净而卫生的环境中。观察筒由 Skan 蓝色日光校正滤色片和漫射透镜组成,且有 2°的观察视野。观察筒应安装在密闭的照明室内,以便于样品及白色参比区域以相对法线 60°视角进行观察。

4.2.2 AF905/E、AF900/C 及 E 型比色计

比色计内部漆成白色毛底,在背景玻璃散射屏后装有两只 60 W 无镀膜球形灯,在额定电压下工作,并分别安装在观察筒两侧以 45°角照射在白色反射参考平面上。

任何一只灯一旦出现变色或已使用 100 h,就应该同时更换两只球形灯,并在设备手册上清楚记录其使用情况。

观察筒由 Skan 蓝色日光校正滤色片和漫射透镜组成,且有 2°的观察视野。观察筒安装在密闭的照明室内,样品及白色参比区域以相对法线 90°视角进行观察。为避免受污渍,照明室、散射屏与反射平面应定期清理。

---

1) 罗维朋比色计和蒙塞尔色板(5Y 9/1)可从比色计公司购买(英国威尔特郡,索尔兹伯里,滑铁卢路,SP1 2JY)。上述产品是商品比色计的举例,此信息仅是为了方便用户使用本标准,并不代表对上述产品的认可。

定期检查白色毛底的油漆状况，以防其老化或褪色。当油漆表面的色泽比孟塞尔色阶号 5 Y9/1 (Munsell Notation 5 Y9/1)暗时，应该重新进行油漆。观察筒应根据生产厂商的要求进行维护。

4.3 色片支架

色片支架应在其底部配备无色补偿片，并包含下列罗维朋标准颜色玻璃片：

红　色：0.1～0.9　1.0～9.0　10.0～70.0

黄　色：0.1～0.9　1.0～9.0　10.0～70.0

蓝　色：0.1～0.9　1.0～9.0　10.0～40.0

中性色：0.1～0.9　1.0～3.0

用棉球蘸含清洁剂的温水清理标准颜色玻璃片，然后用棉纱擦干，使其保持清洁、无油污，但不能使用各种溶剂进行清洁。

注：Tintometer 有限公司可提供颜色标定玻璃片，用于检查仪器工作是否正常。

4.4 比色皿托架

仅 E 型仪器要求配备样品比色皿托架。

4.5 玻璃比色皿

玻璃比色皿应由高质量光学玻璃制作，并且有良好的加工精度，具有如下光程：

1.6 mm(1/16 英寸)；3.2 mm(1/8 英寸)；6.4 mm(1/4 英寸)；12.7 mm(1/2 英寸)；25.4 mm (1 英寸)；76.2 mm(3 英寸)；133.4 mm($5\frac{1}{4}$英寸)。

5 操作者的要求

所有操作者都要有良好的颜色识别能力，并且在 5 年内需对操作者进行一次颜色识别测试。颜色识别测试必须由有资质的光学技术人员来进行。

平时佩带眼镜或隐性眼镜的操作者可继续佩带，但不能佩带有色或光敏的眼镜或隐性眼镜。

6 扦样

扦样不是本标准规定的内容，推荐采用 GB/T 5524。

实验室收到的样品应具有代表性，在运输或储存过程中不得受损或改变。

7 试样制备

按 GB/T 15687 执行。测定时，油样必须是十分干净、透明的液体。

8 操作步骤

8.1 检测应在光线柔和的环境内进行，尤其是色度计不能面向窗口放置或受阳光直射。如果样品在室温下不完全是液体，可将样品进行加热，使其温度超过熔点 10 ℃左右。玻璃比色皿(4.5)必须保持洁净和干燥。如有必要，测定前可预热玻璃比色皿，以确保测定过程中样品无结晶析出。

8.2 将液体样品倒入玻璃比色皿(4.5)中，使之具有足够的光程以便于颜色的辨认在 4.3 所指定的范围之内。

8.3 把装有油样的玻璃比色皿放在照明室(4.2)内，使其靠近观察筒。

8.4 关闭照明室的盖子，立刻利用色片支架(4.3)测定样品的色泽值。为了得到一个近似的匹配，开始使用黄色片与红色片的罗维朋值的比值为 10∶1，然后进行校正，测定过程中不必总是保持上述这个比值，必要时可以使用最小值的蓝色片或中性色片(蓝色片和中性色片不能同时使用)，直至得到精确的颜色匹配。使用中，蓝色值不应超过 9.0，中性色值不应超过 3.0。

警告：为避免眼睛疲劳，每观察比色 30 s 后，操作者的眼睛必须移开目镜。

注 1：由于玻璃表面的光损失，无色补偿片有助于平衡样品观察区域和色片的光亮度。

注 2：为了得到颜色精确匹配，或许需要使用中性色片或蓝色片，但不能同时使用，以降低与样品亮度相关的标准亮度。

8.5 本测定必须由两个训练有素的操作者来完成，并取其平均值作为测定结果。如果两人的测定结果差别太大，必须由第三个操作者进行再次测定，然后取三人测定值中最接近的两个测定值的平均值作为最终测定结果。

9 结果表示

测定结果采用下列术语表达：

a) 红值、黄值，若匹配需要还可使用蓝值或中性色值；

b) 所使用玻璃比色皿的光程。

只能使用标准玻璃比色皿的尺寸(4.5)，不能用某一尺寸的玻璃比色皿测得的数值来计算其他尺寸玻璃比色皿的颜色值。

10 精密度

10.1 实验室间测试

有关本测定方法实验室之间的精密度比对试验的详细情况参见附录 A。来自于各实验室之间的比对试验值仅适用于表 A.1 中已给定的限定范围。

10.2 重复性

在同一实验室，由同一操作者使用相同设备，按相同的测试方法，并在短时间内对同一被测对象相互独立进行测试获得的两次独立测试结果的绝对差值超过表 1 中所示的重复性限值(r)的概率应低于 5%。

10.3 再现性

在不同的实验室，由不同的操作者使用不同的设备，按相同的测试方法，对同一被测对象相互独立进行测试获得的两次独立测试结果的绝对差值超过表 1 中所示的再现性限值(R)的概率应低于 5%。

表 1 重复性限值和再现性限值

颜色范围	水平	r	R
红 133.4 mm 玻璃比色皿	2 5	0.2 0.7	0.8 2
黄 133.4 mm 玻璃比色皿	20 50	3 6	5 12

11 测试报告

测试报告应说明：

——完整地识别样品所需的所有信息；

——所用检测方法引用的本标准编号；

——所有本标准没有规定的或可选择的操作条件，以及所有可能影响了测定结果的事件的细节；

——测定结果用罗维朋色值表示。

STANDARDS PRESS OF CHINA

附 录 A
（资料性附录）
实验室间测试结果

按照国际标准 ISO 5725-1 和 ISO 5725-2 进行国际间的协作测试。由 FOSFA 组织的由 9 个实验室对 2 个样品进行分析，所得数据见表 A.1。

表 A.1 测试结果

样品	棕榈油(RBD)		棕榈原油	
133.4 mm 玻璃比色皿	红	黄	红	黄
实验室数量	9	9	9	9
可接受的结果	9	9	9	7
平均值(罗维朋比色计)	2.3	21.6	5.0	47.7
重复性标准偏差(S_r)/罗维朋单位	0.07	1.22	0.25	2.35
重复性极限(r)/罗维朋单位	0.20	3.42	0.71	6.58
再现性标准偏差(S_R)/罗维朋单位	0.29	1.80	0.76	4.34
再现性极限(R)/罗维朋单位	0.81	3.04	2.12	12.26
注：RBD 是精炼、脱色和脱臭。				

参 考 文 献

[1] GB/T 5524—2008 动植物油脂 扦样

[2] ISO 5725-1:1994. Accuracy(trueness and precision)of measurement methods and results—Part 1:General principles and definitions.

[3] ISO 5725-2:1994. Accuracy(trueness and precision)of measurement methods and results—Part 2:Basic method for the determination of repeatability and reproducibility of a standard measurement method.

ICS 01.040.71,71.040.40
G 04

中华人民共和国国家标准

GB/T 22461—2008/ISO 18115:2001

表面化学分析　词汇

Surface chemical analysis—Vocabulary

(ISO 18115:2001,IDT)

2008-10-30 发布　　　2009-06-01 实施

中华人民共和国国家质量监督检验检疫总局
中国国家标准化管理委员会　发布

前　言

本标准等同采用 ISO 18115:2001《表面化学分析——词汇》。

本标准的附录 A 是资料性附录。

本标准由全国微束标准化技术委员会提出。

本标准由全国微束标准化技术委员会(SAC/TC 38)归口。

本标准负责起草单位:北京大学、清华大学。

本标准主要起草人:黄惠忠、曹立礼。

STANDARDS PRESS OF CHINA

引　言

表面化学分析是一个重要的领域，涉及来自不同领域和有不同背景人们间的相互交流。从事表面化学分析的人们可能是材料科学家、化学家或物理学家，具有从事实验或理论研究的背景。使用表面化学数据的人们不仅仅是上述人员，也可以是其他学科的人员。

用现有的表面化学分析技术，可以获得来自接近于表面区域（一般在 20 nm 内）的成分信息。随着表面层的去除，用该技术可得到成分-深度信息。本标准中包含表面分析技术的范畴，已从电子能谱和质谱扩展到光谱和 X 射线分析。上述技术的概念源自核物理和辐射科学以至物理化学和光学等广泛领域。

广泛的学术领域和不同国家独特的用法导致了对专用词汇不同的解释，从而会用不同的词汇描述相同的概念。为了避免由此产生的误解和便于信息的交流，有必要明确概念，采用正确的词汇以确定其定义。

表面化学分析　词汇

1　范围

本标准定义的词汇适用于表面化学分析。

2　缩略语

AES	Auger electron spectroscopy	俄歇电子能谱
CDP	compositional depth profile	成分深度剖析
CMA	cylindrical mirror analyser	筒镜型能量分析器
eV	electron volt	电子伏
EELS	eletron energy loss spectroscopy	电子能量损失谱
EIA	energetic-ion analysis	荷能离子分析
EPMA	electron probe microanalysis	电子探针显微分析
ESCA	electron spectroscopy for chemical analysis	化学分析用电子能谱
FABMS	fast atom bombardment mass spectrometry	快原子轰击质谱
FWHM	full width at half maximum	半高峰宽
GDS	glow discharge spectrometry	辉光放电谱
GDOES	glow discharge optical emission spectrometry	辉光放电发射光谱
GDMS	glow discharge mass spectrometry	辉光放电质谱
HEISS	high-energy ion-scattering spectrometry	高能离子散射谱
HSA	hemispherical sector analyser	半球型能量分析器
IBA	ion beam analysis	离子束分析
LEISS	low-energy ion-scattering spectrometry	低能离子散射谱
MEISS	medium-energy ion-scattering spectrometry	中能离子散射谱
PTP	peak to peak	峰-峰值
RBS	Rutherford backscattering spectrometry	卢瑟福背散射谱
RFA	retarding field analyser	减速场分析器
SAM	scanning Auger microscope	扫描俄歇显微镜
SDP	sputter depth profile	溅射深度剖析
SEM	scanning electron microscope	扫描电子显微镜
SIMS	secondary-ion mass spectrometry	二次离子质谱
SNMS	sputtered neutral mass spectrometry	溅射中性粒子质谱
SSA	spherical sector analyser	球扇型能量分析器
TOF 或 ToF	time of flight	飞行时间
TXRF	total-reflection X-ray fluorescence spectroscopy	全反射 X 射线荧光光谱
UPS	ultra-violet photoelectron spectroscopy	紫外光电子能谱
XPS	X-ray photoelectron spectroscopy	X 射线光电子能谱

3 格式

3.1 定义中粗体字词语的用法

本标准中，把定义的词语或在另一个条目中定义的注释印成粗体字。而在条目中首次出现该词语时才印成粗体。

3.2 非优先采用和不采用的词语

以细体列出的词语是非优先采用或不采用的，优先采用的词语则以粗体字印出。

3.3 专业领域

当词语涉及多个概念时，必须指明每个概念所属的专业领域。在定义的起始处，以细体字在尖括号内表示。

4 表面分析方法的定义

4.1

俄歇电子能谱 Auger electron spectroscopy，AES

用**电子能谱仪**测量自**表面**发射**俄歇电子**能量分布的一种方法。

注：常使用能量范围为 2 keV～30 keV 的电子束激发俄歇电子。俄歇电子也可用 X 射线、离子和其他束源激发，但无附加说明时，俄歇电子能谱词语通常指电子束激发。用 X 射线源时，俄歇电子能量是以**费米能级**为参考；但当用电子束时，其能量参考既可是费米能级，也可以是**真空能级**。谱图常以**直接**或**微分**形式表示。

4.2

动态二次离子质谱 dynamic SIMS

分析时以足够快的速率溅射材料**表面**，不能认为原表面是无损伤的一种**二次离子质谱**。

注 1：动态二次离子质谱常简称二次离子质谱。

注 2：测量时离子**面剂量**通常超过 10^{16} ions/m^2（参见附录 A）。

4.3

化学分析用电子能谱 electron spectroscopy for chemical analysis，ESCA

包括 AES 和 XPS 的一类方法。

注：词语 ESCA 已弃用，实际上，它以前描述的内容由词语 X 射线光电子能谱(XPS)描述更加清楚。自 1980 年以来，XPS 已被优先采用。

4.4

快原子轰击质谱 fast atom bombardment mass spectrometry，FABMS

FAB

用质谱仪测量由快中性原子轰击样品所发射**二次离子**质荷比和丰度的一种方法。

4.5

辉光放电质谱 glow discharge mass spectrometry，GDMS

用质谱仪测量**表面辉光放电**产生的离子质荷比和丰度的一种方法。

4.6

辉光放电发射光谱 glow discharge optical emission spectrometry，GDOES

用发射光谱仪测量**表面辉光放电**发射的光的波长和强度的一种方法。

4.7

辉光放电谱 glow discharge spectrometry，GDS

用谱仪测量**表面辉光放电**的相关强度的一种方法。

注：此通用词语，包括 GDOES 和 GDMS。

4.8

离子束分析　ion beam analysis，IBA

分析固体材料最外层原子组成和结构的一种方法，该方法用单色能量和单电荷**探针离子**经**表面**散射后检测和记录其强度与能量或**散射角**或两者的函数关系。

注：低能离子散射谱(LEISS)、中能离子散射谱(MEISS)和卢瑟福背散射谱(RBS)都属于离子分析，其探针离子能量的典型范围分别为 0.1 keV～10 keV，50 keV～200 keV，1 MeV～2 MeV。上述分类代表了基本物理过程不同的的三个能量范围。

4.9

二次离子质谱　secondary ion mass spectrometry，SIMS

用质谱仪测量荷能离子轰击样品所发射**二次离子**质荷比和丰度的一种方法。

参照　**动态二次离子质谱，静态二次离子质谱**

注：通常二次离子质谱分为动态和静态，动态测量时材料表面层被连续剥离，静态测量时离子的面剂量低于 10^{16} ions/m^2，表面基本上保持无损状态。

4.10

溅射中性粒子质谱　sputtered neutral mass spectrometry，SNMS

用质谱仪测量由粒子轰击样品所发射的中性粒子，被二次电离后质荷比和丰度的一种方法。

注：中性粒子可用等离子体、电子或光电离等方法检测。

4.11

静态二次离子质谱　static SIMS

分析时以足够慢的速率溅射材料**表面**，认为原表面无明显损伤的一种**二次离子质谱**。

参照　**动态二次离子质谱**

注：测量时离子面剂量低于 10^{16} ions/m^2，其值在一定程度上取决于样品材料和被分析分子碎片的大小。

4.12

全反射 X 射线荧光光谱　total reflection X-ray fluorescence spectroscopy，TXRF

全反射条件下，用 X 射线谱仪测量入射 X 射线照射**表面**所发射的 X 射线荧光能量分布的一种方法。

4.13

紫外光电子能谱　ultra-violet photoelectron spectroscopy，UPS

用电子能谱仪测量紫外光子辐照样品**表面**发射的光电子能量分布的一种方法。

注：通常使用的紫外光源包括不同类型的放电源，能产生各种气体的共振线(例如 HeⅠ和 HeⅡ发射线的能量分别为 21.2eV 和 40.8eV)。要产生可变能量，用**同步辐射**。

4.14

X 射线光电子能谱　X-ray photoelectron spectroscopy，XPS

用**电子能谱仪**测量 X 射线光子辐照样品**表面**所激发的光电子和**俄歇**电子能量分布的一种方法。

注：通常用的 X 射线源是非单色化的 Al 和 Mg 的 Kα X 射线，其能量分别为 1 486.6 eV 和 1 253.6 eV。现代仪器也使用单色化的 Al Kα X 射线。有些仪器使用其他阳极的 X 射线源或者**同步辐射**。

5　表面分析词汇的定义

5.1

线性吸收系数　absorption coefficient，linear

线性衰减系数。

5.2

质量吸收系数　absorption coefficient，mass

质量衰减系数　attenuation coefficient，mass

<TXRF、XPS> 表达式$(\mu/\rho)\Delta(\rho x)$中的 μ/ρ 量。一部分特定类型平行粒子或射线束穿过一物质

的质量厚度 Δ(ρx)薄层时的损失，在极限情况下 Δ(ρx)趋于 0，Δ(ρx)沿入射束方向测量。

参照 **衰减长度**

注 1：ρ 为物质的质量密度，x 为入射束方向上的距离。

注 2：入射束的强度或粒子数随距离 x 以 exp(−μx)衰变。

注 3：质量衰减(吸收)系数是线性衰减(吸收)系数与物质质量密度的商。

5.3

外来污染碳参考 adventitious carbon referencing

<XPS>将实验测得的吸附在样品表面的碳氢化合物的 C 1s 结合能与其标准结合能比较，以确定样品的荷电电位。

参照 **内标碳参考**

注：虽然某些分析者根据衬底性质更倾向于用 284.6 eV 到 285.2 eV 范围内的某一值，但常常采用标称值 285.0 eV 作为相关 C 1s 峰的结合能。

5.4

改性层 altered layer

<粒子轰击>在粒子轰击下，轰击效应使化学态或物理结构改变的材料表面区间。

例：当 4 keV O_2^+ 在近法向入射轰击硅时，变化的溅射在足够长时间达到稳态后，大约 15 nm 深度的表面变成了化学配比的 SiO_2，愈深处氧浓度愈低。

5.5

分析面积 analysis area

<样品> 所测样品**表面**的二维区，从中检测全部分析信号或该信号规定的百分数。

5.6

分析面积 analysis area

<谱仪> 样品**表面**分析点的二维区域，它与谱仪轴成直角，由此检测到信号的全部或规定的百分数。

5.7

分析体积 analysis volume

<样品>样品检测的三维区域，从中检测全部分析信号或该信号的规定百分数。

5.8

分析体积 analysis volume

<谱仪>谱仪内的三维区域，从该区域可检测到全部或规定百分比的分析信号。

5.9

临界角 angle，critical

<TXRF>当 X 射线荧光随掠射角分布时，样品基体的 X 射线荧光位于第一转折点时的**掠射角**。

5.10

掠射角 angle，glancing

<TXRF> 入射束和平均表面之间的夹角。

注：**入射角**和掠射角互余。

5.11

磨角 angle，lapping

机械研磨样品，使与原表面成一角度的制样方法。

参照 **球坑，径向剖面**。

注：该角度常小于 1°，以使相对于原来表面的深度信息被转换为横向信息。

5.12

魔角　magic angle

<XPS>分析器进口轴向与入射到样品表面的X射线方向间成54.7°的夹角。

注：在魔角，对于非偏振X射线辐照孤立原子，而从其发射的光电子角分布可应用简单的偶极理论。即预计每单位立体角的强度与假设散射是各向同性时所得到的强度相同。

5.13

发射角　angle of emission

粒子或光子离开表面时的轨迹和该处表面法线或平均表面法线之间的夹角。

注：需要指明特定表面的法线。

5.14

入射角　angle of incidence

入射束与该处表面法线或平均表面法线之间的夹角。

注：需要指定特定表面的法线，如粗糙表面中基本部分的法线或平均表面的法线。

5.15

散射角　angle of scattering

入射粒子或光子的方向与散射后粒子或光子穿行的方向之间的角度。

5.16

角度关系AES　angle-resolved AES，ARAES；angle-dependent AES

测量俄歇电子强度与**发射角**关系的一种方法。

5.17

变角XPS　angle-resolved XPS；ARXPS；angle-dependent XPS

测量X射线光电子强度随**发射角**而改变的一种方法。

注：常用该法测量大约5 nm厚的表面层内的不同元素或化合物随深度分布的信息。

5.18

分析器立体角　angle，solid，of analyzer

从样品上某一点发射的粒子或光子传输到检测器时分析器的立体角。

参照　分析器传输函数。

5.19

检测器立体角　angle，solid，of detector

<EIA、RBS>从**束斑**中心处作为起始点由检测器截取的立体角。

5.20

飞离角　angle，take-off

粒子在离开表面时的轨迹和该处或平均表平面之间的角度。

注1：需要指出特定的表平面。

注2：飞离角与**发射角**互为余角。

注3：从前，**飞离角**有时被错误地意指为发射角。

5.21

非对称参数　asymmetry parameter

β

<XPS> 表征光电子的强度分布$L(\gamma)$的一个因子。该光电子是由非偏振X射线从孤立原子中激发出来的，其发射方向与入射X射线方向成γ角。用下式表达

$L(\gamma)=1+1/2\beta[(3/2)(\sin^2\gamma)-1]$

注：该式适用于气体，而用于固体时，应作弹性散射效应修正。

5.22

原子混合　atomic mixing

在表面区由于与入射粒子的能量交换导致样品原子的迁移。

参照　**级联混合,联碰撞级,离子束诱导的质量迁移,撞击,反冲注入**。

5.23

衰减系数　attenuation coefficient

当穿过物质薄层 Δx,且 Δx 趋近于零极限时在表达式 $\mu\Delta x$ 中需从特定粒子或辐射的平行束中去除的分数量 μ,此时须在束的方向测量 Δx。

参照　**衰减长度,质量吸收系数**。

注1:束中的粒子强度或数目随距离 x 按 $\exp(-\mu/x)$ 衰减。

注2:衰减系数常被用来代替线性衰减系数和应用在 EPMA 中,两者与应用在 AES 和 XPS 中的衰减长度互为倒数。

5.24

衰减长度　attenuation length

表达式 $\Delta x/l$ 中的 l 量。当平行的特定粒子束或射线束在穿过物质薄层 Δx,且 Δx 趋于 0 时所去除的分数量,Δx 沿平行束的方向测量。

参照　**衰减系数,衰变长度,有效衰减长度,电子非弹性平均自由程,线性吸收系数,质量吸收系数**。

注1:束流中的粒子强度或粒子数目随距离 x 按 $\exp(-x/l)$ 衰变。

注2:对固体中的电子,由于弹性散射效应它只是近似于指数衰变,这种近似法有效时,使用有效衰减长度这个词语。

5.25

有效衰减长度　attenuation length ,effective

对给定的应用,当**发射深度分布函数**充分地接近指数时,此即为平均**发射函数衰减长度**。

参照　**衰减长度**

注:在 AES 和 XPS 中常用有效衰减长度描述由非弹性散射造成的能量损失不大于 1 eV 的电子输运情况。

5.26

俄歇退激发　Auger de-excitation

<表面>

a)　指受激原子或离子通过无辐射跃迁重新安排其中电子而释放能量的过程。

b)　指固体表面附近亚稳态物中的能量通过与表面相互作用而损失的过程,在这个过程中释放出足够的能量从表面原子中击出电子。

参照　**俄歇中和作用**。

注:上述两个过程中电子可以被发射到真空。

5.27

俄歇电子　Auger electron

在**俄歇过程**中,从原子所发射的电子。

参照　**俄歇跃迁**。

注1:俄歇电子在通过物质时会因非弹性散射而损失能量。因此测得的俄歇电子谱通常是由未散射的俄歇电子谱峰结构叠加在很强的本底上所组成,本底包括强度一直延伸到较低动能的非弹性散射的俄歇电子及由其他过程而引起的本底。

注2:俄歇电子在通过物质时会因弹性散射而改变其传播方向。

5.28

俄歇电子谱　Auger electron spectrum

俄歇电子强度对其**动能**的函数图，通常它是所检测部分电子的能量分布。

注 1：当用入射电子激发时，通常在 0 eV～2 500 eV 之间测量被测电子的能量分布，其中包括俄歇电子、**背散射**（入射）电子和**二次电子**。有时将整个的电子能量分布称之为俄歇谱。

注 2：俄歇谱既可用直接谱、也可用**微分谱**形式表示。

5.29

俄歇电子产额　Auger electron yield

特定内壳层空位的原子经**俄歇过程**弛豫的几率[1]。

5.30

俄歇中和　Auger neutralization

＜表面处的离子＞由固体导带隧穿的电子中和入射离子、同时从表面原子击出电子的过程。

注：击出的电子会被发射到真空。

5.31

俄歇参数　Auger parameter

＜XPS＞XPS 谱图中窄的俄歇电子峰动能减去同一元素最强的光电子峰动能。

参照　**初态俄歇参数，修改型俄歇参数**

注 1：俄歇参数值取决于 X 射线能量，因此后者需要加以给定。

注 2：俄歇参数有时又叫终态俄歇参数。

注 3：对于那些在结合能测量中因荷电引起不定性，或者其结合能位移不适于鉴别化学状态的样品时，俄歇参数对于区别其化学状态是有用的。

注 4：对于具有类似化学位移的内能级之间的那些**俄歇跃迁**，俄歇参数用来计算与这种内层空穴产生有关的电离母体原子的**弛豫能**是有用的。

5.32

初态俄歇参数　Auger parameter，initial state

＜XPS＞指 $\beta=3E_B+E_k$ 中的 β，其中 E_B 和 E_k 分别为光电子峰的**结合能**和参考**费米能级**时俄歇电子峰的**动能**，每个涉及同一元素的同一初始内能级。

参照　**俄歇参数，修改型俄歇参数**。

注：初态俄歇参数在估算原子内层势场对两种环境时结合能变化的贡献是有用的，还提供有类似结合能位移的内层能级间的**俄歇跃迁**。

5.33

修改型俄歇参数　Auger parameter，modified

＜XPS＞谱中以**费米能级**为参考的窄俄歇峰动能与同一元素最强光电子峰的**结合能**之和。

参照　**俄歇参数，初态俄歇参数**。

注：修改型俄歇参数是俄歇参数和激发所测量光电子峰的 X 射线能量之和。与俄歇参数不同的是它与 X 射线能量无关。

5.34

俄歇过程　Auger process

一个有内电子壳层空位的原子通过电子发射而弛豫的过程[1]。

参照　**俄歇退激发，俄歇电子，俄歇跃迁**。

注：发射电子具有由俄歇跃迁所确定的特征能量。

5.35

原子间俄歇过程　Auger process，interatom

＜AES＞特殊的**俄歇跃迁**，其中至少有一个终态空位定域在与产生最初空位原子相邻的原子的价能级或分子轨道。

5.36

俄歇跃迁　Auger transition

涉及指定电子壳层或子壳层的**俄歇过程**。

注 1：俄歇过程中涉及的三个壳层用三个字母标注。第一个字母代表含有初始空位的壳层，后面两个字母表示经俄歇过程所留下的有电子空位的壳层（如 KLL 和 LMM）。如涉及一个价电子就用字母 V（如 LMV 和 KVV）。如已知所涉及的特定子壳层，也可被标出（如 KL1L2）。如已经知道具体轨道也可加入偶合项以标明最终原子状态（如 $L_3M_{4,5}M_{4,5}$；^1D）。

注 2：更复杂的俄歇过程（如多重初电离和附加的电子激发）可用短杠（-）将初态和终态分开来表示（如 LL-VV，K-VVV）。

注 3：如俄歇过程涉及和初态空位相同主量子数壳层（如 L_1L_2M）的电子，则称之为 Coster-Kronig 跃迁，简称为 C-K 跃迁。如所有的电子都是来自同一主壳层（如 $M_1M_2M_3$），则该过程简称为**超 Coster-Kronig 跃迁**。

5.37

俄歇跃迁速率　Auger Transition rate

俄歇过程的几率除以时间之商。

5.38

非弹性本底　background，inealastic

由于单次或多次非弹性散射过程，原本处一种能量的粒子现以较低能量被发射时在谱图中的强度分布。

参照　**非弹性散射本底扣除，shirley 本底，Sickafus 本底，Tougaard 本底**。

注：对 AES 和 XPS，与特定俄歇电子或光电子峰有关的非弹性本底可用测量的电子能量损失谱近似，对该谱而言，入射电子能量近于峰的能量。也可应用 Tougaard 本底。一种较简单但准确度较小的非弹性本底函数是 Shirley 本底。除绝缘体的 XPS 分析以外，也应用简单的线性本底，但准确度差得多。

5.39

仪器本底　background，instrumental

仪器中一个或多个部件的非理想状态产生的强度贡献，它通常是不想要的。

5.40

Shirley 本底　background ，shirley

<AES、XPS>在动能高于和低于该峰或有意义峰处拟合测量谱时计算的本底，这样在给定**动能**处的本底，是以与本底以上较高动能处的谱峰总面积成固定比例的成分。

参照　**Tougaard 本底**。

5.41

Sickafus 本底　background，Sickafus

<AES、XPS>选定单项指数律的本底描述**二次电子**级联强度与发射电子**动能**之间的函数关系。

注 1：为正确应用 Sickafus 本底，测得的二次电子级联应当是实验上所观测到的并经对测量**仪器谱仪响应函数**作出校正的谱。

注 2：对 Sickafus 本底 $Bs(E)$，谱形由下式给出：$Bs(E)\propto E^{-m}$，其中 E 是电子发射动能，m 值介于 1～2 范围。

5.42

本底信号　background signal

由主要感兴趣以外的过程或原因而产生的存在于特定位置、能量、质量或波长处的信号。

参照　**Shirley 本底，sickafus 本底，Tougaard 本底**。

5.43

Tougaard 本底　background Tougaard

<AES、XPS>用相对于能量损失的微分非弹性散射截面模型和表面区中发射原子的三维分布模

型所得到的强度分布。

参照 **Shirley 本底**。

注 1：可以和不同的微分非弹性散射截面一起用一些不同类型的原子分布。这些原子分布和非弹性散射截面应予以说明。

注 2：作 Tougaard 本底计算时，常常是与一个宽能量范围测得的谱图相匹配，但排除谱峰区和比所关心峰小 50eV 的较低动能区域，计算 Tougaard 本底前，应对测量谱进行测量仪器谱仪响应函数的校正。

5.44

背散射电子　backscattered electron

<AES、EELS> 经与样品相互作用后由入射电子束所出射的电子。

注 1：按惯例，把能量大于 50 eV 的电子视为背散射电子。

注 2：按惯例，把入射束叫**一次电子束**，常称背散射电子为背散射的一次电子。

5.45

背散射系数　backscattering coefficient

背散射产额　backscattering yield

<EIA、RBS> 在被散射能量一定间隔的被检测粒子数与该能量间隔和入射离子数之商。

5.46

背散射能量　backscattering energy

经历了背散射碰撞并能从样品逃逸出来的**入射束粒**子能量。

5.47

背散射因子　backscattering factor

<AES> 把原电子束直接电离产生的俄歇电子除外，由于样品中**背散射电子**引起的附加电离而产生的俄歇电流的增加，定义为背散射因子。

注：存在不同的用法；如上面所定义，这个因子通常是分数增加，有时也用单位 1 再加上分数增加。后者已不用。为清楚需对特殊用法作出定义。

5.48

背散射谱　backscattering spectrum

<EIA、RBS>背散射产额对背散射能量所作的曲线图[1]。

5.49

背散射产额　backscattering yield

背散射系数　backscattering coefficient

η

<AES、EPMA> 由样品所发射的其能量大于 50 eV 的总电子数和一定能量与**入射角**的入射电子总数之比。

参照 **二次电子产额，总的二次电子产额，背散射因子**。

5.50

球状弧坑　ball cratering

样品被球体磨蚀的方法，以露出原表面之下各层的成分变化，目的在于将各层的深度和磨蚀形成弧坑中的横向位置关联起来。

参照 **磨角**、径向剖面。

5.51

束会聚角　beam convergence angle

在焦面处或之前的空间中，包含全部或指定部分束的夹角。

参照　**束发散角**。

注：当束对称时可用全角或半角。角度的特殊测量需作出说明。

5.52

束(电)流　beam current

I

dQ 与 dt 的商，其中 dQ 是在时间间隔 dt 通过的束中指定极性的电荷量。

$$I = \mathrm{d}Q/\mathrm{d}t$$

参照　**脉冲束(电)流、平均束(电)流**。

注：对于束流随时间变化的束，瞬时束(电)流和平均时间束(电)流通常不同。对于脉冲束，束开启时的束(流)流可等于或不等于直流或非脉冲的束(电)流。

5.53

平均束流　beam current, average

Q 与 t 的商，其中 Q 是在时间间隔 t 内，束中通过指定极性的电荷量。

注：对于瞬间束流随时间周期变化的束，时间间隔 t 是积分的周期数。

5.54

束流密度　beam current density

J

<荷电粒子平行束> dI 与 dA 的商，其中 dI 是在垂直于束方向 dA 面积上的入射束流微元。

$J=\mathrm{d}Z/\mathrm{d}A$

参照　**流量、通量、剂量**。

注：对会聚束或发散束，面积 dA 用截面积 dA 的小球面代替。

5.55

积分束流　beam current, integrated

特定时间内在束中传输的总电荷。

5.56

脉冲束电流　beam current, pulse

Q 与 t_{p} 的商，其中 Q 是脉冲在时间 t_{p} 内通过的在束中指定极性的电荷量。

5.57

束径　beam diameter

<园形截面粒子束>在垂直于束方向的平面内测得最大强度一半外的束全宽[1]。

注：束径通常是在空间某一给定点如样品位置处加以确定。

5.58

束离散角　beam divergence angle

在焦面后空间中包含所有束或束的特定分数的角度间隔。

参照　束会聚角。

注：在束是对称时，可应用全或半角。需说明特殊的角度测量。

5.59

束能　beam energy

束粒子动能　kinetic energy of the beam particles

参照　**束撞击能、入射粒子能**。

注1：常以 eV 表示能量。

注2：束能常被视为在撞击样品表面时的粒子能量。然而，当样品不是接地而是处于一定电位时，粒子的撞击能可能不同于由电子枪或离子枪对样品环境发出的束能。此时，应用撞击能词语以避免混淆。

5.60

束撞击能　beam impact energy

在撞击样品表面时**束粒子**的**动能**。

参照　**束能**、**入射粒子能**。

注1：对二次离子质谱的一次离子束，束撞击能决定于离子源(严格地指等离子体透镜)和样品表面间的电位差与离子电荷的乘积。在有些二次离子质谱系统中，束能用源对地电位给出，但样品电位必须不接地，这时撞击能要考虑样品电位。

注2：用限定词“撞击”指明这是粒子撞击表面的能量。

5.61

束粒子　beam particle

包含在入射束中的电子、正电子和各种离子、原子、分子或团簇。

5.62

入射束　beam, primary

入射到样品上的定向粒子或光子流。

5.63

束剖析　beam profile

在垂直于束轴的平面内束流通量的空间分布。

5.64

二体弹性散射　binary elastic scattering

弹性散射　elastic scattering

一个运动粒子与第二个粒子之间的碰撞，其总动能和总动量守恒。

参照　**非弹性散射**。

注：在弹性散射相互作用中，运动粒子可偏转至180°。

5.65

二体弹性散射峰　binary elastic scattering peak

<ISS>由于入射离子与特定质量的表面原子之间的**二体弹性散射**，引起谱仪检测系统本底水平之上响应的增加[1]。

5.66

结合能　binding energy

将电子从给定电子能级移到固体**费米能级**或移到自由原子或分子的**真空能级**所消耗的能量。

5.67

阻塞几何　blocking geometry

<EIA、RBS>使单晶靶的原子行列或面与样品到检测器的矢量平行对准的实验布置[1]。

5.68

布拉格定则　Bragg's rule

由 W. H. Bragg 和 R. Kleeman 提出的经验定则，指出化合物样品的**阻止截面**等于每种构成元素的阻止截面和它的原子分数乘积之和，即为下式：

$$\varepsilon(A_X B_Y) = x\varepsilon_A + y\varepsilon_B$$

上式中，$\varepsilon(A_X B_Y)$为化合物 $A_X B_Y$ 的阻止截面，ε_X 和 ε_Y 分别是元素 A 和 B 的阻止截面[1]。

5.69

韧致辐射　Bremsstrahlung

<EPMA、XPS>由于入射电子在材料中的减速，而从该材料发出的光子辐射。

注1：韧致辐射呈现连续谱分布，其能量可高达入射电子能量。

STANDARDS PRESS OF CHINA

注 2：XPS 中，使用 AlKα 或 MgKα 常规 X 射线源的韧致辐射产生连续的光电子本底。对特征 AlKα 或 MgKαX 射线不可能光电离的内壳层，韧致辐射就有可能。结果使俄歇电子峰可能出现于负结合能值处，另外，使其俄歇电子峰的强度可能大于仅由特征 X 射线产生的俄歇电子峰的强度。由韧致辐射激发的俄歇电子峰有助于确定所需要的各种俄歇参数，以鉴定化学态。

5.70

级联混合　Cascade mixing

入射粒子在样品表面区减速时释放的能量使材料原子随机移动的类扩散过程。

参照　**原子混合，碰撞级联，撞击(knock-on)，反冲注入。**

注 1：若原子混合和撞击效应不明显的话，当样品被溅射而逐层去除表面时，由于级联混合则使阶跃层的溅射深度剖析将会是非对称的。然而在显著的阶跃层材料全部地从样品表面损失以前生成的初始内在剖析应是高斯型的。

注 2：若级联混合只是明显的混合过程，则测量分布的质心应位于真正的阶跃位置(在由予平衡效应引起深度标尺的任何偏移校正后)。

注 3：在**稀释极限**时，由于固有任何内部的原子被移向较深或较浅的几率相等，对阶跃层测量的深度剖析将有指数拖尾，因而在近表面区有长久不变的但衰减的浓度。这个拖尾的存在，常产生工作时有定向的撞击过程的想法。如果有时观察到的话，真正的撞击效应也很少，并且在引起溅射剖析畸变时，可能也是不明显的。

5.71

沟道效应　channelling

当粒子通过样品移动时，荷能粒子沿着晶体确定的晶轴或晶面方向择优的运动。

注：固体中各个原子势能的组合减少荷能粒子偏离这些方向的散射。

5.72

特征电子能量损失　characteristic electron energy losses

<AES、EELS、XPS>固体中电子的非弹性散射，会生成由材料特征所决定的非均匀的能量损失谱。

参照　**等离子体激元**

注 1：最可能的特征损失源于价电子的激发。对某些固体(如非过渡金属)非弹性散射是以等离子体激元激发为主。对于其他固体，非弹性散射可能源于等离子体激元激发和单个价电子激发的综合作用，这些激发也许是不可区别的。如果在能量上可能的话，通过激发内层电子也会发生非弹性散射。

注 2：特征能量损失最主要在 0 eV～100 eV 能量损失范围内。

注 3：特征电子能量损失峰和谱图中的其他峰(例如：俄歇电子峰、光电子峰和源于入射电子弹性散射的峰)常被一起观察到。

5.73

特征 X 射线　characteristic X-rays

由电离原子发射的光子，它具有与原子序数和化学环境有关的特定的能量分布和强度特征[1]。

注 1：在 XPS 中，该词语通常用于**激发样品光电子的 X 射线源**。

注 2：在 EPMA 中，检测和分析从样品发射的特征 X 射线以给出有关样品成分的信息。

5.74

荷电修改　charge modification

改变样品表面处荷电量或其分布。

5.75

荷电中和　charge neutralization

在入射粒子或光子轰击下，使非导体或不良导体样品材料的表面维持固定电位，通常接近电中性。

注：荷电中和可以用电子轰击表面来实现，但较少使用离子或光子。

5.76

荷电参考　charge referencing

<AES、XPS> 用以确定样品荷电电位的方法，目的在于校正测得的能量使之与表面无荷电时相一致。

参照　**外来污染碳参考**

注：通常用样品表面外来污染碳或表面饰金作为荷电参考。

5.77

荷电电位　charging potential

绝缘样品表面区域受辐照后产生的电位。

注：样品不均匀或辐射入射束流强度不均匀可能造成样品中不同区域或不同深度处有不同的荷电电位。

5.78

化学效应　chemical effects

<AES、EELS、EPMA、XPS>由于化学键合引起元素的谱图形状或峰能量的改变。

5.79

化学位移　chemical shift

<AES、EELS、EPMA、XPS>源于原子化学环境改变而引起**峰位能量**的变化。

5.80

碰撞级联　collision cascade

由荷能物质轰击引起固体中原子间的一系列能量输运[1]。

参照　**原子混合，级联混合，撞击，反冲注入**。

5.81

成分深度剖析　compositional depth profile

CDP

与垂直于表面距离有函数关系的测得的化学或原子成分。

5.82

固定分析器能量模式　constant ΔE mode

constant analyzer energy mode

CAE mode

Fixed analyser transmission mode

FAT mode

电子能量分析器的一种工作模式。该模式改变电子的减速，但保持分析器的能量色散区的**通能**不变。

注：XPS 中常用模式，使整个谱图中保持高而恒定的能量分辨率。

5.83

固定减速比模式　constant ΔE/E mode

constant retardation ratio mode

CRR mode

Fixed retardation ratio mode

FRR mode

电子能量分析器的一种工作模式，该模式改变电子减速电压，并使分析器能量色散区的**通能**与以初始**真空能级**作参照的电子**动能**之比不变。

注：这种模式常用于 AES，改善高能发射电子的**信噪比**，但会损失谱图的分辨率。

5.84

Coster-Kronig 跃迁　Coster-Kronig transition

<AES、EPMA、XPS> 涉及来自和初始空位同一主量子数壳层电子的**俄歇**过程。

参照　**俄歇跃迁**，**超 Coster-Kronig 跃迁**。

例：$L_1L_2M_5$，$M_1M_2N_5$。

5.85

计数　counts

在一定时间间隔内检测器系统记录到的脉冲总数。

注：计数可以不同方式表示，对粒子数逐个检测时（计数测量中没有死时间损失），遵从泊松（Poisson）统计（除存在其他噪声源外），或简单地正比于检测粒子数。故需要明确说明测量类型。

5.86

弧坑深度　Crater depth

可导得测量信号的弧坑区域的平均深度。

注1：弧坑通常是在**溅射深度剖析**时由离子轰击形成，在这种情况下由于变更层的扩展，弧坑可能不同于溅射时所去掉的试样材料的厚度。

注2：弧坑深度可能由于随着样品暴露于大气或其他环境形成反应层（如氧化物）而被修改。

5.87

弧坑边缘效应　Crater edge effect

来自深度常比**深度剖析**时形成的弧坑中心区要浅些的弧坑边的信号。

5.88

截面　cross-section

<对确定的靶实体和由确定类型和能量的入射荷电或不荷电粒子产生的确定反应或过程>靶实体发生的反应或过程的几率与入射粒子流之商[2]。

注1：对有关过程而言，截面常被表示为每个靶实体（原子、分子等）的面积。

注2：对去除束中已知态的粒子而言，每个原子的 σ 截面将引起在距离 dx 时该态粒子数 N 的减少 dN 可由下式求得：

$$dN = N\sigma n dx$$

上式中 n 为束穿过的原子密度，积分后产生关系式：

$$N = N_0 \exp(-n\sigma x)$$

上式中 N_0 为在 x 原点处的 N 值。

5.89

弹性散射截面　cross section, elastic scattering

二体弹性散射的截面。

5.90

微分弹性散射截面　cross section, elastic scattering, differential

弹性散射到远离靶的特定无限小立体角的**截面**与该无限小立体角之商。

注：微分弹性散射截面由下式表示，与弹性散射截面 σ_e 有关：

$$\sigma_e = \int_{4\pi} \frac{d\sigma_e(\Omega)}{d\Omega} d\Omega$$

式中 $d\sigma_e(\Omega)/d\Omega$ 为散射到立体角 Ω 的微分弹性散射截面。

5.91

增强弹性截面　cross-section, enhanced elastic

＜EIA、RBS＞对弹性散射而言，由于入射粒子会部分穿透样品中的原子核而引起原子的截面会大于**卢瑟福截面**。

5.92

非弹性散射截面　cross section, inelastic scattering

＜AES、EELS、EPMA、XPS＞一个电子穿行某一材料时发生**非弹性散射**的截面。

5.93

电离截面　cross section, ionization

原子中一个已被电子占据的壳层中将产生空位过程的**截面**。

注1：总电离截面是指从原子中任何壳层或子壳层移走电子。

注2：部分或子壳层电离截面是指从原子的特定壳层或子壳层移走电子。

注3：部分电离截面可用该壳层或子壳层中每个电子表示，或以特定原子的壳层或子壳层中这些电子总数表示。

注4：一个原子随着初始电离或继之以**俄歇**及 **C-K** 过程，可能有多重空位。

5.94

核反应截面　cross section, nuclear reaction

＜EIA＞在束能和检测产物的发射方向一定时，对特定核反应的每个原子的截面。

注：常把每个原子所具有的面积表示为截面，单位为巴恩(b)，1 b $=10^{-28}$ m^2。

5.95

光电离截面　cross section, photoionization

一个具有一定能量的入射光子与材料相互作用，在其能量可以到达的范围内，从所有子壳层产生1个或多个光电子的总电离截面。

参照　**电离截面，子壳层光电离截面**。

5.96

卢瑟福截面　cross section, Rutherford

＜RBS＞用经典力学计算的**弹性散射截面**。

参照　**弹性散射截面，增强弹性截面**。

注：卢瑟福首先推导出结果的截面公式。

5.97

阻止截面　cross section, stopping

＜EIA、RBS＞样品厚度无限薄时，在样品中粒子沿轨迹随距离的能量损失变化率与其原子密度之商。

注1：常以 eV·m^2/atom 为单位表示阻止截面而不是习惯上如截面那样为每个原子的面积。

注2：原子密度有时取原子数密度 N，有时取质量密度 ρ。因此单位应为 eV·m^2/atom 或 eV·m^2/kg。阻止截面或由下式给出：

$\varepsilon\equiv(1/N)(dE/dx)$

或由另一式给出：

$\varepsilon\equiv(1/\rho)(dE/dx)$

上式中 dE/dx 是能量 E 沿粒子轨迹一定距离 x 的损失变化率。

注3：在较早的教科书中可能会发现以 keV·cm^2/mg 或许多其他形式的单位表示阻止截面。

5.98

子壳层光电离截面　cross section, sub-shell photoionization

一个入射光子与材料相互作用，从某个子壳层产生一个或多个光电子的截面。

参照　**光电离截面**。

注：从一个子壳层的光电离，可以引起其他壳层的电子**震激**(shake-up)或**震离**(shake-off)。

5.99

输运截面　cross section, transport

σ_{tr}

对无限薄的样品，入射到样品上并引起弹性散射的粒子，其部分损失的动量与样品原子面密度之商。

注1：截面以每个原子的面积表示。

注2：任何动量损失的截面虽然小，简单地就是弹性散射**截面**。对比之下，类似于阻止截面为实际能量损失几率的测量，输运截面是初始动量实际损失分数几率的测量。

注3：输运截面与微分弹性散射截面 $d\sigma_e(\Omega)/d\Omega$ 有关，为：

$$\sigma_{tr} = 2\pi^{\pi}\int_0^{\pi} \frac{d\sigma_e(\Omega)}{d\Omega}(1-\cos\theta)\sin\theta d\theta$$

上式中 θ 为散射角。

5.100

横向切割　cross sectioning

样品制备，此时在垂直于研究**界面**的平面内劈开，切割或抛光样品，以便观察在该平面内有关组成的差别或梯度。

5.101

死时间　dead-time

脉冲计数系统不能进一步计数的每个脉冲的时间。

5.102

扩展死时间　dead time, extended

在与较早脉冲有关的死时间期间内，到达的额外脉冲使脉冲长度扩展时系统的**死时间**。

5.103

多检测器死时间　dead time, multidetector

整个检测器的有效**死时间**，按单个检测器来处理。

5.104

非扩展死时间　dead time, non-extended

系统的**死时间**，其脉冲长度没有被之前脉冲死时间内额外脉冲的到达所扩展。

5.105

衰变长度　decay length

强度与距离 x 呈现 $e^{\pm x/l}$ 关系中的 l 量。

参照　**衰减长度**

5.106

平均发射函数的衰减长度　decay length, average emission function

在确定的深度范围内，对**发射深度分布函数**确定的指数近似的对数斜率倒数的负值，如同发射深度分布函数为对数标尺与深度为线性标尺所绘的曲线图中，以直线拟合该函数时所确定的值[1]。

5.107

深发射函数衰变长度　decay length, deep emission function

自表面增加深度时，**发射函数衰变长度**的渐近值。

5.108

发射函数衰变长度　decay length, emission function

在指定的深度处，**发射深度分布函数**对数的斜率的负倒数[1]。

5.109

前沿衰变长度　decay length ，leading edge

在最大值之前，信号强度随深度增加的**衰变长度**值。

注：这个词语主要用于在 SIMS 中阶跃层的深度剖析。它也用于 AES 和 XPS 溅射深度剖析。

5.110

后沿衰变长度　decay length ，trailing edge

在最大值之后，信号强度随深度而减弱的**衰变长度**值。

注：这个词语主要用于 SIMS 中阶跃层的深度剖析。它也用于 AES 和 XPS 的溅射深度剖析。

5.111

离化度　degree of ionization

离化系数 ionization coefficient

<SIMS、FABMS> 发射物种的离子数与该物种溅射粒子数的商。

5.112

δ 层（delta layer）

衬底上材料生长时形成一个原子厚的分立成分层。

注：这些膜常在单晶衬体上外延生长时形成。

5.113

发射深度分布函数　depth distribution function，emission

<自表面发射的粒子或辐射的测量信号>通常是从表面到材料内部一定深度范围内，以特定状态和确定方向离开表面的粒子或辐射的几率。

5.114

激发深度分布函数　depth distribution function，excitation

由特定的一束粒子或辐射在一定方向上入射到表面上时，通常从表面测量材料体内的特定深度产生的特定激发几率[1]。

5.115

深度剖析　depth profiling

对和垂直于表面距离的变量有函数关系的**信号强度**的监测。

参照　**成分深度剖析**。

注：信号强度常按随溅射时间而变化的关系被测量。

5.116

深度分辨率　depth resolution

指深度范围。在该范围内，当在两种介质之间重现理想的陡峭**界面**或在一种介质内重现阶跃层时，信号改变一个特定量。

注：所用精确的量与随深度而变化的信号函数有关。然而，对常规分析应用惯例指来自覆盖层或衬底的信号界面处在二个稳定值之间的总变化量从 16％到 84％时的深度范围，这常应用在 AES 和 XPS 中。

5.117

仪器深度分辨率　depth resolulion，instrumental

<AES、SIMS、XPS>源于仪器参数的样品深度分辨率。

注：在**溅射深度剖析**中，这些参数涉及系统准直，还可能包括入射离子的种类、能量和角度，以及溅射时旋转样品的条件。

5.118

仪器深度分辨率　depth resolution，instrumental

<MEISS、RBS>源于谱仪能量分辨率的样品中的深度分辨率。

5.119

深度分辨率参数　depth resolution parameter

可以应用的参数有(i)对所测成分的深度剖析进行分析拟合中的系数或(ii)描述该剖析的定性方式。

参照　**深度分辨率**

例：标准偏差(适用于高斯型响应函数)，最大强度一半处的全宽(适用于任何钟形分布)和**衰减长度**(响应函数指数增加或减小的区域)

注1：标准偏差能用于任何钟形曲线，如果成分中有台阶式改变时测量参数必须小心，应使测量的深度范围足够大以保证信号不随台阶任一侧的深度而变化。

注2：所应用的参数定义应始终一致。

注3：深度分辨率参数通常不能给出分辨率指标。但是在仪器评估和剖析去卷积中是有用的。

5.120

检测限　detection limit

在特定分析条件下所能测到的元素或化合物的最小量。

注1：习惯上常将从该材料所得的总信号减去本底信号，所得差值是本底信号上信号标准偏差三倍时的相应量，取作检测限。这一习惯可能不适用于所有测量。对检测限较充分的讨论，应见参考文献[3]。

注2：取决于目的，检测限可被表示成多种方式。表示的例子是质量分数、浓度、原子数和质量。

注3：对不同材料，通常检测限是不同的。

5.121

检测器效率　detector efficiency

入射到检测器并产生检测信号的粒子或光子所占的分数。

5.122

微分谱　differential spectrum

＜AES(少用于 XPS)＞相对于能量 E，用模拟电极**调制**方法可得**直接谱**的微分或对该直接谱的数字微分。

注：应给出以 eV 表示的调制幅度或点数和微分函数的类型。

5.123

稀释限　dilute limit

＜SIMS＞ 均匀基体内杂质的原子份额或浓度，在其下可安全地认为二次离子质谱过程与成分呈线性。

5.124

直接谱　direct spectrum

＜AES、XPS＞ 用具有色散能量分析器的谱仪传输并检测的电子的强度，它是能量 E 的函数。

注1：减速场能量分析器中因没有色散部件，可以从收集电流对减速能量的一阶微分得到直接谱。

注2：按惯例，XPS 中直接谱常用恒定 模式表示，其谱近似于真实谱；而 AES 中，谱常以恒定 的模式表示，其谱近似为真实谱的 E 倍。

5.125

剂量　dose

面剂量的同义语。

5.126

面剂量　dose，areic

剂量密度　dose density

D

dN 与 dA 的商，其中 dN 是通过表面积 dA 引入固体的一种特定类型的荷能粒子数。

$$D = dN/dA$$

注1：荷能粒子可以是荷电或中性的原子或原子(团)簇，表面积 dA 是几何表面积。

注 2：对于固定的平行束，面剂量等于流量乘 $\cos\theta$，其中 θ 是入射束与表面法线的夹角。

注 3：在一些文本中，用剂量密度这个词，但剂量（更准确指的是面剂量）词用得更普遍。在辐射和医学领域中剂量词语有很不一样的定义。有的把辐照到表面粒子辐射的总量定义为剂量，而另有把此量与表面积的商定义为剂量。本标准采用后者，当出现剂量密度和剂量时，均指面剂量（参见附录 A）。

注 4：与离子注入参考物质有关面剂量的讨论见文献[4]。

5.127

注入面密度　dose，implanted areic

D^{imp}

dN^{imp} 与 dA 的商，其中 dN^{imp} 是入射到固体表面 dA 且停止在固体内指定类型的荷能粒子数。

$$D^{imp} = dN^{imp}/dA$$

注：没停止在固体内的粒子或被背散射或被透射。

5.128

标称面剂量　dose，nominal areic

D^{nom}

面剂量 D^{nom} 可用近似方法测得。

注：粒子等效电流随时间的积分与横向均匀扫描束扫过表面积的商就可导出典型荷电粒子束的 D^{nom}。因此 D^{nom} 通常近似于 D 的平均测量。

5.129

非注入面剂量　dose，non-implanted areic

表示**接收面剂量**而未被样品所截获部分。

注：注入和未注入面剂量的总和等于接收面剂量。

5.130

面剂量速率　dose rate，areic

G

dD 与 dt 的商，其中 dD 是在时间间隔 dt 内引入固体样品的**面剂量**。

$G = dD/dt$

注：对于固定平行束，面剂量速率等于通量乘 $\cos\theta$，其中 θ 是束的入射角。

5.131

接收面剂量　dose，received areic

D^{rec}

dN^{rec} 与 dA 的商，其中 dN^{rec} 是入射到固体表面区域 dA 内指定类型的荷能粒子数。

$D^{rec} = dN^{rec}/dA$

5.132

维持面剂量　dose，retained areic

D^{ret}

dN^{ret} 与 dA 的商，其中 dN^{ret} 是入射到表面 dA，在固体内终止并维持在其中，特定类型的荷能粒子数。

$D^{ret} = dN^{ret}/dA$

注 1：在固体内终止但并不留在其中的粒子，可能是由于固体溅射剥蚀而热蒸发或再发射。

注 2：维持面剂量是注入面剂量的一部分。

5.133

溅射面剂量　dose，sputtered areic

注入面剂量中由于**溅射**而从样品中损失的部分面剂量。

注：溅射面剂量是注入面剂量的分量。

5.134

动态发射匹配　dynamic emittance matching

在样品表面进行**光栅**扫描的所有点上，调整谱仪轴与**入射束**撞击区对中的电子或离子光学方法。

5.135

电子能量分析器　electron energy analyser

测量电子数或与其成正比的信号强度作为电子**动能**函数的设备。

参照　**电子能谱仪**。

5.136

电子中和　electron flooding

为了改变或稳定**荷电的电位**，用低能电子照射样品。

5.137

电子减速　electron retardation

<AES、XPS>在**电子能量分析器**之前或之内使发射电子减速后测量其动能分布的方法[1]。

5.138

电子能谱仪　electron spectrometer

一种设备，其主要部分是**电子能量分析器**。

注：电子能谱仪可以作为电子能量分析器的同义词，也可以指电子能量分析器和电子-光学部件的组合仪器。有时是指完整的工作系统，它包括能量分析器、可能的电子-光学部件、电子检测器、激发源、真空泵、电子控制和数据处理系统。该含义应由上下文阐明。

5.139

发射产额　emission yield

<GDOES> 在特定的**波长**处，时间积分的光学发射信号减去信号本底再除以该时间间隔内发射的被溅射元素质量所得之商。

5.140

能量边　energy edge

<EIA、BRS>位于样品表面对于元素或同位素的**背散射能量**之值。

5.141

能量损失　energy loss

粒子与样品相互作用时消耗的能量。

参照　**特征电子能量损失，等离子体激元**。

5.142

电子能量损失谱　energy loss spectrum, electron

标称的单能激发源与样品进行非弹性相互作用后所发射的电子能谱，常出现源于特定非弹性损失过程的谱峰。

参考　**特征电子能量损失，等离子体激元**

注1：用大约和 AES 或 XPS 峰相同能量的入射电子束所得到的谱，在靠近入射能量附近出现与其有关的能量损失谱。

注2：用入射电子束测得的电子能量损失谱与束能、束入射角、发射角和样品电子性质有关。

5.143

入射束能量　energy of incident beam

见束撞击能。

5.144

每通道能量(步长)　energy, per channel

能谱中相邻通道间的能量差。

5.145

表面近似法能量　energy, surface approximation

<EIA、RBS>涉及通过固体样品时离子能量计算的简化，此时应用表面处的离子能量取代恰当的平均能量[1]。

注：这种近似被用于确定计算散射或**阻止截面**或**两者**时的能量。

5.146

剥蚀速率　erosion rate

<表面>由粒子或光子辐照引起表面位置的变化与辐照时间之比。

参照　**溅射速率**。

注1：从表面光洁度轮廓仪对分析后弧坑的测量可推导出剥蚀速率。此时必须考虑变化层和剖析后氧化等的效应。

注2：在由溅射引起剥蚀处，初始时由于溅射粒子的阻挡可能使剥蚀速率小于溅射速率。

注3：速率可被测量成速度。

5.147

平均逃逸深度　escape depth, mean

特定粒子或辐射从垂直于表面方向逸出的平均深度，定义为：

$$\int_0^{\infty} z\Phi(z,\theta)\,\mathrm{d}z \Big/ \int_0^{\infty}\Phi(z,\theta)\,\mathrm{d}z$$

上式中$\Phi(z,\theta)$是发射深度分布函数。z是从表面到材料内的深度，θ是相对于表面法线的发射角[1]。

5.148

法拉第杯　Faraday cup

杯形电极检测器，用于收集进入杯内的荷电粒子束的电荷，其设计使检测器发射的带电粒子数减至最少。

注：法拉第杯有“黑洞”的特性。当它开启时，只准带电粒子从外部进入，不准任何类型的带电粒子从内部逸出。作为对离子束的检测器，假如把杯的黑洞特性与对电子和二次离子的过滤器相结合，则法拉第杯是理想的离子束检测器(即法拉第杯只对正向运动的离子束开启，它对杯内外的所有电子和二次离子是关闭的)。

5.149

费米能量　Fermi energy

费米能级　Fermi level

<导体>绝对零度时价带中电子的最大能量。

参照　**真空能级**。

注：绝缘体和半导体的费米能级通常在价带和导带之间。

5.150

费米能级参考　Fermi level referencing

<XPS、UPS>通过确定对应于**费米能级**的**动能**，为特定样品建立**结合能**标尺。费米能级用样品的XPS和UPS谱图的分析来测定，作为结合能的零点[1]。

参照　**真空能级参考**。

5.151

场诱导迁移　field induced migration

发生在绝缘体中的效应，由离子或电子轰击产生的内部电场引起样品原子的迁移。

5.152

终态　Final state

<AES、EPMA、XPS>在特定的**俄歇**、X-射线或**光电发射过程**后产生的原子状态。

5.153

流量 F　fluence

F

＜各向运动的颗粒＞dN 除以 dA 的商，其中 dN 是在球截面积 dA 上入射的特定类型的粒子数。

5.154

流量　fluenc

F

＜平行粒子束＞ dN 除以 dA 之商，其中 dN 是沿束流方向垂直入射在面积 dA 上的某种粒子数：

$F=\mathrm{d}N/\mathrm{d}A$

注 1：对扫描平行束，流量可以用实验室坐标系或扫描束本身的运动坐标系作参考。通常后者给出较高的数值。在这些情况下使用流量时，需要说明所用的坐标系。

注 2：在某些书本中，流量一词被用作面剂量，这是不正确的，并且易引起混淆。见面剂量定义中的注 2。

注 3：对于平行束而言，流量速率与通量密度是等效量度。

5.155

荧光　fluorescence

＜AES、TXRF、XPS＞电子从满壳层跃迁到由入射辐射产生的、具有较高结合能的内层空位所发射的 X 射线。

5.156

荧光产额　fluorescence yield

＜AES、TXRF、XPS＞原子在特定内壳层的空位经 X 射线**荧光**弛豫时的几率。

5.157

通量　flux Φ

＜粒子束＞dN 除以 dt 的商，其中 dN 指的是时间间隔 dt 内通过的特定类型的粒子数。公式如下：

$\Phi=\mathrm{d}N/\mathrm{d}t$

注：对于平行粒子束而言，**流量速率**与**通量**密度是等效量度。

5.158

门区域　gated area

在较大区域内从中可获取信号的指定区域。

注：指定区域通常在弧坑中心区且可由**光学光阑**、**电子门**或**数字门**限定。

5.159

数字门　gate, digital

能把与任何选定像素群相关的数据综合以便从任何所需区域产生累加数据的系统。

5.160

电子门　gate, electronic

由计数器或检测器组成的系统，用束扫描系统信号使其开启或关闭，以致当一次束入射到选定的图像区域部位时才使计数累加。

5.161

辉光放电　glow discharge

电流通过气体引起的现象，它可用光发射、低电流密度(大约从 0.01 A/m^2～1 000 A/m^2)和其放电电位高于气体电离电位但低于火花放电电位来表征。

注 1：在辉光放电表面分析仪器中，样品表面被阳离子和荷能中性物质轰击后，样品材料进入到气体放电。然后，由于放电时的碰撞作用溅射出的原子被激发和电离。

注 2：分析用的辉光放电装置通常使用氩气，其工作气压介于 10 Pa～2 000 Pa 之间。

5.162

金修饰　gold decoration

＜XPS＞ 在绝缘体表面沉积非常少量的岛状的金，用于**荷电参考**。

注1：金可以通过蒸发沉积或把样品表面浸没在能产生胶体金沉积的溶液中。

注2：通常 Au $4f_{7/2}$ 峰结合能取为 84.0 eV，而沉积在导电衬底上金的结合能测量值会随岛状金的平均直径而变化。

5.163

掠出射　grazing exit

glancing exit

粒子的散射(或发射)方向与样品表面法线成接近 90°角的几何配置。

注：这种配置通常能改善表面灵敏度，也可以改善**深度分辨率**。

5.164

掠入射　grazing incidence

glancing incidence

粒子入射方向与样品表面法线接近 90°的几何配置。

注：这种配置能提高表面灵敏度(例如 TXRF 中)。

5.165

成像深度剖析　image depth profile

特定元素或分子物种(通过发射的二次离子或电子来表示)的空间分布随深度或材料的**剥离**而改变的三维图像[1]。

5.166

入射粒子能量　incident-particle energy

入射到样品表面的粒子**动能**

参照　**束能量，束撞击能量**

注：对入射原子簇，入射能量也可用每个原子的能量表示。但是，为避免混乱，应当用"每个原子"短语。

5.167

非弹性电子散射本底扣除　inelastic electron scattering background subtraction

＜AES、XPS＞ 从测得的谱扣除所选的非弹性散射本底的处理。

参照　**非弹性背底，Shirley 本底和 Tougaard 本底**。

注：对 AES 和 XPS，采用测得的能量损失谱近似于特定俄歇电子或光电子峰有关的非弹性本底，其中入射电子能量靠近峰的能量。也用 Tougaard 本底。一个比较简单但不够准确的非弹性本底函数是 Shirley 本底。也应用简单的线性本底，但除了绝缘体 XPS 分析外这些方法都很不准确。

5.168

电子非弹性平均自由程　inelastic mean free path, electron

一定能量的电子在相继发生的非弹性碰撞之间所穿越的平均距离。

参照　**衰减长度**

5.169

非弹性散射　inelastic scattering

一个运动中的荷能粒子与第二个粒子或粒子的集合体之间的相互作用，作用中**总动能**不守恒。

注：在固体中，动能被吸收可以通过各种机制，如内壳层电离，等离子体激元与声子激发和韧致辐射等。这些激发常导致运动粒子作小的方向改变。

STANDARDS PRESS OF CHINA

5.170

信息深度　information depth

在垂直于表面的方向上获得有用信息的最大深度。

注1：不同表面分析技术的信息深度明显不同。每种技术的信息深度取决于所分析的材料、该材料所记录的特定信号以及仪器结构。

注2：信息深度可由产生指定百分比(如95%或99%)被测信号的样品厚度来确定。

注3：信息深度可根据信号的实测、计算或估计的**发射深度分布函数**来确定。

5.171

初态　initial state

＜AES、EPMA＞**俄歇跃迁**或X射线发射前，原子内壳层空位激发态。

5.172

初态　initial state

＜XPS＞光电子发射前的原子基态。

5.173

仪器检测效率　instrumental detection efficiency

测出的事件量与可测的事件量的比值。

5.174

峰强度　intensity, peak

组分谱峰信号**强度的量度**。

注1：测量强度通常是为了定量。对直接电子谱或质谱，强度是所定义本底之上的峰高或**峰面积**。单位可以是counts，counts·eV，counts/s，counts·eV /s，counts/amu，counts/(s·amu)等。对**微分电子谱**，强度可以是峰-峰高(度)，或峰-本底高(度)。对每种情况应说明强度测量方法和单位。

注2：所测峰扣除本底前或后的顶点值很少有严格的强度含义。

5.175

信号强度　intensity; signal

在谱仪检测器或经某种确定处理后所测得的信号强度。

注1：信号在信号发生点和检测点之间以及进而在测量仪器的检测点和显示点之间会经受明显的变化。

注2：信号强度可用counts(每通道)、counts/s(每通道)或(counts·eV)/s或其他单位表示。AES中信号强度的**微分**可通过谱仪中电极的模拟调制或谱的数字微分获得。因此需要说明信号类型。

注3：在电子谱或质谱中，测得的谱对能量或质量及立体角积分就等于电流。如谱仪已做了校准，强度的单位可以是电流·eV^{-1}·sr^{-1}，或电流·amu^{-1}·sr^{-1}。如谱已归一化为单位一次束电流，合适的单位可能用eV^{-1}·sr^{-1}或·amu^{-1}·sr^{-1}。如果谱已对发射立体角积分，合适的单位可能是eV^{-1}或amu^{-1}。

5.176

界面　interface

具有不同化学、元素或物理性质的两种体相之间的边界。

5.177

观察界面宽度　interface width; observed

＜AES、XPS、SIMS＞在两个不同基体连接处测得信号强度变化从16%到84%或从84%到16%所跨越的距离，基体厚度大于此跨越距离的6倍。

5.178

界面区　interfacial region

其化学、元素或物理性质与两边体相都不相同的两体相之间的体积。

5.179

干扰信号　interference signal

＜质谱、光谱、TXRF＞由其他不希望物种引起的、在所关心的质量、能量或波长位置上测得的信号。

注：通常实验室使用中，干扰可以泛指电学噪声，线路拾音或其他不希望的对于所测信号的贡献。

5.180

内标碳参考　internal carbon referencing

<XPS> 将实验测量的样品中特定碳基团的 C 1s 结合能和该碳基团的标准结合能进行对比，以确定特定样品的**荷电电位**的方法。

参照　**外来污染碳参考**

注：常使用样品中的碳氢化合物基团。

5.181

内散射　internal scattering

一些粒子撞击能谱仪内表面后散射或产生二次粒子并被检测，在谱图上出现有害的强度的过程。

5.182

离子束　ion beam

荷电原子或分子的定向**流通量**[1]。

5.183

离子束诱导质量迁移　ion beam induced mass transport

离子轰击引起样品中原子的移动。

5.184

离子像　ion image

<SIMS>从样品指定区域发射的特定二次离子总量空间分布的二维图像。

参照　**元素图**

5.185

离子注入　ion implantation

离子射入样品内的过程[1]。

5.186

离子寿命　ion lifetime

离子在特定电子组态（例如原子特定壳层内的空位）中存在的平均时间。

5.187

离子中和　ion neutralization

<ISS、SIMS> 离子通过与材料表面或气相原子或气相分子相互作用而失去其电荷的电荷交换过程。

5.188

离子散射谱仪　ion-scattering spectrometer

<ISS>能产生单能的、低能单电荷的**一次离子束**，并能检测**一次离子束**被固体表面散射后在已知角度上能量分布的仪器[1]。

注：应用于表面化学分析时，一次离子通常是一种惰性气体原子，能量范围在 0.1 eV ～10 keV 之间。

5.189

离子散射谱　ion-scattering spectrum

<ISS>经样品散射的离子强度对散射离子能量与入射离子能量的比值作的图。

5.190

离子种类　ion species

离子类型和电荷。

例：Ar^+、O^- 以及 H_2^+。

注：如果用到同位素，应予指明。

5.191

分数离子产额　ion yield，fractional

从样品上溅射出的一种特定类型离子数与从样品上溅射出的该类粒子总数的比值。

参照　**分数溅射产额**

5.192

负离子产额　ion yield，negative

从样品上溅射出的负二次离子总数与入射一次粒子总数的比值。

5.193

正离子产额　ion yield ，positive

从样品上溅射出的正二次离子总数与入射一次粒子总数的比值。

5.194

有效离子产额　ion yield，useful

＜SIMS＞检测到的特定同位素离子数与从样品溅射出同种元素原子总数的比值。

5.195

陡变率　jump ratio

＜EPMA、TXRF＞能量恰好在吸收边之上与能量恰好在吸收边之下的 X 射线**吸收系数**的比值。

注：X-射线能量在光电离阈值附近时，X 射线吸收谱会有复杂形状，并且在阈值处并不是总能观察到明确吸收限。

5.196

运动因子　kinematic factor

＜EIA、RBS、ISS＞在实验室参考系内，弹性碰撞后入射粒子能量与碰撞前能量的比值。

注：经常用符号 K 来表示运动因子，在 ISS 或 RBS 测量中，可以增加一个下标来标识目标原子如 KSi 或 K28。由于能正确识别同位素，所以优先选择原子质量作下标。

5.197

动能　kinetic energy

运动的能量。

注：运动的带电粒子产生的能量未必恒定，而随局域电位而变化。如果所有局域电极均处接地电位，则粒子动能随局域真空能级而变化。在 XPS 和 AES 仪器的不同区域中，真空能级的变化范围可能在 1eV 内，因而所测电子的动能也会类似变化。如果动能参考**费米能级**，就不会有这个变化。作为惯例，XPS 中总是使用费米能级，但是在 AES 中**真空能级**和**费米能级**参考均可使用。兼有 AES 和 XPS 的仪器，参考费米能级。AES 中为了准确测量能量，推荐参考费米能级。在电子能谱仪中，以费米能级作参考时测量的值，一般要比参考真空能级时大 4.5 eV。在 AES 中，设定**标准真空能级**高于费米能级 4.500 eV 是方便的，这样一来，参考费米能级时的俄歇电子峰的能量就能以相同方式转换为参考真空能级时的能量，反之亦然。

5.198

撞入　knock-in

撞击　knock-on

反冲注入　recoil implantation

由于与入射粒子碰撞导致样品组成原子向样品更深处的移动。

参照　**原子混合，级联混合，碰撞级联**。

注：撞入过程只涉及组成原子的前向运动（在入射粒子轰击方向上），而**级联混合**还涉及这些原子的背向运动。

5.199

Koopmans 能量　Koopmans energy

假设电子移动至无穷远处且不发生电子驰豫，计算得到的某轨道中单个电子的能量[1]。

5.200

线扫描　line scan

从谱仪输出信号强度的图，该信号强度是在沿相应于样品上一条线时来自另一检测器或来自适用软件经处理的强度信息。

注：最常见的线是来自矩形光栅沿 X 或 Y 的线扫描。但在较完善的系统中，可在任何方向。

5.201

线形　lineshape

测得的特定谱线的形状。

5.202

本征线形　lineshape, intrinsic

固有线形　lineshape, natural

＜AES、UPS、XPS＞ 去掉所有仪器贡献后谱的特征线形。

注 1：据具体情况，本底可以从有关的线形中扣除或不扣除。确定本征线形状的过程可能很复杂，因此需明确的陈述。

注 2：对 AES，由于非弹性散射，二次电子或背散射电子所产生的本底都可扣除。见非弹性本底，Sickafus 本底。

注 3：对 XPS，样品中由于其他光电发射和非弹性散射过程所产生的本底可以扣除。见非弹性本底。

5.203

本征线宽　linewidth, intrinsic

＜仪器＞ 见分辨率

5.204

本征线宽　linewidth, intrinsic

固有线宽　linewidth natural

＜AES、UPS、XPS＞ 在扣除本底和来自仪器包括激发源等的各种贡献以后，特定跃迁谱最大强度一半处的全宽。

注：从所测的线形确定所测线宽，而所测线宽是本征线形和来自样品与仪器展宽贡献的卷积(例如 XPS 中 X 射线源的线宽和 AES、XPS 中的谱仪能量分辨率)。

5.205

图　map

像　image

样品表面的二维图像，图像中每个点所代表的信息和谱仪输出信号、其他检测器信号或从软件处理的强度信息有关。

注 1：习惯上，图通常被用于信息主要是特定成分的地方，而像则用于信息主要是形貌的地方。

注 2：图和像通常既可用入射(一次)束的矩形扫描也可用成像检测系统得到。

注 3：图的强度可以归一化方式建立起最大和最小信号强度组来表示，例如分别用全白和全黑或在彩色标度上表示。应当定出**对比标度**。

5.206

元素图　map, elemental

用与样品中存在的元素量成比例的信号所得到的图。

5.207

化学图　map, chemical

用与样品中特定化学状态的元素量成比例的信号所得到的图。

STANDARDS PRESS OF CHINA

5.208

质量分析器 mass analyzer

把按质荷比分开并检测粒子的装置。

5.209

质谱 mass spectrum

测得的粒子信号作为质荷比函数关系的图。

5.210

基体效应 matrix effects

由于化学或物理环境变化导致分析物每个原子的强度或谱信息的变化。

注：不同尺度样品形态的改变(如薄膜、团簇、纤维、纳米结构)、无定形或晶态、基体种类的改变以及与其他物理相或化学物种的邻近都是这些环境的例子。

5.211

基体因子 matrix factor

源自基体成分的因子。应用表面分析技术时，在确定成分的方程式中，它是测量强度与合适灵敏度因子之比的倍数。

注：例如在 AES 方法中，基体因子部分由子表面材料的成分以及部分由样品中分析体积的成分所确定。

5.212

输运平均自由程 mean free path , transport λ_{tr}

荷能粒子仅仅受到弹性散射作用，其在初始运动方向上的动量衰减到初始值的 1/e 前应行进的平均距离。

注：对于均匀的、各向同性的固体，其中只发生**二体弹性散射**，输运平均自由程与**输运截面 σ_{tr}** 有如下关系：

$\lambda_{tr}=\frac{1}{N\sigma_{tr}}$，其中 N 是单位体积的散射中心数目。

5.213

调制 modulation

<AES、微分谱>为了产生**微分谱**的显示而加到谱仪通过能量或样品上的周期波形。

注：调制幅度应以电子伏特(eV)为单位的峰-峰值表示，由此包括谱仪任何有关的几何因子，而不是以伏特(V)为单位的峰-峰，应给出频率和波形。

5.214

单层 monolayer

<化学吸附、物理吸附、偏析>完全覆盖衬底的物种的一个原子层或分子层。

注：词单层通常表示所有吸附或偏析的原子或分子的基元均与表面接触，这与多层中的情况不同。

5.215

单层载量 monolayer capacity

<化学吸附>由吸附剂的结构和吸附物化学性质决定的所有吸附位全部被占据所需的吸附质的量[5]。

5.216

单层载量 monolayer capacity

<物理吸附>原子或分子以密堆积排列方式完全单层覆盖表面所需吸附物的量[5]。

注：应说明密堆积类型。

5.217

多层 multilayer

由两个或多个化学上不同的层组成的结构。

参照 **δ 层**

注：该词经常用于各层厚度很均匀的固体样品，其层厚在 1 nm～100 nm 的范围内。

5.218

多层 multilayer

<化学吸附、物理吸附>覆盖衬底表面的吸附或偏析物种的一个以上的原子层或分子层。

参照 **单层**

5.219

多重分裂 multiplet splitting

<AES>俄歇过程产生的原子空位间相互作用，使一条俄歇电子线分裂为二条或多条线。

5.220

多重分裂 multiplet splitting

交换分裂 exchange splitting

<XPS>由光电发射产生的未配对电子与原子中其他未配对电子的相互作用引起的光电子谱线分裂[1]。

5.221

噪声 noise

叠加在分析信号上随机涨落的扰动，从而引起信号强度的不确定性。

注1：可由涨落的标准偏差来确定噪声的准确测量。在谱图中观察到的或其他计算到的，例如谱图中的峰峰噪声，可以用作噪声的半定量测量。

注2：测量强度中的涨落可来自多种原因，例如**统计噪声**和电气干扰等。

5.222

统计噪声 noise，statistical

在谱中仅由随机检测单个事件的统计**噪声**。

注：对于呈现泊松(Poisson)统计分布的单粒子计数系统来说，每次在相同时间间隔内稳态计数速率，另外进行大量的 N 次测量，则计数的标准偏差等于 N 的平方根。

5.223

光圈 optical aperture

光门 optical gate

在光学或粒子谱仪中由光子或粒子透镜和孔径组成的用来限制信号检测视场的系统。

5.224

轨道能量 orbital energy

<XPS>经原子内的驰豫效应修正的 **Koopmans 能量**[1]。

5.225

过电位 overpotential

U

<AES> 电子束能量对原子特定壳层或子壳层结合能之比。

注：典型地过电位值在2～200范围内。

5.226

通能 pass energy

<AES、ISS、XPS> 位于能量分析器中的能量色散区被测粒子的平均**动能**。

5.227

峰面积 peak area

谱图中，扣除本底后峰包络的面积。

参照 **非弹性电子散射本底扣除，信号强度。**

注：峰面积可用 counts、counts/s、counts · eV、(counts · eV)/s、counts/amu 或其他单位表示。

5.228

谱峰能量　peak energy

<AES、EELS、ISS、UPS、XPS>对应**直接谱**强度最大的能量值，或对应**微分谱**强度最小（即负峰）的能量值。

注 1：对一组重叠峰，能量值同谱峰包络线有关，或同谱峰合成所得的各分峰位置有关。

注 2：对 AES 的微分谱，应给出调制或微分幅度。

注 3：AES 微分谱中的谱峰动能要高于直接谱中的动能。

5.229

峰拟合　peak fitting

调整**峰合成**所产生的谱图与测得的谱图相一致的步骤。

注 1：因此，在计算机程序中普遍采用最小二乘优化方法。

注 2：应说明所选谱峰形状和本底形状，也应说明对调节过程中所加的任何限定条件。

5.230

曲线合成　peak synthesis

曲线分解　peak resolving

为拟合谱峰使用模型或实验峰形合成谱的过程。其间需调节峰个数、峰形、峰宽、峰位、峰强度、以及本底形状和强度。

参照　**峰拟合**。

注：需说明所选择的峰形和本底形状。

5.231

峰-本底比　peak to background ratio

信号-本底比　signal to background ratio

本底强度之上的谱峰最大高度对该本底的强度比。

注 1：对 GDS 更常使用词信号-本底比，缩写为 SBR，对电子能谱类型如 AES 和 XPS 更常使用峰-本底比。

注 2：需要给出计算本底强度的方法，对 AES 常在动能恰大于关心峰处测定本底强度。

5.232

峰宽　peak width

线宽　line width

在某一指定峰高分数处的峰宽度。

参照　**本征线宽**。

注 1：应说明所用的扣本底方法。

注 2：最通用的峰宽测量是取峰最大强度一半处的全宽(FWHM)。

注 3：对于不对称峰而言，峰宽的简便测量是取峰的每侧最大强度一半处的一半宽度。

5.233

光电效应　photoelectric effect

光子与原子、分子和固体中束缚电子的相互作用，其结果是产生出一个或多个光电子。

5.234

光电子 X 射线伴峰　photoelectron X-ray satellite peaks

在光电子能谱中由阳极材料的 X 射线谱中各种次强特征 X 射线激发的光电子峰[1]。

例：次强特征 X 射线有 $K\alpha'$、$K\alpha_{3,4}$、$K\alpha_{5,6}$ 和 $K\beta$。

5.235

光电子 X 射线伴峰扣除　photoelectron X-ray satellite subtraction

从谱图中除去光电子 X 射线伴峰[1]。

注：对非单色化的 Al 和 Mg X 射线，通常要除去 $K\alpha_{3,4}$ 和 $K\alpha_{5,6}$ 伴峰，更缜密的扣除方法还要除去 $K\alpha_2$，$K\alpha'$ 和 $K\beta$ 伴峰。

5.236

光电发射　photoemission

光电效应引起的原子或分子中的电子发射[1]。

5.237

堆积　pileup

＜EIA、RBS＞**背散射谱图**中的计数，源于两个或多个独立事件发生的时间过于接近，以致于检测系统不能分辨这些信号，造成计数被记录在错误的通道中。

参照　**死时间**

5.238

等离子体激元　plasmon

＜AES、EELS、XPS＞**固体中价带电子发生集体振荡的激发**。

参照　**特征电子能量损失**。

注1：在谱图中，等离子体激元激发通常作为相关峰的特征能量损失峰出现，这些峰如弹性散射的入射电子、光电子峰、俄歇电子峰和电离边。

注2：在有些材料中等离子体激元是显著的，而在其他材料中却不显著。

注3：通常观察到两类等离子体激元：远离表面与材料有关的体相等离子体激元和与表面材料有关的表面等离子体激元。偶尔可能观察到与界面有关的界面等离子体激元。体相等离子体激元的能量与材料的电子结构有关，大致正比于价带密度。表面等离子体激元的能量，一般为体等离子体激元能量的50%～90%。

5.239

多原子离子　polyatomic ion

荷电的多原子物种。

注：二聚体和三聚体离子分别是包含两个和三个原子的多原子离子的特例。

5.240

入射(一次)电子　primary electron

从激发源引出并对准样品的电子。

参照　**二次电子**

5.241

入射(一次)离子　primary ion

从源引出并射向样品的离子。

参照　**探针离子，二次离子**

5.242

探针离子　probe ion

特意地从离子源产生并以确定**入射角**和能量射向样品表面的离化物种。

5.243

横向剖析　profile，lateral

在平行于表面的特定方向内测得的化学或元素成分、信号强度或从有用软件经处理的强度信息。

参照　**线扫描**

5.244

深度剖析　profile，depth

垂直剖析　profile，vertical

沿着与样品表面垂直的方向测量化学或元素成分，信号强度或合适软件处理的强度信息。

参照　**成分深度剖析**

STANDARDS PRESS OF CHINA

5.245

投影射程　projected range

<EIA、RBS、SIMS>一个荷能离子或原子从进入表面到在样品中停止的路程沿束方向投影的距离。

参照　**射程离散**

注：计算常用到大量同种类同能量离子或原子投影射程的平均值。

5.246

定量分析　quantitative analysis

样品中被检测分析物量的测定。

注1：分析物可能是元素或化合物。

注2：数量可按合适的或被要求的形式表示，例如：原子或质量百分数、原子或质量分数、单位体积的摩尔或质量、单位面积的(原子)数、单位体积的(原子)数。

注3：样品材料可能是非均相的，因此在解释时应设定模型结构，并且说明该模型的细节。

5.247

径向剖面　radial sectioning

为了揭示原有样品表面下成分变化的一种制样方法。样品经圆柱体研磨，目的是使这些层的深度能与由圆柱体所产生的表面位置相关。

参照　**磨角，球坑**

5.248

辐照增强扩散　radiation-enhanced diffusion

辐照诱导扩散　radiation-induced diffusion

粒子束损伤或轰击引起的缺陷导致固体中原子的移动范围远远超过入射粒子的典型穿透深度[1]。

5.249

射程离散　range straggling

<EIA、RBS、SIMS>给定能量的荷能离子或原子投影射程的标准偏差。

参照　**横向离散**

5.250

光栅　raster

由**入射束**偏转所产生的二维图案。

注：常用的光栅含有方形或长方形区域。

5.251

谱仪相对分辨率　relative resolution of a spectrometer

<能量、质量或光学>在给定能量、质量或波长处**谱仪分辨率**与该能量、质量或波长之比。

参照　**谱仪分辨本领**。

注1：谱仪相对分辨率是谱仪分辨本领的倒数。

注2：规定电子能谱仪的能量相对分辨率，质谱仪的质量相对分辨率或光谱仪的波长相对分辨率可能是方便的。

注3：实际上，谱仪相对分辨率通常能从选用已知谱线宽度并尽可能窄的激发源来推算。

注4：常常在设计谱仪时要保持分辨率或在整个谱中固定不变，或正比于所扫描的能量、质量或波长。对前者，分辨率词是有用的；而对后者，相对分辨率或分辨本领是比较有用的。

注5：相对分辨率常以百分数表示。

5.252

弛豫能　relaxation energy

<XPS>当原子中的电子移走后，为使系统的**终态**能量最小，与原子内或原子外的电子重新调整相

关的能量[1]。

5.253

原子外弛豫能　relaxation energy, extra-atomic

屏蔽能　screening energy

由近邻环境中的电子库仑引力引起固体中电离原子被减少的能量。

5.254

能量分辨率　resolution energy

对单能粒子,它是所测能量分布最大强度一半处的全宽(FWHM)。

5.255

横向分辨率　resolution, lateral

在样品表面平面内或在与成像光学轴成直角的平面内,能可信地分别确定成分改变时所测试的距离。

注1:应说明平面的选取。

注2:实际中,横向分辨率可以认作(i)从样品上非常小的发射点发出的强度分布的半高宽(FWHM)或(ii)沿着样品上与欲分辨性质有关的信号且含有意义明确的台阶函数部分进行**线扫描**时,强度在12%和88%之间两点的距离,对高斯型强度分布而言,这两个值是同等的。对其他分布而言,也许可比较合适的选择其他参数。对台阶函数,在线扫描中常应用强度在20%～80%或16%～84%之间两点的距离。对高斯分辨函数,后一对给出2σ宽度。

5.256

谱仪分辨率　resolution of a spectrometer

＜能量、质量或光学＞谱仪对该区域本底以上谱峰半高宽(FWHM)所作的贡献。

参照　**谱仪相对分辨率**、**谱仪分辨本领**。

注1:指明电子能谱仪的能量分辨率,质谱仪的质量分辨率或光谱仪的波长分辨率是方便的。

注2:实际上,谱仪分辨率通常能从选用已知谱线宽度并尽可能窄的激发源来推算。

注3:常常在设计谱仪时要保持分辨率或在整个谱中固定不变,或正比于所扫描的能量、质量或波长。对前者,分辨率是有用的;而对后者,相对分辨率或分辨本领是比较有用的。

5.257

系统分辨率　resolution, system

＜EIA、RBS＞ 对于单能量入射离子束而言,在**背散射谱图**中测得的能量或深度分辨率。

5.258

谱仪分辨本领　resolving power of a spectrometer

＜能量、质量或光学＞在给定能量、质量或波长处,该能量、质量或波长与谱仪分辨率之比。

参照　**谱仪相对分辨率**。

注1:谱仪的分辨本领是谱仪相对分辨率的倒数。

注2:规定电子能谱仪的能量分辨本领,质谱仪的质量分辨本领或光谱仪的波长分辨本领可能是方便的。

注3:实际中,谱仪分辨本领通常能从选用已知宽度并尽可能窄的发射谱线源来推算。

注4:常常谱仪的设计是保持分辨率或在整个谱中固定不变,或正比于所扫描的能量、质量或波长。对前者,分辨率词是有用的;而对后者,相对分辨率或分辨本领是比较有用的。

5.259

共振反应　resonance reaction

＜EIA＞指在**核反应截面**与能量的函数关系中,有一个窄峰的核反应。其值远远大于相邻的、能量高于和低于峰处的核反应截面,以至于从反应中检测到的所有粒子,本质上都由这个峰所产生[1]。

5.260

样品荷电　sample charging

粒子或光子轰击引起的样品中或样品表面上的电位变化。

5.261

散射离子能量 scattered-ion energy

<ISS>碰撞后一次离子的**动能**。

注：遵从二体弹性散射，一次或探针离子的**动能** E_S 由下式给出：

$$E_S = E_0 [M_0/(M_0+M_1)]^2 \{\cos\theta + [(M_1 M_0)^2 - \sin^2\theta]^{1/2}\}^2$$

式中：

E_S——被散射后的探针离子的动能；

E_0——被散射前的入射探针离子的动能；

M_0——探针离子的质量；

M_1——靶原子的质量；

θ——探针离子初速度矢量与终速度矢量之间的夹角，由常用的实验室坐标系公共原点确定，其值在 0°到 180°之间。

5.262

散射离子能量比值 scattered-ion energy ratio

<ISS>散射离子能量与碰撞前入射**探针离子**能量的比值。

5.263

实验散射离子强度 scattered-ion intensity; experimental

<ISS> 用离子束轰击样品，然后经能量过滤和检测系统实测的响应值，通常为**离子散射谱**的纵坐标。

5.264

理论散射离子强度 scattered-ion intensity; theoretical

<ISS>探针离子在给定方向上散射到特定立体角内的计算强度。

注：对**二体弹性散射**而言，散射离子强度由下式确定：

$$I_i(\theta) = I_0 N_i P_i \alpha_i (\mathrm{d}\sigma_i/\mathrm{d}\Omega)_\theta \Delta\Omega T^*$$

式中：

$I_i(\theta)$——物种原子 i 在散射角 θ 时的散射离子强度，单位为每秒离子数(ions · s^{-1})；

I_0——入射探针离子强度，单位为每秒离子数$(\text{ions} \cdot \text{s})^{-1}$；

N_i——每单位表面积物种 i 接触入射束的散射中心数目。单位为每平方米的原子数(atoms · m^{-2})；

P_i——探针离子与物种 i 的一个原子相互作用后仍保持离子状态的几率；

α_i——在给定环境和几何结构中，物种 i 的几何或遮蔽因子；

$(\mathrm{d}\sigma_i/\mathrm{d}\Omega)_\theta$——对于散射角 θ，物种 i 的**微分弹性散射截面**，即每单位入射离子通量、物种 i 每个原子的散射离子强度的角度分布，单位为米^2 · 原子$^{-1}$ · 立体弧度$^{-1}$；

$\Delta\Omega$——过滤和检测系统入口决定的接收立体角，单位为立体弧度；

T——分析和检测系统的分数透过率。

注：式中 θ 改为下标，原文有误。

5.265

二次电子 secondary electron

由于入射电子、光子、离子或中性粒子所诱导激发而离开表面的电子，通常为低能电子。

注：习惯上将能量≤50 eV 的电子看成是二次电子，除非另有规定。对从表面发射电子的能量分布的计算表明，50 eV是包含了绝大部分电子的截止能量。该截止能量是人为规定的，一般还存在能量大于 50 eV 的二次电子。对 GDS，往往是例外。

5.266

二次电子产额　secondary electron yield

二次电子发射系数　secondary electron emission coefficient

δ

＜AES、EPMA＞从样品所发射的能量小于 50 eV 的电子总数对以一定能量和**入射角**入射的电子总数之比。

5.267

二次电子产额　secondary electron yield

二次电子发射系数　secondary elctron emission coefficient

＜GSD、SIMS＞从样品所出射的总电子数与入射到样品表面的总粒子数之比。

注：对特殊类型的荷能入射粒子如 Ar^{+}，有时给出二次电子产额。

5.268

总二次电子产额　secondary-electron yield，total

＜AES、EPMA＞从样品发射的总电子数与以一定能量和**入射角**入射的电子总数之比。

参照　**背散射产额，二次电子产额**

$\sigma=\delta+\eta$

注：总的二次电子产额常简单地称为二次电子产额，这易引起与能量只限于≤50 eV 的二次电子名词的混淆。

5.269

二次离子　secondary ion

由于**一次离子**能量和动量的转移导致从样品表面射出的离子。

5.270

二次离子角分布　secondary-ion angular distribution

二次离子数随**发射角**的变化关系。

5.271

二次离子能量分布　secondary-ion energy distribution

在指定收集角二次离子数随其**动能**变化的关系。

5.272

二次离子产额　secondary-ion yield

从样品上溅射出的离子总数与已知质量、能量、电荷和**入射角**入射离子总数的比值。

5.273

偏析　segregation

由于动力学或热力学效应，使物种从一个区域到另一区域的分配。

注：在表面和界面处经常观察到偏析。

5.274

选取面积孔　selected area aperture

＜XPS、SIMS＞在电子、离子光学系统中的小孔，用于将检测信号限定于样品表面一个小面积。

参照　**光圈**。

5.275

绝对元素灵敏度因子　sensitivity factor，absolute elemental

一种元素的系数，用该元素测得的强度除以该系数，而求得样品中该元素的原子浓度或原子分数。

参照　**相对元素灵敏度因子**。

注 1：应澄清所选用的是原子浓度或原子分数。

注 2：所用灵敏度因子的类型应与定量过程中所用的方程式和分析样品的类型相一致，例如均匀样品或偏析层。

STANDARDS PRESS OF CHINA

注 3：为了校正所用的基体因子或其他参数，应给出灵敏度因子的来源。

注 4：灵敏度因子与激发源、分析器和样品对仪器中的这些部件的定位相关。灵敏度因子还与所分析的基体相关，并且在 SIMS 中基体影响起支配作用。

5.276

相对元素灵敏度因子　sensitivity factor，relative elemental

<AES、XPS、TXRF>正比于**绝对元素灵敏度因子**的系数。该比例系数的选取是使所选元素和跃迁的值为 1。

注 1：对 XPS 通常使用的元素和跃迁为 C 1 s 或 F 1 s，而对 AES，为 Ag M4,5VV。

注 2：所用灵敏度因子的类型应适于，例如对均匀样品或偏析层的分析。

注 3：为了校正所用的基体因子或其他参数，应给出灵敏度因子的来源。

注 4：灵敏度因子与激发源、谱仪和样品对谱仪相关部件的取向等参数有关。灵敏度因子也与所分析的基体有关，并且在 SIMS 中，它有着支配性的影响。

5.277

相对元素灵敏度因子　sensitivity factor，relative elemental

<动态 SIMS>一种元素的系数，用它乘以该元素质量峰测得的强度再除以基体质量峰测得的强度，就得出在样品中存在该元素的原子浓度。

注 1：元素相对灵敏度因子可从检测的同位素离子的同位素丰度**除以同位素相对灵敏度因子**获得。

注 2：基体项很强且基体、轰击物类型、入射离子能量和**入射角**以及质谱仪运行条件，所有这些都显著影响相对元素灵敏度因子。

5.278

相对同位素灵敏度因子　sensitivity factor，relative isotopic

<动态 SIMS>一种元素的系数，用它乘以该元素一种同位素测得的强度再除以基体离子测得的强度，就得出在样品中存在该元素同位素的原子浓度。

注：基体项很强且基体、轰击物类型、入射离子能量和入射角以及质谱仪运行条件，所有这些都显著影响相对元素灵敏度因子。

5.279

震离　Shakeoff

<AES、XPS>发射两个或两个以上电子，而且剩余**动能**在它们之间分配的多电子光电过程。

参照　**震激(Shakeup)**。

注：震激导致在动能小于母峰处出现峰结构，而震离却导致光电子谱图中在动能小于母峰侧出现连续本底强度。

5.280

震激　Shakeup

<AES、XPS>伴有光电离或俄歇电子过程，使原子处于激发态的多电子过程。所以出射电子有稍小于光电子主峰的特征**动能**。

参照　**震离(Shakeoff)**。

注：通常在母峰 10 eV 范围内可观测到震激峰，然而对于气体，此时本底低，在动能小于主峰直至 100 eV 范围内，仍可区分出震激峰。

5.281

信噪比　signal-to-noise ratio

信号强度与测定该信号的总噪声测量值之比。

参照　**统计噪声**。

注：AES 中，常在接近于峰的谱本底合适区域内测量噪声。

5.282

平滑　smoothing

为减少表观噪声，对数据作数学处理。

5.283

谱仪色散　spectrometer dispersion

分析器色散　analyser dispersion

<能量或质量>分析器或谱仪出口处分散粒子位置的改变量 Δx 除以粒子能量分数改变量($\Delta E/E$)或质量分数改变量($\Delta w=\Delta m/m$)所得的值。

5.284

谱仪色散　spectrometer dispersion

分析器色散　analyser dispersion

<光学>谱仪出口处发射位置的改变量 Δx 除以波长改变量 $\Delta\lambda$ 所得的值($\Delta x/\Delta\lambda$)。

5.285

谱仪照度　spectrometer etendue

谱仪传输和通过分析区域中心并与分析器轴线垂直的分析面积基元的乘积再对整个表面积分。

注：照度单位为 sr・m^2・eV、sr・m^2・amu 或 sr・m^3。

5.286

谱仪响应函数　spectrometer response function

用该谱仪所检测到的粒子数除以每个立体角和与色散参数有函数关系所测量的每间隔色散参数中这些粒子数所得之商。

参照　**谱仪传输函数**、**谱仪照度**。

注 1：色散参数通常为能量，质量或波长。

注 2：传输单位可以为 sr・eV、sr・amu 或 sr・m。

注 3：谱仪响应函数类似于谱仪传输函数或照度，但包括测量链中的所有其他组成部分的效率，例如，检测器和电子学处理与记录设备。

注 4：对一些定量分析方法而言，为了使用相对灵敏度因子，需要响应函数的能量关系。对这些情况，应确定一个函数，其正比于绝对响应函数，此时，比例常数未必是重要的。

5.287

谱仪传输函数　spectrometer transmission function

分析器传输函数　analyser transmission function

每立体角和每色散参数(如能量、质量或波长)间隔内用于进行与色散参数有函数关系测量的这些粒子数被分析器传输的系数。

参照　**谱仪响应函数**。

注 1：传输单位可以为 sr・eV、sr・amu 或 sr・m。

注 2：该词语的不完整应用常常会发生，此时只给出谱仪接收的立体角，以立体角或有效空间 2π 立体角的一部分表示。这种用法已不用。参考**分析器立体角**。

注 3：此词语经常被不正确地用来替代谱仪响应函数，后者包含有检测器和信号处理系统的贡献。

5.288

准直入射谱图　spectrum; aligned incidence

<EIA、ISS>分析束与样品晶轴或晶面准直使能产生**沟道效应**时记录的**背散射谱图**[1]。

5.289

随机入射谱　spectrum; random incidence

<EIA、ISS>分析束以不产生**沟道效应**的方向入射到样品上时记录的**背散射谱**[1]。

5.290

自旋轨道分裂　spin orbit splitting

由自旋和轨道角动量耦合而引起原子的 p、d 或 f 能级的分裂。

5.291

溅射深度剖析　sputter depth profile ,SDP

在**溅射**去除材料的情形下，测量表面成分时得到的**成分深度剖析**。

注：在有些分析方法如SIMS中，经常由分析用的离子束完成溅射，而在其他方法中，可能需要增加离子束。

5.292

溅射　sputtering

粒子轰击导致原子和离子从样品射出的过程。

5.293

溅射平衡表面成分　sputtering，equilibrium surface composition

在恒定条件下**溅射**均匀样品产生的稳态表面成分。

5.294

择优溅射　sputtering，preferential

当溅射多组分样品时，会引起样品**平衡表面成分**的变化。

5.295

溅射速率　suppering rate

粒子轰击导致样品材料被剥离的总量与时间的商。

参照　**刻蚀速率**。

注：速率可用速度、每单位时间每单位面积的质量或每单位时间的一些其他量的测量来度量。

5.296

溅射产额　sputtering yield

从样品中溅射出的原子和离子数与入射一次粒子总数的比值。

5.297

分数溅射产额　sputtering yield，fractional

部分溅射产额　sputtering yield，partial

从样品中溅射出特定类型的原子和离子数与从样品中溅射出原子和离子总数的比值。

参照　**分数离子产额**。

5.298

电子阻止截面　stopping cross-sections，electronic

<EIA、RBS >由于能量转移给样品的电子而引起的**阻止截面**。

注：总的阻止截面是电子与**核阻止截面**之和。

5.299

阻止截面因子　stopping cross-section factor

<EIA、RBS>在样品给定深度处被散射和在给定角度处被检测到粒子的总能量损失与样品原子密度和散射深度的乘积之商。

5.300

核阻止截面　stopping cross-section，nuclear

<EIA、RBS>由于能量转移给样品的原子核而产生的**阻止截面**。

注：总的阻止截面是核与电子的阻止截面之和。

5.301

阻止本领　stopping power

<EIA、RBS>粒子沿着其运动轨迹在样品中运动一定距离后的能量损失率。

5.302

超 Coster-Kronig　跃迁　super Coster-Kronig transition

<AES、EPMA、XPS> 出射电子是来自和初始空位相同主量子壳层的 **Coster-Kronig 跃迁**。

参照　**俄歇跃迁**。

例：$M_2M_4M_5$，$N_5N_7N_7$。

5.303

表面　surface

凝聚相与气相、蒸气或自由空间之间的**界面**。

5.304

表面污染　surface contamination

在样品表面上，除了和原始表面或被研究过程有关的物质之外的那些通常无用的物质，它们或者是不具有样品和被考察过程的特征或者是由于样品暴露在特殊的环境中引起的。

5.305

表面覆盖度　surface coverage

<化学吸附、物理吸附>表面的物质总量被相应表面积测量值除得的商。

注：表面覆盖度可以用 atoms/m^2、mol/m^2 或 kg/m^2 来表示，或作为总量对**单层容量**的比率。

5.306

表面偏析　surface segregation

由于动力学或热力学效应，一物种从材料的体相向表面分配。

5.307

同步辐射　synchrotron radiation

在同步回旋加速器或贮存环中，由电子加速所产生的具有连续能谱的电磁辐射(光子)。

注：对**俄歇电子**和**光电子能谱**而言，同步辐射是有用的、能量可变光源。对光电子能谱而言，同步辐射源是单色化的。

5.308

靶　target

< EIA、RBS>研究的样品。

5.309

厚靶　target，thick

<EIA、RBS>足够厚的样品，相对于系统分辨率而言，各个组成元素产生的背散射粒子间有极大的能量变化[1]。

5.310

薄靶　target，thin

<EIA、RBS>足够薄的样品，相对于系统分辨率而言，来自各个组成元素原子的背散射粒子的能量变化足够小[1]。

5.311

薄膜　thin film

沉积或生长在衬底上的材料层，其厚度通常小于 100 nm[1]。

5.312

时间常数　time constant

<模拟电子回路>对台阶函数输入响应时，信号变化到终值的[1-(1/e)]或 63.2%所需要的时间。

5.313

形貌衬度　topographic contrast

由于样品表面形貌原因而在图像中产生的衬度。

注 1：形貌效应可以改变一次束与样品之间的相互作用，使分析物的电子或离子产额在空间上分布不均。

注 2：离子溅射后，形貌衬度可能改变。

STANDARDS PRESS OF CHINA

5.314

全反射　total reflection

<TXRF> 入射 X 射线的**掠射角**等于或小于**临界角**时，在非常接近表面的区域内 X 射线被反射或被吸收。

注：反射强度接近 100%的入射强度，而透射强度为 0。

5.315

转化几率　transformation probability

<SIMS>**溅射**导致表面上特定母体原子或分子结构被消耗而产生确定荷电或中性粒子的几率。

5.316

横向射程　transverse range

<EIA、RBS、SIMS>沿垂直于荷能离子或原子撞击表面方向，在样品中停止的距离。

参照　**投影射程**。

5.317

横向离散　transverse straggling

<EIA、RBS、SIMS> 给定能量的荷能离子或原子横向射程的标准偏差。

参照　**射程离散，横向射程**。

5.318

真空能级　vacuum level

在真空空间一点处的电势。

参照　**费米能级**。

注：电子能谱中，空间的点被取在样品外足够大的距离处，使得由表面不同部分的不同**逸出功**引起的电场为零或极小[1]。

5.319

真空能级参考　vacuum level referencing

<AES、XPS>建立动能标度的方法，其中零点相应于静止在真空能级处的电子动能。

参照　**费米能级参考**。

5.320

标准真空能级　vacuum level, standard

费米能级以上电势能为 4.500 eV 处。

参照　**真空能级**。

注：费米能级是电子动能可以准确参考的绝对能级。以往，AES 中电子动能没有参考费米能级，而是参考仪器的真空能级。该能级会随不同仪器而变，不能提供一致的参考能级。然而，大部分已报道的俄歇电子动能都参考真空能级，多数分析者都熟悉以这种方式所参考的能量会随不同仪器而发生的变化。作为惯例，上述定义的标准化真空能级，是一个接近于典型的仪器真空能级值的参考能级。参考标准真空能级的能量是一致的，并与参考个别仪器真空能级时的值接近，相差不足 1 eV。

5.321

价带谱　valence band spectrum

<XPS>由样品材料价带电子激发产生的光电子能量分布。

5.322

逸出功　work function

电子在**费米能级**和正好在指定表面外最大电势处之间的电势差。

注 1：通常单晶不同晶面的逸出功是不同的。逸出功也与晶体表面的清洁状态有关。

注 2：多晶表面呈现平均逸出功，它与所暴露的组成单晶面的类型和面积有关。

5.323

X 射线鬼线　X-ray ghost line

<XPS>由来自 X 射线阳极内或表面上的杂质、X 射线窗口或样品中的某些元素产生的 X 射线激发的光电子，在谱图中出现的谱线。

注：典型的鬼线会出现在 Mg 和 Al 双阳级 X 射线源中，当用 Mg 激发源时会出现少量 Al X 射线，反之亦然。其他常见的鬼峰是在阳极表面氧化时出现氧的 X 射线或来自有阳极衬底的铜 X 射线。

5.324

X 射线线宽　X-ray linewidth

主特征 X 射线的能量宽度。

注 1：在 XPS 中，X 射线线宽通常指 X 射线源的线宽。

注 2：X 射线线宽影响光电子峰宽。

5.325

X 射线单色器　X-ray monochromator

用以消去能量在窄的能量带或波长带之外的光子的设备。

注：对于 Al X 射线的 XPS，单色器调准到接近 Al $K\alpha_1$ 的能量。

5.326

混合区　zone of mixing

入射束引起原子混合的样品表面层[1]。

参照　**碰撞级联**。

附 录 A
(资料性附录)
术语补充说明

表面分析中,对非表面特殊用途的一些常用词汇,可能产生混淆,为了减少这类混淆,本附录提供取自 IEC 60050-111,国际电工词汇汇编-111 章:物理学与化学[6]中的一些摘录。

A.1

系数　coefficient

两个不同类的量相除的结果。

注:系数是有量纲的量。

A.2

因子　factor

用作倍增的数。

注:一个因子可表示两个同类量的商,于是可确定有量纲的量。

A.3

商　quotient

相除之结果。

注 1:在物理量领域,词语商被用于从同类或不同类量确定新的量。

注 2:商 a/b 被表示为"a 除以 b 之商"。

A.4

比　ratio

两个同类量之商。

注 1:比表示无量纲的一个数。

注 2:比 c/d 被表示为"c 对 d 之比"。

A.5

面积(的)　areic

表面的……密度　surface…density

加在量的名称上,以表示该量被表面积所除之商。

例:面质量或表面质量密度,面电荷或表面电荷密度。

A.6

……(的)密度　density of……

……density

加在表示通量或电流的名称上,以表示该量被面积所除之商。

例:热流速率密度,电流密度。

注:更一般地在英语中,密度也意指体积质量。

A.7

线(的)　lineic

线……密度　linear……density

加在量的名称上,以表示该量被长度所除之商。

例:线质量或线质量密度,线电流或线电流密度。

注:限定词"线性"还被附加到量的名称上,只用以对类似量之间的判别(如:线电离、线膨胀系数)。

A.8

质量的　massic

比(的)　specific

加在量的名称前,以表示该量被质量所除之商。

例:质量体积或比体积。

A.9

体积(的)　volumic

……密度　……density

加在量的名称前,以表示该量被体积所除之商。

例:体积质量或质量密度,体积电荷或电荷密度。

A.10

浓度　concentration

加到量名称前的词(特别是对混合物中的某种物质),以表示该量被总体积所除之商。

例:物质 B 浓度总量,分子 B 浓度,离子浓度。

STANDARDS PRESS OF CHINA

参 考 文 献

[1] ASTM E673-95a,Standard terminology relating to surface analysis.

[2] Appendix to Manual of Symbols and terminology for physico-chemical quantities and units, Pure and Applied Chemistry, 1972, Vol. 31, No. 4, P579.

[3] Currie, L. A: Nomenclature in evaluation of analytical methods including detection and quantification capabilities. Pure and Applied Chemistry 1995, Vo1. 67, No. 10,PP. 1699-1723.

[4] Gries, W. H. : Preparation and certification of ion-implanted reference materials—A critical review, Pure and Applied Chemistry,1992, Vol. 64, No. 4, pp545-574.

[5] ISO 31-10:1992,Quantities and units—Part 10: Nuclear reaction and ionizing radiations.

[6] IEC 60050-111:1996, International Electrotechanical Vocabulary—Chapter 111: Physics and Chemistry, PP. 10-12.

中 文 索 引

F

G

H

J

K

L

M

N

P

STANDARDS PRESS OF CHINA

英 文 索 引

A

B

C

D

E

STANDARDS PRESS OF CHINA

ICS 17.180
G 04

GB

中华人民共和国国家标准

GB/T 22462—2008

钢表面纳米、亚微米尺度薄膜元素深度分布的定量测定 辉光放电原子发射光谱法

Nano, Sub-micron scale film on steel—Quantitative depth profile analysis—Glow discharge atomic emission spectrometry

STANDARDS PRESS OF CHINA

2008-10-30 发布

2009-06-01 实施

中华人民共和国国家质量监督检验检疫总局
中国国家标准化管理委员会　发布

前　言

本标准的附录A、附录B均为资料性附录，附录C为规范性附录。

本标准由全国微束分析标准化技术委员会提出。

本标准由全国微束分析标准化技术委员会(SAC/TC 38)归口。

本标准负责起草单位：宝山钢铁股份有限公司、中国科学院物理研究所、中国科学院化学研究所、冶金工业信息标准研究院。

本标准主要起草人：张毅、陈英颖、沈电洪、刘芬、何晓蕾、邬君飞、栾燕。

钢表面纳米、亚微米尺度薄膜元素深度分布的定量测定辉光放电原子发射光谱法

1 范围

本标准采用辉光放电原子发射光谱法用于定量测定钢表面纳米、亚微米尺度薄膜(金属镀膜和氧化膜)中膜厚、镀层质量(单位面积)和薄膜中的元素深度分布。

本方法适用于测定 3 nm～1 000 nm 厚度的钢表面薄膜,适用的元素包括:铁、铬、镍、铜、钛、锰、铝、碳、磷、氧、氮和硅。

2 规范性引用文件

下列文件中的条款通过本标准的引用而成为本标准的条款。凡是注日期的引用文件,其随后所有的修改单(不包括勘误的内容)或修订版本均不适用于本标准,然而,鼓励根据本标准达成协议的各方研究是否可使用这些文件的最新版本。凡是不注日期的引用文件,其最新版本适用于本标准。

GB/T 6379.1　测量方法与结果的准确度(正确度与精密度)　第1部分:总则与定义

GB/T 6379.2　测量方法与结果的准确度(正确度与精密度)　第2部分:确定标准测量方法重复性和再现性的基本方法

GB/T 19502　表面化学分析　辉光放电发射光谱方法通则

GB/T 20066　钢和铁　化学成分测定用试样的取样和制样方法

GB/T 22461—2008　表面化学分析　词汇(ISO 18115:2001,IDT)

ISO 5725-3　测量方法与结果的准确度(正确度与精确度)——第3部分:标准测量方法精密度的中间度量(Accuracy (trueness and precision) of measurement methods and results—Part 3:Intermediate measures of the precision of a standard measurement method)

ISO 6955:1982　分析光谱学方法　火焰发射、原子吸收和原子荧光　词汇(Analytical spectroscopic methods—Flame emission,atomic absorption,and atomic fluorescence—Vocabulary)

3 术语和定义

在 ISO 6955:1982 和 GB/T 22461—2008 中给出的术语和定义适用于本标准。

4 原理

辉光放电原子发射光谱法的基本原理为:

a)　在直流或射频辉光光源装置中,使样品表面产生阴极溅射;

b)　通过在辉光放电过程中产生的离子溅射和能量转移,使待测元素原子化,进而在等离子体中被激发;

c)　各分析元素特征谱线发射强度的测量。深度剖析时,发射强度记录为时间的函数;

d)　在深度剖析中,通过(定量)工作曲线,将强度对时间的函数转化为质量分数对溅射深度的函数。通过测量已知成分参考样品的溅射速率可以建立此校准体系。

5 仪器

5.1 概述

所用仪器应装有 Grimm 型辉光放电光源或类似光源(直流或射频)的原子发射光谱仪，应配备所要分析元素的适宜谱线通道。

阳极的典型内径尺寸为 2 mm～8 mm。厚度在 0.5 mm 以下的样品应使用冷却装置，如带循环冷却剂的金属块。

由于样品的测定是通过对薄膜表面连续溅射来进行的，因此光谱仪应配备相应的数据处理系统记录发射强度与时间的关系。应使用数据采集速度至少为每秒 200 次测量的数据处理系统。

5.2 仪器性能要求

5.2.1 概述

仪器应同时符合 5.2.2 和 5.2.3 中所提出的要求。

5.2.2 最小重现性

以下测试是为了检查仪器是否运行正常以实现其重现性。

对某元素的质量分数超过 1% 的均匀试样进行 10 次强度测量。选择恰当的光源条件进行分析。每次测量前的光源稳定时间(预溅射时间)应至少 60 s，采集数据的时间约为 5 s 到 20 s 之间。每次激发应在未被溅射过的样品表面上进行，不能重叠。计算该元素 10 次测量的相对标准偏差，相对标准偏差应该≤5%。

5.2.3 检出限

各元素的检出限与仪器有关，也和钢表面薄膜有关。因此对于不同仪器和不同钢表面薄膜，给定分析元素的检出限不是唯一的。如果每种分析元素的检出限低于薄膜中预计最低质量分数的五分之一(或标准范围内，低端质量分数的五分之一)，则认为此检出限可以接受。确定仪器的检出限通常有两种方法。

5.2.3.1 信噪比(SNR，signal-to-noise ratio)方法

为了计算给定分析物的检出限，应该进行以下步骤：

a) 选择一块体材样品作为分析空白。此体材样品的成分应和所要分析的薄膜成分相近。并且，它所含的待测元素质量分数应小于 0.000 01%(0.1 μg/g)。

b) 在所选择的空白样品上激发 10 次，每次激发都能在 10 s 内采集到固定分析波长上的发射强度。此强度为分析所需的背景强度。测定背景强度时的光源分析条件应该和分析样品薄膜时的条件完全相同。在对发射强度定量前，空白样品应有足够的时间进行预溅射，以保证得到最为稳定的分析信号。每次激发，要选择未被溅射过的样品表面。

c) 用式(1)计算检出限：

$$D_L = 3 \times \frac{\sigma}{M} \qquad \cdots\cdots(1)$$

式中：

D_L——检出限；

σ——步骤 b)中，10 次背景强度测量所得到的标准偏差；

M——进行仪器校准时所得的分析灵敏度，可以表达为发射强度和质量分数的比值。

如果检出限结果不符合要求，应重新进行测量。如果第二次测量的检出限仍然不符合要求，应在分析下一次样品前，找出原因并加以修正。

5.2.3.2 信背比——背景相对标准偏差(SBR-RSDB)方法

该方法不要求空白分析，通常被称为信背比——背景相对标准偏差(SBR-RSDB，signal-to-background ratio-relative standard deviation of the background)方法。步骤如下：

a) 选择一个体材样品，它的基体成分和所要分析的薄膜成分相近。其含待测元素的质量分数已知，并大于或等于0.1%。如果待测元素会产生自吸收现象，则它在此体材中的质量分数不应大于1%；

b) 在所选择的体材样品上激发3次，每次激发都能在10 s内采集到固定分析波长上的发射强度。光源分析条件应该和分析薄膜样品时的条件完全相同。在对发射强度定量前，体材样品应有足够的时间进行预溅射，以保证得到最为稳定的分析信号。每次激发，要选择未被溅射过的样品表面。取3次激发所得强度值的平均值；

c) 选择一个在被分析元素分析峰旁0.2 nm以内的无峰区，在所选择的体材样品上溅射10次，对此无峰区的强度进行积分，积分时间为10 s。所得的测量值作为背景强度。光源分析条件和步骤b)相同。每次激发应在未被溅射过的样品表面上进行，不能重叠。计算10次测量结果的平均值和相对标准偏差；

d) 用式(2)计算检出限：

$$D_L = \frac{3 \times \sigma_B \times M_F / 100}{(S - B)/B} \quad \cdots\cdots(2)$$

式中：

D_L——检出限；

M_F——样品中被分析元素的质量分数；

σ_B——步骤c)背景强度的相对标准偏差，用百分比来表示；

B——步骤c)中的平均背景强度；

S——步骤b)中，峰值强度的平均值。

如果检出限结果不符合要求，应重新进行测量。如果第二次测量的检出限仍然不符合要求，应在分析下一次样品前，找出原因并加以修正。

6 样品制备

根据GB/T 20066和/或适宜的其他标准，或薄膜产品生产商的建议来进行取样。样品的大小应与辉光光源的阳极内径相适应，一般直径(宽度或长度)为20 mm～100 mm的圆形(板状或块状)样品。

7 分析步骤

7.1 谱线的选择

对每个待测元素，都有许多谱线可使用。谱线选择应考虑以下几个因素：所用光谱仪的谱线范围，待测元素的浓度范围，谱线的灵敏度，谱线干扰。在本标准中所分析的元素均为样品中的主元素，应注意某些高强度谱线的自吸收或自蚀现象的发生。自吸收会导致工作曲线高浓度端的非线性化，因此应避免使用严重自吸收的谱线来进行测量。附录A中表A.1所列为推荐的一些谱线。除了表中所列，只要符合上述要求，也可使用其他合适的谱线。

7.2 优化辉光放电原子发射光谱仪的放电参数

7.2.1 概述

设置光源参数可以参照仪器生产商的建议，也可以根据仪器的特定用途来设定。所选择的光源参数要满足以下三点要求：第一，足够的能量激发样品的表面，在不使薄膜过热的条件下，尽量缩短分析时间；第二，平直的束斑底部形状，以保证准确的深度分析；第三，在校准和分析过程中保持稳定的发射条件，以提高分析精度。根据以上三点要求，优化光源参数。

注：应根据仪器生产商所提供的程序，来正确调整光谱仪的入射狭缝。这样能保证所得到特征谱线的发射强度在谱线的峰值处，并得到最佳的信背比。参见GB/T 19502可得到更多的信息。

7.2.2 直流光源放电参数的设置

现代直流辉光放电原子发射光谱仪已经能完全控制和测量放电参数(电流、电压和气体压力)。可以通过改变气体压力参数,控制电流和电压的值(称为自动压力调整系统)。以前的直流辉光放电原子发射光谱仪没有自动气体压力调整系统,但仍可以调节压力,达到相同的效果。用户可以采用以下几种控制方式的一种。

7.2.2.1 恒定电流和电压方式

设定光源的两个控制参数为电流和电压,以恒定的电流一电压方式控制光源。首先可以设定电流和电压为仪器厂商推荐的特定值。如果没有推荐值,电压可设定为700 V,对于直径2 mm或2.5 mm的阳极,电流设定范围为5 mA～10 mA;对于4 mm阳极,电流设定范围为15 mA～30 mA;对于7 mm或8 mm阳极,电流设定范围为40 mA～100 mA。若事先无经验,建议先将电流设在推荐范围的中间值。

检测器高压的设置见7.2.4。

调整光源参数见7.2.5,建议先调整电流参数,如有必要,再调整电压参数。

调整电压参数,优化束斑形状,见7.2.6。这些光源分析条件将被应用于曲线校准和样品分析。

对于每一种类型的测试样品,在设定的放电参数下,记录溅射5 s后的气体压力。将大约高于其10%的气体压力设定为该类测试样品放电起辉的启动压力。

7.2.2.2 恒定电流和气体压力方式

设定光源的两个控制参数为电流和气体压力,以恒定电流方式控制光源。首先可以设定电流为仪器厂商推荐的特定值。如果没有推荐值,对于直径2 mm或2.5 mm的阳极,电流选择范围为5 mA～10 mA;对于4 mm阳极,电流选择范围为15 mA～30 mA;7 mm或8 mm阳极的电流范围为40 mA～100 mA。若事先无经验,建议先将电流设在选择范围的中间值。溅射一个典型的薄膜测试样品,调节气体压力,直至电压大约维持在600 V。

检测器高压的设置见7.2.4。

调整光源参数见7.2.5,建议先调整电流参数,如有必要,再调整气体压力参数。

调整气体压力参数,优化束斑形状,见7.2.6。在溅射分析新样品前,应保证此时的电压参数和前一次分析时的设定值相比,变化幅度不超过5%。否则,就应重新调节气体压力,直至电压回到设定值。这些光源分析条件将被应用于曲线校准和样品分析。

7.2.3 射频光源放电参数的设置

现有的射频光源采用恒定输入功率和气体压力方式、恒定外放电压和气体压力方式、恒定输入功率和直流偏置电压方式或恒定有效功率和射频电压方式等放电参数设置。后两种控制模式应用了自动气体压力控制系统。应注意,所使用的放电参数因不同仪器而有所不同。一旦确定,这些光源分析参数将被应用于曲线校准和样品分析。

7.2.3.1 恒定输入功率和气体压力方式

设定光源的两个控制参数为输入功率和气体压力。首先设置输入功率,调节气体压力到仪器生产商的建议值。如果没有推荐值,以钢铁样品进行深度剖析的放电参数为参考,将输入功率和气体压力设置在该参考的中间值。在此光源参数下,测量钢样品的溅射速率(单位时间内的溅射深度)。调整输入功率,使溅射速率大约为2 μm/min～3 μm/min。

检测器高压的设置见7.2.4。

调整光源参数见7.2.5,建议先调整输入功率,如有必要,再调整气体压力。

调整气体压力,优化束斑形状,见7.2.6。

如果必须使溅射速率保持在2 μm/min～3 μm/min,可以重复调整输入功率和电压值,直至溅射速率和束斑形状不再发生明显的变化。

7.2.3.2 恒定输入功率和直流偏置电压方式

设定光源的两个控制参数为输入功率和直流偏置电压。首先设定输入功率,调节气体压力,使直流偏置电压达到仪器生产商的建议值。如果没有推荐值,以钢铁样品进行深度剖析的放电参数为参考,将输入功率和直流偏置电压设置在该参考的中间值。如果仪器配有压力自动控制系统，就可以自动调整这两项参数。在此光源参数下，测量钢样品的溅射速率。调整输入功率，使溅射速率大约为 2 μm/min～3 μm/min。

检测器高压的设置见 7.2.4。

调整光源参数见 7.2.5，建议先调整输入功率，如有必要，再调整直流偏置电压。

调整直流偏置电压，优化束斑形状，见 7.2.6。

如果必须使溅射速率保持在 2 μm/min～3 μm/min，可以重复调整输入功率和直流偏置电压，直至溅射速率和束斑形状不再发生明显的变化。

对于每一种类型的测试样品，在设定的放电参数下，记录溅射 5 s 后的气体压力。将大约高于其 10％的气体压力设定为该类测试样品放电起辉的启动压力。

7.2.3.3 恒定有效功率和射频电压方式

光源的两个控制参数为有效功率和射频电压。有效功率可以定义为输入功率减去反射功率和电功(无功)功率。(电功功率是指样品在真空条件下进行测量时的输入功率)。射频电压定义为在耦合电极下的均方根电压。

设定光源的控制方式为恒定有效功率-恒定射频电压。首先把有效功率设置为仪器生产商的推荐值。如果没有推荐值，对于直径 4 mm 的阳极，建议设置射频电压 700 V，有效功率范围为 10 W～15 W。若事先无经验，建议先将有效功率设在推荐范围的中间值。在此光源参数下，测量钢样品的溅射速率。调整有效功率，使溅射速率大约为 2 μm/min～3 μm/min。

检测器高压的设置见 7.2.4。

调整光源参数见 7.2.5，建议先调整有效功率，如有必要，再调整射频电压。

调整射频电压，优化束斑形状，见 7.2.6。

如果必须使溅射速率保持在 2 μm/min～3 μm/min，可以重复调整有效功率和射频电压值，直至溅射速率和束斑形状不再发生明显的变化。

对于每一种类型的测试样品，在设定的放电参数下，记录溅射 5 s 后的气体压力。将大约高于其 10％的气体压力设定为该类测试样品放电起辉的启动压力。

7.2.4 设定检测器的高压

选择不同类型的薄膜样品，在设定的光源参数下进行分析。观察各种元素在检测器中的输出信号强度。调整检测器的高压，使最低质量分数的元素能有足够的灵敏度，同时保证最高质量分数的元素在检测器的最高检出限之内(饱和范围内)。

7.2.5 调整放电参数

对不同类型的薄膜样品，进行一次完整的逐层分析，在辉光放电环境中溅射足够长的时间以保证完全除去薄膜并进入基体材料。观察发射强度与溅射时间的关系(一般被称为定性逐层分析)，确保放电参数的设置能为薄膜至基体材料的溅射过程提供稳定的放电。不稳定的发射强度可能与样品表面过热有关，此时应考虑使用合适的冷却方法。若放电状态不稳定，则适当调节放电参数后再次分析薄膜样品。若有必要，重复该过程直到获得稳定的放电状态。

7.2.6 优化溅射束斑形状

选择一种钢样品(见 7.3.2)或钢薄膜样品进行溅射，溅射深度约为 5 μm～10 μm(如果是钢薄膜样品，溅射深度不超过薄膜厚度)。溅射完毕后，用恰当的表面轮廓仪测量溅射束斑的形貌。在此过程中，重复微调放电参数，直至得到底部平直的束斑形状。

7.3 工作曲线

7.3.1 概述

仪器系统的工作曲线包括每一条谱线和每一个元素分析工作曲线。在建立工作曲线时，应知道这些样品的化学成分和溅射速率。

7.3.2 参考样品

应尽可能地使用有证参考物质建立工作曲线。因为辉光放电原子发射光谱法依据发射产额进行定量,参考样品无须在成分上与钢表面的薄膜成分一致,但应有可重复(再现)的溅射速率。另外,对于工作曲线中的高含量校准,高纯物质并不是必须的,但它们有利于光谱背景值的测定。在选择参考样品时应考虑以下两点:

a) 每个元素的工作曲线至少需要5个覆盖所要测定浓度范围的参考样品。

b) 参考样品应是均匀的。

基于以上要求,建议使用以下所述类型的参考样品。这些样品只是满足最低的要求,还可使用其他合金类型的参考样品。

7.3.2.1 低合金钢样品

选择低合金钢样,其中铁质量分数大于95%。铁的质量分数可以通过100%减去其他已知元素的质量分数之和而得到。

7.3.2.2 不锈钢样品

选择不锈钢样品,镍质量分数5%～40%,铬质量分数11%～40%,锰质量分数0.1%～20%,钼质量分数0.1%～10%。

7.3.2.3 镍合金样品

选择镍基样品,镍质量分数大于40%。

7.3.2.4 铜合金样品

选择铜合金样品,铜质量分数大于50%。

7.3.2.5 钛合金样品

选择钛合金样品,钛质量分数大于50%。

7.3.2.6 硅合金样品

选择硅合金样品,硅质量分数大于50%。

7.3.2.7 铝合金样品

选择铝合金样品,铝质量分数大于50%。

7.3.2.8 高氧样品

选择高氧样品,氧质量分数大于10%。

7.3.2.9 高碳样品

选择铸铁和碳化钨样品,碳质量分数2%～10%。

7.3.2.10 高氮样品

选择高氮样品,氮质量分数大于2%。

7.3.2.11 高纯铜

选择一个高纯铜样品,其他元素的质量分数均低于0.001%。该样品可作为除铜外的其他元素的零点,即使不知道它们准确的质量分数。

7.3.3 测定参考样品的溅射速率

溅射速率是指辉光放电分析时由于溅射引起的物质剥离速率。相对溅射速率可以理解为,在相同溅射条件下,样品的溅射速率除以参考样品的溅射速率的值。如果样品和参考样品的溅射面积相同,此时,相对溅射速率可以认为等同于单位面积的相对溅射速率。溅射速率的测定方法如下。

a) 测量每个参考样品的密度。对均匀的样品,密度等于它的质量除以它的体积。一个非常合适的方法就是根据阿基米德定律,把样品浸入水中,计算它排开水的体积,以得到样品本身的体积。也可以从样品的尺寸来估计它的体积。密度的计算还可以依据样品的元素组成,计算或测量所得的密度值;

b) 根据仪器商的推荐方法或按特定的要求,处理样品表面;

c) 依据 7.2 中的方法，调节放电参数；

d) 以一定时间溅射样品，使溅射深度在 20 μm～40 μm 左右。并记录溅射时间；

e) 如果样品表面足够大，可以多次重复步骤 d)，记录每个束斑的溅射时间；

f) 用机械或光学表面轮廓仪测量每个束斑的平均深度；

g) 溅射速率的计算：

   1) 按照所用的阳极内径，计算束斑的面积；

   2) 计算束斑的体积，为束斑面积和束斑的平均深度的乘积；

   3) 计算溅射质量，为束斑体积和密度的乘积；

   4) 计算溅射速率，用溅射质量除以溅射时间可得；

   5) 计算多次溅射的平均溅射速率和标准偏差。

h) 相对溅射速率的计算：

   1) 计算每个束斑单位面积上的溅射质量，为溅射深度和样品密度的乘积；

   2) 计算每个束斑单位面积上的溅射速率，用单位面积上的溅射质量除以溅射时间；

   3) 选择一种参考样品（推荐使用低合金钢样品），按上述方法计算其单位面积上的溅射速率；

   4) 计算每个束斑的相对溅射速率，用参考样品单位面积上的溅射速率除以参考样品面积上的溅射速率可得；

   5) 计算多个束斑的平均相对溅射速率和标准偏差。

注 1：称重溅射前后的样品质量也可以确定溅射掉的样品质量。这种方法要求测量的仪器有很高的精度。它不如测量溅射深度的方法精确。

注 2：仪器生产商也会提供某些参考样品的溅射速率数据。

7.3.4 测定参考样品的原子发射光谱强度

a) 根据仪器商提供的说明书处理参考样品的表面。如果没有说明书，可用 65 μm(220 目)的砂纸对样品进行干磨，湿磨更为有利。磨后可用酒精清洗，然后用惰性气体吹干，如氩气和氮气。注意样品表面不要接触吹气口；

b) 根据 7.2 调整放电参数。设置预激发时间为 50 s～200 s，积分时间为 5 s～30 s；

c) 测定分析元素的发射强度。发射强度的单位一般为计数率或电压值，每个样品至少测量 3 次，3 次强度测量结果的极差符合要求时，取发射强度的平均值。

7.4 工作曲线的确认

7.4.1 概述

建立工作曲线后，为了检验其准确性，应立刻进行工作曲线的确认。但在每次分析新的未知样品时，不必进行工作曲线的确认，可以采用一种常规的方法对仪器进行漂移校准，见 7.5。

7.4.2 利用体材标准样品确认工作曲线

a) 选择几个合适的体材标准样品用于确认工作曲线；

b) 在相同的放电参数、相同的预激发和积分时间下，测定这些体材标准样品的发射强度。应在标准样品表面不同的位置至少激发 3 次；

c) 基于工作曲线，计算每个体材标准样品中各元素的平均质量分数；

d) 确认在此方式下测得的各元素平均质量分数与已知标准值一致，偏差应在合理的数理统计范围内。否则，需要找明原因，甚至重新建立工作曲线。

7.4.3 利用薄膜标准样品确认工作曲线

a) 根据仪器生产商提供的说明书，建立深度剖析；

b) 选择几个合适的薄膜标准样品用于确认工作曲线；

c) 分析标准样品时的放电参数应和建立工作曲线时的相同；

d) 确保溅射足够长的时间以保证完全除去薄膜并进入基体；

e) 通过计算，将强度对时间的函数（定性）转化为质量分数对溅射深度的函数（定量）。每次分析完毕，仪器软件会自动完成这一步骤；

f) 计算单位面积上的镀层质量（g/m^2）。计算值和标准值间的偏差不能超过10%；

g) 计算薄膜厚度（nm）。计算值和标准值之间的偏差应在5%之内。计算值和化学法测得数值之间的偏差也应该在10%之内；

h) 用表面轮廓仪可以一次性的测得薄膜深度。如果标准值、计算值、表面轮廓仪的测定值在上述 f)的范围内能达成一致，表明此工作曲线有效；

i) 计算基体和薄膜中化学成分的平均质量分数。若主元素（质量分数大于1%）质量分数的相对标准偏差在大多数情况下小于5%，则认为此工作曲线有效；

j) 如果确认上述数据不准确，应重新建立工作曲线。

注：由于薄膜标准样品较难获得，本方法可以选择性进行。

7.5 漂移校正

在每天分析未知样品前，有必要检查工作曲线是否正常。如果仪器厂商没有提供检查工作曲线的步骤，则应执行如下的步骤。

a) 选择几个接近未知样品成分的体材标准样品用于工作曲线的检查；

b) 在相同的放电参数、预激发时间和积分时间下，测定这些体材标准样品的发射强度。应在样品表面不同位置至少激发2次；

c) 基于工作曲线，计算每个体材标准样品中各元素的平均质量分数；

d) 确认此方式下测得的各元素平均质量分数与标准样品的标准值之差在不确定度或允许偏差范围以内。否则，需要进行漂移校正，校正原子发射光谱强度。

7.6 样品分析

使用已建立工作曲线，根据需要进行漂移校正后，可以进行未知样品的分析。每个未知样品应至少测定2次，并按照ISO 5725-3的规定确定最终测定结果。

8 分析结果的表示

8.1 定量深度剖析的表示

钢表面纳米、亚微米尺度薄膜的定量深度剖析结果示例如图1所示。

注：当薄膜为氧化物时，可参见附录B中表B.1中该类型的氧化物密度，按照仪器软件中的程序进行定量计算。

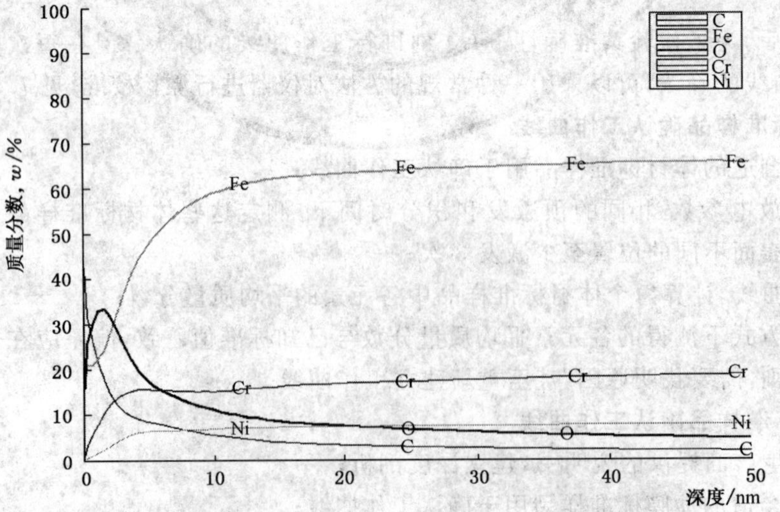

图1 304不锈钢表面氧化膜的定量元素深度剖析

8.2 膜厚和镀层质量(单位面积)的测定

对元素质量分数以时间或薄膜深度进行积分处理，把时间的函数转化为深度的函数。

a) 薄膜厚度为，主元素在薄膜中的质量分数降到最高值的50%处；

b) 基体和薄膜之间的界面宽度为，主元素质量分数从最高值的84%降至16%所跨跃的距离；

c) 对薄膜中的元素按照薄膜厚度与界面宽度之和(积分的深度)进行质量分数的积分，计算该元素的镀层质量。

注：镀层质量的用语沿用钢铁产品涂镀层的质量控制，此处是指膜层中该元素单位面积的质量。

9 精密度

本标准的精密度数据由7个实验室，对3种不同类型的薄膜样品共7个水平的膜厚进行了测定，每个实验室对每个水平的膜厚测定了4次。

所用的样品见附录C中表C.1。

根据GB/T 6379.1、GB/T 6379.2对所得到的测定结果进行了统计处理。结果表明，钢表面纳米、亚微米尺度薄膜厚度与实验结果的重复性限(r)和再现性限(R)间呈对数关系，相关数据汇总于表1，由附录C中的公式C.1和C.2给出。

表1 钢表面纳米、亚微米尺度薄膜厚度的重复性限和再现性限

薄膜厚度/nm	重复性限 r/nm	再现性限 R/nm
5	2.2	3.1
10	3.0	4.3
20	4.2	6.0
50	6.3	9.3
100	8.7	13
200	12	19
500	19	29
1 000	25	40

10 试验报告

试验报告应包括如下信息：

a) 与样品标识相关的所有信息；

b) 试验人员；

c) 试验日期；

d) 实验室和分析仪器型号；

e) 所采用的分析方法或所参考的标准；

f) 分析结果和表达方式；

g) 测定过程中任何异常的现象；

h) 本标准未明确的操作或可选操作，可能对分析结果产生影响。

附　录　A
（资料性附录）
推荐的元素特征谱线波长[1)]

推荐的元素特征谱线波长见表 A.1。

表 A.1　推荐的元素特征谱线波长

元素	波长/nm	质量分数范围/%	备　注
O	130.22	0.1～100	
O	777.19	1～100	
N	149.26	0.01～100	
N	174.52	0.05～100	
C	156.14	0.005～100	
C	165.70	0.005～100	
Al	172.50	0.1～100	
Al	396.15	0.001～100	自吸收效应
Ni	231.60	0.01～100	
Ni	341.78	0.001～100	弱自吸收效应
Ni	349.30	0.005～100	弱自吸收效应
Cr	267.72	0.01～100	
Cr	425.43	0.001～20	强自吸收效应
Ti	365.35	0.005～100	
Si	251.61	0.001～20	
Si	288.16	0.001～20	
Fe	249.32	0.01～100	
Fe	259.94	0.01～100	
Fe	271.44	0.1～100	
Fe	371.94	0.005～100	弱自吸收效应
Fe	379.50	0.01～100	
Mo	386.41	0.001～10	
Mn	279.48	0.005～10	
Mn	403.08	0.005～100	
Cu	296.12	0.01～100	
Cu	327.40	0.001～5	强自吸收效应

1）　数据来源于不同仪器厂商的推荐。

附 录 B
（资料性附录）
常见的氧化物密度

常见的氧化物密度见表B.1。

表 B.1 氧化物密度表

氧化物类型	密度/(g/cm³)
Al_2O_3	3.987
Cr_2O_3	5.225
Fe_2O_3	5.275
Fe_3O_4	5.200
NiO	6.809
SiO_2	2.201
SiO_2	4.287
TiO_2	4.245
Ti_2O_3	4.574

STANDARDS PRESS OF CHINA

附 录 C
（规范性附录）
共同实验附加资料

共同实验用测试样品信息见表 C.1。

表 C.1 共同实验用测试样品信息

样品编号	薄膜类型	基体材料	薄膜工艺	大致膜厚/nm
Ni 1500	金属 Ni	低合金钢	真空镀膜	1 500
Ni 1000	金属 Ni	低合金钢	真空镀膜	1 000
Ni 500	金属 Ni	低合金钢	真空镀膜	500
Ti 150	金属 Ti	不锈钢	真空镀膜	150
Ti 100	金属 Ti	不锈钢	真空镀膜	100
Ti 50	金属 Ti	不锈钢	真空镀膜	50
304	氧化膜	304 不锈钢	自然氧化	<10

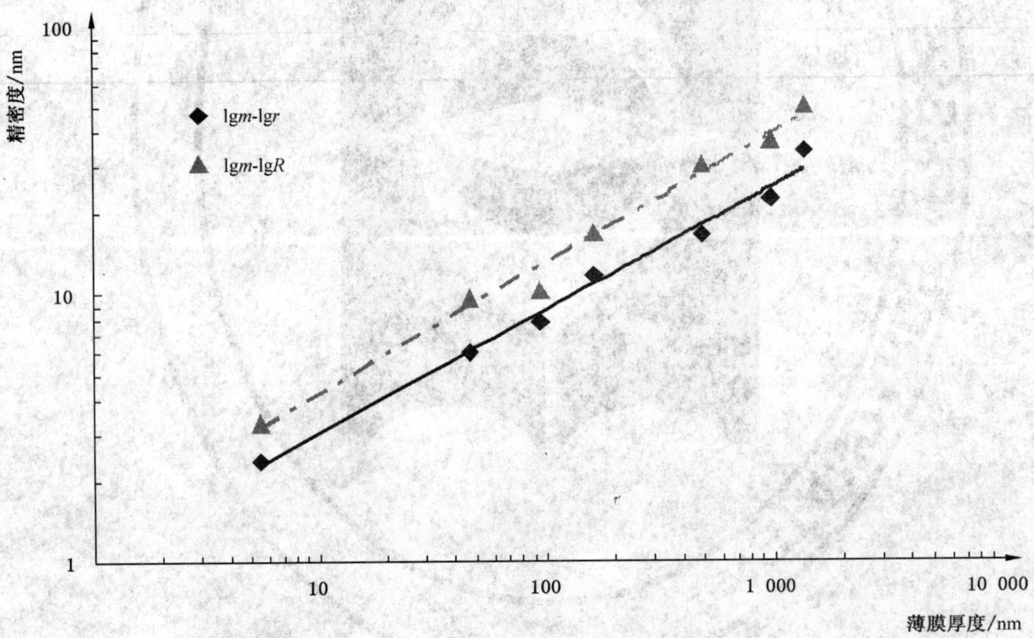

图 C.1 钢表面薄膜厚度(m)与重复性限(r)和再现性限(R)的对数关系图

$$\lg r = 0.018\,3 + 0.459\,6 \lg m \qquad \text{(C.1)}$$

$$\lg R = 0.140\,9 + 0.485 \lg m \qquad \text{(C.2)}$$

ICS 67.200.20
B 33

中华人民共和国国家标准

GB/T 22463—2008

葵 花 籽 粕

Sunflowerseed meal

2008-11-04 发布 2009-01-01 实施

中华人民共和国国家质量监督检验检疫总局
中国国家标准化管理委员会 发布

前　言

本标准由国家粮食局提出。

本标准由全国粮油标准化技术委员会归口。

本标准起草单位：武汉工业学院、北海粮油工业(天津)有限公司、新疆天海粮油工业有限公司、河南工业大学。

本标准主要起草人：何东平、郝克非、毕雁鸿、刘玉兰、陈玉军、刘玉刚、李学红、马传国、左晓燕、陈耿俊。

葵 花 籽 粕

1 范围

本标准规定了葵花籽粕的术语和定义、质量要求与卫生要求、检验方法、检验规则、标签和标识以及包装、运输和贮存的要求。

本标准适用于商品葵花籽粕。

2 规范性引用文件

下列文件中的条款通过本标准的引用而成为本标准的条款。凡是注日期的引用文件，其随后所有的修改单(不包括勘误的内容)或修订版均不适用于本标准，然而，鼓励根据本标准达成协议的各方研究是否可使用这些文件的最新版本。凡是不注日期的引用文件，其最新版本适用于本标准。

GB/T 5490 粮食、油料及植物油脂检验 一般规则

GB/T 5492 粮食、油料检验 色泽、气味、口味鉴定法

GB/T 5511 谷物和豆类 氮含量测定和粗蛋白质含量计算 凯氏法

GB/T 5515 粮油检验 粮食中粗纤维素含量测定 介质过滤法

GB/T 8946 塑料编织袋

GB/T 9824 油料饼粕总灰分测定法

GB/T 10358 油料饼粕中水分及挥发物测定法

GB/T 10359 油料饼粕含油量测定法

GB/T 10360 油料饼粕扦样法

GB 10648 饲料标签

GB/T 11764 葵花籽

GB 13078 饲料卫生标准

LS/T 3801 粮食包装 麻袋

3 术语和定义

下列术语和定义适用于本标准。

3.1

葵花籽粕 sunflowerseed meal

葵花籽经预压榨浸出或直接浸出法榨取油脂后的物质。

3.2

粗蛋白质 crude protein

葵花籽粕中含氮物质的总称。

3.3

粗脂肪 crude fat

葵花籽粕中能被乙醚抽提出来的物质。

3.4

粗纤维素 crude fiber

葵花籽粕中不溶于水、乙醚、乙醇、稀酸和稀碱的物质。

3.5

总灰分 total ash

葵花籽粕经高温灼烧后残留的物质。

4 质量要求与卫生要求

4.1 原料

应符合 GB/T 11764 的规定。

4.2 感官要求

葵花籽粕感官要求见表 1。

表 1 感官要求

项目	要求
形状	松散的片状、粉状
色泽	具有葵花籽粕固有的灰色或灰黑色
气味	具有葵花籽粕固有的气味

4.3 质量指标

葵花籽粕质量指标见表 2。其中粗蛋白质为定等指标。

表 2 质量指标

等级	质量指标				
	粗蛋白质(干基)/%	总灰分(干基)/%	粗纤维素(干基)/%	粗脂肪(干基)/%	水分/%
一级	≥34.0	≤10.0	≤30.0	≤3.0	≤12.0
二级	≥31.0				
三级	≥28.0				
等外级	<28.0				

4.4 真实性要求

不应掺入葵花籽粕以外的任何其他物质。

4.5 卫生要求

按 GB 13078 和国家有关标准、规定执行。

5 检验方法

5.1 扦样、分样:按 GB/T 10360 执行。

5.2 色泽、气味检验:按 GB/T 5492 执行。

5.3 粗蛋白质测定:按 GB/T 5511 执行,蛋白质换算系数为 6.25。

5.4 总灰分测定:按 GB/T 9824 执行。

5.5 粗纤维素检验:按 GB/T 5515 执行。

5.6 粗脂肪检验:按 GB/T 10359 执行。

5.7 水分测定:按 GB/T 10358 执行。

6 检验规则

6.1 检验的一般规则

按 GB/T 5490 执行。

6.2 **产品组批**

同一班次、同一生产线生产的包装完好的产品为一组批。

6.3 **扦样**

按 GB/T 10360 执行。

6.4 **出厂检验**

感官要求、粗蛋白质、粗脂肪、水分应按生产批次抽样检验，粗纤维素、总灰分可按原料批量定期抽样检验，并出具检验报告。检验合格，方可出厂。

6.5 **判定规则**

6.5.1 产品的各项质量要求中有一项不合格时，即判定为不合格产品。

6.5.2 当粗蛋白质含量低于三级而其他项目符合要求时，判定为等外级。

7 标签和标识

7.1 应符合 GB 10648 的规定及要求。

7.2 应在包装物上或货位登记卡上、随行文件中标明产品名称、质量等级、原料葵花籽收获年度等内容。

8 包装、运输和贮存

8.1 **包装**

葵花籽粕可以散装。使用麻袋包装时，应符合 LS/T 3801 的规定，用塑料编织袋包装时，应符合 GB/T 8946 的规定，或按用户要求包装。

8.2 **运输**

产品运输中应避免暴晒、雨淋，应有防雨、防晒措施，不应与有毒有害物质或其他易造成产品污染的物品混合运输。

8.3 **贮存**

产品应贮存在阴凉、通风、干燥的地方，防潮、防霉变、防虫蛀。不应与有毒有害物质混存。

ICS 67.060
X 11

中华人民共和国国家标准

GB/T 22464—2008

大 豆 皂 苷

Soybean saponin

2008-11-04 发布　　2009-01-01 实施

中华人民共和国国家质量监督检验检疫总局
中国国家标准化管理委员会　发布

前言

本标准的附录A为规范性附录。

本标准由国家粮食局提出。

本标准由全国粮油标准化技术委员会归口。

本标准负责起草单位:南京财经大学。

本标准参与起草单位:上海交通大学、武汉工业学院、黑龙江九三粮油工业集团公司、黑龙江双河松嫩大豆生物工程有限公司。

本标准主要起草人:袁建、鞠兴荣、汪海峰、赵大云、张世宏、卞清德、罗莉、王哲。

STANDARDS PRESS OF CHINA

大 豆 皂 苷

1 范围

本标准规定了大豆皂苷的术语和定义、质量要求和卫生要求、检验方法、检验规则、标签标识，以及包装、运输、贮存要求。

本标准适用于以大豆、大豆粕或大豆胚芽为原料提取的商品大豆皂苷。

2 规范性引用文件

下列文件中的条款通过本标准的引用而成为本标准的条款。凡是注日期的引用文件，其随后所有的修改单(不包括勘误的内容)或修订版均不适用于本标准，然而，鼓励根据本标准达成协议的各方研究是否可使用这些文件的最新版本。凡是不注日期的引用文件，其最新版本适用于本标准。

GB/T 4789.2 食品卫生微生物学检验 菌落总数测定
GB/T 4789.3 食品卫生微生物学检验 大肠菌群测定
GB/T 4789.4 食品卫生微生物学检验 沙门氏菌检验
GB/T 4789.5 食品卫生微生物学检验 志贺氏菌检验
GB/T 4789.10 食品卫生微生物学检验 金黄色葡萄球菌检验
GB/T 4789.15 食品卫生微生物学检验 霉菌和酵母计数
GB/T 5009.1 食品卫生检验方法 理化部分 总则
GB/T 5009.3 食品中水分的测定
GB/T 5009.4 食品中灰分的测定
GB/T 5009.11 食品中总砷及无机砷的测定
GB/T 5009.12 食品中铅的测定
GB/T 5492 粮食、油料检验 色泽、气味、口味鉴定法
GB/T 6682 分析实验室用水规格和试验方法
GB 7718 预包装食品标签通则

3 术语和定义

下列术语和定义适用于本标准。

3.1

大豆皂苷 soybean saponin

以大豆、大豆粕或大豆胚芽为原料生产的，由非极性的三萜苷元(aglycone 或 sapogenol)和低聚糖链(glycones)组成的五环三萜类齐墩果烷型皂甙产品。

4 质量要求和卫生要求

4.1 成分特征

大豆皂苷产品中主要成分为 A 类、B 类、E 类或 DDMP 类皂苷，其主成分的化学结构见图 1。

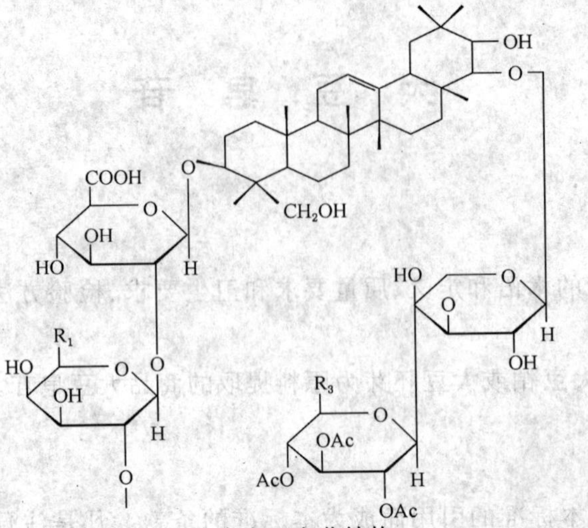

A 类大豆皂苷结构

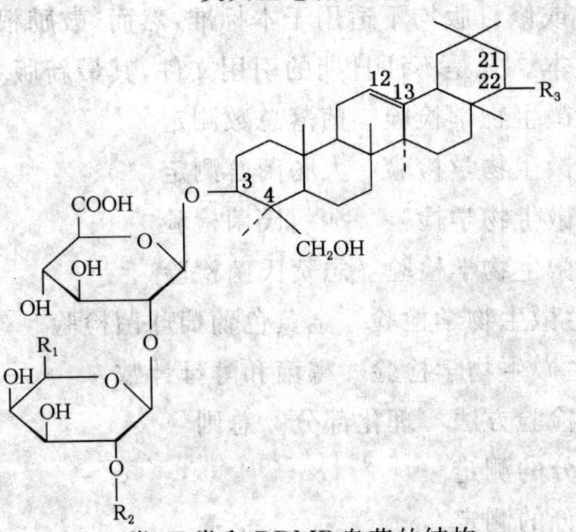

B 类、E 类和 DDMP 皂苷的结构

大豆皂苷结构图中 R_1、R_2、R_3 基团

组名	代号	R_1	R_2	R_3
	Aa	CH_2OH	β-D-Glc	H
	Ab	CH_2OH	β-D-Glc	CH_2OCOCH_3
	Ac	CH_2OH	α-L-Rha	CH_2OCOCH_3
	Ad	H	β-D-Glc	CH_2OCOCH_3
A 组	Ae	CH_2OH	H	H
	Af	CH_2OH	H	CH_2OCOCH_3
	Ag	H	H	H
	Ah	H	H	CH_2OCOCH_3
	Ba（Ⅴ）	CH_2OH	β-D-Glc	
	Bb（Ⅰ）	CH_2OH	α-L-Rha	
B 组	Bc（Ⅱ）	H	α-L-Rha	—OH
	Bb′（Ⅲ）	CH_2OH	H	
	Bc′（Ⅳ）	H	H	

图 1 大豆皂苷主成分的化学结构

组名	代号	R_1	R_2	R_3
E组	Bd	CH_2OH	β-D-Glc	=O
	Be	CH_2OH	α-L-Rha	
DDMP	αg	CH_2OH	β-D-Glc	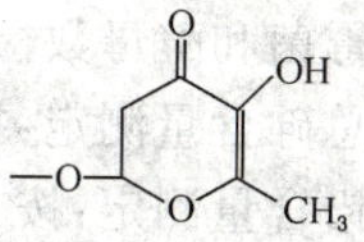
	βg	CH_2OH	α-L-Rha	
	βa	H	α-L-Rha	
	γg	CH_2OH	H	
	γg	H	H	

图 1(续)

4.2 质量指标

大豆皂苷质量指标见表1。

表 1 大豆皂苷质量指标

项 目		质 量 指 标
色泽、外观		黄色至棕黄色粉末
气味、口味		气味、口味正常，无异味
杂质		无肉眼可见杂质
水分/%	≤	5.0
灰分(以干基计)/%	≤	3.0
大豆皂苷含量(以干基计)/%	≥	40
pH 值(1%水溶液)		6.5±1.0

4.3 卫生指标

4.3.1 大豆皂苷卫生指标见表2。

表 2 大豆皂苷卫生指标

项 目		卫 生 指 标
菌落总数/(CFU/g)	≤	1 000
大肠菌群/(MPN/100 g)	≤	30
霉菌和酵母菌总数/(CFU/g)	≤	100
致病菌(指肠道致病菌和致病性球菌)		不得检出
总砷(以 As 计)/(mg/kg)	≤	0.5
铅(Pb)/(mg/kg)	≤	1.0

4.3.2 植物检疫按照国家有关标准和规定执行。

5 检验方法

5.1 扦样、分样：按 GB/T 5009.1 执行。

5.2 色泽、气味、口味检验：按 GB/T 5492 执行。

5.3 杂质测定：取一定量的试样平摊后，在自然光线下，肉眼观察有无与产品颜色差异的斑点或其他物质。

5.4 水分测定：按 GB/T 5009.3 执行。

STANDARDS PRESS OF CHINA

5.5 灰分含量测定：按 GB/T 5009.4 执行。

5.6 大豆皂苷含量测定：按附录 A 执行。

5.7 菌落总数测定：按 GB/T 4789.2 执行。

5.8 大肠菌群测定：按 GB/T 4789.3 执行。

5.9 致病菌检验：按 GB/T 4789.4、GB/T 4789.5、GB/T 4789.10 执行。

5.10 霉菌和酵母数检验：按 GB/T 4789.15 执行。

5.11 总砷含量测定：按 GB/T 5009.11 执行。

5.12 铅含量测定：按 GB/T 5009.12 执行。

5.13 pH 值测定：称取 1.00 g 样品，加入到 99.0 mL 水中，搅拌均匀，制成 1.0％的样品溶液。用 pH 计测定样液 pH 值。

6 检验规则

6.1 检验批

同一批原料，同一班次生产的产品为一批。

6.2 出厂检验

按本标准 4.2 的规定对每批产品检验。

6.3 型式检验

6.3.1 遇有下列情况之一时，应进行型式检验：

——常年连续生产的每年至少进行一次；

——当原料、设备、工艺有较大变化可能影响产品质量时；

——质量监督部门提出要求时。

6.3.2 型式检验按本标准 4.2、4.3 规定执行。

6.4 判定规则

6.4.1 检验结果全部符合本标准要求时，判定该批产品为合格品。

6.4.2 卫生指标中有一项检验结果不符合本标准要求时，判定该批产品为不合格产品。

6.4.3 除卫生指标外，其他项目检验结果不符合本标准要求时，可在原批次产品中双倍抽样复检一次，若仍有指标不合格，则判该批产品为不合格产品。

7 标签标识

7.1 应符合 GB 7718 的规定及要求。

7.2 凡标识“大豆皂苷”的产品均应符合本标准。

7.3 采用转基因大豆为原料生产的产品，应按国家有关规定进行标识。

7.4 应注明产品原料的生产国名。

8 包装、运输及贮存

8.1 包装材料或容器应符合相应食品卫生要求，包装应完整、无破损、无污染。

8.2 应使用符合卫生要求的工具、容器运送，运输中应注意防止日晒、雨淋、污染和标签脱落。

8.3 应贮存于清洁、干燥、阴凉处。不得与有毒、有害物品混存。

附 录 A
（规范性附录）
大豆皂苷含量测定

A.1 高效液相色谱法

A.1.1 范围

本方法规定了采用高效液相色谱测定大豆皂苷中皂苷含量的方法。

本方法皂苷各单体的检出限为 0.1 g/kg。

A.1.2 原理

试样用 80%乙醇溶解后，经 0.45 μm 滤膜过滤，采用反相键合相色谱测定，根据色谱峰保留时间进行定性，根据峰面积或峰高定量，计算大豆皂苷各单体的含量之和为大豆皂苷含量。

A.1.3 试剂

除非另有说明，仅使用确认为优级纯的试剂。

A.1.3.1 水：符合 GB/T 6682 规定的一级。

A.1.3.2 甲醇。

A.1.3.3 80%乙醇溶液：量取 800 mL 无水乙醇加水稀释至 1 000 mL。

A.1.3.4 大豆皂苷标准溶液：称取 A 类、B 类、E 类及 DDMP 类大豆皂苷单体标准品（含量≥98%）各 10.0 mg 置于 100 mL 容量瓶中，用 80%乙醇溶液溶解并稀释至刻度，摇匀。每毫升溶液分别含每种大豆皂苷单体标准品 0.10 mg。

A.1.4 仪器与设备

除常规实验室仪器设备外，还包括以下仪器设备：

A.1.4.1 高效液相色谱仪：具紫外检测器。

A.1.4.2 高效液相色谱分析参考条件：

——色谱柱：Nova-pak C_{18} 柱 3.9 mm×300 mm，或相同性质的填充柱。

——流动相：甲醇水溶液，V(甲醇)+V(水)=80+20。

——流速：1.0 mL/min。

——检测器：紫外检测器，205 nm 波长，0.2 AUFS。

——色谱柱温度：30 ℃。

——进样量：10 μL。

A.1.5 操作步骤

A.1.5.1 试样制备

称取试样约 0.1 g，精确至 0.001 g，加 80%乙醇溶液溶解并稀释定容至 100 mL，混匀，通过 0.45 μm 微孔滤膜过滤，滤液备作高效液相色谱（HPLC）分析用。

A.1.5.2 测定

在相同的色谱分析条件下，分别取 10 μL 大豆皂苷溶液和试样溶液注入高效液相色谱分析，根据保留时间定性，外标峰面积定量。

A.1.6 结果计算

大豆皂苷的含量按式（A.1）计算：

$$X = \frac{\sum(A_i) \times V \times 100}{V_1 \times m \times 1\,000 \times (100 - w)} \times 100 \quad \cdots\cdots\cdots\cdots(A.1)$$

式中：

X——产品中大豆皂苷的含量(以质量分数计)，%；

A_i——进样体积中大豆皂苷单体组分 i 的质量，单位为毫克(mg)；

V——样品稀释总体积，单位为微升(μL)；

V_1——进样体积，单位为微升(μL)；

m——样品质量，单位为克(g)；

w——样品水分(以质量分数计)，%。

计算结果保留三位有效数字。

A.1.7 重复性

在重复性条件下获得的两次独立测定结果的绝对差值不得超过算术平均值的5%。

A.2 分光光度法

A.2.1 范围

本方法规定了采用分光光度法测定大豆皂苷中皂苷含量的方法。

本方法大豆皂苷的检出限为0.1 g/kg。

A.2.2 原理

样品用50%甲醇水溶液溶解后，在酸性条件下水解，以乙酸乙酯萃取出苷元，与香草醛、高氯酸反应显色，在560 nm波长下测定吸光度，与标准曲线比较定量。

A.2.3 试剂

A.2.3.1 高氯酸。

A.2.3.2 95%乙醇。

A.2.3.3 乙酸乙酯。

A.2.3.4 50%甲醇溶液：量取100 mL甲醇加入100 mL水中，摇匀。

A.2.3.5 2 mol/L HCl溶液：量取16.5 mL HCl加水稀释至100 mL。

A.2.3.6 5%香草醛冰乙酸溶液：称取5.00 g香草醛溶于100 mL冰乙酸中，摇匀。

A.2.3.7 大豆皂苷标准溶液：称取大豆皂苷单体标准品或混合标准品(含量≥98%)10.0 mg用少量50%甲醇溶液溶解后，加入2 mol/L HCl 60 mL 100 ℃水解5 h，用70 mL乙酸乙酯分数次萃取，提取液用旋转蒸发器蒸干后，用95%乙醇溶解并转移至100 mL容量瓶中，以95%乙醇定容至刻度，摇匀。每毫升溶液含大豆皂苷0.10 mg。

A.2.4 仪器

除常规实验室仪器设备外，还包括以下仪器设备：

分光光度计：具1 cm比色皿。

A.2.5 操作步骤

A.2.5.1 试样制备

称取试样约0.1 g，精确至0.001 g，溶于50 mL 50%甲醇溶液中，用50%的甲醇溶液定容于100 mL，取10 mL加入2 mol/L HCl 60 mL，100 ℃水解5 h，用70 mL乙酸乙酯分数次萃取，提取液用旋转蒸发器蒸干后，用95%乙醇溶解并转移至容量瓶中，以95%乙醇定容至100 mL作为待测样液。

A.2.5.2 标准曲线的绘制

取大豆皂苷标准溶液(A.2.3.7)0 mL、0.1 mL、0.2 mL、0.3 mL、0.4 mL、0.5 mL、0.6 mL、0.7 mL(相当于大豆皂苷0 mg、0.01 mg、0.02 mg、0.03 mg、0.04 mg、0.05 mg、0.06 mg、0.07 mg)于10 mL具塞试管中，水浴挥干，加5%的香草醛冰乙酸溶液0.2 mL，加入高氯酸0.8 mL，摇匀，60 ℃水浴加热15 min，取出后立即用流水冷却，加入4 mL冰乙酸稀释摇匀后，在560 nm处以0管调零，测定吸光度，每个浓度平行测定两次，计算平均吸光度值，以吸光度值为横坐标，大豆皂苷质量(mg)为纵坐标,绘制标准曲线。

A.2.5.3 测定

吸收待测样液(A.2.5.1) 0.4 mL 于 10 mL 具塞试管中,水浴挥干,加 5%的香草醛冰乙酸溶液 0.2 mL,加入高氯酸 0.8 mL,摇匀,60 ℃水浴加热 15 min,取出后立即用流水冷却,加入 4 mL 冰乙酸稀释摇匀后,在 560 nm 处以 0 管调零,测定吸光度,与标准曲线比较定量。

A.2.6 结果计算

大豆皂苷的含量按式(A.2)计算:

$$X = \frac{A \times V \times V_2 \times 100}{V_1 \times V_3 \times m \times 1\ 000 \times (100 - w)} \times 100 \quad \cdots\cdots(A.2)$$

式中:

X——产品中大豆皂苷含量(以质量分数计),%;

A——样液中大豆皂苷的质量,单位为毫克(mg);

V——样品稀释总体积,单位为毫升(mL);

V_1——水解时取样液体积,单位为毫升(mL);

V_2——水解液定容体积,单位为毫升(mL);

V_3——测定用水解液定容体积,单位为毫升(mL);

m——样品质量,单位为克(g);

w——样品水分(以质量分数计),%。

计算结果保留三位有效数字。

A.2.7 重复性

在重复性条件下获得的两次独立测定结果的绝对差值不得超过算术平均值的 5%。

STANDARDS PRESS OF CHINA

ICS 67.200.10
X 14

中华人民共和国国家标准

GB/T 22465—2008

红　花　籽　油

Safflowerseed oil

2008-11-04 发布　　2009-01-20 实施

中华人民共和国国家质量监督检验检疫总局
中国国家标准化管理委员会　发布

前　言

本标准参考了国际食品法典委员会标准 CODEX STAN 210—1999(Rev. 1—2001)《指定的植物油标准》的内容重新起草。

本标准由国家粮食局提出。

本标准由全国粮油标准化技术委员会归口。

本标准负责起草单位:国家粮食局标准质量中心、新疆维吾尔自治区塔城地区质量技术监督局、国家粮食局科学研究院、新疆维吾尔自治区粮油产品质量监督检验站、新疆农业科学院经济作物研究所、中粮集团新疆塔原红花有限责任公司、新疆绿洲果实有限公司。

本标准主要起草人:唐瑞明、李步子、薛雅琳、张茂疆、罗莉、刘玉平、王兆木、邹桂荣。

红 花 籽 油

1 范围

本标准规定了红花籽油的相关术语和定义、分类、质量要求、检验方法、检验规则、标签以及包装、储存和运输要求。

本标准适用于以红花籽为原料加工的供人食用的商品红花籽油。

2 规范性引用文件

下列文件中的条款通过本标准的引用而成为本标准的条款。凡是注日期的引用文件，其随后所有的修改单(不包括勘误的内容)或修订版均不适用于本标准，然而，鼓励根据本标准达成协议的各方研究是否可使用这些文件的最新版本。凡是不注日期的引用文件，其最新版本适用于本标准。

GB 2716　食用植物油卫生标准
GB 2760　食品添加剂使用卫生标准
GB/T 5009.13　食品中铜的测定
GB/T 5009.37　食用植物油卫生标准的分析方法
GB/T 5009.90　食品中铁、镁、锰的测定
GB/T 5524　动植物油脂　扦样
GB/T 5525　植物油脂　透明度、气味、滋味鉴定法
GB/T 5526　植物油脂检验　比重测定法
GB/T 5527　植物油脂检验　折光指数测定法
GB/T 5528　动植物油脂　水分及挥发物含量测定
GB/T 5530　动植物油脂　酸值和酸度测定
GB/T 5532　动植物油脂　碘值的测定
GB/T 5534　动植物油脂　皂化值的测定
GB/T 5535.1　动植物油脂　不皂化物测定　第1部分：乙醚提取法
GB/T 5535.2　动植物油脂　不皂化物测定　第2部分：己烷提取法
GB/T 5538　动植物油脂　过氧化值测定
GB 7718　预包装食品标签通则
GB/T 15688　动植物油脂　不溶性杂质含量的测定
GB/T 17374　食用植物油销售包装
GB/T 17376　动植物油脂　脂肪酸甲酯制备
GB/T 17377　动植物油脂　脂肪酸甲酯的气相色谱分析
GB/T 22460　动植物油脂　罗维朋色泽的测定
ISO 12228:1999　动植物油脂　甾醇成分及甾醇总含量的测定　气相色谱法

3 术语和定义

下列术语和定义适用于本标准。

3.1

红花籽油　safflowerseed oil

以红花籽(*Carthamus tinctorious* L.)为原料经加工制成的油。

STANDARDS PRESS OF CHINA

3.2

压榨红花籽油　pressing sufflowerseed oil

红花籽经压榨工艺制取的油。

3.3

浸出红花籽油　solvent extraction sufflowerseed oil

红花籽经浸出工艺制取的油。

3.4

红花籽原油　crude sufflowerseed oil

未经处理的不能直接供人类食用的红花籽油。

3.5

成品红花籽油　finished product of sufflowerseed oil

经处理符合本标准成品油质量指标和卫生要求的直接供人类食用的红花籽油。

3.6

折光指数　refractive index

光线从空气中射入油脂时，入射角与折射角的正弦之比值。

3.7

相对密度　relative density

规定温度下的植物油的质量与同体积 20 ℃蒸馏水的质量之比值。

3.8

碘值　iodine value

在规定条件下与 100 g 油脂发生加成反应所需碘的克数。

3.9

皂化值　saponification value

皂化 1 g 油脂所需的氢氧化钾毫克数。

3.10

不皂化物　unsaponifiable matter

油脂中不与碱起作用、溶于醚、不溶于水的物质，包括甾醇、脂溶性维生素和色素等。

3.11

脂肪酸　fatty acid

脂肪族一元羧酸的总称，通式为 R-COOH。

3.12

色泽　colour

油脂本身带有的颜色和光泽。

3.13

水分及挥发物　moisture and volatile matter

油脂中在一定温度条件下加热导致其质量损失的物质。

3.14

不溶性杂质　insoluble impurity

油脂中不溶于石油醚等有机溶剂的物质。

3.15

酸值　acid value

中和 1 g 油脂中所含游离脂肪酸需要的氢氧化钾毫克数。

3.16

过氧化值 peroxide value

1 kg 油脂中过氧化物的毫摩尔数。

3.17

溶剂残留量 residual solvent content in oil

1 kg 油脂中残留的溶剂毫克数。

3.18

甾醇 sterol

含羟基的环戊烷骈全氢菲类化合物的总称，以游离状态或同脂肪酸结合成酯的状态存在于生物体内。

4 分类

红花籽油分为红花籽原油、压榨成品红花籽油、浸出成品红花籽油三类。

5 质量要求

5.1 特征指标

5.1.1 折光指数(n^{40})：1.467～1.470。

5.1.2 相对密度(d_{20}^{20})：0.922～0.927。

5.1.3 碘值(I)：136 g/100 g～148 g/100 g。

5.1.4 皂化值(KOH)：186 mg/g～198 mg/g。

5.1.5 不皂化物：≤15 g/kg。

5.1.6 脂肪酸组成见表 1。

表 1 红花籽油脂肪酸组成

脂肪酸		含量/%
豆蔻酸	C14：0	ND～0.2
棕榈酸	C16：0	5.3～8.0
棕榈一烯酸	C16：1	ND～0.2
十七烷酸	C17：0	ND～0.1
十七碳一烯酸	C17：1	ND～0.1
硬脂酸	C18：0	1.9～2.9
油酸	C18：1	8.4～21.3
亚油酸	C18：2	67.8～83.2
亚麻酸	C18：3	ND～0.1
花生酸	C20：0	0.2～0.4
二十碳一烯酸	C20：1	0.1～0.3
山嵛酸	C22：0	ND～1.0
芥酸	C22：1	ND～1.8
木焦油酸	C24：0	ND～0.2
二十四碳一烯酸	C24：1	ND～0.2
注：ND 表示未检出，定义为≤0.05%。		

5.1.7 红花籽油总甾醇要求为2 100 mg/kg～4 600 mg/kg，甾醇成分含量见表2。

表2 红花籽油甾醇成分含量

甾醇成分	占总甾醇的百分数/%
胆固醇 cholesterol	ND～0.7
芸苔甾醇 brassicasterol	ND～0.4
菜籽甾醇 campesterol	9.2～13.3
豆甾醇 stigmasterol	4.5～9.6
β-谷甾醇 beta-sitosterol	40.2～50.6
δ-5-燕麦甾醇 delta-5-avenasterol	0.8～4.8
δ-7-谷甾醇 delta-7-stigmastenol	13.7～24.6
δ-7-燕麦甾醇 delta-7-avenasterol	2.2～6.3
其他 others	0.5～6.4
注：ND表示未检出，定义为≤0.05%。	

5.2 质量等级指标

5.2.1 红花籽原油质量指标见表3。

表3 红花籽原油质量指标

项目		质量指标
气味、滋味		具有红花籽原油固有的气味和滋味，无异味
水分及挥发物/%	≤	0.20
不溶性杂质/%	≤	0.20
酸值(KOH)/(mg/g)	≤	4.0
过氧化值/(mmol/kg)	≤	7.5
溶剂残留量/(mg/kg)	≤	100

5.2.2 压榨成品红花籽油、浸出成品红花籽油质量指标见表4。

表4 压榨成品红花籽油、浸出成品红花籽油质量指标

项目			质量指标		
			一级油	二级油	三级油
色泽	(罗维朋比色槽25.4 mm)	≤	—	黄35 红2.5	黄35 红5.0
	(罗维朋比色槽133.4 mm)	≤	黄25 红3.0	—	—
滋味、气味			具有红花籽油固有气味和滋味，无异味	具有红花籽油固有气味和滋味，无异味	具有红花籽油固有气味和滋味，无异味
透明度			澄清、透明	澄清、透明	澄清、透明
水分及挥发物/%		≤	0.10	0.10	0.20
不溶性杂质/%		≤	0.05		
酸值(KOH)/(mg/g)		≤	0.5	1.0	3.0
过氧化值/(mmol/kg)		≤	6.0	7.5	7.5
铁/(mg/kg)		≤	1.5		5.0

表 4（续）

项　目		质　量　指　标		
		一级油	二级油	三级油
铜/(mg/kg)　≤		0.1		0.4
溶剂残留量/(mg/kg)	浸出油	不得检出	≤50	
	压榨油	不得检出		

注 1：划“—”不做检测。

注 2：压榨油和一、二级浸出油的溶剂残留量检出值小于 10 mg/kg 时，视为未检出。

5.3　卫生指标

按 GB 2716 和国家有关标准、规定执行。

5.4　添加剂使用限制

按 GB 2760 和国家有关标准、规定执行，但不得添加任何香精和香料。

5.5　真实性要求

红花籽油中不得掺有其他食用油和非食用油。

6　检验方法

6.1　扦样：按 GB/T 5524 执行。

6.2　透明度、气味、滋味检验：按 GB/T 5525 执行。

6.3　色泽检验：按 GB/T 22460 执行。

6.4　相对密度检验：按 GB/T 5526 执行。

6.5　折光指数检验：按 GB/T 5527 执行。

6.6　水分及挥发物检验：按 GB/T 5528 执行。

6.7　不溶性杂质检验：按 GB/T 15688 执行。

6.8　酸值检验：按 GB/T 5530 执行。

6.9　碘值检验：按 GB/T 5532 执行。

6.10　皂化值检验：按 GB/T 5534 执行。

6.11　不皂化物检验：按 GB/T 5535.1 或 GB/T 5535.2 执行。

6.12　过氧化值检验：按 GB/T 5538 执行。

6.13　溶剂残留量检验：按 GB/T 5009.37 执行。

6.14　脂肪酸组成检验：按 GB/T 17376、GB/T 17377 执行。

6.15　甾醇含量检验：按 ISO 12228:1999 执行。

6.16　铜含量检验：按 GB/T 5009.13 执行。

6.17　铁含量检验：按 GB/T 5009.90 执行。

6.18　卫生标准的测定：按 GB/T 5009.37 执行。

7　检验规则

7.1　出厂检验

除铁、铜项目外，按 5.2 规定的项目检验。

7.2　型式检验

7.2.1　当原料、设备、工艺有较大变化时，均应进行抽样检验。

7.2.2　按第 5 章的规定检验。

STANDARDS PRESS OF CHINA

7.3 判定规则

7.3.1 产品未标注质量等级时，按不合格判定。

7.3.2 产品的各等级指标中有一项不合格时，即判定为不合格产品。

8 标签

8.1 应符合 GB 7718 的要求。

8.2 产品的加工方式和质量等级须标注。

8.3 应注明产品原料的生产国名。

9 包装、储存和运输

9.1 包装

包装应符合 GB/T 17374 及国家有关规定和要求。

9.2 储存

应储存于阴凉、干燥及避光处。不得与有害、有毒物品一同存放。

9.3 运输

运输中应注意安全，防止日晒、雨淋、渗漏、污染和标签脱落。散装运输要有专车，保持车辆清洁、卫生。

参 考 文 献

[1] 国际食品法典委员会标准 CODEX STAN 210—1999(Rev. 1—2001)《指定的植物油标准》。

ICS 01.140.20
A 14

中华人民共和国国家标准

GB/T 22466—2008

索引编制规则（总则）

Guideline for establishment of indexes（General）

（ISO 999:1996，Information and documentation—Guidelines for the content，organization and presentation of indexes，NEQ）

2008-11-03 发布　　2009-04-01 实施

中华人民共和国国家质量监督检验检疫总局
中国国家标准化管理委员会　发布

前　言

本标准参照国际标准 ISO 999:1996《情报工作和文献工作　索引的内容、组织和表示准则》和我国现行 GB/T 3860—1995《文献叙词标引规则》、GB/T 3468—1983《检索期刊编辑总则》等相关国家标准并结合我国索引工作的实践经验制定，本标准与 ISO 999:1996 的一致性程度为非等效。

本标准由全国信息与文献标准化技术委员会和中国索引学会提出。

本标准由全国信息与文献标准化技术委员会归口。

本标准主要起草单位：中国索引学会、南京农业大学、华东师范大学、复旦大学。

本标准主要起草人：侯汉清、黄秀文、温国强。

本标准起草小组成员：印永清、秦邦廉、张贤俭、王梅、吴佩娟、何绍华、郭劲赤、张敏、仇琛。

STANDARDS PRESS OF CHINA

索引编制规则(总则)

1 范围

本标准规定了各种类型文献索引的编制规则,为各种类型索引的编制提供通用的一般规则和说明性的规定。

本标准适用于任何类型文献的索引,包括人工编制和计算机编制的各种类型的索引。

2 规范性引用文件

下列文件中的条款通过本标准中的引用而构成为本标准的条款。凡是注日期的引用文件,其随后的修改部分(不包括勘误的内容)或修订版均不适用本标准,然而,鼓励根据本标准达成协议的各方研究是否可使用这些文件的最新版本。凡是不注日期的引用文件,其最新版本适用于本标准。

GB/T 3468—1983 检索期刊编辑总则

GB/T 3860—1995 文献叙词标引规则

GB/T 13190—1991 汉语叙词表编制规则

GB/T 13418—1992 文字条目通用排序规则(ISO 7154:1983,NEQ)

ISO 999:1996 信息和文献工作—索引的内容、组织和表示准则

ISO 7154:1983 文献工作—书目排档规则

ISO/IEC 10646-1:2000 信息技术 通用多重八位长字节编码特征集 第一部分:结构体系和多语种平面

3 术语和定义

下列术语和定义适用于本标准。

3.1

索引 index

指向文献或文献集合中的概念、语词及其他项目等的信息检索工具,由一系列款目及参照组成,索引款目不按照文献或文献集合自身的次序排列,而是按照字顺的或其他可检的顺序编排。

3.2

索引款目 index entry

对某一文献或文献集合的主题内容、涉及事项或外部特征加以描述的记录,是索引的基本单元。款目由标目、注释、副标目及出处组成。部分索引款目还带有附加信息。

3.3

索引标目 index heading

用来表示文献或文献集合中的某一概念或事项,并决定款目排列位置的词语。标目由主标目、副标目(或说明语)组成。

3.4

索引副标目 subheading

从属于主标目、用来表示从属或限定关系的标目,使标目含义更为专指。

3.5

限义词 qualifier

又称限定词,是标目的组成部分,置于标目后用圆括号围起的解释性语词,用以区分标目中的同形

异义词和多义词，或表示特殊含义。

3.6

标目注释　heading note

排在索引标目后，用以说明索引标目的范围、涵义、历史演变或使用方法的文字。

3.7

索引出处　locator

又称索引地址，跟在标目或副标目之后，指明索引标目或副标目所识别的某一概念或事项在文献或文献集合中的具体位置(例如页码、区段、文献号或条目编号等)。

3.8

参照　cross-reference

又称交互参照，是由一个索引标目或副标目指向另一个或多个索引标目或副标目的指示。可以增强相关索引标目之间的联系，故又被称为索引的连接系统。通常分为见参照、参见参照两大类。

3.9

见参照　see cross-reference

一种反映等同关系的规定性参照，即由非规范用词的索引标目指向规范用词的索引标目的参照形式，主要用于控制同义词、准同义词。

3.10

参见参照　see also cross-reference

一种反映等级关系和相关关系的建议性参照，即由一个索引标目或副标目指向一个或多个相关的索引标目与副标目的参照形式。

3.11

规范档　name authority file

也称名称规范档，对未加控制的索引用词(包括术语名、人名、团体名、会议名、文献名等)作规范化处理而建立的记录，以确保标目的一致性，并揭示相关的内容。

3.12

索引项　indexing item

即文献或文献集合中被标引对象的类称。凡是文献中论及的主题(整体主题或局部主题)和事项，诸如人名、地名、团体名、事件名、物品名、著作名，文献中的字、词、句，文献的某种功用，以及文献与文献之间的关系等，只要具有检索意义，皆可用作索引项，制成索引标目。

4　索引的功用

索引的功用在于向用户提供多种有效的信息检索手段，是一种开发利用文献资源的重要工具，其主要功用可概括为：

1)　帮助用户有效地确定关于某一主题有哪些文献及其出处，或在一部著作中迅速判断关于阐述某一主题或特征的信息的具体位置，以便快速查寻用户所需的信息，减少查找的盲目性。

2)　简明而全面地揭示某一文献(或文献集合)所包含的所有重要主题或特征信息，为用户快速浏览提供方便。

3)　从多种角度标引文献，为用户提供多种检索途径，提高检索效率；调查和核实学术成果，进行大范围的文献普查。

此外，索引还可以用于辞书编纂、文献考证、文献鉴别、古籍校勘、古籍整理等，用作语言学、目录学、文化史、科学史、文献计量学、科学计量学等研究的工具。

5　索引的类型

5.1　按索引在文献检索中的功用分，可分为文献内容索引、文献篇目索引。

文献内容索引是指直接检索事实情报的索引。以文献中的局部内容主题(及主题因素)及其他索引项为标引对象,例如图书内容索引(或称书后索引)、学位论文内容索引、专利内容索引等。

文献篇目索引,又称文献源索引、题录索引。标引的对象是文献的整体主题及局部主题,或者是文献的外部特征,检索的结果是相关主题文献的线索。例如分类索引、书名索引、报刊索引等。

5.2　按索引的标目分,可分为主题索引、著者索引、名称索引、地名索引、题名索引、代码索引、关键词索引、全文索引、引文索引等。

主题索引是指以文献主题或主题因素为标目、提供内容检索途径的索引。索引款目一般按照主题标目的字顺排列,例如商品名索引、动植物索引、矿物索引等。

著者索引,又称作者索引,是指按文献著者姓名字顺排列的、提供著者检索途径的索引。著者索引包括个人作者索引和团体作者索引。

名称索引是指提供文献中包含的事项名称字顺检索途径的索引。例如人名索引、团体名索引、会议名索引、系统名索引、软件名索引等。

地名索引是指通过地理名称查找文献或文献内容的索引。包括行政区域地名索引、自然区域地名索引、名胜古迹索引、籍贯索引等。

题名索引是指按照文献题名的字顺排列、提供文献题名检索途径的索引。包括书名索引、刊名索引、报名索引、影视片名索引、诗歌首行索引等。

代码索引是指提供按照文献的特定数码标识(例如专利号、合同号、标准号、ISBN 等)检索途径的索引。例如专利号索引、合同号索引、国际标准书号索引等。

关键词索引是指以文献题名或文摘中的关键词为标目的索引。

全文索引是指按照文献原文中的字、词、短语编制的索引。又称“堪靠灯”或语词索引。

引文索引是指利用文献之间的引证关系(引用与被引用的关系),将引用文献显示聚集在被引文献之下,并按被引文献第一著者的字顺排列,以便从被引文献出发检索出引用它的全部文献的索引。主要有综合性引文索引、专业或专题引文索引。

5.3　按索引的编排和组织方式分,可分为字顺索引、分类索引、分类-字顺索引等。

字顺索引是指按索引标目词语的字顺排列的索引。

分类索引是指将索引款目按某种分类体系或按某种分类标记排列的索引。

分类-字顺索引是指先将索引款目粗略分类,同类款目再按索引标目字顺排列的索引。

5.4　按索引发表、出版方式分,可分为附录式索引、单行索引、索引期刊等。

附录式索引是指附于某一文献之后出版的索引,如书后索引、文附索引、刊附索引等。

单行索引是指与被标引文献分开、单独印行的索引。又称单卷索引。

索引期刊是指以期刊形式连续出版的索引。又称检索刊物。按照所索引的范围,检索刊物往往附有期索引、卷索引、年索引和多年度的累计索引。

5.5　按索引的载体分,可分为印刷型索引、缩微型索引、电子索引等。

印刷型索引是指存储在纸张上的索引,又称纸本索引。

缩微型索引是指存储在缩微胶卷或缩微胶片上的索引。

电子索引,又称索引数据库,是指制作成数据库、电子图书、光盘、网页等形式,用计算机显示和查找的索引。

6　索引的编制

6.1　索引的学科范围

编制索引,尤其是编制主题索引、分类索引、引文索引时,应该明确索引的学科(或主题)范围,包括核心学科或相关学科。要清晰地描述和规定所覆盖的学科领域及被标引的文献主题(或特征)的种类,排除不在规定范围之内的主题或特征。

STANDARDS PRESS OF CHINA

6.2 索引的文献范围和载体

索引编制前，应该对被标引文献的类型、对象、级别、语种、格式、国别（出版地）、时间（出版或收藏时间）等进行选择，并作必要的描述和规定。

文献篇目索引可以采用各种载体，包括印刷品、缩微品、电子媒介（如数据库、光盘、多媒体）等。选择载体时必须结合用户的需求、喜好和习惯以及必要的技术条件进行考虑。

图书内容索引通常印刷在纸张之上，也可刻录在光盘上，或集中发表在某一网站或索引数据库中。

6.3 索引规模

索引规模通常与被标引文献（或文献集合）的数量和规模、索引项的类型和数量、标引深度、索引语言词汇的数量和专指度、索引出处项的类型、索引版式等因素直接相关。如果索引规模必须控制在预定的范围内，就应该考虑以上因素。

6.4 综合索引与专门索引

将全部索引款目统一排列成一个综合索引（又称单一索引），还是按照语种及款目的特点分编成几个专门索引（又称多重索引），往往取决于文献（或文献集合）的种类、范围和用户的使用情况。

对规模不大的文献内容索引来说，宜选择综合索引而不宜选择同时设置几个专门索引，而规模较大的索引是否编制多个专门索引，应该考虑下列情况：

1） 对文献的特定部分（如广告或评论）等具有特别的兴趣；

2） 对被标引材料的某一方面有特别的兴趣，例如人物或被引用的法律案例；

3） 难以将非语词标目（如专利号或化学式等）融入一个主要由语词标目组成的序列；

4） 具有相当数量的同类索引款目，足够单独建立一种索引。

6.5 索引项与索引单元

索引项决定索引标目的性质，决定索引的功能及其提供的检索途径。索引项的类型和数量影响索引的规模。

索引单元可以是一文献（乃至文献库）的整体主题、局部主题或有检索价值的主题因素。一个索引单元构成一个索引款目。

6.6 标引深度

索引的标引深度，又称穷举度，通常是为一篇文献或某一索引单元编制索引款目（或给出标引词或词串）的数量。标引深度越大，对文献（或文献集合）的揭示就越全面，提供的检索途径就越多。

标引深度不仅取决于索引项的类型和数量多少，而且还取决于标引的索引单元的大小，标引的索引单元越小，标引深度就越大。

应根据索引目的和规模，选择索引项和索引单元，控制标引深度，乃至索引的最终规模。

6.7 索引词汇管理

索引用词（标目）是直接采用文献中的语词（抽词标引），还是采用名称规范档或词表中的主题词（赋词标引）；是自建名称规范档或词表，还是利用现有的名称规范档或已出版的词表等，这些均属索引词汇管理的范围，都需要在索引编制前予以考虑。

文献内容索引的索引用词应该尽量使用文献中的术语和用户可能使用的语词，不必采用词表。为文献集合编制的文献篇目索引必要时可采用名称规范档或词表，以规范索引用词。

6.8 可标引内容的范围

可标引内容的范围，即索引的可标引材料源，是指文献（或文献集合）中哪些部分需要做索引（予以标引）和哪些部分不需要做索引（不予标引）的规定。它原则上应该根据用户的需求，力求做到索引包含被标引文献中所有具有检索意义的项目，并排除冗余的内容。

以图书为例。通常图书中可标引的内容（可标引材料源），包括以下几个组成部分：

1） 前言、序言、导言、跋、后记；

2） 正文；

3） 注解；

4） 图解、插图、地图、图表；

5） 具学术意义之符号；

6） 补遗；

7） 结果、结论；

8） 参考书目；

9） 附录；

10） 文献中隐含的难以确切查获的有用信息。

图书中通常不做索引、即不予标引的内容包括：

1） 书名页；

2） 题辞、献辞、卷首引语、致谢；

3） 目次、图表目录；

4） 章首纲要、篇章标题；

5） 提要、文摘、摘要；

6） 广告等商业性信息。

应该针对不同的文献类型，决定不同的可标引内容的范围，并将文献中不做索引的内容在索引前言中加以说明，以引起用户的注意。但是，要注意以上规定仅适用于人工编制的索引，而在计算机编制的索引或电子索引中，以上这些内容如书名、提要、目次等均有可能用作自动标引的标引材料源。

7 索引款目及其编制

7.1 索引标目的选择

索引标目是索引款目的识别部分，包括索引标目和副标目，用以识别被标引文献（或文献集合）的概念和特征。它往往决定索引的性质和类型，并直接影响索引的质量。索引标目是对索引所包含的概念和特征的选择，取决于索引编制和出版的目的、用户的需求和期望，以及被标引文献的内容特征或外部特征等。

为满足用户的需求，索引标目应该尽可能专指。

识别同一概念或特征的索引标目，应该前后一致地用同一个词语，同时尽量为该词的同义词或替换词编制见参照（见第8章）。

在文献篇目索引标引时，可能采用不同的词语表达同一概念时，需要特别注意将有关同一概念的各种材料集中在一个标目之下。

制作时间跨度较长的文献篇目索引时，需要在旧名和新名、俗名和学名、商品名和系统名、简称和全称、不同译名、不同拼写形式之间进行选择，并编制必要的见参照，以便用户查找（见GB/T 13190—1991）。

7.2 索引标目和副标目的形式

索引标目应该表达文献所包含的概念或特征，通常采用名词或名词词组形式，必要时还可采用形容词、连词或数词。

示例：八大山人

超大规模集成电路

网络信息检索

信息检索

一阶谓词

一元二次方程

战争与和平

如果索引标目属于同形异义词，应该为之添加限义词加以区分。限义词应该用圆括号围起，跟在索引标目之后，限义词构成索引标目的一个组成部分，标引时不可省略。

示例1：模特(广告)
　　　模特(文学)
　　　模特(艺术)

示例2：疲劳
　　　疲劳(金属)

可以在标目之下设置副标目、次副标目等，标目与副标目之间可以采用连号或逗号区分，也可以采用分行缩格的形式来代替连号，有时副标目也可采用名词词组(短语)形式，跟在逗号之后被称为说明语。

示例1：长篇小说
　　　　—美国
　　　　—日本
　　　　—中国

示例2：中国—历史—清朝
　　　美国—历史—南北战争，1861—1865

示例3：苯甲酸
　　　　　吸附
　　　　　　　用炭黑
　　　　　　　用水银
　　　　　制备
　　　　　　　废水分离
　　　苯甲酸，离子化，有机溶液

索引标目和副标目的书写形式，可以使用汉字，也可以使用非汉字，也可以二者混合。

示例：机读目录
　　ISBN
　　MP3
　　T恤衫
　　JAVA语言

汉字索引标目不得采用异体字，少用生僻字，尽量采用简化字。被标引文献(属于古籍、文字学、考古学书籍等)如有特殊需要，可以考虑采用繁体字或繁、简体并用。

外文索引标目的单数和复数、正写和倒置形式、大小写形式等的用法，见ISO 999：1996。

7.3 索引标目和副标目的用法

通常下列情况需要为标目设置副标目：一是在索引标目下聚集了众多材料，设置副标目可以使其分组排列；二是为了限定或扩展索引标目的含义，设置副标目可以使其含义明确；三是把同一主题概念的不同方面集中起来，便于检索。

示例1：茶叶
　　　　—种植
　　　　—炒制
　　　　—销售
　　　　，福建
　　　　，江苏
　　　　，绿色产品

示例2：高等数学
　　　　—18世纪

—19 世纪

—20 世纪初

—20 世纪 30-40 年代

—20 世纪 50-90 年代

—21 世纪

副标目应该表示标目的某一方面、某种属性或特征，通常标目与副标目之间不应该构成属种关系。

示例 1：计算机—笔记本(错例)

示例 2：计算机—微型计算机(错例)

示例 3：计算机—小型计算机(错例)

正确的标引形式应为：

示例 4：计算机，笔记本

示例 5：计算机，微型

示例 6：计算机，小型

在索引标目、副标目下设置注释，有助于用户了解标目的含义及范围。但是，注释不属于索引标目的组成部分，应该通过排版(例如印成楷体或其他字体)予以区别。

7.4 专有名词的标目选择和形式

7.4.1 人名

7.4.1.1 在图书内容索引中，应该选用文献中人名的惯用形式(惯用名)，以便利用户查找。如果在原文中用法不一，则选择其中的一种形式作为标目，为其他人名形式编制见参照(或制作重复款目)。选择人名形式时，应考虑姓名的正式化问题。

7.4.1.2 在编制文献篇目索引时，一个人如果有两个以上的名号，例如本名、笔名、表字、别号、别名、法名、谥号、封号、艺名、网名等，选择最新或最常用的人名形式为标目，并为其他形式的人名编制必要的见参照(或制作重复款目)。应该与规范档取得一致。

示例 1：查良镛　见　金庸

示例 2：舒庆春　见　老舍

示例 3：周树人　见　鲁迅

7.4.1.3 两个或多个同名同姓的人名，应该附加限定信息予以区分，中国古代责任者，以朝代为首选附加成分；中国现代责任者以生卒年为第一附加，学科/职业为第二附加；外国责任者以姓名原文为首选附加成分。

示例 1：巴特勒·塞缪尔(1612—1680)

巴特勒·塞缪尔(1835—1902)

示例 2：刘秀(汉光武帝)

刘秀(晋元帝时将军)

7.4.1.4 少数民族人名，根据本民族的习惯及本人著作中所采用的形式，选择最常用的名或姓与名，为其他形式的人名编制见参照(或制作重复款目)。

示例 1：乌兰夫(直接采用)

示例 2：才旦卓玛(直接采用)

示例 3：克里木(直接采用)

示例 4：阿沛·阿旺晋美(直接采用)

示例 5：班禅十世(直接采用)

示例 6：包尔汉·谢依德　见　包尔汉

示例 7：赛福鼎·艾则孜　见　赛福鼎

示例 8：尤素夫·马本斋　见　马本斋

7.4.1.5 欧美人名的译名，选择姓在前名在后的形式。如系知名度极高的人名，一般只标引姓氏，例如斯大林、罗斯福、邱吉尔、戴高乐等，可直接采用。为避免同姓的人名混淆，在部分人名的姓之后，可以加括号列出姓名原文、生卒年或朝代、国籍或籍贯、职业或头衔等特征予以区别。韩国、日本等东方国家的人名，则列出姓名全称。

示例1：安东尼（古罗马）
安东尼（埃及）
安东尼（波旁）

示例2：莱尼，约翰（1761—1821）
莱尼，约翰（1794—1874）

示例3：斯图尔特，乔治（建筑师）
斯图尔特，乔治（小说家）

7.4.2 团体名称

7.4.2.1 在标引单一文献的索引时，团体名称应该选择被标引文献使用的形式。如果原文中用法不一，则选择其中的一种形式作为标目，为其他形式编制见参照（或制作重复款目）。

7.4.2.2 在编制文献篇目索引时，选择最新的或最常用的团体名称作为标目，并为其他形式的团体名称编制见参照（或制作重复款目）。应该注意与名称规范档取得一致。

示例1：国家教委　　见　　中华人民共和国教育部

示例2：中国科学院紫金山天文台　　见　　紫金山天文台

示例3：解放军总院　　见　　301医院

7.4.2.3 团体名称所包含的“民办”、“股份有限公司”等，可以在标目中删除，但是需要为其编制见参照。若可能产生歧义，则不能删除。

示例1：民办厦门南洋学院　　见　　厦门南洋学院

示例2：上海航空股份有限公司　　见　　上海航空公司

7.4.2.4 团体名称有简称与全称时，若选用简称作为标目，则制作简称见全称的参照；若选用全称作为标目，则制作全称见简称的参照。但是必须二者选一，不可同时制作。

示例1：民盟　　见　　中国民主同盟

示例2：中华全国文学艺术界联合会　　见　　全国文联

7.4.2.5 外国团体名称，一般选取中译名。查找中译名有困难，可以直接采用外文名称作为标目。采用外文名称的公司，其后一般加“公司”字样。涉及到国家部门和有关团体时要冠国家惯用名称。公司名称前一般不冠国名，除非该国名是公司名称的一部分。如团体名称完全相同，可以加地名区分，见ISO 999:1996。

示例1：美国国会众议院

示例2：欧盟

示例3：三一学院，剑桥
三一学院，牛津

示例4：IBM公司

7.4.3 地名

7.4.3.1 如果同一个地方有不同的名称，则选用正式的地名作为标目，为其他形式的地名编制见参照。

示例1：汉城　　见　　首尔

示例2：吉首　　见　　张家界

示例3：扬子江　　见　　长江

7.4.3.2 为清晰起见，地名的标引应该尽可能完整。为避免相同地名的混淆，可以附国别或行政区划等加以说明。

示例 1：悉尼(加拿大)

悉尼(澳大利亚)

示例 2：应天(河南)

应天(江苏)

7.4.3.3 如果一个地名的译名不同，则选择常用的名称作为标目，为其他形式的地名编制见参照。

示例 1：翡冷翠　见　佛罗伦萨

示例 2：康桥　见　剑桥

7.4.3.4 省、市、县名可省略“省”、“市”、“县”，当出现重名或与同名自然特征相混淆时(例如吉林省与吉林市、黑龙江省与黑龙江等)，则予以保留。自治区名、特别行政区名用简称(内蒙古、新疆、广西、西藏、宁夏、香港、澳门等)。

7.4.4 文献题名

7.4.4.1 异书同名，即文献题名相同而文献内容不同的，分别用作标目，并注明作者、版本、版次等加以区别。

示例 1：ELLE(法国版)

ELLE(中国版)

7.4.4.2 文献题名冠有“钦定”、“增补”、“影印”、“最新”、“实用”等字样，在制作索引标目时一律忽略不用，并为其编制见参照。

示例 1：(最新)朗文当代高级英语辞典　见　朗文当代高级英语辞典

示例 2：(影印)文渊阁四库全书　见　文渊阁四库全书

7.4.4.3 文献有别名、改名、原名、译名等多种题名时，则选择常用的题名作为标目，并为其他形式的题名编制见参照。

示例 1：石头记　见　红楼梦

示例 2：鸳鸯传　见　西厢记

示例 3：乱世佳人　见　飘

7.5 索引出处

7.5.1 索引出处的目的

索引出处，是索引款目的查找部分，指引用户到何处可以获取有关某一概念或特征的信息。索引出处标示的总原则是用准确、简练的方式将用户从索引标目直接指向该标目所指引信息的地址或位置。索引出处往往采用被标引文献本身具有的特征，例如页码、章节号、条目号等。索引出处的标示方法直接关系到用户检索的方便程度。

出处的性质和类型，取决于被标引的文献(或文献集合)的性质和文献的结构特点。索引出处分为外表形式定位标识(例如页码、栏目、章节编号、段落句子编号、条目号、文献编号等)和概念定位标识(例如分类号、著者姓名、经纬度等)。大多数索引采用前一类出处。

7.5.2 索引出处的类型

7.5.2.1 印刷型文献的出处

图书、小册子、期刊以及其他印刷型文献，通常由一组或多组连续编号的书页码组成，装订成一个或多个单元。

1) 文献内容索引一般选择页码或章节号(用章节号代替页码)作为出处，并用逗号(,)隔开。

2) 如果印刷型文献的页面划分成若干部分，例如分成几栏，可以通过标示页码、栏数或假想的分区提高检索的专指性。

示例：词典　38a

词典学　38a,484f

词法　484f

词类　178b,469c

（以上实例表示页码的数字后的拉丁字母表示《中国大百科全书》设定的版面区域。）

某些种类的印刷型文献，对出处有特殊的规定。例如剧本使用幕、场以及台词行数作为出处。

3）如果文献的段落标有编号，可以使用这些段落编号作为出处。如果文献由一系列单独标号、短小和分立的摘要、引语、条规、案例报告等组成，可以用这些编号来代替页码作为出处。但若出版物有两个或更多以不同方式分别编页码的部分（例如，法律著作中正文部分用阿拉伯数字编页码，引用案例部分用罗马数字编页码），应该区分这些不同部分的出处。

4）在标引同一期刊不同卷期时，从期刊的原卷期编号中选取出处。

示例：第51卷第4期第28页可以用下列三种方式标示：

51(4):28　　卷(期):页码

51:248　　卷:页码

4:28　　期:页码

5）编制文献篇目索引，必要时可以在出处项中标示出文献的完整信息。例如：对期刊论文而言，通常包括论文的著者、题名、刊名、卷期号和出版日期、文章所在期刊的起迄页码等特征。实际上，这些增加的特征信息并不是出处，可以列入索引款目的附加信息之中，以帮助用户判断、筛选这些文献。

示例：人际网络分析

胡蓉，邓小昭. 基于结构洞理论的个人人际网络分析系统研究. 情报学报，2005,24(4):485～469.

7.5.2.2 非书资料、电子文献的出处

根据标引的目的，非书资料、电子文献可分为三类：

1）由一组或者多组序列（可以是连续编号的）的单元组成，用户可以通过这些编号查找。这类文献大致可用7.5.2.1中的方法处理。例如幻灯插片、幻灯卷片、唱片、机读数据库，可以分别用幻灯片的编号、帧号、唱片的面和轨道号、记录识别符（例如控制号）等作为出处。

2）由一组或多组不能用编号来区分，但却是由连续的单元组成，例如连续存取的视听资料（包括电影胶片、录音带、录像带等），因为用户无法通过编号查找，所以必须为它们设计出指示相对地址的出处，例如从某一特定的起点计时的播放时间。这时应该考虑到用户可能使用设备的技术性能。

3）由不成序列的单元组成。例如图表、图片、地图、示意图、实观教具等。在某些情况下，可能存在着特殊的惯用方法，例如对地图而言，可以用地图中的坐标方格或经纬度作为出处。而电子资源（例如光盘、网页等），出处项应该包括：发表日期或引用日期（联机文献必备，其他电子文献任选）、获取和访问路径（联机、网络文献必备）。

7.5.3 强调某些出处的方法

如果一条索引款目包含几个出处，则可以通过排版方式（例如用黑体）强调其中最完整或价值最大的信息的出处，以区别于其他信息的出处。

示例：47,49,**51—52**。

文献中某些特殊内容的出处，例如图表、插图，也可以用缩写字母标示在出处的末尾。

示例1：23T

（"T"标示图表）

示例2：10I

（"I"标示插图）

示例3：152M

（"M"标示地图）

8 参照系统

8.1 设置参照的目的

索引的参照系统一般包括为同义标目和相关标目编制的参照，通常分为见参照（用"见"表示）和参

见参照(用“参见”表示)。建立参照系统的目的在于增加相关标目之间的关联度,避免同义标目间信息分散或歧义。

参照应该醒目,区别于索引款目,可以空一格书写,也可以单独起行(见 8.2)。

要控制参照的数量。向用户提供的参照不是越多越好,因为过多的参照会让索引显得冗余,并造成混淆,反而不利于用户选择合适的标目。参照主要适用于下列情况:

1) 确保标引的一致性;

2) 便于标引和用户使用索引;

3) 压缩、减少索引的篇幅。

8.2 见参照

见参照即指从非选用的同义标目或被替换标目,指向选用的标目。等同关系的词汇之间宜采用见参照。等同关系是指概念相同的同义词,内容有紧密内在联系的准同义词,以及一小部分反义词。

示例 1:引得　　见　　索引

示例 2:河南梆子　　见　　豫剧

示例 3:政协　　见　　中国人民政治协商会议

示例 4:石头记　　见　　红楼梦

示例 5:丑学　　见　　美学

在图书及其他单独出版的印刷型文献的索引中,若某索引款目的出处不多,可以采用重复款目,即用重复编制索引款目代替见参照。

示例 1:马歇尔计划 124,265
　　　　欧洲复兴方案 124,265

而不宜处理成:

示例 2:马歇尔计划 124,265
　　　　欧洲复兴方案
　　　　　　见　　马歇尔计划(错例)

8.3 参见参照

参见参照,即从一个带有出处的索引标目指向一个或多个带有出处的标目的参照。索引中相关标目之间应该建立参见参照。

参见参照主要分为两大类:

1) 大概念词与小概念词之间(即具有属种关系、整体与部分关系的词之间),可以考虑编制由上位词指向下位词的参见参照。

示例 1:公共图书馆　　参见　　上海图书馆

示例 2:牛　　参见　　菜牛;黄牛;奶牛;水牛

示例 3:血液　　参见　　白血球;红血球;血小板

示例 4:联合国　　参见　　国际法院;联合国安全理事会;联合国大会;联合国秘书处等

示例 5:中国医学　　参见　　中药学

2) 含义密切关联的词之间(即具有语义交叉关系或相关关系的词之间),可以考虑编制参见参照。

示例 1:二十一条 参见 五四运动

示例 2:经济区　　参见　　区域经济

示例 3:超声波　　参见　　超声波疗法

示例 4:孙中山　　参见　　辛亥革命

8.4 词语和术语的变化

在期刊索引、报纸索引等检索情报源的索引中,索引员应该注意词语和术语的变化,并为此编制必要的参照。例如:

STANDARDS PRESS OF CHINA

1990年某期刊用“激光”代替“镭射”,因此,在1990年的索引中,索引员应该增编以下参照:

示例1:激光(1990年前各卷)　见　镭射

镭射　见　激光

若是累积索引,索引员应该采用新术语,并作“旧术语　见　新术语”参照。

示例2:镭射(1990年以前各卷)　见　激光

9　索引款目排序

9.1　字符排序基础

不论是计算机排序还是人工排序,所有的字符都应该按既定的排序值排序。排序值可以依据现有标准ISO/IEC 10646-1:2000。索引款目的排序应该参照采用国际标准ISO 7154:1983和国家标准GB/T 13418—1992。

9.2　字符排序规则

9.2.1　汉字字符排序

9.2.1.1　汉语拼音排序

本标准本着科学性、使用的广泛性及信息处理技术的可行性,推荐汉语拼音排序、笔画排序和四角号码排序三种排序方法,供用户选用。中文索引一般应该采用汉语拼音排序,必要时附设条目首字笔画笔形检字表和/或四角号码检字表(见GB/T 13418—1992)。

汉语拼音排序首先比较标目首字的音节,按汉语拼音字母表的顺序进行排序。如果音节相同,比较音调,按阴平、阳平、上声、去声次序排列。如果音节和音调相同,比较首字的总笔画数,从少到多排列。如果笔画数相同,比较该字的起笔至末笔各笔笔形,依“横、竖、撇、点、折”顺序排列。若起笔至末笔各笔笔形仍相同,则按该字在汉字编码字符集中的编码值从小到大排列。首字相同,则比较第二字,方法同前,依次类推。

示例1:基因表现
吉林大学
极地生物
简体字

示例2:计量学
计算机
建筑结构
健美运动

示例3:腐蚀剂
负离子
复变函数
复分解
副交感神经

标目中的多音字应该按其在汉字编码字符集中的编码值排序。如果多音字出现在标目首字的位置,可以在其另外的读音处编制指引参照(有必要时)。

9.2.1.2　笔画笔形排序

此法首先比较标目首字的笔画数,从少到多排列。若首字笔画数相同,按首字起笔至末笔各笔笔形“横、竖、撇、点、折”顺序排列。如果首字的上述笔形仍相同,则按首字的编码值从小到大排列(见GB/T 13418—1992)。首字相同,则比较第二字,方法同前,依次类推。

示例:(四划)
方向盘
(五划)

世界观

闪电

半导体

半径

（六划）

西葫芦

光谱学

产品目录

9.2.1.3 四角号码排序

此法将汉字笔形分为十种，分别赋予号码0～9。通用的笔形口诀为“横一垂二三点捺，叉四插五方块六；七角八八九是小，点下有横变零头”。每字按左上、右上、左下、右下依次取四角的笔形，形成汉字的四角号码，例如：端（0212），烙（9786）。四角号码同码字较多时，再取靠近右下角（第四角）上方一个笔形作“附号”。

四角号码排序首先比较标目首字的四角号码（包括附号），从小到大排列。首字相同，比较第二字，方法同前，依次类推。此种方法多用于汉语古籍索引，应该附设汉语拼音检字表和/或笔画笔形检字表。

9.2.2 非汉字字符串排序

9.2.2.1 索引标目中若包含非汉字字符，如标点符号、数字、拉丁字母、希腊字母等，均应按照它们在编码字符集中的顺序排列，通常排于中文汉字款目之前。

9.2.2.2 数字排序

历史事件索引按照纪年次序排列时索引标目如由数字构成，按数字所表示的数值从小到大排列。

示例：欧洲

1 000-1 500. 史学论文集

300-1 500

300-1 500. 史学论文集

476-911

B. C. 500-A. D. 1973

ca 300- ca 1 450 丛书

to 1 935

当一、二、三……，壹、贰、叁……这些汉字作为序数词使用，并按照其数值顺序排列更便于索引检索时，可以不按其汉语拼音排序，而是按汉字所表示的数值从小到大排序。

示例：北京一中

北京二中

北京五中

9.2.2.3 拉丁字母排序

标目由多个拉丁字母单词构成时，一般使用逐词排序（见ISO 999：1996）

9.2.3 汉字和非汉字字符混合出现时排序

通常情况下，按照汉字编码字符集中字符的排列顺序，确定以下排序的先后次序：

空格—序号—阿拉伯数字—罗马数字—拉丁字母（大写、小写）—日文假名（平假名、片假名）—希腊字母—俄文字母—汉字。

示例：1949年

20世纪80年代

211工程

ⅤB族元素

APEC（亚太经济合作组织）

DNA鉴定

安全管理 ABC

病理学

9.3 索引标目的排序

9.3.1 索引标目排序的要求

索引标目可以按照或主要按照下列一种次序排列：

——汉字字顺或拉丁字母顺序；

——汉字和非汉字字符混合出现顺序；

——分类排序；

——编年顺序；

——数字顺序。

索引标目的编排应该采用众所周知、通用易懂的方法。索引标目的编排方式应该是有章可循的(即任一索引标目的排列位置应该是明确的)和可以预见的(即索引中用于排序的每一个字符都符合编排规则)。索引标目的排序方法一经采用,不要轻易更换,要保持前后一致。

汉字和非汉字字符混合排序最为常见。某些特定的索引必要时可以采用其他排序方法,例如,一部技术性著作可以根据需要配备按数码顺序编排的专利号索引或报告号索引。

在同一部索引中,副标目允许采用不同于主标目的排序方式(见 9.3.3)。

如果索引的编排方法复杂难懂,应该在索引的前言中予以说明。

9.3.2 以相同词语起始的索引标目的排序

以相同词语起始的索引标目应该采用逐字排序法,采用必要的标点符号,并按下列顺序排列：

1) 空白

2) — 副标目(也可不带连号)

3) ， 说明语或倒置标题

4) ： 组配词

5) ( ) 限义词

标目中的标点符号,各有不同涵义,用于揭示或限定标目的涵义,并形成不同的分组,便于依次排序。

示例：葡萄

—病虫害

—嫁接

—种植

,阿富汗

,日本

,吐鲁番

葡萄：种植规划

葡萄：庄园

葡萄(中国画)

葡萄酒

葡萄糖酸

9.3.3 副标目的排序

通常情况下,副标目排序方法与主标目相同。

为了更好地揭示原文中明显存在的或隐含的排序方式,或者为了区分大量的同形异义词,副标目也可按照数序的、编年的或其他排列方法排列。

即使副标目采用了与主标目不同的排列方式,也应该遵循 9.3.1 的原则。

9.4 参照的排序

见参照或者参见参照的排序应该不影响原标目在字顺排列中的位置。见参照和参见参照指向多个标目时，其排序应与索引标目自身排序一致，并用分号隔开。

示例：人工智能 144，259，363—372

参见 仿生；机器人；语义网络；专家系统

9.5 计算机排序

设计计算机排序软件时必须要考虑字符排序规则(见9.2)，满足索引标目排序的要求(见9.3)。计算机自动排序往往难以完全符合排序的要求，有时需要人工对排序结果稍作调整，其中包括：

1) 即使计算机排序软件有区分同音字或同声字的功能，对于一字多声、一字多音的汉字标目，也要用人工逐一检查。

2) 汉字标目中带有引号或书名号，会影响其正常排序(不带引号或书名号时)位置，应该尽量不用或少用引号或书名号，或规定引号及书名号一律不参加排序。

3) 逐一检查索引中出现的生僻字，如果超出了字符集的范围，应该设法解决，要尽量避免人工造字或留空。

4) 如果索引的标目或副标目出现因为按照汉语拼音排序规则破坏其数值排序或等级次序的情况，应该用手工予以调整(见9.2.2.1)。

5) 应该安排人工校验用计算机自动标引或半自动标引的结果，计算机生成的索引至少应该安排格式校验，以确保质量。

10 索引的形式

10.1 索引形式的选择

索引的形式有印刷品、缩微品、联机数据库、光盘数据库及网络等多种形式。

索引员应该向出版者或委托人了解在索引的表达形式方面是否要遵守特殊的规定。

索引员通常应该为文献内容索引提供打印稿及其电子文档。如是文献篇目索引，索引形式取决于制作和传播最终完成的索引所采用的技术和媒介。

索引数据库既要提供计算机输出检索结果的屏幕显示格式，也要提供计算机输出印刷型索引的格式，满足用户的不同需求。

索引应该能够从一种形式转换成其他形式。不论是转换成联机数据库还是印刷型索引，索引员都应该将索引转换成通用的或用户所要求的编码格式。

10.2 索引的版面设计

10.2.1 索引版式

索引排版必须遵守良好的版面设计原则。版面样式设计必须是清晰、易用的。字号和栏宽应该适中。

索引排版应该尽可能地与被标引的文献排版取得大体一致，一般采用横排为宜。排版密度应该适中，版式包括字体的规格、版面的大小以及栏标题的位置，其差别限于字体、字号、行距、栏宽、栏数、标题及眉题等的形式。

10.2.2 索引款目排版形式

款目排列形式取决于被标引文献(或文献集合)的规模、复杂性和可获取性。按照副标目排列的方式，索引款目分为分行式(line-by-line)和连排式(run-on)两种版式：

1) 分行式版式。每个标目、副标目、次副标目等均应另起一行，副标目、次副标目等应该渐次缩排。

示例：索引

定义 2

功能和性质 3

类型 4.2

历史 5

质量 3.3

索引款目

定义,9

构成,10.2

句法,11.2-11.5,13.2

排序,12

2)　连排式版式。又称凝聚式,从属于主标目和副标目的子标目不另起一行用缩排标示,而是用标点符号(如分号)代替(如以下实例)。也可以在标目下的副标目仍然保留分行式,但是副标目之下的子标目则采用连排式。

示例:索引

定义,2;功能和性质,3;类型,4.2;

历史,5;质量,3.3

索引款目

定义,9;构成,10.2,句法,11.2-11.5,13.2;

排序,12

索引款目应该优先使用分行式。虽然连排式节省索引篇幅,但是不如分行式便于理解和浏览。

10.2.3　间隔距离

不同的标目之间或款目与其他款目之间应该保留适当的间隔距离。当无法使用各种印刷字体时,款目与款目或行与行的间隔距离,应该适当加大。

10.2.4　标点符号

每一标目、副标目或说明语后均需附加空格或逗号与文献出处分开,当索引款目最后一个字母为数字时尤应注意。所有并列资料出处需以标点符号或另起行加以分隔,标点符号可以采用逗号、分号或分隔符。

示例:抗生素,56,78-81

维生素 A,22,23,27

维生素 B2,6,10-12

10.2.5　眉题

无论是专门索引或综合索引,都应该设置眉线和眉题,在眉题注明索引的名称、当页内容,标明其笔画、拼音或汉字等。

示例:22　内容索引　　　　四画　王文方

三彩…… 22	王码…… 23	方正…… 12
四画	文学……45	方法……44
王力…… 33	文献…… 56	方略…… 89

10.2.6　索引员的署名

出版者应该给予索引员在文献中署名的机会,通常可以印在索引的末尾。

11　质量管理

11.1　索引的质量要求

一部有效的索引必须能够满足用户检索被标引文献(或文献集合)信息的需求。

索引款目应该考虑到用户可能采用的各种不同检索途径,并向用户提供交互参照和各种助检标志。

凡文献正文中的重要概念或项目,都必须出现在索引之中。

索引员应该客观、公正地选择文献中的可标引内容,用精心挑选的、确切的词语去表达文献中的概念或特征,标引用词应该做到前后一致。

索引必须准确,索引中给出的出处应该与文献正文(或文献集合)相符。

提高索引员的素质是保证索引质量的前提。

11.2 标引一致性

索引应该按照一种合乎逻辑的、均衡的、前后一致的和易于识别的方式进行编制。标引一致性涉及既定的标引方针(包括索引单元、标引深度、标引专指度等),以及索引中使用的术语、细分、倒置、交互参照、出处等,可以采取以下方法提高标引一致性:

1) 确立并遵循标引方针、标引规则和标引工作程序;

2) 采用权威的标引工具(例如叙词表、名称规范档等)或请教专家;

3) 制定索引工作细则;

4) 同一部索引由两个或多个索引员完成时,应该认真协调;

5) 建立标引和版式的审校制度和程序。

另外,索引定稿前要仔细检查清样,以确保索引的标目和副标目选用一致、交互参照和出处的准确设置、标点符号和空格的正确使用等。

11.3 索引的篇幅和详略

索引必须是全面的(但是允许对索引的可标引内容的范围加以限制,但必须在索引前言中说明),要做到疏而不漏,不能过度标引,标引过多过滥。

控制索引的篇幅和详略程度的主要因素包括:

1) 被标引文献的性质和目的;

2) 标引方针和标引方法;

3) 索引用户的需求;

4) 出版成本和索引版式等。

如果索引员的详尽标引导致索引篇幅超出了出版社规定的长度,不要简单地删减索引款目,而是最好通过改变款目格式和版式、设置交互参照等方法予以解决。或者通过与出版者协商解决这些问题。

11.4 索引前言

索引应该简单明了,尽量做到无需附加任何解释和说明,用户就可以使用。如果达不到这一点,可以编写索引前言(或称使用说明或凡例),说明索引可标引内容的提取范围及采用的缩写或符号,交待索引中采用的技术或词表等。

参 考 文 献

［1］ 国际标准化组织. 文献与情报工作国际标准汇编［M］. 北京：科技文献出版社，1980.

［2］ 全国文献工作标准化技术委员会. 科学技术信息系统标准与使用指南(1-5 卷)［M］. 北京：中国标准出版社，1996.

［3］ James D. Anderson. Guidelines for Indexes and Related Information Retrieval Devices(索引与相关信息检索工具的规则)［M］. NISO Press，1997.

［4］ 张琪玉. 图书内容索引编制法——写作和编辑参考手册［M］. 北京：化学工业出版社，2006.

［5］ 侯汉清编. 索引技术和索引标准［M］. 北京：北京图书馆出版社，1997.

ICS 13.310
A 90

中华人民共和国国家标准

GB/T 22467.1—2008

防伪材料通用技术条件
第1部分:防伪纸

Universal technical requirements of anti-counterfeiting material—Part 1:Anti-counterfeiting paper

2008-11-03 发布　　　　2009-04-01 实施

中华人民共和国国家质量监督检验检疫总局
中国国家标准化管理委员会　发布

前　言

GB/T 22467《防伪材料通用技术条件》分为三部分：

——第 1 部分：防伪纸；

——第 2 部分：防伪油墨和印油；

——第 3 部分：防伪膜。

本部分为 GB/T 22467 的第 1 部分。

本部分由国家标准化管理委员会提出。

本部分由全国防伪标准化技术委员会(SAC/TC 218)归口。

本部分起草单位：国家防伪产品质量监督检验中心、国家印刷装潢制品质量监督检验中心、天津戈德思创防伪技术有限公司、上海市防伪技术产品测评中心、无锡新光印防伪技术有限公司、天津中钞纸业有限公司、保定钞票纸厂、镇江大东纸业有限公司、成都印钞公司、广州珠江特种纸有限公司、东方惠科防伪技术有限公司。

本部分主要起草人：刘克夫、苏传健、贾洪岭、江利民、王国平、韩勇、徐正铭、张建设、陈智仁、田德卿、肖仕南、伍宗敏。

本部分为首次发布。

防伪材料通用技术条件
第1部分:防伪纸

1 范围

GB/T 22467的本部分规定了各类防伪纸的通用技术要求,包括术语和定义,分类,要求,试验、核查和评定方法,检验、抽样,标志、包装、运输和贮存,环保卫生要求。

本部分适用于防伪纸,包括:纤维防伪纸、水印防伪纸、安全线防伪纸、防涂改纸、复写防伪纸、全息防伪纸和其他防伪纸。

本部分也适用指导各类防伪纸产品标准的编写。

2 规范性引用文件

下列文件中的条款,通过GB/T 22467的本部分的引用而成为本部分的条款。凡是注日期的引用文件,其随后的所有修改单(不包括勘误的内容)或修订版均不适用于本部分,然而,鼓励根据本部分达成协议的各方研究是否可使用这些文件的最新版本。凡是不注日期的引用文件,其最新版本适用于本部分。

GB/T 147 印刷、书写和绘图用原纸尺寸(GB/T 147—1997,neq ISO 217:1995)

GB/T 191 包装储运图示标志(GB/T 191—2008,ISO 780:1997,MOD)

GB/T 450 纸和纸板试样的采取(GB/T 450—2008,ISO 186:2002,MOD)

GB/T 451.1 纸和纸板尺寸及偏斜度的测定

GB/T 451.2 纸和纸板定量的测定(GB/T 451.2—2002,eqv ISO 536:1995)

GB/T 451.3 纸和纸板厚度的测定(GB/T 451.3—2002,idt ISO 534:1988)

GB/T 459 纸和纸板伸缩性的测定(GB/T 459—2002,eqv ISO 5635:1978)

GB/T 462 纸、纸板和纸浆 分析试样水分的测定(GB/T 462—2003,ISO 287:1985,ISO 638:1978,MOD)

GB/T 464.1 纸和纸板的干热加速老化方法(105±2 ℃,72 h)(GB/T 464.1—1989,eqv ISO 5630-1:1982)

GB/T 1541 纸和纸板 尘埃度的测定

GB/T 2679.15 纸和纸板印刷表面强度的测定(电动加速法)(GB/T 2679.15—1997,eqv ISO 3783:1980)

GB/T 2679.16 纸和纸板印刷表面强度的测定(摆或弹簧加速法)(GB/T 2679.16—1997,eqv ISO 3782:1980)

GB/T 2828.1 计数抽样检验程序 第1部分:按接收质量限(AQL)检索的逐批检验抽样计划(GB/T 2828.1—2003,ISO 2859-1:1999,IDT)

GB/T 7974 纸、纸板和纸浆亮度(白度)的测定 漫射/垂直法(GB/T 7974—2002,neq ISO 2470:1999)

GB/T 10342 纸张的包装和标志

GB/T 10739 纸、纸板和纸浆试样处理和试验的标准大气条件(GB/T 10739—2002,eqv ISO 187:1990)

GB 16797—1997 无碳复写纸(neq DIN 6721 Teil:1992)

GB/T 18733　防伪全息纸

GB/T 19425—2003　防伪技术产品通用技术条件

3　术语和定义

下列术语和定义适用于 GB/T 22467 的本部分。

3.1

防伪纸　anti-counterfeiting paper

在制作过程中形成防伪功能或与其他防伪技术结合后具备防伪功能，客观上起到防止伪造作用，在一定范围内能准确鉴别真伪，并不易被仿制和复制的纸产品。

3.2

纤维防伪纸　fiber anti-counterfeiting paper

在原纸形成过程中，加入可见或不可见特殊添加物（包括纤维、颗粒、薄片及其他特殊添加物）的纸，以此构成防伪识别特征。特殊添加物一般有有色、荧光、磁性及其他材料等。

3.3

水印防伪纸　watermark anti-counterfeiting paper

在原纸形成过程中，通过特殊的水印设备使原纸的纤维分布成型，在可见光透射条件下能显示出水印图纹的纸张。

3.4

安全线防伪纸　safe wire anti-counterfeiting paper

在原纸形成过程中，将安全线埋入（全埋）或半埋入（开窗）原纸内部，形成防伪功能的纸张。

3.5

防涂改纸　anti-alter paper

以纸为基材，经化学处理后形成的纸张。纸面所载信息经化学涂改后有明显变色痕迹（国外同类纸张称为化学敏感性纸张）。

3.6

复写防伪纸　carbon anti-counterfeiting paper

以纸为基材，进行涂布或化学处理后，经力感型记录仪器打印或书写，可一次性获得正面为阳文、背面为阴文的一组纸张，任何涂改痕迹均可在纸面上残留，也包括原纸含有其他防伪功能的复写纸。

3.7

全息防伪纸　holographic anti-counterfeiting paper

以纸为基材，经涂布、模压或转移等工艺获得全息图案，具有防伪功能的纸，分转移型和非转移型。

3.8

其他防伪纸　other anti-counterfeiting paper

利用其他防伪技术实现防伪功能，且具有独立使用功能的纸张。

4　分类

4.1　纤维防伪纸

4.1.1　有色纤维防伪纸

4.1.2　荧光纤维防伪纸

包括有色荧光纤维、无色荧光纤维，一般分为：紫外激发荧光、红外激发荧光等。

4.1.3　磁性纤维防伪纸

4.1.4　其他材料纤维防伪纸

4.2　水印防伪纸

4.2.1　按水印形成工艺的不同可分为黑水印、白水印和黑白水印。

4.2.2 按水印所在位置的不同可分为固定水印、半固定水印和不固定水印(满版水印)。

固定水印:水印图纹固定在纸页版面的某一特定位置;

半固定水印:水印图纹仅固定在纸页版面某一半边位置;

满版水印:水纸图纹固定在纸页整个牌面上。

4.3 安全线防伪纸

4.3.1 按安全线埋入方式划分:有全埋和开窗两种。

4.3.2 按安全线材料特征划分:有透明和不透明两种,一般包括全息安全线、荧光安全线、磁性(码)安全线、微缩图文安全线、数码安全线、镂空安全线等。

4.4 防涂改纸

4.5 复写防伪纸

4.6 全息防伪纸

4.6.1 转移型。

4.6.2 非转移型。

4.7 其他防伪纸

5 要求

5.1 外观

防伪纸外观质量要求见表1。

表1 外观质量

序号	项目名称	指标要求
1	纸面质量	纸面应平整,不应有褶子、破损、斑痕、鼓泡、掉粉、掉毛、掉片、裂口、硬质块、明显条痕和鱼鳞斑等外观缺陷
2	纸边质量	纸的切边应整齐、洁净
3	同批纸色差	目测无明显色泽差异

5.2 规格

5.2.1 防伪纸的规格要求见表2。

表2 规格要求

单位为毫米

序号	项目名称		指标要求
1	平板纸幅面尺寸偏差	≤	±3
2	卷筒纸宽度偏差	≤	±3
3	平板纸偏斜度	≤	3
4	平板纸幅面尺寸		按GB/T 147执行,也可按订货合同要求生产
5	卷筒纸宽度尺寸		按GB/T 147执行,也可按订货合同要求生产

5.2.2 卷筒纸端面应整齐,不整齐的凹凸或弓形波纹界面尺寸差别不超过±3 mm,且不得有裂口、缺边及纸边松紧不一现象。每卷接头不得超过2个,接头处用不渗透胶水或胶带纸粘牢,用彩色纸标记。

5.3 物理特性

防伪纸[1)]物理特性指标要求见表3。

---

1) 全息防伪纸的物理特性指标按GB/T 18733标准执行,复写防伪纸的物理特性指标参照GB 16797标准执行。

STANDARDS PRESS OF CHINA

表 3 物理特性

序号	项 目 名 称			单 位	指标要求
1	定量偏差			%	±4.0
2	横幅定量差		≤	%	6.5
3	相对横幅厚度差		≤	%	8.0
4	亮度(白度)		≥	%	80
5	印刷表面强度正反面均		≥	m/s	1.0
6	横向伸缩率		≤	%	2.8
7	尘埃度	$0.3\ mm^2 \sim 1.5\ mm^2$	≤	个/m^2	100
		$>1.5\ mm^2$	≤		0
8	交货水分			%	6.0～8.0
注：用于凹版印刷的产品，可不考核印刷表面强度；用于轮转印刷的产品，印刷表面强度分别降低 0.2 m/s。					

5.4 防伪特性要求

5.4.1 防伪力度

5.4.1.1 防伪力度中的防伪识别特征数量应满足 GB/T 19425—2003 中表 1 的要求。

5.4.1.2 防伪识别特征的具体要求见表 4。

表 4 防伪识别特征

序号	产品名称	项目名称	指 标 要 求
1	纤维防伪纸	物理结构	特殊添加物在纸中的物理结构应稳定牢固且分布均匀
		特征及数量	特征及数量应满足在标的物上准确无误辨别的要求，特殊添加物上承载的防伪信息借助专用仪器应能准确无误的识别。一般为每 100 cm^2 中不少于 10 个
2	水印防伪纸	水印图文	水印图文在可见光透射条件下应清晰可辨，水印图文的数量与大小应保证在标的物上至少有一个完整的图文单元
		固定水印	固定水印纸图文在纸页中显现位置与设计水印版图的要求偏差应在±5 mm 之内
		半固定水印	半固定水印纸图文在纸页中显现的位置其左右两边与水印纸设计版图的要求偏差应在±5 mm 之内
		满版水印	水印图文在可见光透射条件下应清晰可辨
3	安全线防伪纸	结合牢固	安全线与纸应结合牢固，在裁切和非破坏性实验时，安全线不应与纸发生剥离，裁切端应整齐、无翘起。开窗式安全线间隔应均匀
		特征要求	安全线上承载的防伪信息借助专用仪器应能准确无误的识别
4	防涂改纸	变色痕迹	纸面所载信息经处理后仍保留其原有信息，化学处理后保留明显痕迹，且信息不可更改，痕迹不可逆转
5	复写防伪纸	耐磨擦性	符合 GB 16797—1997 第 5.1 条要求
		显色灵敏度	符合 GB 16797—1997 第 5.1 条要求
		蓝印显色密度	符合 GB 16797—1997 第 5.1 条要求
		耐光性	符合 GB 16797—1997 第 5.1 条要求

表 4（续）

序号	产品名称	项目名称	指 标 要 求
6	全息防伪纸	衍射效率	≥5%
		信噪比	≥10∶1
		专用加密标记	全息防伪纸除通用版（如光柱版、素面光栅版、花版等）的图案外，还应有客户专有图文版面，专有图文版面中必须以专用防伪标记加密
7	其他防伪纸	特征要求	纸上所载防伪识别特征通过目测或借助专用仪器可准确无误的识别

5.4.2 身份唯一性

不同企业的同类产品和同一企业的不同产品应能通过目测或借助专用仪器对其防伪识别特征的唯一性进行准确辨别。

5.4.3 稳定期

防伪纸的稳定期应符合 GB/T 19425—2003 表 3 中第 3 款要求。进行干热加速老化试验（105 ℃/72 h 置放）及耐性实验后，其防伪识别特征与标样相比，不应有明显变化。耐性实验的具体要求在产品标准中规定。

5.4.4 使用适应性

在满足印刷和标的物使用要求的条件下，防伪识别特征应与标的物同期有效存在，具体要求在产品标准中规定。

6 试验、核查和评定方法

6.1 试样的处理与测定条件

试样的处理和测定按 GB/T 10739 进行，标准大气条件为（23±1）℃，相对湿度（50±2）%。

6.2 试样的采取

试样的采取按 GB/T 450 进行。

6.3 外观要求的检查

6.3.1 纸面质量、纸边质量

纸面质量、纸边质量以目测观察，必要时可借助放大镜观察。

6.3.2 同批纸色差

同批纸中分十段抽取样品，在 D65 标准光源下目测观察并进行比较。

6.4 规格要求的检查

6.4.1 尺寸、尺寸偏差、偏斜度

尺寸、尺寸偏差、偏斜度按 GB/T 451.1 进行测定。

6.4.2 卷筒纸端面

卷筒纸端面误差用分度值为 0.5 mm 的钢板尺进行测量。

6.5 物理特性要求的检查

6.5.1 定量偏差

定量偏差按 GB/T 451.2 进行测定。

6.5.2 横幅定量差

横幅定量差按 GB/T 451.2 进行测定。

6.5.3 相对横幅厚度差

相对横幅厚度差按 GB/T 451.3 进行测定。

6.5.4 亮度（白度）

亮度按 GB/T 7974 进行测定。

6.5.5 印刷表面强度

印刷表面强度按 GB/T 2679.15 或 GB/T 2679.16 进行测定，无论是低粘油墨还是中粘油墨，只要有一种符合标准则应判为合格。

6.5.6 横向伸缩率

横向伸缩率按 GB/T 459 进行测定。

6.5.7 尘埃度

尘埃度按 GB/T 1541 进行测定；尘埃大于 1.0 mm^2 时，尘埃度按 5 m^2 面积测定。

6.5.8 交货水分

水分按 GB/T 462 进行测定。

6.6 防伪特性的检查

6.6.1 防伪力度

6.6.1.1 核查防伪识别特征数量并评定。

6.6.1.2 防伪识别特征要求的检查见表 5。

表 5 防伪识别特征检验方法

序号	产品名称	项目名称		检验方法及判别
1	纤维防伪纸	物理结构		
		特征及数量	数量	从样品的 4 个边角及中央处裁切 5 张 100 cm^2 的试样，目测观察
			有色纤维	在标准光源(D65)下对标样和试样进行目测观察，其颜色不应有明显差异
			荧光纤维	用相应波长的激发光源照射试样，试样中的特殊添加物应发出 400 nm～720 nm 的可见荧光
			磁性纤维	用专用检测设备测量，在特殊添加物上应检测出磁信号
			其他材料	用相应的检测手段，验证试样中特殊添加物的防伪识别特征
2	水印防伪纸	水印图文		迎光透视观察，水印图文应清晰可辨
		固定水印		用分度值为 0.5 mm 的钢板尺测量
		半固定水印		用分度值为 0.5 mm 的钢板尺测量
		满版水印		迎光透视观察，水印图文应清晰可辨
3	安全线防伪纸	结合牢度		将含 200 mm 安全线的试样，用裁刀或剪刀横向裁成 5 份，目测观察其端面，不应有剥离和翘起
		特征要求	全息安全线	开窗式全息安全线通过点光源照射，应可观察到衍射光
			荧光安全线	用相应波长的激发光源照射试样，试样中的安全线应发出 400 nm～720 nm 的可见荧光
			磁性(码)安全线	用专用检测设备测量，在安全线上应能检测出磁信号或对应的磁码信号
			微缩图文安全线	用分辨率为 0.01 mm 的显微装置观察安全线上的微缩图文，应与标样图文相同
			数码安全线	目视观察或用专用识读设备自动识别
			缕空安全线	迎光目视观察

表 5（续）

序号	产品名称	项目名称	检验方法及判别
4	防涂改纸	变色痕迹	用棉签将相应的化学试剂涂抹在试样上，目测观察
5	复写防伪纸	耐磨擦性	按 GB 16797—1997 中附录 B 进行测定
		显色灵敏度	按 GB 16797—1997 中附录 C 进行测定
		蓝印显色密度	按 GB 16797—1997 中附录 C 进行测定
		耐光性	按 GB 16797—1997 中附录 C 进行测定
6	全息防伪纸	衍射效率	按 GB/T 18733 进行测定
		信噪比	按 GB/T 18733 进行测定
		专用加密标记	通过目视或借助检测设备与设计标样观察比较
7	其他防伪纸	防伪识别特征	在产品标准中规定

6.6.2 身份唯一性

依据生产厂提供的相关技术文件或合同中载明的要求，通过目测或借助专用识别设备对产品的防伪识别特征进行实测验证。

6.6.3 稳定期

6.6.3.1 干热加速老化试验按 GB/T 464.1 进行测定。

6.6.3.2 耐性试验方法在产品标准中规定。

6.6.4 使用适应性

6.6.4.1 印刷要求适应性应在表 3 中第 6 项指标合格的情况下检查试样的防伪识别特征是否有明显改变。

6.6.4.2 标的物使用要求适应性的检查在产品标准中规定。

7 检验、抽样

7.1 检验种类

防伪纸的检验分为交收检验（出厂检验）和型式检验（定型试验）。

7.2 出厂要求

生产厂应保证所生产的产品符合本标准规定，每件纸交货时应附产品质量合格证。

7.3 交收检验

交收检验以一次交货为一批，逐批检验，但每批不应多于 30 t。交收检验项目应包括 5.1、5.2、5.3、5.4.1、5.4.2 的要求。

7.4 型式检验

型式检验为首件检验，应在交收检验的基础上增加 5.4.3、5.4.4 的要求。型式检验每六个月应至少进行一次，当原料、配方、工艺发生改变及产品长期停产后恢复生产时，亦需进行型式检验。

7.5 抽样

计数抽样检验程序按 GB/T 2828.1 规定进行。

7.6 检验结果的处理

需方有权按本部分的规定进行交收检验，检验时应先检查外部包装完好无损后，再从中取样进行检验。如果检验结果与标准不符，需方应在到货后三个月内（或按订货合同规定）通知供方共同取样进行复验，或委托有资质的第三方检验机构进行仲裁检验，如仍不合格，则判为批不合格，由供方负责处理；如合格，则判为批合格，由需方负责处理。

STANDARDS PRESS OF CHINA

8 标志、包装、运输、贮存

8.1 标志、包装

平板纸按照 GB/T 10342 中木夹板包装的规定进行包装和标志,“怕雨”等标志应符合 GB/T 191 规定。卷筒纸按照 GB/T 10342 中卷筒纸的包装规定进行包装和标志,第二层包装材料应采用防潮纸或塑料膜等防潮材料。亦可按订货合同的规定进行包装和标志。国家对防伪技术产品要求明示的信息亦应在标志上一并载明。

8.2 运输

运输应使用防潮、防雨且洁净的运输工具。

8.3 装卸

装卸时不应钩吊,不应将纸件从高处扔下。

8.4 贮存

纸张应妥善贮存于通风仓库的垫板上,以防受雨雪或地面湿气的影响,存放处应严禁烟火,不得与易燃物品混放。

9 环保卫生要求

防伪纸的生产、销售应符合国家环保及卫生标准要求。

ICS 13.310
A 90

中华人民共和国国家标准

GB/T 22467.2—2008

防伪材料通用技术条件
第2部分：防伪油墨和印油

Universal technical requirements of anti-counterfeiting material—Part 2: Anti-counterfeiting printing inks and anti-counterfeiting stamp inks

2008-11-03发布　　　　2009-04-01实施

中华人民共和国国家质量监督检验检疫总局
中国国家标准化管理委员会　发布

前言

GB/T 22467《防伪材料通用技术条件》分为三部分：

——第1部分：防伪纸；

——第2部分：防伪油墨和印油；

——第3部分：防伪膜。

本部分为GB/T 22467的第2部分。

本部分的附录A为规范性附录。

本部分由国家标准化管理委员会提出。

本部分由全国防伪标准化技术委员会(SAC/TC 218)归口。

本部分起草单位：国家印刷装潢制品质量监督检验中心、国家防伪产品质量监督检验中心、深圳市华德防伪技术开发有限公司、天津戈德思创防伪技术有限公司、上海市防伪技术产品测评中心、无锡新光印防伪技术有限公司、清华大学化学系。

本部分主要起草人：苏传健、刘克夫、杜振林、李勇刚、江利民、王国平、王军民。

本部分为首次发布。

防伪材料通用技术条件
第2部分:防伪油墨和印油

1 范围

GB/T 22467的本部分规定了各类防伪油墨和印油的术语和定义,分类,要求,试验方法,检验规则,标志、标签、包装、运输和贮存。

本部分适用于各类防伪油墨和防伪印油。

本部分也适用于指导各类防伪油墨和防伪印油产品标准的编写。

2 规范性引用文件

下列文件中的条款通过GB/T 22467的本部分的引用而成为本部分的条款。凡是注日期的引用文件,其随后所有的修改单(不包括勘误的内容)或修订版均不适用于本部分,然而,鼓励根据本部分达成协议的各方研究是否可使用这些文件的最新版本。凡是不注日期的引用文件,其最新版本适用于本部分。

GB/T 191 包装储运图示标志(GB/T 191—2008,ISO 780:1997,MOD)

GB/T 2794 胶粘剂粘度的测定

GB/T 3186 色漆、清漆和色漆与清漆用原材料 取样

GB/T 13217.1 凹版塑料油墨检验方法 颜色检验

GB/T 13217.3 凹版塑料油墨检验方法 细度检验

GB/T 13217.4 凹版塑料油墨检验方法 粘度检验

GB/T 13217.5 凹版塑料油墨检验方法 初干性检验

GB/T 13217.6 凹版塑料油墨检验方法 着色力检验

GB/T 13217.7 凹版塑料油墨检验方法 附着牢度检验

GB/T 14624.1 油墨颜色检验方法

GB/T 14624.2 油墨着色力检验方法

GB/T 14624.3 油墨流动度检验方法

GB/T 17001.1 防伪油墨 第一部分:紫外激发荧光油墨(胶版、凸版印刷)技术条件

GB/T 17121 防伪印油 第1部分:紫外激发荧光防伪渗透印油技术条件

GB/T 18723 印刷技术 用黏性仪测定浆状油墨和连接料的黏性(GB/T 18723—2002,eqv ISO 12634:1996)

GB/T 18724 印刷技术 印刷品及印刷油墨的耐酸性测定(GB/T 18724—2002,eqv ISO 11628:1995)

GB/T 18751—2002 磁性防伪油墨

GB/T 18752—2002 热敏变色防伪油墨

GB/T 18753—2002 日光激发变色防伪油墨

GB/T 18754—2002 凹版印刷紫外激发荧光防伪油墨

GB/T 19425—2003 防伪技术产品通用技术条件

QB/T 2624 胶版单张纸油墨

3 术语和定义

下列术语和定义适用于GB/T 22467的本部分。

3.1

防伪油墨 anti-counterfeiting printing inks

在制作中，形成防伪功能或与其他防伪技术结合后具备防伪功能，客观上起到防止伪造，在一定范围内能准确鉴别真伪，不易被仿制、复制的油墨。

3.2

光敏防伪油墨 sensitive to light anti-counterfeiting printing inks

经特定范围波长的光照射，油墨原色可发生变化并可逆的油墨。

3.3

紫外激发荧光防伪油墨 UV excitation fluorescent anti-counterfeiting printing inks

在紫外光照射下能发出荧光的油墨。其激发波长分别为254 nm、365 nm。

3.4

日光激发变色防伪油墨 sunlight excitation color variable anti-counterfeiting printing inks

在自然光下，油墨的外观颜色能发生显著的变化，而在无日光照射的条件下外观颜色恢复到油墨本身的颜色且可逆。

3.5

红外激发荧光防伪油墨 infra-red fluorescent printing inks

利用对红外线具有不同吸收特点的材料制成，在红外光照射下能发出荧光的油墨，并能通过仪器检测识别其印迹。

3.6

热敏变色防伪油墨 heating color variable anti-counterfeiting printing inks

在温度变化时，发生变色效果的油墨。

3.7

压敏防伪油墨 pressure sensitive anti-counterfeiting printing inks

在压力作用下，出现颜色变化的油墨。

3.8

磁性防伪油墨 magnetic anti-counterfeiting printing inks

采用具有磁性的粉末材料作为一种功能成分所制作的油墨。

3.9

光学可变防伪油墨 optical variable anti-counterfeiting printing inks;OVI

采用能发生光学干涉作用的多层光学薄膜，以片状粉末形态作为分散材料制作的油墨，其印迹在光线入射角分别为90°和30°时，呈不同颜色。

3.10

防涂改防伪油墨 altering-proof anti-counterfeiting printing inks

对涂改用的化学物质具有显色化学反应或印迹变化的油墨。

3.11

防伪印油 anti-counterfeiting stamp inks

不易复制，且能准确识别的印章印油。

4 分类

4.1 防伪油墨

4.1.1 光敏防伪油墨

4.1.2 紫外激发荧光防伪油墨

4.1.3 日光激发变色防伪油墨

4.1.4 红外激发荧光防伪油墨

4.1.5 热敏变色防伪油墨

4.1.6 压敏防伪油墨

4.1.7 磁性防伪油墨

4.1.8 光学可变防伪油墨

4.1.9 防涂改防伪油墨

4.1.10 其他防伪油墨

4.2 防伪印油

5 要求

5.1 物理指标要求

5.1.1 各种防伪油墨的物理指标应符合表1的要求。

表1 防伪油墨的物理指标

项目	要求		
	平版(凸版)	柔版(照相凹版)	丝网版
外观颜色	近似标样	近似标样	近似标样
着色力(%)	95～105	95～105	95～105
细度(μm)	≤20	≤35	—
流动度(mm)	25～38	—	—
黏性	8～14	—	—
黏度(s/25 ℃)(涂4杯)	—	25～70	—
黏度(mPa·s)(旋转黏度计)	—	—	2 000～6 000
初干性(mm)	—	25～50	—
附着牢度(%)	—	≥90	≥90
注：标样是指供需双方在合同中约定的数值或封样。			

5.1.2 各种防伪印油的物理指标应符合表2的要求。

表2 防伪印油的物理指标

项目	要求
外观颜色	近似标样
细度(μm)	≤10
黏度(mPa·s)(旋转黏度计)	150～1 000
挥发性(%)	≤1
渗透干燥性(min)	≤15
注：标样是指供需双方在合同中约定的数值或封样。	

5.2 防伪特性要求

5.2.1 防伪力度

5.2.1.1 防伪识别特征的数量应满足 GB/T 19425—2003 中 5.1 的要求。

5.2.1.2 防伪识别特征的具体要求见表 3。

表 3 防伪识别特征

序号	产品名称	项 目	要 求
1	光学可变防伪油墨	光学变色特性	在不同角度观察，从一种颜色变为另一种颜色，变色效果明显
2	紫外激发荧光防伪油墨	相对荧光亮度(%) 荧光最大发射波长(nm)	100±10 与标称值比±5
3	日光激发变色防伪油墨	日光激发变色性能	应符合 GB/T 18753—2002 中 4.3 要求
4	红外激发荧光防伪油墨	相对荧光亮度(%) 荧光最大发射波长(nm)	100±10 与标称值比±5
5	热敏变色防伪油墨	热敏变色温度(℃)	与标称温度偏差±3℃
6	压敏防伪油墨	压敏变色防伪性能	遇压力明显变色
7	磁性防伪油墨	相对剩余磁化强度(%) 矫顽力(A/m)	≤10 ≤16 000 与标称值比误差±10%
8	防涂改防伪油墨	防涂改性	经涂改后原有印迹被破坏
9	其他防伪油墨	油墨所载防伪识别特征	近似标称值
10	防伪印油	印油所载防伪识别特征	近似标称值
注：标称值指供需双方在合同中约定的数值或封样。			

5.2.2 身份唯一性

不同企业的同类产品和同一企业的不同产品应能通过目测或专用识别设备对其防伪识别特征进行准确辨别。

5.2.3 稳定期

防伪特性稳定期经过耐性实验后应符合表 4 的要求。

表 4 稳定期

项 目	要 求
耐水性	≥3 级
耐碱性	≥3 级
耐乙醇性	≥3 级
耐酸性	≥3 级
耐热性	≥3 级
耐热水性	≥3 级
耐光性	≥2 级
耐汽油性	≥3 级

5.2.4 使用适应性

在满足印刷和标的物使用要求的条件下，防伪识别特征应与标的物同期有效存在。

5.2.5 使用环境

在－10 ℃～50 ℃的条件下试样无性状变化。

6 试验方法

6.1 试验环境要求

温度:25 ℃±1 ℃;

相对湿度:65%±5%。

6.2 物理指标试验方法

6.2.1 外观颜色

按 GB/T 14624.1 或 GB/T 13217.1 进行检验。

6.2.2 着色力

按 GB/T 14624.2 或 GB/T 13217.6 进行检验。

6.2.3 细度

按 QB/T 2624 或 GB/T 13217.3 进行检验。

6.2.4 流动度

按 GB/T 14624.3 进行检验。

6.2.5 黏性

按 GB/T 18723 进行检验。

6.2.6 黏度

按 GB/T 13217.4 或 GB/T 2794 进行检验。

6.2.7 初干性

按 GB/T 13217.5 进行检验。

6.2.8 附着牢度

按 GB/T 13217.7 进行检验。

6.2.9 挥发性

按 GB/T 17121 进行检验。

6.2.10 渗透干燥性

按 GB/T 17121 进行检验。

6.3 防伪特性试验方法

6.3.1 防伪力度

6.3.1.1 核查防伪识别特征数量并评定。

6.3.1.2 防伪识别特征按表 5 方法检验。

表 5 防伪识别特征的检验方法

序号	产品名称	项　　目	检验方法
1	光学可变防伪油墨	光学变色性	在自然光下将印迹偏转不同角度目测
2	紫外激发荧光防伪油墨	相对荧光亮度(%) 荧光最大发射波长(nm)	按 GB/T 18754—2002 中 6.9 检验
3	日光激发变色防伪油墨	日光激发变色性能	在日光直接照射下目视观察
4	红外激发荧光防伪油墨	相对荧光亮度(%) 荧光最大发射波长(nm)	按 GB/T 18754—2002 中 6.9 检验

STANDARDS PRESS OF CHINA

表 5（续）

序号	产品名称	项　　目	检验方法
5	热敏变色防伪油墨	热敏变色温度(℃)	按 GB/T 18752—2002 中 6.2 检验
6	压敏防伪油墨	压敏变色防伪性能	用硬物按压印样，观察墨色是否变化
7	磁性防伪油墨	相对剩余磁化强度(%) 矫顽力(A/m)	按 GB/T 18751—2002 中第 6 章检验
8	防涂改防伪油墨	防涂改性(mm)	涂改后，在自然光线下目测
9	防伪印油	印油所载防伪识别特征	按 GB/T 19425—2003 检验

6.3.2　**身份唯一性**

依据生产厂提供的相关技术文件或合同中载明的要求，目测或借助专用识别仪器对产品的防伪识别特征进行检测验证。

6.3.3　**稳定期**

防伪特性稳定期的检验方法见附录 A。

6.3.4　**使用适应性**

防伪油墨和防伪印油的使用适应性，应按生产企业注明的当批防伪油墨和防伪印油产品的使用范围，由企业提供经后期加工使用的产品予以验证。

6.3.5　**使用环境**

6.3.5.1　仪器：高、低温恒温箱；控温准确度：±2 ℃。

6.3.5.2　将防伪油墨或防伪印油样品置于－10 ℃的低温箱内放置 12 h 后取出，然后再将样品置于 50 ℃的高温箱内放置 12 h 后取出，观察样品的性状是否改变。

7　检验规则

7.1　组批

产品以批为单位进行验收，以同一品种，同一配方，一次生产的产品为一批。

7.2　抽样

对每批产品按 GB/T 3186 进行抽样，每批抽样数量不少于 200 g。

7.3　出厂检验项目

出厂检验项目为 5.1、5.2.1.2 规定的内容。

7.4　型式检验

型式检验项目为本标准的全部内容，正常情况下每年进行一次。有下列情况之一时，应进行型式检验：

a)　新产品鉴定投产时；

b)　正式生产后如材料、工艺等有较大改变影响产品性能时；

c)　产品长期停产后，恢复生产时；

d)　出厂检验结果与上次型式检验结果有较大差异时；

e)　国家质量监督机构提出进行型式检验的要求时。

7.5　判定规则

每批产品按出厂项目检验后，全部合格，则判该批合格。如有一个项目不合格，应加倍抽样，对不合格项目复检，如仍不合格则判该批产品不合格。

型式检验，按技术要求检验后全部项目合格，则判该批产品合格。如有一个项目不合格，则为不合格。

8 标志、标签、包装、运输和贮存

8.1 标志

按 GB/T 191 执行。

8.2 标签

在产品的包装标签上应有下列内容：

a) 产品名称、商标；

b) 生产企业名称和地址；

c) 产品数量及净重；

d) 生产日期；

e) 保质期；

f) 执行产品标准代号。

8.3 包装

8.3.1 产品的包装应能保证产品不受运输、贮存和正常使用过程中可能出现的意外损坏。包装物可根据具体防伪技术产品的特点，确定包装物的形式、尺寸和材质。

8.3.2 合格证

每一包装物内均应附有由生产企业质量检验部门签发的产品合格证。合格证上应注明下列内容：

a) 产品名称和型号；

b) 生产日期；

c) 检验日期；

d) 检验者签章。

8.4 运输和贮存

运输应使用车船等交通工具，在运输和装卸的过程中不得抛甩碰撞。产品不得露天存放，仓库应通风、干燥、远离火源。仓库内的室温和相对湿度应满足防伪材料的贮存要求。

9 环保卫生要求

防伪油墨（防伪印油）的生产、销售应符合国家环保及卫生安全标准要求。

附　录　A
（规范性附录）
防伪特性稳定期检验方法

A.1　制样

均匀取墨，在印刷适性仪上制成墨层厚度为 1 μm～2 μm 的印样，自然干燥 24 h 后将印样分为两份，一份作为标样，一份作为试样。

A.2　耐酸性试验方法

按 GB/T 18724 检验。

A.3　耐水性、耐碱性试验方法

A.3.1　原理

将测试印样与水、碱介质静态接触，对标样与试样的变化进行测定。

A.3.2　工具

——2 块玻璃片：60 mm×90 mm×2 mm。

——用表面非常平滑柔软的定性化学分析中性过滤纸。滤纸的尺寸为 60 mm×90 mm。

——培养皿（petri）：直径≥100 mm。

A.3.3　测试

将印样裁切成 20 mm×30 mm 的长方形，共两份（一份作为标样，一份作为试样）。

将四张滤纸完全浸入水、碱介质中，然后将滤纸沥干至无液体从滤纸上滴出为止。

将两张浸透的滤纸放到一块玻璃片上。将其中裁切好的试样置于滤纸上，再将另外两张浸透的滤纸覆盖与试样上，并将另一块玻璃片覆盖于滤纸上，压上 1 kg 砝码。

耐水性压放 24 h 后，取出后自然晾干，与标样比较。

耐碱性压放 10 min 后，用去离子水把进行过耐碱性的试样冲洗干净，并在 40 ℃左右的烘箱中烘干 30 min，与标样比较。

A.3.4　评级

将上述标样和试样置于同一光源下观察评级，分为 5 级：

5 级：无变化。

4 级：基本无变化。

3 级：稍有变化。

2 级：明显变化。

1 级：防伪特征消失。

A.4　耐热水性试验方法

A.4.1　原理

将测试印样浸泡在热水中一定时间后，观察标样与试样的变化程度。

A.4.2　设备

——电热恒温水浴锅；

——玻璃烧杯。

A.4.3　测试

将印样裁切成 20 mm×30 mm 的长方形，共两份(一份作为标样，一份作为试样)。

将其中裁切好的试样放入水浴保温条件下的 50 mL 的 80 ℃热水中浸泡 30 min 后，取出放在滤纸上晾干，与标样比较。

A.4.4　评级

将上述标样和试样置于同一光源下观察评级，分为 5 级：

5 级：无变化。

4 级：基本无变化。

3 级：稍有变化。

2 级：明显变化。

1 级：防伪特征消失。

A.5　耐热性试验方法

A.5.1　原理

将测试印样加热一段时间后，观察标样与试样的变化程度。

A.5.2　设备

鼓风干燥箱。

A.5.3　测试

将印样裁切成 20 mm×30 mm 的长方形，共两份(一份作为标样，一份作为试样)。

将其中裁切好的试样放入鼓风干燥箱内，温度为 100 ℃±2 ℃，加热时间为 30 min，取出后自然放置至室温，与标样比较。

A.5.4　评级

将上述标样和试样置于同一光源下观察评级，分为 5 级：

5 级：无变化。

4 级：基本无变化。

3 级：稍有变化。

2 级：明显变化。

1 级：防伪特征消失。

A.6　耐乙醇性、耐汽油性试验方法

A.6.1　原理

将测试印样浸泡在规定溶剂乙醇、汽油中一定时间后，观察标样与试样的变化程度。

A.6.2　工具

——玻璃烧杯；

——滤纸。

A.6.3　测试

将印样裁切成 20 mm×30 mm 的长方形，共两份(一份作为标样，一份作为试样)。

耐乙醇性：将其中裁切好的试样放在乙醇溶液中浸泡 30 min 后，取出置于滤纸上晾干，与标样比较。

耐汽油性：将其中裁切好的试样放在汽油溶液中浸泡 30 min 后，取出置于滤纸上晾干，与标样比较。

A.6.4　评级

将上述标样和试样置于同一光源下观察评级，分为 5 级：

STANDARDS PRESS OF CHINA

5 级:无变化。

4 级:基本无变化。

3 级:稍有变化。

2 级:明显变化。

1 级:防伪特征消失。

A.7 耐光性试验方法

按 GB/T 17001.1 检验。

ICS 13.310
A 90

GB

中华人民共和国国家标准

GB/T 22467.3—2008

防伪材料通用技术条件
第3部分:防伪膜

Universal technical requirements of anti-counterfeiting material—
Part 3: Anti-counterfeiting film

2008-11-03 发布 2009-04-01 实施

中华人民共和国国家质量监督检验检疫总局
中国国家标准化管理委员会 发布

前　言

GB/T 22467《防伪材料通用技术条件》分为三个部分：

——第1部分：防伪纸；

——第2部分：防伪油墨和印油；

——第3部分：防伪膜。

本部分为GB/T 22467的第3部分。

本部分由国家标准化管理委员会提出。

本部分由全国防伪标准化技术委员会(SAC/TC 218)归口。

本部分主要起草单位：天津戈德思创防伪技术有限公司、国家防伪产品质量监督检验中心、北京九州惠联网络技术有限公司、上海市防伪技术产品测评中心、国家印刷装潢制品质量监督检验中心、无锡新光防伪技术有限公司、北方九星全息制品有限公司、北京大恒三友全息包装技术有限公司、北京同方试金石新技术有限公司等。

本部分主要起草人：董轶望、刘克夫、程海燕、何方奇、江利民、苏传健、李勇刚、王国平、王振亮、裴文、贾洪岭、王玉兰。

本部分为首次发布。

防伪材料通用技术条件
第3部分:防伪膜

1 范围

GB/T 22467的本部分规定了各类防伪膜的通用技术要求,包括术语和定义,要求,试验、核查和评定方法,验收规则,标志、包装、运输和贮存。

本部分适用于各类防伪膜,包括全息防伪膜、重离子微孔防伪膜、易碎膜,其他具有防伪性能的膜亦可参照使用。

本部分也适用指导各类防伪膜产品标准的制定。

2 规范性引用文件

下列文件中的条款通过GB/T 22467的本部分的引用而成为本部分的条款。凡是注日期的引用文件,其随后的所有修改单(不包括勘误的内容)或修订版均不适用于本部分,然而,鼓励根据本部分达成协议的各方研究是否可使用这些文件的最新版本。凡是不注日期的引用文件,其最新版本适用于本部分。

GB/T 2792—1998 压敏胶粘带180°剥离强度试验方法(eqv JIS Z 0237:1991)

GB/T 2828.1—2003 计数抽样检验程序 第1部分:按接收质量限(AQL)检索的逐批检验抽样计划(ISO 2859-1:1999,IDT)

GB/T 2829—2002 周期检验抽样程序及表(适用于对过程稳定性的检验)

GB/T 2918 塑料试样状态调节和试验的标准环境(GB/T 2918—1998,idt ISO 291:1997)

GB/T 8807 塑料镜面光泽试验方法(GB/T 8807—1988,neq ASTM D523:1980)

GB/T 12026 热封型双向拉伸聚丙烯薄膜(GB/T 12026—2000,neq JIS Z 1712:1997)

GB/T 14216 塑料 膜和片润湿张力的测定(GB/T 14216—2008,ISO 8296:2003,IDT)

GB/T 17000 防伪全息产品通用技术条件

GB/T 17004 防伪技术术语

GB/T 18734 防伪全息烫印箔

GB/T 19425—2003 防伪技术产品通用技术条件

3 术语和定义

GB/T 17004确立的以及下列术语和定义适用于GB/T 22467的本部分。

3.1

防伪膜 anti-counterfeiting film

在制作工艺过程中形成防伪功能或与其他防伪技术结合后具备防伪功能,客观上起到防止伪造,在一定范围内能准确鉴别真伪,不易被仿制和复制的膜产品。

3.2

全息防伪膜 holographic anti-counterfeiting film

以塑料薄膜为基材,其上有全息图案,具有防伪功能的膜产品。

3.3

镀层全息防伪膜 coated holographic anti-counterfeiting film

带有反射镀层的全息防伪膜。

3.4

无镀层全息防伪膜　non-coated holographic anti-counterfeiting film

没有反射镀层的全息防伪膜。

3.5

转移型全息防伪膜　transfer holographic anti-counterfeiting film

能用热转移或冷转移的方式，将其上全息信息转移到标的物上的全息防伪膜。

3.6

非转移型全息防伪膜　non-transfer holographic anti-counterfeiting film

不能将其上全息信息转移到标的物上的全息防伪膜。

3.7

透明全息防伪膜　transparent anti-counterfeiting holographic film

带有全息防伪图案的局部或全部透明的全息防伪膜。

3.8

热收缩全息防伪膜　heat-shrinkable anti-counterfeiting holographic film

以塑料薄膜为基材，采用防伪全息技术制造的，具有很高的热收缩率的膜产品。

3.9

复合全息防伪膜　laminating holographic anti-counterfeiting film

以塑料薄膜为基材，能将这种膜完全复合到纸质材料上或多层复合在一起的全息防伪产品。

3.10

重离子微孔防伪膜　anti-counterfeiting micropore membrane generated by heavy ion

由重离子微孔组成防伪信息（包括图案）的绝缘材料薄膜。

3.11

易碎防伪膜　frangible anti-counterfeiting film

膜面很容易碎，附着在标的物上时，不能完整撕下的膜产品。由于产品呈纸的形态，通常也称为易碎纸。

3.12

膜硬度　film rigidity

膜硬度是指卷状膜的硬度，反映膜收卷张力的大小。

4　分类

4.1　全息防伪膜

4.1.1　按镀层分

a）　镀层全息防伪膜，指金属镀层全息防伪膜、介质镀层全息防伪膜；

b）　无镀层全息防伪膜，指无镀层的透明全息防伪膜。

4.1.2　按使用方式分

a）　转移型全息防伪膜，指烫印全息防伪膜（箔）、冷转移全息防伪膜；

b）　非转移型全息防伪膜，指复合全息防伪膜、热收缩全息防伪膜。

4.2　重离子微孔防伪膜

4.3　易碎防伪膜

4.4　其他防伪膜

5　要求

5.1　外观质量

防伪膜外观质量要求见表1。

表 1　防伪膜外观质量要求

项目名称	质量要求
表面质量	膜表面平整,无皱折、暴筋、黑斑及明显系统性划痕,以及系统性纵横细线条等,没有明显影响使用质量的凹凸点
端面划痕	不允许有端面划痕
版缝	不大于 0.6 mm
图像质量	有效版面中图像清晰,色彩分明,亮度均匀
收卷质量	张力一致,不允许有半边松紧和褶皱现象,手指捏卷材一侧端面时,端面从卷芯到卷材外侧都有变形,即手能捏动卷材;且将卷材直立时,端面不窜卷
膜硬度(邵氏 A)	90～100

5.2　规格精度

防伪膜规格精度要求见表 2。

表 2　防伪膜规格精度要求

项目名称	指标要求	
	A 级	B 级
幅宽尺寸误差(mm)	±1	±2
端面整齐度误差(mm)	±1	±1

5.3　物理特性

5.3.1　防伪全息膜物理特性指标要求见表 3。

表 3　全息防伪膜物理特性指标要求

项目名称	单位	技术要求	
		金属镀层	介质镀层
衍射效率	%	≥8	≥2
信噪比[a]	—	≥10∶1	
光泽度 GS(45°)	%	≥15	≥60
同批同色色差 ΔE	—	≤4	—
光密度	—	1.10～3.90	—
镀层不均匀度	%	≤20	—
表面张力[b]	mN/m	≥36	
镀层附着牢度[c]	%	≥98	

[a] 满版全息图案的产品不检测信噪比指标。

[b] 无后续加工要求的产品不检测表面张力指标。

[c] 转移型全息防伪膜不检测表面张力、镀层附着牢度。

5.3.2　微孔防伪膜物理特性及防伪识别特征指标要求见表 4。

表 4　微孔防伪膜物理特性及防伪识别特征指标要求

项目名称	指标要求
微孔孔径(μm)	≤10
微孔密度(个/mm²)	≥1 000
微孔透印性(隐性图文)	在基材上留下图文清晰可辨
滴水消失性(显性图文)	抹水后图文明显消失,水干后图文恢复

5.3.3 易碎防伪膜物理特性指标要求见表5。

表5 易碎防伪膜物理特性指标要求

项目名称	指标要求
润湿张力(mN/m)	≥38
易碎防伪特性(辊压次数)	≤2

5.4 防伪特性要求

5.4.1 防伪力度

防伪识别特征的数量应满足GB/T 19425—2003中表1的要求。

5.4.2 身份唯一性

不同企业的同类产品和同一企业的不同产品应能通过目测或借助专用识别设备对其防伪识别特征进行准确辨别。

5.4.3 稳定期

在储存温度范围(−40~50)℃:高低温下各置放24 h,其防伪识别特征与标样相比,不应有明显变化。

5.4.4 使用适应性

在满足印刷和标的物使用要求的条件下,防伪识别特征应与标的物同期有效存在,具体要求在产品标准中规定。

5.4.5 使用环境要求

工作温度范围:(−20~50)℃,储存温度范围:(−40~50)℃。

6 试验、核查和评定方法

6.1 试验要求

6.1.1 试验环境

温度:(25±5)℃;相对湿度:(45~65)%。

6.1.2 试样采取

在每卷防伪膜拆除包装后,去掉前端有破损的部分,截取有效长度2 m~8 m作为试样。

6.1.3 试样预处理

按GB/T 2918的要求进行试样预处理。

在6.1.1试验环境条件下,放置不少于8 h。

6.2 外观质量

将试样平放在平板玻璃上,距离试样1 m处设置20 W钨灯光源,并以再现角进行照明,观察者眼睛距试样300 mm处进行目视观察或用放大镜进行检测,其外观质量要求符合表1。

6.2.1 版缝:用分辨率为0.1 mm的读数显微镜及相同原理的测量工具检测。

6.2.2 膜硬度:用准确度为±0.5的硬度计(邵氏A)直接测量膜卷两头和中间,测量三点取其平均值。

6.3 产品规格

使用分度值为0.5 mm的钢卷尺或钢直尺进行测量。宽度的测量是在尺与产品纵向成直角的情况下一次测得,其产品规格要求符合表2。

6.4 物理特性及防伪识别特征

在有效版面内不同部位裁取5块尺寸不小于100 mm×100 mm作为物理特性指标试样。物理特性指标的判定方法为5个样品各项指标全部合格为本批产品合格。

6.4.1 衍射效率 η 的测量方法

按 GB/T 17000 中规定方法检验。

6.4.2 信噪比 SNR 的测量方法

按 GB/T 17000 中规定方法检验。

6.4.3 同批同色色差(CIEl* a* b*)ΔE

按 GB/T 18734 中规定方法检验。

6.4.4 光泽度 GS(45°)

镀铝膜按 GB/T 18734 中规定的方法检验。

透明膜按 GB/T 8807 中规定的方法检验。

6.4.5 光密度

按 GB/T 18734 中规定方法检验。

6.4.6 润湿张力

按 GB/T 14216 中规定方法检验。

6.4.7 热收缩率(纵向、横向)

按 GB/T 12026 中规定方法检验。

6.4.8 微孔孔径

用分辨率优于 500 nm 的测量显微镜或相同原理的检测装置直接测量。

6.4.9 微孔密度

用分辨率优于 500 nm 的测量显微镜或相同原理的检测装置直接测量。在微孔均匀分布或近似均匀分布的情况下,可缩小实测面积,通过实测值计算单位面积的孔密度。

6.4.10 微孔透印性

将白色基材垫于微孔膜下,用彩色水笔在微孔膜上涂抹后擦拭干净,揭开微孔膜,观察基材上所留图案及痕迹。

6.4.11 滴水消失性

一般采用深色衬底,用水直接涂抹图文。

6.4.12 易碎防伪特性

将宽度为 25 mm±1 mm,长度约 200 mm 的涂胶易碎纸一半贴上等宽的纸条,另一半贴在试样板上,提起纸条作 180°反折,用符合 GB/T 2792—1998 中 4.1 要求的压辊在纸样上来回滚压作为一次。计算纸样断裂滚动的次数。

6.5 防伪特性的核查方法

6.5.1 防伪力度

核查防伪识别特征数量并评定。防伪识别特征及核验方法以防伪技术评审的结论或合同中载明的内容为准。

6.5.2 身份唯一性

依据生产厂提供的相关技术文件或合同中载明的要求,通过目测或借助专用识别设备对产品的防伪识别特征进行实测验证。

6.5.3 稳定期

6.5.3.1 仪器:高、低温恒温箱 ;控温精度:±2 ℃。

6.5.3.2 试验:将防伪膜试样置于高、低温试验箱内,分别模拟 −40 ℃和 +50 ℃的储存环境条件,各持续 24 h,取出后对防伪膜的防伪识别特征与标样进行对比观察。

6.5.4 使用适应性

防伪膜的使用适应性,应按生产企业注明的当批防伪膜产品的使用范围,由企业提供经后期加工使用的产品予以验证。

STANDARDS PRESS OF CHINA

6.5.5 使用环境要求

6.5.5.1 仪器：高、低温恒温箱；控温精度：±2 ℃。

6.5.5.2 试验：将防伪膜试样置于高低温试验箱内，分别模拟－40 ℃和＋50 ℃的储存环境与－20 ℃和＋50 ℃的工作环境，各持续 12 h，取出后对防伪膜的防伪识别特征与标样进行对比观察。

7 检验规则

7.1 组批

同一品种同一规格产品的交货批或试制批作为一批。

7.2 取样

按 6.1.2 进行。

7.3 检验分类

检验分出厂检验和型式检验。

7.3.1 出厂检验

7.3.1.1 生产厂应保证出厂的产品符合本部分的规定，并附有合格证。

7.3.1.2 出厂检验项目包括产品外观质量、规格精度。

7.3.1.3 按 GB/T 2828.1—2003 中正常检验一次抽样方案进行，检验水平Ⅱ，AQL＝4.0。

7.3.1.4 根据抽样方案规定的合格判定数和不合格判定数分别判定各项指标是否合格，若符合合格判定数，判该批产品合格；否则，判该批产品不合格。

7.3.2 型式检验

7.3.2.1 下列情况下必须进行型式检验：

a） 新产品投产、改变工艺、变更主要原材料；

b） 产品如停产超过一年，再次重新投产。

7.3.2.2 型式检验项目包括产品外观质量、规格精度和特性指标。

7.3.2.3 按 GB/T 2829—2002 中正常检验一次抽样方案进行，判别水平Ⅰ，RQL＝30。

7.3.2.4 根据抽样方案规定的合格判定数和不合格判定数分别判定各项指标是否合格，若符合合格判定数，判该批产品合格；否则，判该批产品不合格。

7.3.3 综合质量评价

按 GB/T 19425—2003 附录 A。

8 标志、包装、运输和贮存

8.1 标志

每件产品需在纸芯内侧，卷材外侧，粘贴印有产品名称、规格、编号、数量、重量、生产日期等相关数据的标志。

8.2 包装

8.2.1 外包装注明产品名称，规格等数据及生产厂家，生产日期。

8.2.2 每件产品双侧夹板固定，塑料堵头保护纸芯，外包装采用瓦楞纸内芯的双面牛皮纸箱，内包装采用防潮膜，并印有防潮防晒标志。

8.2.3 每一包装物内均应附有由生产企业质量检验部门签发的产品合格证。合格证上应注明的内容应分别符合 8.1 的要求。

8.3 运输

8.3.1 运输时应防晒、防潮、防雨淋，不可重压，不得与化学药品和污染品混装。

8.3.2 防伪膜卷在运输时不允许从高处扔下。

8.4 贮存

防伪膜应贮存在通风、防潮和防火的仓库内。仓库内的温度和相对湿度应满足防伪膜的贮存要求。

9 环保卫生要求

防伪膜的生产、销售应符合国家环保及卫生标准。

ICS 11.220
B 41

中华人民共和国国家标准

GB/T 22468—2008

家禽及禽肉兽医卫生监控技术规范

Synthetic control of hygiene for poultry and poultry meat

2008-11-04 发布　　2009-01-01 实施

中华人民共和国国家质量监督检验检疫总局
中国国家标准化管理委员会　发布

前　言

本标准的附录 A、附录 B 和附录 C 为规范性附录。

本标准由中华人民共和国农业部提出。

本标准由全国动物防疫标准化技术委员会归口。

本标准起草单位：中国动物卫生与流行病学中心。

本标准主要起草人：李卫华、陈向前、黄保续、孟宪荣、王浩君、王幼明、康京丽。

STANDARDS PRESS OF CHINA

家禽及禽肉兽医卫生监控技术规范

1 范围

本标准规定了家禽及禽肉卫生质量监控措施及要求。

本标准适用于官方兽医对家禽饲养、屠宰加工过程的卫生监控。

2 规范性引用文件

下列文件中的条款通过本标准的引用而成为本标准的条款。凡是注日期的引用文件,其随后所有的修改单(不包括勘误的内容)或修订版均不适用于本标准,然而,鼓励根据本标准达成协议的各方研究是否可使用这些文件的最新版本。凡是不注日期的引用文件,其最新版本适用于本标准。

GB 13457 肉类加工工业污染物排放标准

GB 16548 病害动物和病害动物产品生物安全处理规程

GB 16550 新城疫检疫技术规范

GB/T 18635 动物防疫 基本术语

GB/T 18936 高致病性禽流感诊断技术

GB/T 22469 禽肉生产企业兽医卫生规范

NY/T 536 鸡伤寒和鸡白痢诊断技术

NY/T 553 禽支原体病诊断技术

3 术语和定义

GB/T 18635 中确立的术语和定义适用于本标准。

4 饲养环节的监控

4.1 基本条件

家禽饲养场基本条件应当符合国家相关规定。

4.2 饲料及饮水

饲养场应当向官方兽医提供饲料卫生质量保证方案、水质检测记录及相关资料。

4.3 疫病控制

官方兽医对饲养场的疫病监控方案执行情况进行检查时,应查阅疫苗的采购、储存、发放和接种等档案,高致病性禽流感、新城疫强毒[脑内致病指数(ICPI)>0.7]、支原体病和沙门氏菌的检测记录以及其他疫病的免疫记录,以验证其疫病的监控是否按照国家有关规定执行。

家禽饲养场应当提供疫病监测、控制方案及相关记录。种禽场要重点监控高致病性禽流感、新城疫强毒(ICPI>0.7)、禽伤寒白痢和支原体病。商品禽场应根据当地疫病流行情况制定疫病预防控制方案。

官方兽医可以定期对饲养场进行抽样监测,种禽场监控方案依照附录 A 执行,家禽饲养场疫病监测的抽样方法及数量依照附录 B 执行。所有抽样应在不事先通知的情况下进行。

官方兽医如果在抽样检测中发现阳性样本,则检查其监控记录,找出感染原因,按相关规定处理。

4.4 兽药控制

官方兽医要对兽药等化学物品的药物清单、采购、检验、储存、运输、良好用药规范、药品监管和停药期等方面的记录进行检查。饲养场应提供企业的残留监控计划和实施记录。必要时,官方兽医可以要求饲养场负责人或兽医提供材料,以证明药品的使用符合有关规定,并可以对饲养场进行抽样检查。

官方兽医发现非法使用违禁药物、滥用药物或未遵守休药期规定的行为,应依据兽药管理法规、规章,给予处理。

5 屠宰加工环节的监控

5.1 兽医卫生条件

家禽屠宰加工企业的基本卫生条件应当符合 GB/T 22469 的要求。

5.2 卫生控制

家禽屠宰加工企业应向官方兽医提供其质量管理手册,并接受监督,企业质量管理手册应当包括良好操作规范(GMP)、内外部审核体系、消毒计划和虫鼠害控制计划等程序性文件。官方兽医可以对产品抽样进行疫病和残留检测。抽样数量和方法依照附录 C 执行。所有抽样应在不事先通知的情况下进行。鼓励有关企业建立并实施卫生标准操作规范(SSOP)和危害分析与关键控制点(HACCP)体系。

如果药残超标,官方兽医应立即进行调查,找出残留的原因,出厂的产品应予追回。残留超标的产品按国家相关规定处理。出现问题的企业,官方兽医应加强监督检查。

检测到新城疫强毒(ICPI>0.7)或高致病性禽流感病毒时,官方兽医应当立即报告当地动物防疫监督机构,并采取相关措施。

5.3 产品追溯制度

官方兽医可以对追溯的范围、程序和资料记录及产品标识的准确性和有效性进行检查。屠宰加工企业要提供产品追溯计划以及确保回收计划实施的记录。如果企业的追溯、回收计划不完善,官方兽医可按相关规定处理。

6 废弃物处理控制

饲养场及屠宰加工厂应有处理粪便、垫料、污水等废弃物的设施,并保持其良好运行。家禽病害肉尸及其产品的处理应依照 GB 16548 执行。污水处理应依照 GB 13457 的要求执行。

企业应当做好无害化处理记录。官方兽医应对污物处理设施及处理记录进行检查,如发现废弃物处理不符合规定,官方兽医可以责令企业限期改正。

7 实验室监管

设有兽医实验室的企业,官方兽医应当对企业实验室的设备、人员素质、操作程序、判定标准及其可靠性、检测记录等方面进行检查。

8 文件管理

企业应加强兽医卫生文件档案的管理,官方兽医应当定期检查。

9 记录

官方兽医对养殖场检查后,应有记录,并对检查结果出具相应的处理意见和建议。

附　录　A
（规范性附录）
种禽场疫病监控方案

A.1　高致病性禽流感(HPAI)

雏禽应来源于无高致病性禽流感的种禽场且在无禽流感的孵化场孵化。HPAI 的诊断方法依照 GB/T 18936 执行。抽样方法、数量依照附录 B 执行。

A.1.1　祖代禽大于 4 月龄时，对禽群抽样检测，结果应为阴性，且：

a)　每隔 90 d 对禽群抽样进行 H5 和 H7 检测，结果应为阴性；

b)　如果以前检测结果为阴性且情况稳定，则抽样比例可以适当减少。

A.1.2　父母代禽大于 4 月龄时，对禽群抽样进行琼扩试验，结果应为阴性，且：

a)　每隔 180 d 对禽群进行检测，结果应为阴性；

b)　如果以前检测结果为阴性且情况稳定，则检测样本数可以适当少于抽样数。

A.2　新城疫(ND)

雏禽应来源于无新城疫的种禽场且在无新城疫的孵化场孵化。检测方法依照 GB 16550 执行。抽样方法、数量依照附录 B 执行。

A.2.1　当祖代禽大于 4 月龄时，对禽群抽样进行检测，结果应为阴性，且：

a)　每隔 90 d 对禽群进行检测，结果应为阴性；

b)　如果以前检测结果为阴性且情况稳定，则检测样品数可以适当少于抽样数。

A.2.2　当父母代禽大于 4 月龄时，对禽群抽样进行检测，结果应为阴性，且：

a)　每隔 180 d 对禽群进行检测，结果应为阴性；

b)　如果以前检测结果为阴性且情况稳定，则检测样本数可以适当少于抽样数。

A.3　控制禽流感爆发时的基本措施

控制禽流感爆发应当按照国家相关规定执行。

A.4　禽伤寒和鸡白痢

A.4.1　检测方法依照 NY/T 536 执行。抽样方法、数量依照附录 B 执行。

A.4.2　血清学有阳性反应时，或诊断实验室在雏禽或绒毛样品中分离到沙门氏菌时，则需要：

a)　在与检查出阳性反应的相同条件下(相同禽群、设备和人员)由官方兽医对所有可疑的禽群进行血液样品的采取；

b)　由官方兽医对所有可疑的禽群进行限制和必要的监督。

A.4.3　按 A.4.1 进行检测，如果有阳性反应，则官方兽医可采取以下一种或多种程序：

a)　阳性反应动物应提交给实验室进行细菌学检验，如果阳性样本多于 4 个，则至少提交 4 份；如果少于 4 份，则全部提交，按 A.4.1 检验。

b)　阳性反应动物应在 30 d 内按 A.4.1 再进行检验，如果试验结果为阳性，则按 A.4.1 进行附加试验。在 30 d 内禽群应在安全环境下饲喂，防止与其他禽群接触并要对人员、设备和用品等进行消毒。

A.4.4　在进行细菌检验前的 3 周内不能饲喂任何可能干扰试验的药物。

A.4.5　最终检测结果为阳性的禽群应采取净化措施。

A.5 禽支原体病(败血支原体病和滑液囊支原体病)

雏禽应来自于无败血症支原体病和滑液囊支原体病的种禽场,且在无败血症支原体病和滑液囊支原体病的孵化场孵化。

A.5.1 诊断方法依照 NY/T 553 执行。抽样方法、数量依照附录 B 执行。

A.5.2 当祖代禽群大于 4 月龄时,应对禽群抽样进行检测,结果应为阴性,且:

a) 每隔 90 d 对禽群抽样进行检测,结果应为阴性;

b) 如果检测结果为阴性且情况稳定,则检测样本数可适当少于抽样数。

A.5.3 对父母代禽群大于 4 月龄时,应对禽群抽样进行检测,结果应为阴性,且:

a) 在间隔少于 90 d 内,对禽群进行抽样检测,结果应为阴性;

b) 如果检测结果为阴性且情况稳定,则检测样本数可适当少于抽样数。

A.5.4 检测结果为阳性的禽群则采取如淘汰等净化措施。

附 录 B
（规范性附录）
饲养场疫病检测的抽样方法

B.1 抽样方法

为使样品具有代表性，无论监测何种疫病，也无论其抽样的数量为多少，对于同一禽群，应遵循随机抽样的原则。一般是从前面抽一半，从后面抽一半，并且要求抽取样品中的性别比例要和原禽群中的比例一致；如果不同的禽群的品种、来源、饲养环境及饲养人员等因素均相同，则可从所有禽群中抽取一定量的样品，如：某一禽场的5个禽群的上述因素均相同，要求每群抽取100只样品时，则可从所有5个禽群中一共抽取100只样品。

B.2 高致病性禽流感和新城疫

a) 饲养量小于3 000只的禽群，至少要抽样30只；

b) 饲养量大于3 000只而小于10 000只的禽群，则按1%进行抽样；

c) 饲养量大于10 000只而小于100 000只的禽群，则按0.5%但总数小于300只进行抽样；

d) 饲养量大于100 000只的禽群，则按0.1%但总数小于300只进行抽样。

B.3 沙门氏菌

B.3.1 表B.1为假如某一禽群中感染率在5%以上，检出一个阳性样品概率为95%时，随机采样的总数。

表 B.1 沙门氏菌采样数

禽群禽数/只	每次采样品数/只
25～29	20
30～39	25
40～49	30
50～59	35
60～89	40
90～199	50
200～499	55
500或500以上	60

所有样品应当随机采集，以使在禽舍或孵化厂的采样具有代表性。

B.3.2 以下为推荐的最低采样频率：

a) 育雏群：在1日龄和转入产蛋舍前3周各一次；

b) 产蛋种禽：在产蛋期间至少一个月一次。

B.3.3 禽群细菌学检测样品，在育雏期是从禽场获取；在成年禽产蛋期，即可从禽场采集，也可从种蛋送达的孵化场采取。

B.3.4 所采取样品包括：

a) 养禽场：新鲜粪便（每个样品至少1 g）、死禽、淘汰禽或是初孵雏，还应取禽舍垫料；

b） 孵化房：胎粪、壳内死雏和淘汰雏禽。

另外，还应定期在禽场和孵化场采集环境样品，如环境拭子、垫料、绒毛和尘埃等，如果禽场中只采集了产蛋禽群的样品，在孵化场则要求采集环境样品。

B.4 禽支原体病

随机抽样，比例为1%，但总量不超过300只。

附　录　C
（规范性附录）
屠宰加工企业病原微生物及药残的抽样

C.1　微生物检测

C.1.1　抽样前的准备

样品收集前，指定样品收集人员编制一份书面的企业微生物学分析特定样品收集程序性文件，包括样品收集前完成工作的核查表、收集样品所需的材料、随机抽样的程序、样品分析点（现场或现场外）和其他有助于样品收集的资料。抽样所用的器具包括无菌手套、无菌抽样溶液、洗手皂、消毒液等。

C.1.2　胴体或分割肉抽样的随机选择

抽取胴体或分割肉样品应从合格的胴体中随机选取。如果有多个班次、多条生产线加工，随机选取班次和生产线收集样品。

C.1.3　无菌技术/抽样

应有一个指定的区域用以制备样品。收集样品应使用无菌手套。手套外表面只可接触欲收集的暴露样品和（或）无菌的工器具，不要触及无菌样品容器的内表面，也不要接触其他任何物品。无论何时如果怀疑手套或其他物品可能被污染，则要重新取样。

C.1.4　收集样品的准备

样品收集前检查一下样品收集步骤、随机抽样程序等。

在抽样的当天，集中所有抽样袋、无菌手套、消毒剂、洗手皂和抽样用无菌溶液等材料。

抽样程序开始前要标注样品袋，使用永久性墨水，如果使用纸标签要在室温下把标签贴在袋上（在冷却间不易贴上）。进入抽样区域准备收集样品前，应脱掉在工厂其他区域穿的外衣（工作服、手套、头套等），换上不曾暴露在工厂抽样区以外的干净的外套。

抽样前，用抗菌性洗手皂彻底清洗并擦净双手直至上半臂，再用一次性纸巾擦干。

C.1.5　抽样数量

宰杀后完整胴体按 0.1% 比例随机抽样，每只禽从腿肉或胸肉无菌采取 100 g 做成两份平行样品，一份检测，一份留样。

C.1.6　检测结果

应符合表 C.1 的要求。

表 C.1　微生物指标要求

项　　目		指　　标	
		鲜鸡肉产品	冻鸡肉产品
细菌总数/(CFU/g)	≤	1×10^{6}	5×10^{5}
大肠菌群/(MPN/100 g)	≤	1×10^{4}	1×10^{3}
致病菌		不得检出	
注：致病菌至少包括：沙门氏菌、金黄色葡萄球菌、空肠弯曲杆菌、致泻性大肠埃希氏杆菌、李斯特杆菌。			

C.2　药残检测

宰杀后胴体按 0.5% 的比例随机抽样，每只胴体分别取腿肉或胸肉 100 g，做成两份平行样品，一份

STANDARDS PRESS OF CHINA

检测，一份留样。采样人员在采样结束后，要填写采样记录(时间、地点、采样人、贮运和包装等)，记录要保存 2 年以上。

检测结果要符合国家相关规定。

C.3 上述所有的样品检测结果要做好记录，并保存 2 年以上。

ICS 11.220
B 41

中华人民共和国国家标准

GB/T 22469—2008

禽肉生产企业兽医卫生规范

Hygiene conditions for fresh poultry meat producing holdings

2008-11-04 发布 2009-01-01 实施

中华人民共和国国家质量监督检验检疫总局
中国国家标准化管理委员会 发布

前　言

本标准由中华人民共和国农业部提出。

本标准由全国动物防疫标准化技术委员会归口。

本标准起草单位:农业部动物检疫所、农业部兽医局。

本标准主要起草人:王志亮、宋翠平、王长江、蔡丽娟。

禽肉生产企业兽医卫生规范

1 范围

本标准规定了禽肉生产企业在屠宰、胴体分割、鲜肉贮存和运输过程中所应遵循的兽医卫生标准。

本标准适用于鲜家禽肉生产企业，包括屠宰、分割、冷冻冷藏厂(车间)。

2 规范性引用文件

下列文件中的条款通过本标准的引用而成为本标准的条款。凡是注日期的引用文件，其随后所有的修改单(不包括勘误的内容)或修订版均不适用于本标准，然而，鼓励根据本标准达成协议的各方研究是否可使用这些文件的最新版本。凡是不注日期的引用文件，其最新版本适用于本标准。

GB 5749 生活饮用水卫生标准

GB/T 6543 运输包装用单瓦楞纸箱和双瓦楞纸箱

GB 12694 肉类加工厂卫生规范

GB 13457 肉类加工工业水污染物排放标准

3 术语和定义

下列术语和定义适用于本标准。

3.1

家禽 poultry

人工养殖的用于生产消费用肉、蛋的家鸡、火鸡、珍珠鸡、鸭、鹅、鹌鹑、肉鸽、番鸭、鸵鸟等禽类，不包括展示、观察或试验用禽类。

3.2

家禽肉 poultry meat

家禽躯体适于人类食用的所有部分。

3.3

鲜家禽肉 fresh poultry meat

除采用冷却、冷冻或快速冷冻处理外，未经任何防腐处理的家禽肉。

3.4

胴体 carcase

家禽经放血、脱毛、去内脏后的整个躯体或部分分割体。

3.5

肉用副产品 offal

胴体以外的家禽可食用部分，也包括脱离胴体的头、颈和爪、翅。

3.6

内脏 viscera

胸、腹和骨盆腔中的肉用副产品，有时包括气管、食管和嗉囊。

3.7

运输工具 means of transport

用于陆、海、空运输的汽车、火车、轮船、集装箱、飞机。

3.8

企业 establishment

经过认可的屠宰场、分割厂(车间)、冷库、重包装中心或由以上几部分组成的集团。

4 企业环境卫生

4.1 禽肉生产企业应建在地势较高,干燥,水源充足,交通方便,无有害气体、灰沙及其他污染源,便于排放污水的地区。污水排放应符合 GB 13457 的要求。

4.2 屠宰场不得建在居民稠密的地区。冷库经当地城市规划部门批准,存放禽肉的冷库要经有关部门认可,可建在城镇适当地点。

4.3 加工区和生活区应当分开设置,并有严格的进出消毒措施。

4.4 场区路面应硬化平整,空地应绿化。

4.5 场区内应有良好的给、排水系统,场区地面不得有积水,不得有废弃物堆积或其他有碍卫生的物件。

4.6 场区内不得有产生有害(毒)气体或其他有碍卫生的场地和设施。

4.7 场区内禁止饲养其他动物,应定期灭鼠除虫。

4.8 场区卫生间应有冲水、洗手、防虫、防蝇设施。

4.9 锅炉房、贮煤场所、污水及污物处理设施应与屠宰、分割及肉制品车间相隔一定的距离,并位于主风向的下风处。

4.10 场区应分设人员进出、成品出场与禽进场、废弃物出场的专用场门和通道,禽进场门应设有车轮消毒池。

5 车间及设施设备卫生

5.1 地面及排水

5.1.1 地面应不渗水、不积水、防滑、无裂缝,易于清洗消毒,排水坡度为 1%～2%,屠宰车间在 2% 以上。

5.1.2 排水系统应有防止固体废弃物进入的装置。

5.1.3 排水沟为明沟或加盖,沟底角应成弧型(曲率半径应在 3 cm 以上)。

5.1.4 排水管应为 S 型或 U 型,有防鼠及防止臭味溢出的装置。

5.2 墙壁、门窗及天花板

5.2.1 墙壁应光滑、坚固、不透水。

5.2.2 墙壁和天花板应使用无毒、防水、防霉、不脱落、耐酸碱、耐腐蚀、易于清洗消毒的白色或浅色材料修建。墙角、地角、顶角呈弧型(曲率半径应在 3 cm 以上)。

5.2.3 车间门要求能自动关闭。

5.2.4 车间门窗应使用浅色、平滑、防锈、防霉、易清洗、不透水、耐磨损、耐腐蚀的绝缘材料制成。车间非封闭的窗户应装设纱窗。

5.2.5 内窗台与墙面呈 45°夹角。

5.2.6 屠宰分割车间应设与门同宽的鞋底消毒池或鞋底消毒垫。

5.3 通风及照明设施

5.3.1 车间应设有通风和蒸汽抽取设施,排气口应设防蝇虫、防尘装置,进风口应加设空气过滤装置。

5.3.2 车间内应有适度的照明,检验处照度应维持在 540 lx 以上,加工操作区光亮度应在 200 lx 以上。照明设施应有防护罩及防潮、防暴设施。

5.4 供水设施

5.4.1 应有饮用水压力供应系统和热饮用水供应系统,水量充足,饮用水与非饮用水的管道应用明显的标志加以区分。

5.4.2 加工用水应符合 GB 5749 的要求。非饮用水可以用于消防、制冷设备的冷却以及屠宰车间羽毛废弃物的转移。

5.4.3 水质卫生检测应由政府职能部门检测，每年不少于两次，企业应在官方兽医的监控下，定期进行自检。

5.4.4 储水设施应采用无毒、不致污染水质的材料制成，并有防止污染的措施和定期检查记录。

5.4.5 屠宰、分割和无害处理间应有热水供应系统。

5.5 清洗、消毒设施

5.5.1 车间、卫生间入口处及尽量靠近工作台的地方，应设有洗手、消毒、干手设施和工器具清洗、消毒设备，洗手的水龙头要有冷、热水供应并采用非手动式开关。

5.5.2 洗手设施的排水管应连接下水管道。

5.5.3 干手设施应采用烘手器或一次性使用的消毒纸巾。

5.5.4 消毒用水应不低于 82 ℃。

5.5.5 应有用于存放洗涤剂、消毒剂等的房间或安全之处，并有明确的领用制度和记录。

5.5.6 清洁剂、消毒剂及其类似物的使用不能对工具、设备和鲜肉产生不良影响，使用后对工具和设备应用饮用水进行彻底冲洗，并做好原始记录。

5.6 更衣室、淋浴室及卫生间

5.6.1 应在屠宰区、掏脏区、分割区与冷藏区分别设置男女更衣室。更衣室与加工车间相连，大小与加工能力相适应，并通风排气良好。各工作区的颜色及人员的工作服颜色应有明显区别标志。更衣柜应编号，顶部呈坡形，每人一柜，个人衣物与工作服、鞋、帽分格存放。更衣室设有工间休息挂衣服的衣架。

5.6.2 淋浴间和卫生间应与更衣室相连，淋浴间地面排水畅通，排气良好；卫生间采用水冲式，厕所旁应有足够数量的非手动开关式洗手盆。

5.7 转运禽、肉设施

5.7.1 应有对运输禽车辆、运肉工具进行清洗和消毒的地方和设施。

5.7.2 用于转运活家禽和加工鲜家禽肉的工具、设备应保持清洁并维修良好；适时进行清洗和消毒并有记录。

5.7.3 装运家禽的器具应用耐腐蚀材料制成，易于清洗和消毒，每次卸完应清洗和消毒，并填写消毒记录表。

5.7.4 用于加工鲜家禽肉的厂房、工具和设备，不能用作其他用途，除非在重新使用前经过清洗和消毒。

6 企业各车间的特殊卫生要求

6.1 屠宰区

6.1.1 家禽宰前存放间应易于清洗消毒，能进行宰前检查。

6.1.2 屠宰间应具备以下相对独立的功能区：

——电麻和放血间；

——拔毛、烫毛与脱毛间。

6.1.3 内脏去除和整理间。

6.1.4 下货冷却或冷冻间。

6.1.5 活禽处理人员专用的消毒设施以及工器具消毒清洗设施。

6.1.6 屠宰间与内脏去除整理间应设能自动关闭的门。

6.2 分割车间

6.2.1 主要进行预冷、分割、去骨、包装。

6.2.2 车间温度要保持在12 ℃以下。

6.2.3 车间应设有包装间,完成鲜家禽肉、可食肉用副产品的包装。

6.2.4 贮存包装包裹材料的房间应无灰尘、无害虫、无鼠蝇,与污染性物品仓库无气流相通。

6.2.5 车间的预冷设施应使预冷后的胴体温度不高于4 ℃,预冷设施应有相应的水量计量与温度计量记录设施。

6.3 冷库

6.3.1 冷库的温度要定时检查并记录,每一贮存区有温度显示仪,速冻库与冷藏库要有自动温度仪。

6.3.2 冷库的门不得开启时间过长,在冷库使用后要立即关闭,并有效控制生产人员的进出。

6.3.3 温度、相对湿度和空气流速要维持在保存肉品的合适范围,尽量避免温度的波动。

6.3.4 冷库中的空气应循环流动。

7 企业内人员的卫生

应符合GB 12694的要求。

8 屠宰场进行的宰前检查

8.1 屠宰场的官方兽医应检查入屠宰场家禽的产地检疫证明;缺乏该证明时,应禁止进入屠宰场。

8.2 对家禽进行观察和细致检查,特别是注意运输过程中是否受伤或感染疾病。

8.3 对来历不明、患有传染病、中毒的禽群,应禁止屠宰。

8.4 临诊发现鸟疫或沙门氏菌病时,应禁止用于人类食用。

8.5 对未按期停药的禽群应推迟屠宰。

8.6 凡产地检疫证明合格,临诊健康良好,合乎卫生质量的禽群准予屠宰。

8.7 若禁止屠宰应立即通知主管机关,并阐明其原因,及时隔离。

8.8 所有宰前检验均应有完整的检查记录。

9 屠宰卫生要求

9.1 只有活禽才可进入屠宰线,应在电击后立即屠宰。

9.2 操作要合理,放血应完全,防止血液污染刀口以外的地方。

9.3 脱毛要快速、完全。

9.4 应立即进行内脏全摘除,检验所有的体腔和相关的内脏,并记录检验结果。破肠禽废弃,另做无害化处理。

9.5 检验后,内脏应立即与胴体分离,并立即除去不适于人类食用的部分。

9.6 在屠宰场内,禁止用布擦拭以清洁家禽肉,禁止用可食内脏或脖子以外的任何物体填充胴体。

10 宰后兽医卫生检验

10.1 宰后检验应在适宜的光照下进行。

10.2 对家禽体表、内脏和体腔应进行视检,必要时进行触检或切开检查。

10.3 注意胴体的质地、颜色和气味的异常变化。

10.4 注意屠宰操作可能引起的异常变化。

10.5 宰后检验过程中淘汰下来的家禽应抽样进行细致检查。

10.6 逐只进行内脏和体腔检验。

10.7 有其他迹象表明家禽肉不能食用时,要进行特定的宰后检验。

10.8 当怀疑残留超标或进行抽查时,应进行残留检测。

10.9 宰后检验发现下列情况之一者,不能供人类消费:

——普通传染病；
——全身性霉菌病；
——毒素或人畜共患病病原引起局部或全身病变；
——广泛性皮下或肌肉寄生虫病以及全身性寄生虫病；
——中毒；
——恶病质；
——气味、颜色或味道异常；
——恶性或多发性肿瘤；
——整体污染；
——较大的损伤和淤斑；
——广泛性的机械损伤或烫伤；
——放血不完全；
——药物残留超过限量或出现违禁药物残留；
——腹水。

10.10 分割块出现局部损伤或污染，则该分割块不能供人类消费。

10.11 脱离胴体的气管、食管、嗉囊、肠、胆囊不能供人类食用。

10.12 不适于人类消费的禽肉应建立能够溯源的文件记录。

11 鲜肉处理卫生要求

11.1 扣留的肉、禁止人类食用的肉、羽毛和废弃物应尽快转入专门房间、设施或容器。

11.2 在检验未完成前，未经检验的胴体和肉用副产品不得与已检验的接触，不得移动、分割或进一步处理胴体。

11.3 扣留或禁止人类食用的肉及副产品，不得与适于人类食用的肉接触，应尽快将前者存放在特殊的不会污染其他鲜肉的房间或容器内。

11.4 肉、肉用副产品的生产加工、包装、搬运和运输应符合卫生要求，包装或包裹的肉应与裸露的鲜肉分开，单独存放于一房间内。

11.5 在检验和内脏除去后，应立刻对鲜禽肉进行喷洒清洗和浸泡冷却。

11.6 喷洒清洗：

——2.5 kg 以下的胴体，每只至少使用 1.5 L 水；
——2.5 kg～5 kg 的胴体，每只至少使用 3.5 L 水；
——5 kg 以上的胴体，每只至少使用 3.5 L 水。

11.7 浸泡冷却

11.7.1 胴体应通过一个或一个以上的水池或冰水池，池水是流动的，冰要经常添加，通过机械装置要不断地逆水流推动胴体。

11.7.2 胴体入池和出池时，池水温度应分别保持在 +16 ℃和 +4 ℃以下。

11.7.3 应保证胴体在尽可能短的时间内达到+4 ℃。

11.7.4 在整个冷却过程中，水的最小流量应保证：

——2.5 kg 以下的胴体，每只 2.5 L；
——2.5 kg～5 kg 的胴体，每只 4 L；
——5 kg 以上的胴体，每只 6 L。

11.7.5 胴体不能在设备的起始部分或第一个水池停留超过半小时。

11.8 应监控下述情况的测量和记录：

——浸泡前喷洒冲洗水的消耗；

——胴体出入水池时池水的温度；

——浸泡时水的消耗；

——不同重量的胴体的数目。

11.9 胴体出预冷池的方向应与进冷却水的方向逆向。

11.10 应保存生产者所进行的各种检查的结果，以便在官方兽医需要时提交。

11.11 采用认可的科学的微生物学方法来评估冷却车间的正常运行情况及其卫生学效果，对浸泡前后胴体杂菌和肠杆菌的污染情况进行比较；在车间的首次启用、随后每间隔一段时间以及任何情况下车间改变之后，都应进行上述比较。

12 肉分割卫生要求

12.1 胴体应在认可分割车间分割、去骨。

12.2 不符合要求的肉应在其他地方分割，或与符合要求的肉分时分割。

12.3 肉应按要求运进内脏去除间进行分割、去骨、异物探测、包装，经分割、去骨、异物检查和包装后的肉要立即进入冷却或冷冻间。

12.4 分割时肉温度不应超过+4 ℃，环境温度在 12 ℃左右。

12.5 分割时应避免肉的污染，应除去碎骨屑和血块，经分割后不准备用于人类食用的肉应存放于特制的、防水、防腐容器或专用房间。

12.6 禁止用布擦拭的方法来保持肉的清洁。

13 鲜肉的内、外包装

13.1 供食用的鲜肉和副产品应在分割及检查后立即在卫生条件下进行包装。

13.2 包装纸箱应符合 GB/T 6543 的要求，包裹材料应符合以下条件：

——不会改变肉的感官特性；

——不会将有害健康的物质浸入肉中；

——包装材料应有足够的强度保护鲜肉在运输和搬运过程不受损害；

——包裹材料一般应是透明、无毒、无害、无色的。如果使用不透明材料，在设计上要能使被包裹的肉或肉用副产品有可见部位。

13.3 包装、包裹材料在生产后应立即封存于保护套内，在运输过程中保护套应不受损害，并应在符合卫生条件的专用房间内贮存。

13.4 包装和包裹材料应分开放置，且均不能放在地板上。

13.5 包装材料在运进车间前，应在卫生条件下组装完毕。

13.6 包装、包裹材料应在卫生条件下运进车间，不得让处理鲜肉的人员搬运，进入车间后应马上使用；未使用完的包装、包裹材料应另行处理，不得再返回材料贮存间。

13.7 应有一金属探测装置检测包装的鲜肉中是否留有金属异物，包装完毕的鲜肉立即放入规定的库房。

13.8 内外包装均应标有出厂日期。

13.9 内外包装应设有检疫检验标签或标记、编号等。

14 贮存

14.1 冻结库温度－35 ℃以下，产品在 24 h 内中心温度－15 ℃以下，方可转入冷藏库。

14.2 冷藏库温度保持－20 ℃～－18 ℃。

14.3 冻结库与冷藏库应有自动温度记录装置。

14.4 家禽肉分割后应立即入冻结库，达到 1.5 ℃后，进行保鲜冷藏。

14.5 包装与未包装的鲜家禽肉不能在同一库内贮存。

14.6 冻结库与冷藏库内不得存放异味产品。

15 运输

15.1 鲜肉运输工具应符合以下要求：

——密闭性好，设计和装备能保证整个运输过程中符合温度要求；

——内表面光滑，易清洗和消毒；

——有防虫、防尘、防水装置。

15.2 运输工具应经清洗、消毒后才能用于运输鲜家禽肉。

15.3 动物及其他可能污染肉或影响肉品卫生的物品不能与鲜肉同车运输。

15.4 包装的肉与未包装的肉应分开运输。

15.5 企业应保证运输工具和装运条件符合卫生及环保要求。

15.6 运输鲜肉应持有国家规定的检疫合格证明和车辆消毒证明。

ICS 29.035.10
K 15

中华人民共和国国家标准

GB/T 22470—2008

电气用环保型模塑料通用要求

General requirements for environmentally friendly moulding compounds for electrical purpose

2008-10-29 发布　　2009-10-01 实施

中华人民共和国国家质量监督检验检疫总局
中国国家标准化管理委员会　发布

前　言

本标准由中国电器工业协会提出。

本标准由全国绝缘材料标准化技术委员会(SAC/TC51)归口。

本标准起草单位:桂林电器科学研究所、上海欧亚合成材料有限公司、浙江南方塑胶制造有限公司、机械工业北京电工技术经济研究所。

本标准主要起草人:马林泉、刘勇、陈永水、郭丽平。

本标准为首次制定。

STANDARDS PRESS OF CHINA

电气用环保型模塑料通用要求

1 范围

本标准规定了电气用环保型模塑料的分类、要求和试验方法。

本标准适用于电气用环保型粉状、粒状、团状和块状模塑料。

2 规范性引用文件

下列文件中的条款通过本标准的引用而成为本标准的条款。凡是注日期的引用文件，其随后所有的修改单(不包括勘误的内容)或修订版均不适用于本标准，然而，鼓励根据本标准达成协议的各方研究是否可使用这些文件的最新版本。凡是不注日期的引用文件，其最新版本适用于本标准。

GB/T 1034—1998　塑料　吸水性试验方法(eqv ISO 62:1980)

GB/T 1040—2006(所有部分)　塑料　拉伸性能的测定(ISO 527:1993,IDT)

GB/T 1041—2008　塑料　压缩性能的测定(ISO 604:2002,IDT)

GB/T 1043—1993　硬质塑料简支梁冲击试验方法(neq ISO 179:1982)

GB/T 1408.1—2006　绝缘材料电气强度试验方法　第1部分:工频下试验(IEC 60243-1:1998,IDT)

GB/T 1409—2006　测量电气绝缘材料在工频、音频、高频(包括米波波长在内)下电容率和介质损耗因数的推荐方法(IEC 60250:1969,MOD)

GB/T 1411—2002　干固体绝缘材料耐高电压、小电流电弧放电的试验(IEC 61621:1997,IDT)

GB/T 1634.1—2004　塑料　负荷变形温度的测定　第1部分:通用试验方法(ISO 75-1:2003,IDT)

GB/T 4207—2003　固体绝缘材料在潮湿条件下相比电痕化指数和耐电痕化指数的测定方法(IEC 60112:1979,IDT)

GB/T 9341—2008　塑料　弯曲性能的测定(ISO 178:2001,IDT)

GB/T 10064—2006　测量固体绝缘材料绝缘电阻的试验方法(IEC 60167:1964,IDT)

GB/T 11020—2005　固体非金属材料暴露在火焰源时的燃烧性试验方法清单(IEC 60707:1999,IDT)

GB/Z 21274—2007　电子电气产品中限用物质铅、汞、镉检测方法

GB/Z 21275—2007　电子电气产品中限用物质六价铬检测方法

GB/Z 21276—2007　电子电气产品中限用物质多溴联苯(PBBs)、多溴二苯醚(PBDEs)检测方法

JB/T 3958.2—1999　电气绝缘用热固性模塑料　试验方法

3 分类

按受热后呈现的不同特性，本标准将电气用环保型模塑料分为热塑性和热固性两大类型。

4 要求

4.1 外观

成型前的模塑料应均匀一致，不得混有外来杂质；成型后的制件表面应平整、光滑、无气泡和裂纹等缺陷。

4.2 性能要求

模塑料的性能应符合表1的要求。

表1 性能要求

<table>
<tr><th rowspan="2">序号</th><th rowspan="2">性 能</th><th rowspan="2">单 位</th><th colspan="2">要 求</th></tr>
<tr><th>热塑性</th><th>热固性</th></tr>
<tr><td>1</td><td>拉伸强度</td><td>MPa</td><td rowspan="9">由具体产品标准规定</td><td rowspan="11">由具体产品标准规定</td></tr>
<tr><td>2</td><td>压缩强度</td><td>MPa</td></tr>
<tr><td>3</td><td>弯曲强度</td><td>MPa</td></tr>
<tr><td>4</td><td>冲击强度(简支梁,无缺口)</td><td>kJ/m²</td></tr>
<tr><td>5</td><td>负荷变形温度</td><td>℃</td></tr>
<tr><td>6</td><td>收缩率</td><td>%</td></tr>
<tr><td>7</td><td>吸水率</td><td>%</td></tr>
<tr><td>8</td><td>介质损耗因数(50 Hz)</td><td>—</td></tr>
<tr><td>9</td><td>相对电容率(50 Hz)</td><td>—</td></tr>
<tr><td>10</td><td>耐电弧性</td><td>s</td><td>—</td></tr>
<tr><td>11</td><td>耐电痕化指数(PTI)</td><td>—</td><td>—</td></tr>
<tr><td>12</td><td>绝缘电阻</td><td>Ω</td><td>$\geqslant 1.0\times 10^{12}$</td><td>$\geqslant 1.0\times 10^{10}$</td></tr>
<tr><td>13</td><td>电气强度(90 ℃变压器油中)</td><td>MV/m</td><td>≥12</td><td>≥10</td></tr>
<tr><td>14</td><td>燃烧性(垂直法)</td><td>级</td><td colspan="2">V-0</td></tr>
<tr><td>15</td><td>镉含量</td><td>%</td><td colspan="2">≤0.01</td></tr>
<tr><td>16</td><td>铅含量</td><td>%</td><td colspan="2">≤0.1</td></tr>
<tr><td>17</td><td>汞含量</td><td>%</td><td colspan="2">≤0.1</td></tr>
<tr><td>18</td><td>六价铬含量</td><td>%</td><td colspan="2">≤0.1</td></tr>
<tr><td>19</td><td>多溴联苯含量</td><td>%</td><td colspan="2">≤0.1</td></tr>
<tr><td>20</td><td>多溴二苯醚含量</td><td>%</td><td colspan="2">≤0.1</td></tr>
</table>

5 试验方法

5.1 拉伸强度

拉伸强度应按GB/T 1040—2006(所有部分)的规定进行测定。

5.2 压缩强度

压缩强度应按GB/T 1041—2008的规定进行测定。

5.3 弯曲强度

弯曲强度应按GB/T 9341—2008的规定进行测定。

5.4 冲击强度(简支梁,无缺口)

冲击强度应按GB/T 1043—1993的规定进行测定。

5.5 负荷变形温度

负荷变形温度应按GB/T 1634.1—2004的规定进行测定。

5.6 模塑收缩率

模塑收缩率应按JB/T 3958.2—1999第12章的规定进行测定。

5.7 吸水率

吸水率应按 GB/T 1034—1998 中的方法 1 的规定进行测定。

5.8 介质损耗因数(50 Hz)和相对电容率(50 Hz)

介质损耗因数(50 Hz)和相对电容率(50 Hz)应按 GB/T 1409—2006 的规定进行测定。

5.9 耐电弧性

耐电弧性应按 GB/T 1411—2002 的规定进行测定。

5.10 耐电痕化指数(PTI)

耐电痕化指数(PTI)应按 GB/T 4207—2003 的规定进行测定。

5.11 电气强度

电气强度应按 GB/T 1408.1—2006,在 90 ℃±2 ℃变压器油中采用 20 s 逐级升压法进行测定。

5.12 绝缘电阻

绝缘电阻应按 GB/T 10064—2006 采用锥销电极进行测定。

5.13 燃烧性

燃烧性应按 GB/T 11020—2005,采用 50 W 垂直燃烧试验方法进行测定。

5.14 镉含量、铅含量和汞含量

镉含量、铅含量和汞含量应按 GB/Z 21274—2007 的规定进行测定。

5.15 六价铬含量

六价铬含量应按 GB/Z 21275—2007 的规定进行测定。

5.16 多溴联苯含量和多溴二苯醚含量

多溴联苯含量和多溴二苯醚含量应按 GB/Z 21276—2007 的规定进行测定。

STANDARDS PRESS OF CHINA

ICS 29.035.10
K 15

中华人民共和国国家标准

GB/T 22471.2—2008

电气绝缘用树脂浸渍玻璃纤维网状无纬绑扎带 第2部分:试验方法

Resin impregnated glass banding tape for electrical insulation—Part 2:Test methods

2008-10-29 发布 2009-10-01 实施

中华人民共和国国家质量监督检验检疫总局
中国国家标准化管理委员会 发布

前　言

GB/T 22471《电气绝缘用树脂浸渍玻璃纤维网状无纬绑扎带》共分三个部分。

——第1部分:一般要求;

——第2部分:试验方法;

——第3部分:单项材料规范。

本部分为GB/T 22471的第2部分。

本部分参考ISOLA公司、AGE公司、JIS C2412相关标准制定。

本部分由中国电器工业协会提出。

本部分由全国绝缘材料标准化技术委员会(SAC/TC 51)归口。

本部分主要起草单位:上海耀华复合材料有限公司、桂林电器科学研究所。

本部分起草人:唐福映、徐志伟、李学敏。

本部分为首次制定。

电气绝缘用树脂浸渍玻璃纤维网状无纬绑扎带　第2部分:试验方法

STANDARDS PRESS OF CHINA

1　范围

GB/T 22471 的本部分规定了电气绝缘用树脂浸渍玻璃纤维网状无纬绑扎带(以下简称网状无纬带)的试验方法。

本部分适用于半固化(B 阶段)的网状无纬带的性能试验。

2　规范性引用文件

下列文件中的条款通过 GB/T 22471 的本部分引用而成为本部分的条款。凡是注日期的引用文件,其随后所有的修改单(不包括勘误的内容)或修订版均不适用于本部分,然而,鼓励根据本部分达成协议的各方研究是否可使用这些文件的最新版本。凡是不注日期的引用文件,其最新版本适用于本部分。

GB/T 1408.1—2006　绝缘材料电气强度试验方法　第1部分:工频下试验(IEC 60243-1:1998,IDT)

GB/T 1411—2002　干固体绝缘材料　耐高电压、小电流电弧放电的试验(IEC 61621:1997,IDT)

GB/T 4207—2003　固体绝缘材料在潮湿条件下相比电痕化指数和耐电痕化指数的测定方法(IEC 60112:1979,IDT)

GB/T 11026.1—2003　电气绝缘材料　耐热性　第1部分:老化程序和试验结果的评价(IEC 60216-1:2001,IDT)

3　对试验的一般要求

除非另有规定,试样应在温度为(23±2)℃和相对湿度为(50±5)%的条件下处理 24 h,并于该条件下试验。

对于高温试验,应在规定的温度下处理 45 min 后再进行试验。

4　宽度

用分度值为 0.5 mm 钢直尺,沿网状无纬带的长度方向每间隔大约 300 mm 测量一点,共测五点宽度,以中值作为试验结果。

5　厚度

用分度值为 0.01 mm 螺旋千分尺沿网状无纬带长度方向每间隔大约 300 mm 测量一点,共测十点厚度,以中值作为试验结果,取二位有效数字。为防止树脂粘附螺旋千分尺的测帽,可在千分尺的测帽上衬垫聚酯薄膜,计算时应减去薄膜厚度。

6　挥发物含量

6.1　试验器具

a)　干燥箱:最高试验温度不低于 250 ℃、控温精度±2 ℃;

b)　分析天平:精度为 0.001 g;

c) 瓷坩埚：容量不小于 30 mL；

d) 干燥器。

6.2 试样

试样长约 300 mm，数量 3 个。

6.3 试验

6.3.1 坩埚质量的测量

将瓷坩埚放在高温炉中，在(625±20)℃下灼烧 20 min，取出放入干燥器中，冷却至室温后称量，精确到 0.001 g。重复上述程序，直到相邻两次测得的质量变化不大于 0.001 g 为止。将其置于干燥器中备用，使用前再称量，精确至 0.001 g。

6.3.2 干燥前后试样质量的测定

将试样卷成松散的小卷，放入已称量的瓷坩埚，立即称量，计算干燥前的试样质量 m_1，精确到 0.001 g。而后放入干燥箱中，在产品规范规定的温度下干燥 1 h，取出放入干燥器中，冷却至室温后称量，计算干燥后的试样质量 m_2，精确到 0.001 g。

6.4 计算

挥发物含量按式(1)计算：

$$S_1 = \frac{m_1 - m_2}{m_1} \times 100 \qquad \cdots\cdots(1)$$

式中：

S_1——挥发物含量，单位为百分率(%)；

m_1——干燥前试样质量，单位为克(g)；

m_2——干燥后试样质量，单位为克(g)。

6.5 试验结果

以 3 个试样测得结果的中值作为试验结果。

7 树脂含量

7.1 灼烧后残余物质量

除非另有规定，将按 6.3.2 干燥过的试样，放入(625±20)℃的高温炉中灼烧 1 h，取出坩埚放入干燥器中冷却至室温再称量并计算出灼烧后残余物的质量 m_3，精确至 0.001 g。

7.2 计算

树脂含量按下式计算：

$$S_2 = \frac{m_2 - m_3}{m_2} \times 100 \qquad \cdots\cdots(2)$$

式中：

S_2——树脂含量，单位为百分率(%)；

m_2——干燥后试样质量，单位为克(g)；

m_3——灼烧后残余物质量，单位为克(g)。

7.3 结果

同 6.5。

8 可溶性树脂含量

8.1 试验器材

a) 干燥箱：同 6.1；

b) 分析天平：同 6.1；

c) 溶剂：按产品标准规定或供需双方商定；

d) 烧杯：1 000 mL；

e) 搪瓷盘；

f) 干燥器；

g) 滤纸；

h) 聚酯薄膜，标称厚度不小于 40 μm。

8.2 试样

同 6.2，取样处应与挥发物含量和树脂含量试样的取样处尽量接近。

8.3 试验

将试样卷成疏松(不致散开)的小卷，放在已称量的聚酯薄膜上，称量。计算浸溶剂前的试样质量 m_4，精确到 0.001 g。

在 6 个烧杯中各盛装 500 mL 溶剂。每个试样分别浸泡两次，其中第一遍静浸 30 min，到时取出将试样放入第二个烧杯中再静浸 15 min。取出放在衬有滤纸的搪瓷盘中，再放入干燥箱中干燥，干燥温度按产品规范规定，干燥时间为 1 h。到时取出试样，放入干燥器中冷却至室温后称量，浸溶后的试样质量 m_5。

8.4 计算

可溶性树脂含量按下式计算：

$$S_3 = \frac{m_4 - m_5 - m_4 \cdot S_1}{m_4 \cdot S_2} \times 100 \quad \cdots\cdots(3)$$

式中：

S_3——可溶性树脂含量，单位为百分率(%)；

S_1——同式(1)；

S_2——同式(2)；

m_4——为浸溶前的试样质量，单位为克(g)；

m_5——为浸溶后的试样质量，单位为克(g)。

8.5 试验结果

同 6.5。

9 可固化性

9.1 试验器材

a) 干燥箱：同 6.1；

b) 压模，由上下两块 120 mm×80 mm×20 mm 的平钢板组成。每块钢板上、下面的表面粗糙度参数 Ra 值为 0.8 μm，且边缘倒角(曲率半径约 2 mm)；

c) 聚四氟乙烯薄膜。

9.2 试样

试样长约 100 mm，数量一个。

9.3 试验程序

9.3.1 将压模和重物放入干燥箱中，预热到产品标准规定的温度。

9.3.2 将上、下表面覆盖聚四氟乙烯薄膜的试样平整地放入上、下压模间。必要时压上重物，使试样承受压强约 0.02 MPa。在产品标准规定的试验温度下加热 2 h 后取出附有薄膜的试样，放平。冷却至室温后揭去薄膜，取出试样。此时，压模和重物仍在干燥箱中预热。

9.3.3 将试样切成约等长的两段，叠合在一起(端头错开约 3 mm)。重复 9.3.2，使叠合试样承受压强约为 0.4 MPa。到时取出试样，对叠合的试样进行层间剥离，观察是否容易剥离和不粘连。

9.4 试验结果

以叠合的试样容易剥离和不粘连者为合格。

10 固化前拉伸强度和断裂伸长率

10.1 试验设备、器材

a) 试验机,具有合适的载荷量程,载荷示值的相对误差不超过±1%;

b) 钢直尺,分度值 0.5 mm,长度不小于 300 mm。

10.2 试样

试样宽度为网状无纬带的原宽且不大于 30 mm。数量不少于五个。

10.3 试验

按图 1 调节试验机夹具的拉伸轴间距到 200 mm,安装试样,使试样的纵轴线与上、下拉杆的纵轴线重合。

单位为毫米

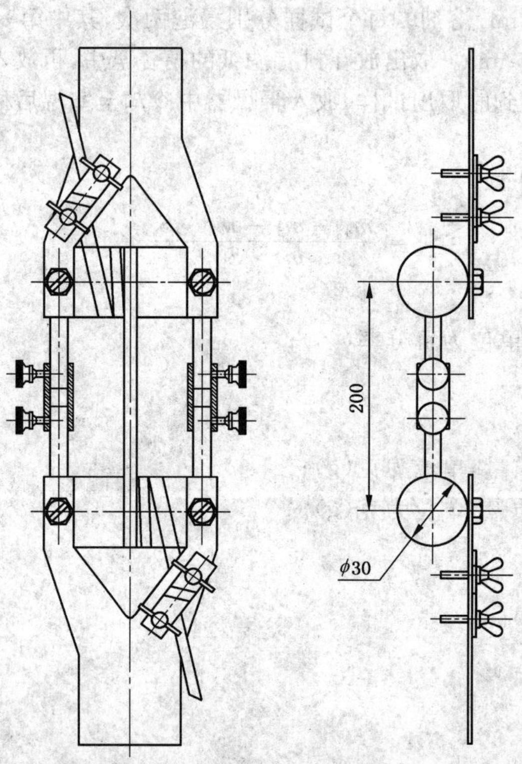

图 1 固化前拉伸强度和断裂伸长率试验示意图

以 10 mm/min 的试验速度,均匀、连续地对试样施加载荷,直到试样破坏。记录破坏载荷和上下拉伸轴间距的增量。

10.4 试验结果

固化前绑扎拉力按每 10 mm 宽试样的破坏载荷计算,单位为 N/10 mm 宽。断裂伸长率按上下拉伸轴间距的相对增量计算,以百分数表示。

以 5 个试样测得结果的中值作为试验结果。

11 电气强度

11.1 试样制备

首先将带厚为 0.3 mm 的网状无纬带样品剪成长约 100 mm,然后以半叠合形式在铺有聚四氟乙烯薄膜的下模板上叠合成面积为 100 mm×100 mm 试样,共叠合 7 层。在叠合好的试样上面覆盖聚四氟乙烯薄膜后,盖上上模板用夹具夹持上下模板,施加 0.05 MPa 的压力,并按产品标准规定的固化条件固化,试样数量五个。

11.2　试验

按 GB/T 1408.1—2006 规定在常态变压器油中进行试验，其中电极为 ϕ25 mm/ϕ75 mm 或 ϕ25 mm/ϕ25 mm，升压速度为 500 V/s。

11.3　结果

以 5 个试样测得结果的中值作为电气强度。

12　耐电弧性

12.1　试样制备

同 11.1，试样数量 5 个。

12.2　试验

按 GB/T 1411—2002 规定进行。

13　耐电痕化指数(PTI)

13.1　试样

试样制备同 11.1，试样数量 3 个。

13.2　试验

按 GB/T 4207—2003 规定进行，其中污染液采用 A 液。

14　常态下环形试样拉伸强度和断裂伸长率

14.1　试验设备、器材

a)　试验机：具有合适量程，载荷示值相对误差不超过 ±1%；且附有循环鼓风加热炉，其控温精度为 ±2 ℃；

b)　百分表或其他合适的变形计：示值精度为 ±1%；

c)　游标卡尺：分度为 0.02 mm；

d)　绑扎机：能施加最大绑扎拉力为 5 000 N，且可调节绑扎拉力；

e)　模具：脱模法和不脱模法制样模具各 5 付，分别见图 2 和图 3；

单位为毫米

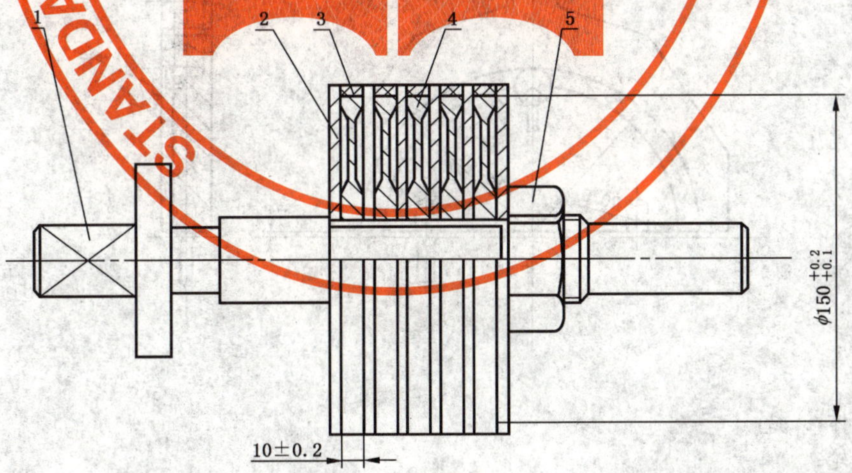

1——芯轴；
2——隔板；
3——试样；
4——芯盘；
5——螺母。

图 2　脱模法制样模具

单位为毫米

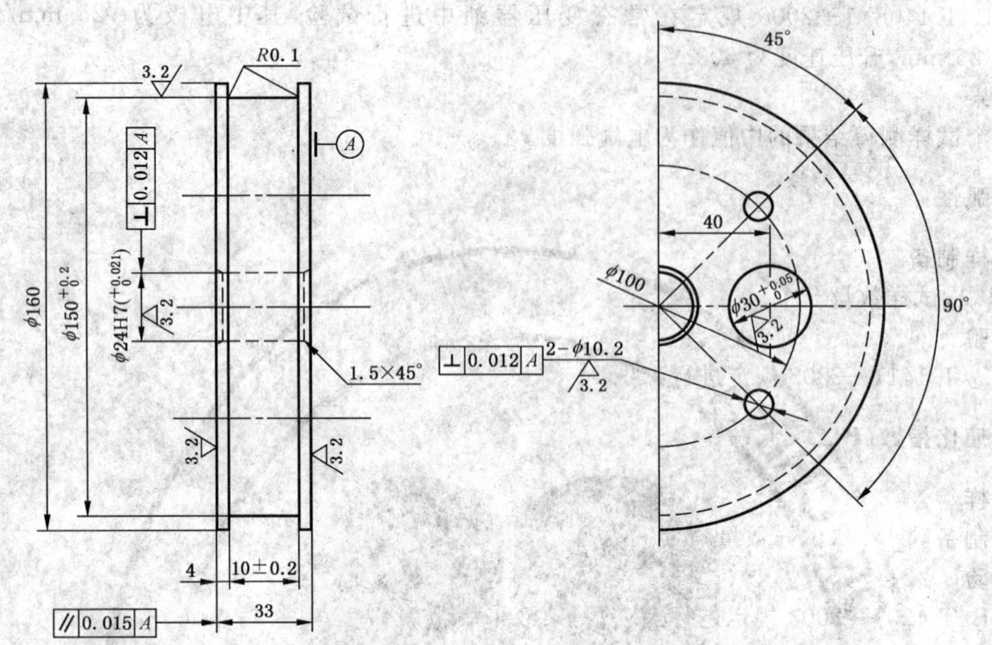

图 3　不脱模法试验模具

f)　脱模法拉伸试验夹具：见图 4。

单位为毫米

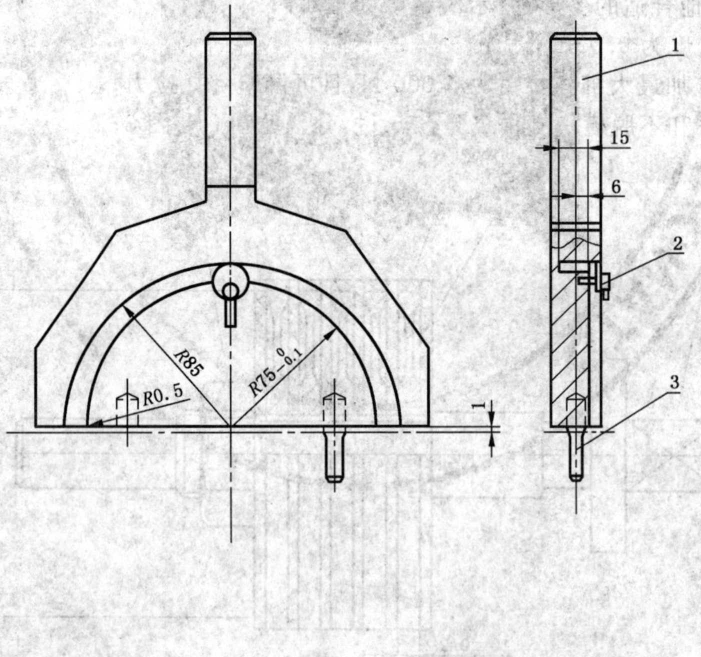

1——夹具本体；

2——档环凸轮；

3——定位销。

图 4　脱模法拉伸试验夹具

14.2　试样

14.2.1　脱模法环形试样的制备

将制备环形试样用的模具（如图 2 所示）均匀地涂上脱模剂，热绑时应将模具加热到 80 ℃～

100 ℃,按产品标准规定的绑扎拉力将 10 mm 宽的网状无纬带平整地缠绕在模具上,其中最外层网状无纬带应锁紧固定。缠绕厚度应使固化后的试样厚度为(3.0±0.2)mm,试样数量 5 个。

将缠有网状无纬带的模具放入烘箱中进行固化,固化条件按产品规范规定,固化后取出模具,冷却到室温后脱模,用砂纸擦掉试样上的树脂毛边及表面淤积的树脂。

14.2.2 不脱模法环形试样的制备

热绑时将模具(见图 3)加热到 80 ℃～100 ℃并按产品规范规定的绑扎拉力将厚度为 0.3 mm、10 mm宽的网状无纬带平整地缠绕在模具上,完整地缠绕 12 层,对于 0.20 mm 厚的无纬带,共完整缠绕 15 层。最外层无纬绑扎带应锁紧固定,试样数量 5 个。

将缠有网状无纬带的模具放入烘箱中进行固化,其固化条件按产品规范规定,固化后取出模具,冷却至室温。

14.2.3 尺寸测量

对于脱模法用游标卡尺。沿环形试样圆周,均匀分布地测量 5 点的宽度和厚度,分别以 5 点测量值的算术平均值作为试样的宽度和厚度,精确至 0.02 mm。从两相互垂直方向测量试样的内径,以两个测量值的算术平均值作为试样的内径,以试样的内径和厚度之和为试样的中径,精确至 0.1 mm。

14.3 试验

14.3.1 脱模法

润滑拉伸夹具上与试样接触的部位,将试样装在夹具上,紧固挡盖或挡环凸轮。将变形计安装在夹具两侧(如图 4 和图 5 所示),调整其零点。

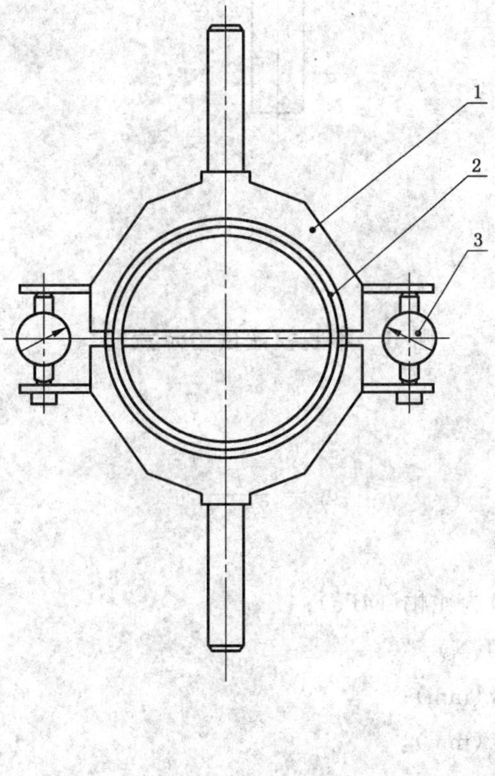

1——拉伸试验夹具;
2——试样;
3——变形计。

图 5 脱模法拉伸试验示意图

以 5 mm/min 的试验速度,均匀、连续地施加负荷,直到试样破坏。记录破坏载荷及在夹具两侧的变形增量。若试样发生分层破坏或未完全破坏,则该次测试无效。

14.3.2 不脱模法

将缠有无纬绑扎带的模具安装在试验机的上、下拉杆上,然后按 14.3.1 进行试验(见图 6)。

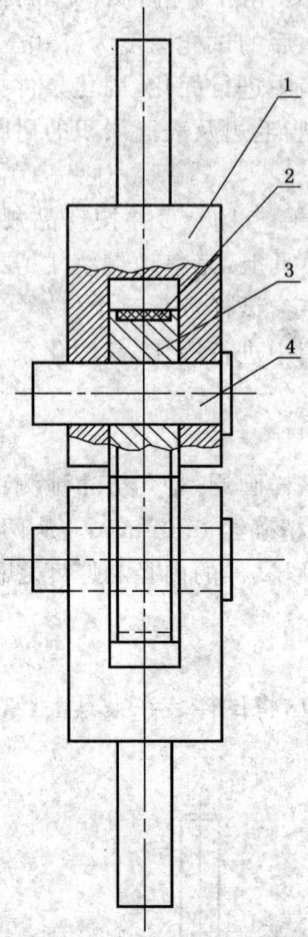

1——夹具；

2——试样；

3——模具；

4——销钉。

图 6　不脱模法试验示意图

14.4　计算

a)　脱模法按下式计算：

$$\sigma_1 = \frac{F}{2b \cdot h} \qquad (4)$$

式中：

σ_1——脱模法拉伸强度，单位为兆帕(MPa)；

F——破坏负荷，单位为牛顿(N)；

b——试样宽度，单位为毫米(mm)；

h——试样厚度，单位为毫米(mm)。

$$\varepsilon_1 = \frac{\Delta L_1 + \Delta L_2}{\pi D} \qquad (5)$$

式中：

ε_1——脱模法断裂伸长率，单位为百分率(%)；

ΔL_1、ΔL_2——分别为破坏时夹具两侧的变形增量，单位为毫米(mm)；

D——试样的中径。

b) 不脱模法的按下式计算：

$$\sigma_2 = \frac{F}{2b \cdot h_1 \cdot n} \quad \cdots\cdots(6)$$

式中：

σ_2——不脱模法拉伸强度，单位为兆帕(MPa)；

F——破坏负荷，单位为牛顿(N)；

b——试样宽度，单位为毫米(mm)；

h_1——单层网状无纬带固化后的厚度，单位为毫米(mm)；

n——绑扎层数。

$$\varepsilon_2 = \frac{\Delta L_3 + \Delta L_4}{\pi(D_1 + n \cdot h_1)} \quad \cdots\cdots(7)$$

式中：

ε_2——不脱模法断裂伸长率，单位为百分率(%)；

ΔL_3、ΔL_4——分别为破坏时夹具两侧的变形增量，单位为毫米(mm)；

D_1——模具直径，单位为毫米(mm)；

h_1、n——同式(6)。

14.5 分别以5个试样测得结果的中值作为试验结果，并注明试验方法(脱模法或不脱模法)。

15 热态下环形试样拉伸强度

按第14章制备并安装试样，按产品规范规定的温度预热45 min，并在该温度下按第14章规定进行试验及计算。

16 浸油处理后环形试样拉伸强度

按第14章制备试样，其中对于脱模法应将试样安装在图7所示的试验架上(以防止试样发生扭曲变形)，浸入(105±2)℃的变压器油中24 h，到时取出冷却至室温，然后按第14章规定进行试验及计算。

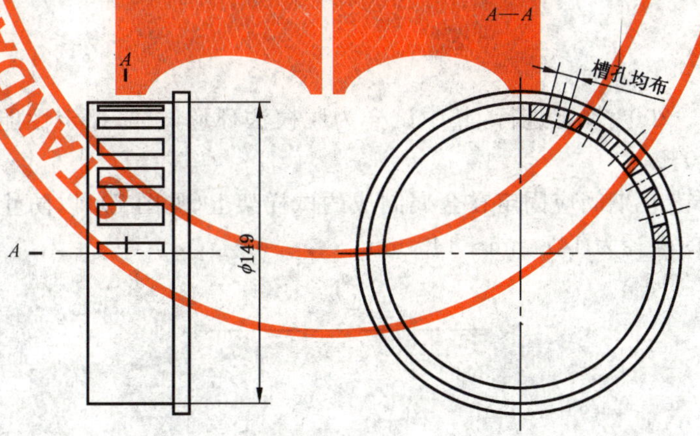

图7 试样架

17 常态下环形试样拉伸弹性模量

17.1 试验设备、器材

同14.1。

17.2 试样

同13.2。

17.3 试验

按14.3安装试样和测量变形的仪器,如图5所示。

按测读变形方便,选取试验速度。施加初载荷(约为破坏载荷的5%),检查测量变形用仪器的零点,然后采用连续或逐级加载荷至破坏负荷的50%时为止。记录载荷及对应的拉伸夹具或模具两侧的变形量。绘制载荷—变形曲线。

17.4 计算

a) 脱模法拉伸弹性模量按下式计算:

$$E_1 = \frac{\pi D \Delta F}{2b \cdot h(\Delta L_5 + \Delta L_6)} \quad \cdots\cdots (8)$$

式中:

E_1——脱模法拉伸弹性模量,单位为兆帕(MPa);

ΔF——为载荷—变形曲线上初始阶段,直线段的载荷增量,单位为牛顿(N);

ΔL_5、ΔL_6——分别为对应ΔF的模具两侧的变形增量,单位为毫米(mm);

b——试样宽度,单位为毫米(mm);

h——试样厚度,单位为毫米(mm);

D——试样中径,单位为毫米(mm)。

b) 不脱模法的拉伸弹性模量按下式计算:

$$E_2 = \frac{\pi(D_1 + n \cdot h_1)\Delta F}{2b \cdot h_1 \cdot n(\Delta L_7 + \Delta L_8)} \quad \cdots\cdots (9)$$

式中:

E_2——不脱模法拉伸弹性模量,单位为兆帕(MPa);

ΔF、ΔL_7、ΔL_8——同式(8);

D_1、n、h_1——同式(7)。

17.5 结果

分别以5个试样测得结果的中值作为试验结果,取三位有效数字,并报告试验方法(脱模或不脱模法)。

18 温度指数

按GB/T 11026.1—2003规定进行,其中试样为脱模法环形试样,评定性能为拉伸强度,失效标准为常态下拉伸强度的50%。

值得注意的是试样老化期间应固定在金属制成的试样架上(见图7),以防止试样扭曲变形,同时为便于取出试样,试样架的外径为147 mm~149 mm。

ICS 29.120
K 15

中华人民共和国国家标准

GB/T 22472—2008

仪表和设备部件用塑料的燃烧性测定

Tests for flammability of plastic materials for parts in devices and appliances

2008-10-29 发布　　2009-10-01 实施

中华人民共和国国家质量监督检验检疫总局
中国国家标准化管理委员会　发布

前　言

本标准修改采用 UL 94:2001《用作仪表和设备部件的塑料的燃烧性测定》。

为便于使用，本标准与 UL 94:2001 相比做了下列编辑性修改：

——删除了 UL 标准的“前言”和“引言”；

——本标准中第 2 章“规范性引用文件”中的引用标准，对采用 IEC（或 ISO）标准对应转化为国家标准的均用国家标准替代。

本标准技术内容与 UL 94:2001 的差异如下：

——删除了原 UL 94:2001 中的第 13 章；

——删除了原 UL 94:2001 中的补充说明 A 和补充说明 B。

本标准由中国电器工业协会提出。

本标准由全国绝缘材料标准化技术委员会（SAC/TC 51）归口。

本标准主要起草单位：桂林电器科学研究所。

本标准起草人：于龙英。

本标准为首次制定。

仪表和设备部件用塑料的燃烧性测定

1 范围

1.1 本标准适用于电气装置和设备零部件用塑料的燃烧性测定，用以初步预示塑料的可燃性是否适用于某一特定的使用场合。

1.2 本标准介绍的试验方法包括标准尺寸的试样，仅用于测量及描述用作仪器设备中的材料，在受控的试验室条件下，对热源及火焰的燃烧性能。材料对热源和火焰的实际反应则依赖于样品的尺寸及形状以及使用该材料的产品的最终用途。该标准不能用于评估最终应用中的其他重要特性的评价包括(但不仅限于)易燃性，燃烧速度，火焰蔓延，能量释放，燃烧的剧烈程度，燃烧产物等。

1.3 材料的最终验收取决于材料在完整设备中的应用，它应符合该设备相应的标准，对材料燃烧等级的要求取决于所包括的仪器设备及材料特定用途，用本标准方法所得的材料的性能等级不能推算它与最终应用场合下的性能之间的关系。

1.4 本标准可用于评定其他非金属材料。

1.5 本标准不能用于评定建筑及装饰材料。

1.6 若产品含有新的或不同于制定本标准的已有的特征、特性、组分、材料或系统，并有火、电击、人员伤害的危险性，应采用适当的附加器件和最终产品要求对产品进行评定，以保证产品使用人的安全，达到最初制定本标准的意图。特征、特性、组分、材料或系统与本标准要求或规定有冲突的产品不宜采用本标准。建议采用与标准的发展、修订和执行方法相一致的要求的修订本。

2 规范性引用文件

下列文件中的条款通过本标准的引用而成为本标准的条款。凡是注日期的引用文件，其随后所有的修改单(不包括勘误的内容)或修订版均不适用于本标准，然而，鼓励根据本标准达成协议的各方研究是否可使用这些文件的最新版本。凡是不注日期的引用文件，其最新版本适用于本标准。

GB/T 2408—2008　塑料　燃烧性能的测定　水平法和垂直法(IEC 60695-11-10:1999,IDT)

GB/T 2918—1998　塑料试样状态调节和试验的标准环境(idt ISO 291:1997)

ASTM D 789　聚酰胺的相对黏度、熔点、含水量的测定方法

ASTM E 162　用辐射热源测定材料表面燃烧特性的试验方法

ASTM D 3195　转子式测速校准的实际操作

ASTM D 5025　塑料小火焰燃烧试验用试验室燃烧器的详细说明

ASTM D 5207　塑料材料小火焰燃烧试验中校准 20 mm 及 125 mm 试验火焰的标准实际操作

ASTM E 437　工业金属丝布及丝网的详细说明(方孔系列)　附录 X3

ASTM D 3801　测定固体塑料垂直方向的相比燃烧熄灭特性的方法

ASTM D 4804　测定非刚性固体塑料的燃烧性能的试验方法

ASTM D 4986　多孔聚合材料水平燃烧性能的标准试验方法　多孔塑料　小火焰下小试样的水平燃烧性能的测定

ASTM D 5048　使用 125 mm 火焰测量固体塑料相比燃烧特性和抗烧穿性的标准试验方法

3 术语和定义

下列术语和定义适用于本标准。

3.1

有焰燃烧　afterflame

引燃源移开后，材料有焰燃烧的持续性。

3.2

有焰燃烧时间　afterflame time

引燃源移开后，在规定条件下材料有焰燃烧持续的时间。

3.3

灼热燃烧　afterglow

引燃源移开后，若未发生有焰燃烧或有焰燃烧终止后，灼热燃烧的持续性。

3.4

灼热燃烧时间　afterglow time

引燃源移开或有焰燃烧终止后，在规定条件下材料灼热燃烧持续的时间。

4　试验意义

4.1　在如下情况中，在规定条件进行的材料试验是有价值的，比较不同材料的相对燃烧性能，或者评定材料使用前及使用期间燃烧性能的变化，但不能给出实际运行条件下性能的相关性。

4.2　评估着火危险性，要求考虑如下因素：能量释放，燃烧剧烈程度（能量释放的速度），燃烧产物及环境因素，例如热源强度、暴露材料的方向性及通风条件等。

4.3　采用这些试验程序测得的燃烧特性受下列因素影响：密度、颜色、材料模塑条件的各向异性及试样的厚度等。

4.4　某些薄型材料试样施加火焰未燃烧即可能发生收缩，在此情况下试验结果无效，须增加试样以得到有效的试验结果，若所有试样施加火焰未燃烧即发生收缩，则该材料不能用这种试验方法评定，可以考虑用本标准提及的替换试验方法。

5　设备

5.1　试验室通风橱

试验时，内体积不少 0.5 m^3，室腔可观察及自由通风，且利于试样燃烧期间正常的热空气流循环。为安全和方便起见，最好橱罩（可完全密封）上装有抽空装置，比如排风机，排出可能有毒的燃烧产物，但是进行试验时须关闭排风系统，试验完毕后立即打开以排除燃烧产物。

注：燃烧试验中氧气量的有效供给以维持燃烧是极为重要的。对按此方法进行试验，当燃烧时间延长时，腔内体积小于 1 m^3 可能不能给出精确的试验结果。

5.2　试验室燃烧器

典型的燃烧器带有一长 100 mm±10 mm，内径为 9.5 mm±0.3 mm 的管组，燃烧管未配备支脚之类的附件，燃烧器与 ASTM D 5025 中规定的一致。

5.3　燃烧器翼形喷嘴

喷嘴缝隙的尺寸为长 48 mm±1 mm，宽 1.3 mm±0.05 mm（用于泡沫材料水平燃烧试验 HBF，HF-1 或 HF-2，见第 12 章）。

5.4　燃烧器固定器具

能将燃烧器固定在与纵向成 20°角的位置［仅用于 500 W(125 m) 垂直燃烧试验，5VA 或 5VB 见第 9 章］。

5.5　固定支架

带有夹具或类似的附件，用于水平或垂直放置试样或铁丝网。支架带有可调角度和高度的夹具，一个由铝或铁制成的支撑网。

5.6 计时器

精确到0.5 s。

5.7 测量尺

mm 刻度。

5.8 供气源

提供工业级甲烷(纯度为98%以上),并配有高节阀和流量计使气流均匀。

注:热焓为37 mJ/m³ 的天然气可提供几乎一致的结果,但当有争议时,应使用工业级甲烷。

5.9 金属网

尺寸为125 mm×125 mm,大约每25 mm有20个孔,由直径为0.43 mm±0.03 mm的铁丝制成(仅用于水平燃烧试验,HB见第7章)。

5.10 处理室

要求空间温度为23 ℃±2 ℃,相对湿度为50%±5%。

5.11 HB支撑件

用来支撑非自支持试样的金属夹具,见图2(仅用于水平燃烧试验,HB见第7章)。

5.12 千分尺

可读到0.01 mm。

5.13 棉花

100%干燥医用脱脂棉。

5.14 干燥器

采用无水氯化钙或其他干燥剂,在23 ℃±2 ℃时维持在不超过20%的相对湿度。

5.15 处理烘箱

烘箱能进行每小时5次换气,温度保持在70 ℃±1 ℃。

5.16 试样导向芯轴

用直径为12.7 mm±0.5 mm的圆棒制成(仅用于薄型材料燃烧试验,VTM-0、VTM-1、VTM-2……见第11章)。

5.17 压敏粘带

仅用于薄型材料燃烧试验,VTM-0、VTM-1、VTM-2……见第11章。

5.18 支撑网

由直径为0.88 mm±0.05 mm铁丝编成的网孔为6.4 mm的孔网。用低碳钢、普通钢或不锈钢丝编成的丝网,约215 mm长,75 mm宽,沿长度方向一端13 mm处折成直角。关于网孔及铁丝直径的测定见ASTM E 437(仅用于泡沫材料水平燃烧试验,HBF、HF-1或HF-2……见第12章)。

5.19 泡沫材料用支架

金属架能支起5.18中提到的支撑网,并可调节高度使燃烧器的高度可变,见图8(仅用于泡沫材料水平燃烧试验,HBF、HF-1或HF-2……见第12章)。

5.20 压力计

可测量200 mm水柱,增量为5 mm。

5.21 流量计

用适合该气体的相关曲线按ASTM D 3195流量计校准实际操作进行计量的转子流量计,或者用精确度不低于2%的质量流量计。

6 处理

6.1 按照GB/T 2918—1998,试样在温度23 ℃±2 ℃,相对湿度50%±5%的条件下预处理48 h。

6.2 有些试验的试样在试验前要求在70 ℃±1 ℃的空气循环烘箱中预处理168 h,然后在干燥器中室温下至少冷却 4 h。

6.3 干燥器中取出的试样必须在 30 min 内试验。

6.4 试验环境为:温度 15 ℃～35 ℃,相对湿度 45%～75%。

6.5 棉花在使用前,应在干燥器内处理至少 24 h。

6.6 从干燥器中取出的棉花必须在 30 min 内用于试验。

7 水平燃烧试验 HB

注:ASTM D 635、ASTM D 4804、IEC 60707、ISO 1210 中涉及水平燃烧试验方法。

7.1 试验规范

7.1.1 按 7.2.1～7.5.10 进行试验的材料分类为 HB 级。

7.1.2 HB 级材料应符合下列要求之一(另见 7.1.4)。

a) 厚度为 3.0 mm～13 mm 的试样,跨距为 75 mm,燃烧速度不超过 40 mm/min。

b) 厚度小于 3 mm 的试样,跨距为 75 mm,燃烧速度不超过 75 mm/min,或者

c) 当火焰达到 100 mm 刻度线前即停止燃烧,见 7.5.1 和 7.5.9。

7.1.3 当提供的材料的最小厚度在 1.5 mm 以下时判定为 9HB 级,则无须补充试验,即可判定厚度 3.0 mm±0.2 mm 的试样为 HB 级的材料。

7.1.4 若一组 3 个试样中只有一个不符合要求,则需进行另一组 3 个试样的试验,第二组的所有试样符合要求,该厚度下的该材料才能定为 HB 级。

7.2 试验设备

7.2.1 见 5.1、5.2、5.5～5.12、5.20 和 5.21。

7.3 试样

7.3.1 试样可由板材切割而成,或由浇铸、注射、模压或挤出成型等方法制成。切割后清除试样表面灰尘、废料。试样边沿光滑。按当前 ASTM 的实际操作制样。

7.3.2 标准条状试样长 125 mm±5 mm,宽 13.0 mm±0.5 mm,厚度要取最小厚度和3.0 $mm^{+0.2}_{-0.0}$mm。若试样最小厚度大于 3.0 mm 或最大厚度小于 3.0 mm,则不必取 3.0 mm 厚的试样。试样最大厚度不超过 13 mm,最宽不超过 13.5 mm,边沿要光滑,导角半径不超过 1.3 mm。

7.3.3 材料范围:若要考虑材料的颜色、密度、熔融流动性或补强的变化范围,则需提供代表这一范围的试样。

7.3.4 提供自然色的及被着上最浅色和最深色的试样,如果其试验结果基本上相同,则这些试样代表该颜色范围。附加做一组有机颜料含量最高的试样的试验,除非上述的最浅色最深色已包括了最高有机颜料的水平。若已知某些颜色的颜料(例如红、黄等)对燃烧特性具有特别重要的影响,则也须提供这些颜色的试样。

7.3.5 还须提供密度熔融流动性和增强剂含量极端状态的试样,如果试验结果基本上相同,则这些试样作为该范围的代表,若代表某一范围的所有试样的燃烧特性不同,则测定仅限于颜色、密度、熔融流动性和补强剂含量被测的材料,处于中间颜色、密度、熔融流动性和补强含量状态的材料可附加试样进行试验。

7.4 处理

7.4.1 两组各三个试样按 6.1 预处理。

7.5 试验步骤

7.5.1 进行一组三个试样的试验,在离试样棒燃烧端 25 mm,100 mm 处划上两道标记线,标记线与试样长度方向垂直。

7.5.2 夹住离 25 mm 标记线最远的一端,试样纵向保持水平,横向倾斜 45°角。在试样下面水平夹持金属网,使试样最下边距金属丝网 10 mm+1 mm,并使试样自由端的端面与金属丝网自由端的边沿同

一垂直平面内，见图1。

7.5.3　如图3安装调节适合燃烧器的甲烷供气，使其气流速度为105 mL/min，背压低于10 mm水柱，见ASTM D 5207。

7.5.4　燃烧器远离试样并点燃，并将火焰调节成20 mm±1 mm高的蓝色火焰，可选调节气源及燃烧器的空气入口使其产生约20 mm高顶端呈黄色的蓝色火焰。然后加大空气量直至黄色顶端消失，必要时重新测量及调节火焰的高度。

7.5.5　按照ASTM D 5207进行火焰校准，每周至少一次，若气源改变，试验设备替换或数据有疑义等，均须校准火焰。

7.5.6　若试样安放时其下面自由端下垂，则要在试样下面安装如图2所示的支撑件，并使支撑架上小的伸出部分距试样自由端至少20 mm，试样被夹持端林要足够的空隙以便支撑件能从旁边自如地撤出，火焰沿试样向前燃烧，支撑架以与燃烧相近的速度向后撤退。

7.5.7　施加火焰于试样自由端下，燃烧器管中轴线与试样纵向底边处于同一垂直平面内，并与水平成45°角，见图1。

7.5.8　放置燃烧器使试样自由端6 mm±1 mm长承受火焰，保持燃烧器位置不变，施加火焰30 s，然后移开燃烧器，若不到30 s火焰前沿已蔓延至25 mm标记线，也立即停止施加火焰，火焰前沿到达25 mm标记线处时启动计时器。

7.5.9　若移开火焰后试样继续燃烧，记录火焰前沿从25 mm标记处蔓延到100 mm标记处的时间(s)及燃烧破坏长度L，若火焰前沿未到达100 mm标记处即熄灭，记录从25 mm标记线到火焰前沿停止处的燃烧时间(s)，及长度(mm)。

7.5.10　至少要进行3个试样的试验。

7.6　计算

7.6.1　计算线性燃烧速度v，单位：mm/min，对于每个试样，使用下列公式：

$$v = 60L/t$$

式中：

v——线性燃烧速度，单位为毫米每分钟(mm/min)；

L——破坏长度，单位为毫米(mm)；

t——燃烧时间，单位为秒(s)。

注：若火焰前沿超过100 mm标记处，$L=75$ mm。

7.7　结果

7.7.1　每个试样均需记录以下内容：

a)　火焰前沿是否燃烧到25 mm和100 mm标记处。

b)　若火焰前沿燃烧到25 mm标记处，但在100 mm标记处前熄灭，记录破坏长度L和燃烧时间t。

c)　若火焰前沿超过100 mm标记处，记录从25 mm～100 mm标记处的燃烧时间t。

d)　计算得出的线性燃烧速度。

8　20 mm垂直燃烧试验94V-0、94V-1或94V-2

注：ASTM D 3801、IEC 60707、ISO 1210涉及20 mm垂直燃烧试验方法。

8.1　试验规范

8.1.1　按8.2.1～8.5.4进行小型条状试样试验，在此试验结果的基础上将材料归类为V-0、V-1或V-2级。

8.1.2　有些材料在经受本试验时，由于太薄而易变形、收缩或会燃烧到固定夹具。若能制备相应的试样，这些材料可按薄型材料燃烧试验VTM-0、VTM-1或VTM-2……(见第11章)的方法进行测定。

STANDARDS PRESS OF CHINA

8.1.3 表1列出材料的分级清单。

表1 材料分级表

规范条件	V-0	V-1	V-2
每个试样的有焰燃烧时间 t_1 或 t_2	≤10 s	≤30 s	≤30 s
一组试样的总有焰燃烧时间(5个试样的 t_1+t_2)	≤50 s	≤250 s	≤250 s
施加第二次火焰后任何试样的有焰燃烧时间加灼热燃烧时间(t_1+t_2)	≤30 s	≤60 s	≤60 s
任何试样有焰燃烧或灼热燃烧到固定夹具	否	否	否
燃烧滴落物点燃棉花	否	否	是

8.1.4 若一组5个试样中仅有一个不符合要求,则进行另一组5个试样的试验,若总燃烧时间在51 s～55 s范围内(对V-0而言),或在251 s～255 s范围内(对V-1、V-2而言),则附加进行另一组5个试样的试验,第二组所有试样应符合相应的技术要求,该厚度的材料才能归类为V-0、V-1或V-2级。

8.1.5 归为V-2及尼龙66材料,其供货状态下的相对黏度(RV)应低于120(测定黏度的方法见8.1.6)。若相对黏度大于或等于120,则成型试样的相对黏度小于供货状态下相对黏度的70%。

8.1.6 测定相对黏度的方法见ASTM D 789的溶解法,采用滴管或Brookfield黏度计。

8.2 试验设备

8.2.1 见5.1、5.2、5.5、5.8、5.10、5.12～5.15、5.20及5.21。

8.3 试样

8.3.1 试样由板材加工而成,或由浇注、注塑、传递模塑等方法制成,加工后清除试样表面的灰尘及废料,试样边沿光滑,按当前ASTM操作制样。

8.3.2 标准棒状试样长125 mm±5 mm,宽13.0 mm±0.5 mm,以最大和最小厚度供样,最大厚度不超过13 mm,若最大和最小厚度试样所得试验结果还不足以代表时,则要对中间厚度的试样进行试验,中间厚度之间的差值不超过3.2 mm,试样边缘光滑,导角半径不超过1.3 mm。

8.3.3 材料范围:若材料的颜色、密度、熔融流动性或增强剂有一变化范围,则需提供代表这一范围的试样。

8.3.4 提供自然色的及被染上最浅色和最深色的试样,如果试验结果基本上相同,附加做一组用特浓的有机颜料染色的试样试验,除非上述的最浅的最深色已包括了该有机颜料的色度,若已知某些颜色的颜料(例如红、黄等)具有特别有害的影响,则也须提供这些颜色的试样。

8.3.5 还须提供熔融流动性和增强剂含量极端状态的试样,如果试验结果基本上相同,则试样作为这些范围的代表,若代表某一范围的所有试样的燃烧特性不同时则测定结果仅限于提供被测的颜色、密度、溶融流动性和增强剂含量的材料,处于中间颜色、密度、熔融流动性和增强剂含量状态和材料可附加试样进行试验。

8.4 处理

8.4.1 两组试样每组5个,按6.1所述进行预处理。

8.4.2 特殊情况下,两组试样每组5个,按6.2所述进行预处理。

例外,工业层压制品可选择125 ℃±1 ℃,24 h条件处理。

8.5 试验步骤

8.5.1 试样垂直放置,沿试样纵向夹住试样顶端6 mm处,使试样底部距试验台面上的干燥医用脱脂棉(50 mm×50 mm)300 mm,棉花未加压厚6 mm(见图4)。

8.5.2 如图3安装调节适合燃烧器的甲烷供气,使其气流速度为105 mL/min,回压低于10 mm水柱,见ASTM D 5207。

8.5.3 调节燃烧器产生 20 mm±1 mm 高的蓝色火焰，可先调节气源及燃烧器的空气入口使其产生约 20 mm 高顶端呈黄色的蓝色火焰，然后加大空气量直至黄色顶端消失，必要时重新测量及调节火焰的高度。

8.5.4 按照 ASTM D 5207 进行火焰校准，每星期至少一次，若气源改变，试验设备替换或数据有疑义等，均需校准火焰。

8.5.5 火焰施加在试样底部中心，燃烧器顶端距试样底部中心 10 mm±1 mm，保持此距离 10 s±0.5 s，在此期间，根据试样的长度或位置的变化移动燃烧器，如果施加火焰期间试样滴融熔或着火物质，为防止滴落物落入燃烧器管，将燃烧器倾斜，角度不大于 45°，并使燃烧器稍微偏离试样正下方。使燃烧器顶部中心与试样剩余部分始终相距 10 mm(不考虑滴落物形成的丝)。施加火焰 10 s 后立即撤走燃烧器 150 mm 远，同时开始测量有焰燃烧时间 t_1，以 s 为单位，记录 t_1。

8.5.6 当试样上火焰熄灭后，立即依前方法再施加火焰，保持燃烧器与试样剩余部分相距 10 mm，施加火焰 10 s，若必要的话，移动燃烧器避免落入滴落物，10 s 后移开燃烧器至少 150 mm 远，同时开始测量有焰燃烧时间 t_2 和灼热燃烧时间 t_3，记录 t_2、t_3。

注 1：若很难区分燃烧和灼热，用镊子夹住 5.13 所述医用棉花(约 50 mm 见方)接触难于区分之处，棉花能点燃，则为有焰燃烧。

注 2：若施加火焰期间火焰熄灭，须立即重新点燃和施加火焰，使总施加火焰时间为 10 s。

8.6 结果

8.6.1 观察并记录如下结果：

a) 第一次施加火焰后的有焰燃烧时间，t_1；

b) 第二次施加火焰后的有焰燃烧时间，t_2；

c) 第二次施加火焰后的灼热燃烧时间，t_3；

d) 试样是否燃烧至试样夹具处；

e) 滴落物是否引燃下面的脱脂棉。

9 500 W(125 mm)垂直燃烧试验 5VA 或 5VB

注：ASTM D 5048、ISO 10351 中涉及 500 W(125 mm)垂直燃烧试验方法。

9.1 试验规范

9.1.1 按 9.2.1～9.6.5 进行小条及板状试样试验，根据其结果，将材料归类为 5VA 或 5VB 级。

9.1.2 归类为 5VA 或 5VB 级的材料同时必须符合 8.1～8.6.1 所述的 V-0、V-1 或 V-2 级材料规范。

9.1.3 表 2 列出材料的级别。

表 2 材料等级

规 范 条 件	5VA	5VB
对每一条状试样施加火焰第 5 次后的有焰燃烧时间与灼热燃烧时间之和	≤60 s	≤60 s
任一条状试样滴落物点燃棉花	否	否
任一板状试样烧穿	否	是

9.1.4 若一组 5 个条状试样中或一组 3 个板状试样中只有一个不符合要求，则另取一组试样进行试验。第二组所有试样必须符合要求，该厚度的材料才能归为 5VA 或 5VB 级。

9.2 试验设备

9.2.1 见 5.1、5.2、5.4、5.5、5.6～5.8、5.10、5.12～5.15、5.20 和 5.21。

9.3 试样

9.3.1 试样可由板材切割而成，或由浇铸、注射、压力、传递或挤出成型等方法制成。切割后消除试样表面灰尘、废料。试样边沿光滑。按当前 ASTM 的实际操作制样。

9.3.2 条状试样长125 mm±5 mm,宽13.0 mm±0.5 mm,以最小厚度供样。板状试样至少(150±5)mm×(150±5)mm,以最小厚度供样,若最小厚度试样的试验结果表明有必要提供厚一些的试样进行试验,最大厚度不超过13 mm,试样边缘光滑,导角半径不超过1.3 mm。

9.3.3 材料范围

若要考虑材料的颜色、密度、熔融流动性或补强的变化范围,则需提供代表这一范围的试样。

9.3.4 条状试样提供自然色(使用中的颜色)及被着上最浅色和最深色的试样,如果其试验结果基本上相同,则这些代表该颜色范围。附加做一组有机颜料含量最高的试样试验,除非上述的最浅色最深色已包括了最高有机颜料的水平,若已知某些颜色的颜料(例如红、黄等)对燃烧特性具有特别重要的影响,则也须提供这些颜色的试样。

9.3.5 板状试样

提供自然色即一般供货颜色的试样,作为该颜色范围的代表。

9.3.6 还须提供熔融流动性和增强剂含量极端状态的试样,如果试验结果基本上相同,则这些试样作为该范围的代表,若代表某一范围的所有试样的燃烧特性不同,则测定仅限于密度、熔融流动性和补强剂含量被测的材料,处于中间密度、熔融流动性和补强含量状态的材料可附加试样进行试验。

9.4 处理

9.4.1 条状试样两组,每组5个,板状试样两组,每组3个,按6.1进行预处理。

9.4.2 特殊情况下,条状试样两组,每组5个,板状试样两组,每组3个,按6.2进行预处理。

9.5 条状试样试验步骤

9.5.1 夹住试样顶端6 mm处并使试样纵轴线垂直,使试样底端距试验在面的医用脱脂棉(50 mm×50 mm)300 mm±10 mm,棉花不加压厚6 mm,见图5。

9.5.2 如图安装调节燃烧器甲烷供气源,使气流速度为965 mL/min,背压为125 mm±25 mm水柱。

9.5.3 在暗室中远离试样点燃燃烧器。燃烧器处于垂直位置,调节气流,调节火焰总高度约125 mm±10 mm,内蓝色锥焰高40 mm±2 mm,用燃烧器固定件固定燃烧器,使其管与垂直方向成20°角,试样窄边面对燃烧器,见图5。

9.5.4 按照ASTM D 5207进行火焰校准,每周至少一次,若气源改变,试验设备替换,数据有疑义等,均需校准火焰。

9.5.5 在试样底角施加火焰,燃烧器管与垂直方向呈20°角,使火焰的内蓝色锥焰顶端接触试样。

9.5.6 施加火焰5 s±0.5 s后移开5 s±0.5 s,如此重复操作5次,试验过程中若试样熔融滴落,收缩或伸长,调节燃烧器使其内蓝色锥焰仍保持与留在试样底角的主要部分相接触。

注:必要时手持燃烧器及其固定件以达至上述条件。

9.5.7 每一试样施加火焰5次后,观察并记录:

a) 有焰燃烧时间和灼热燃烧时间。

b) 滴落物是否点燃棉花。

9.6 板状试样试验步骤

9.6.1 用夹具将试样水平支撑在环形夹上,见图6。

9.6.2 按9.5.2～9.5.4所述调节、校准燃烧器。

9.6.3 火焰与垂直方向呈20°角,施加于板状试样底面中部,火焰的内蓝色锥焰顶端正好接触试样。

9.6.4 施加火焰5 s后移开,重复操作5次,必要时手持燃烧器和夹子使蓝色内焰顶端与板状试样表面保持接触。

9.6.5 施加火焰5次,待有焰燃烧及灼热燃烧均停止后,观察并记录火焰是否烧穿板状试样。

10 辐射板火焰蔓延试验

10.1 试验规范

10.1.1 材料火焰蔓延指数的测定应按 ASTM E 162 进行。

10.1.2 火焰蔓延指数以 4 个试样的火焰蔓延平均值为基础，按表 3 的范围确定。若其平均值低于 50，则为 6 个试样的平均值。

表 3 辐射面板火焰蔓延等级

4 个试样的火焰蔓延平均值	火焰蔓延等级
15 最大值	RP15
25 最大值	RP25
50 最大值	RP50
75 最大值	RP75
100 最大值	RP100
150 最大值	RP150
200 最大值	RP200

10.1.3 该试验提供了测量和比较材料暴露在某规定等级的辐射热中时的表面燃烧性的试验方法，用于测量其表面易受火的影响的材料。

10.2 试样

10.2.1 试样长 460 mm±3 mm，宽 150 mm±3 mm，试样包括厚度范围内的最大和最小厚度，若最大和最小厚度试样的试验结果不能代表该样品时，则要提供中间厚度试样。

10.2.2 材料范围

若要考虑材料的颜色、密度、熔融流动性或补强的变化范围，则需提供代表这一范围的试样。

10.2.3 提供自然色的及被着上最深色的试样，如果其试验结果基本上相同，则这些试样代表该颜色范围。附加做一组有机颜料含量最高的试样的试验，除非上述的最深色已包括了最高有机颜料的水平，若已知某些颜色的颜料(例如红、黄等)具有特别重要的影响，则也须提供这些颜色的试样。

10.2.4 如果试验结果基本上相同，还须提供代表熔融流动性和增强剂含量极端状态的试样。若代表某一范围的所有试样的燃烧性不同，则测定仅限于颜色、密度、熔融流动性和补强剂含量被测的材料，处于中间颜色、密度、熔融流动性或增强剂有一变化范围，则需提供代表这一范围的试样。

11 薄型材料垂直燃烧试验

注：ASTM D 4804、ISO 9773 中涉及薄型材料垂直燃烧试验方法。

11.1 试验规范

11.1.1 当材料按第 8 章所述 20 mm 垂直燃烧试验 V-0、V-1 或 V-2 方法进行试验时，材料由于过薄而变形，收缩或一直燃烧到试样夹具处，检测到试样不符合 20 mm 垂直燃烧试验要求，对这些材料可用本试验方法，但材料具有能使一个长 200 mm、宽 50 mm 的试样围着一根直径为 13 mm 芯轴纵向卷绕的物理性能(见 11.3.2)。

11.1.2 卷绕成圆柱形的试样按 11.2.1～11.5.6 试验，材料根据所得结果归类为 VTM-0、VTM-1 和 VTM-2 级。

11.1.3 表 4 为材料的分类等级。

表 4 材料等级

规 范 条 件	VTM-0	VTM-1	VTM-2
每个试样的有焰燃烧时间 t_1 或 t_2	≤10 s	≤30 s	≤30 s
任何一组试样总的有焰燃烧时间(5 个试样的 t_1+t_2)	≤50 s	≤250 s	≤250 s
第二次施加火焰后任何试样的有焰燃烧时间加灼热燃烧时间(t_2+t_3)	≤30 s	≤60 s	≤60 s
任何试样有焰燃烧或灼热燃烧到 125 mm 标记线	否	否	否
滴落物点燃棉花	否	否	是

11.1.4 若一组 5 个试样中只有一个试样不符合 11.1.3 所述要求，或者燃烧的总时间，对 VTM-0 级在 51 s～55 s 之间，对 VTM-1 或 VTM-2 级在 251 s～255 s 之间，则进行另一组 5 个试样的试验。第二组的所有试样必须全部符合要求，该厚度的材料才能归为 VTM-0、VTM-1 和 VTM-2 级。

11.2 试验设备

11.2.1 见第 5.1、5.2、5.5～5.8、5.10、5.12～5.17、5.20 和 50.21。

11.3 试样

11.3.1 试样由板材或薄膜切割而成，长 200 mm±5 mm、宽 50 mm±1 mm，试样取厚度范围内的最大和最小厚度，若最大和最小厚度试样试验结果不能代表该样品时，则应提供中间厚度试样进行试验。

11.3.2 在切割的试样上距一端底端 125 mm 处划一条横贯试样宽度的标记线，沿试样纵向将其紧紧卷绕在一直径为 12.7 mm±0.5 mm 的轴芯上，形成一个 200 mm 长的有搭接的圆筒，125 mm 标记线露在外边，试样的搭接部在 125 mm 标记线的上部 75 mm 范围内用压敏粘带固定而后取走轴芯。

注：若材料易产生静电而难于形成圆筒状，则要设法用适当的装置或材料使未成形的试样消除静电。

11.3.3 不同类的材料，虽都可围着轴芯卷绕并用粘带固定，但在试样固定端可不同程度地向外展开，其中有些形成非重叠的 U 形试样。但只要上端能形成圆筒，这些形状都可认为能进行试验，见图 7。

另外，对于刚性试样，可在试样上端 75 mm 内用镍线缠绕加强或取代压敏粘带。

11.3.4 材料范围

若要考虑材料的颜色、密度、熔融流动性或补强的变化范围，则需提供代表这一范围的试样。

11.3.5 提供自然色的及被着上最浅色和最深色的试样，如果其试验结果基本上相同，则这些试样代表该颜色范围。附加做一组有机颜料含量最高的试样的试验，除非上述的最浅色和最深色已包括了最高有机颜料的水平，若已知某些颜色的颜料(例如红、黄等)具有特别重要的影响，则也须提供这些颜色的试样。

11.3.6 还须提供熔融流动性和增强剂含量极端状态的试样，如果试验结果基本上相同，则这些试样作为该范围的代表，若代表某一范围的所有试样的燃烧性不同，则测定仅限于颜色、密度、熔融流动性和补强剂含量补测的材料，处于中间颜色、密度、熔融流动性和补强含量状态的材料可附加试样进行试验。

11.4 处理

11.4.1 两组试样，每组 5 个，按 6.1 所述进行预处理。

11.4.2 特殊情况下，两组试样，每组 5 个，按 6.2 所述进行预处理。

注：筒状试样在预处理前后制成均可。

11.5 试验步骤

11.5.1 试样沿纵向垂直放置，用一强力弹簧夹夹住试样上端 6 mm 处，使顶端封闭，以避免试验期间发生烟囱效应，试样底端距试验台平铺的医用脱脂棉 300 mm，该棉花面积为 50 mm×50 mm，最大厚度为 6 mm。见图 7。

11.5.2 如图 3 安装调节适合燃烧器的甲烷供气，使其气流速度为 105 mL/min，背压低于 10 mm 水柱，见 ASTM D 5207。

11.5.3 调节燃烧器产生 20 mm±1 mm 高的蓝色火焰。先调节气源和空气入口，产生约 20 mm±1 mm 高顶端呈黄色的蓝色火焰，加大空气量直至黄色顶端消失，若必要的话，重新测量及调节火焰高度。

11.5.4 按 ASTM D 5207 进行火焰校准，每周至少一次，当气源改变，试验设备替换或数据有疑义时须校准火焰。

11.5.5 施加火焰于试样未重叠部分底端的中点，燃烧器顶端距试样下端 10 mm±1 mm，保持这一距离 3 s±0.5 s，在此期间，根据试样的长度或位置的变化移动燃烧器，如果施加火焰期间试样滴落融熔或着火物质，为防止滴落物落入燃烧器管，将燃烧器倾斜，角度不大于 45°，并使燃烧器稍微偏离试样正下方。使燃烧器顶部中心与试样剩余部分始终相距 10 mm±1 mm(不考虑滴落物形成的丝)。施加火焰 3 s±0.5 s 后立即撤走燃烧器至少 150 mm 远。同时开始测量有焰燃烧时间 t_1，以 s 为单位，记录 t_1。

注：对于下端不能搭接的试样，应将火焰与试样的纵轴对齐。

11.5.6 当试样的有焰燃烧中止时，立即对试样再次施加火焰，保持燃烧器和剩余试样的距离为 10 mm±1 mm，移动燃烧器以避免滴落物，施加火焰 3 s±0.5 s 后撤离燃烧器至少 150 mm 远。同时开始测量试样有焰燃烧时间 t_2 和灼热燃烧时间 t_3，并记录 t_2、t_3。

11.6 试验结果

11.6.1 观察并记录如下结果：

a) 第一次施加火焰后的有焰燃烧时间 t_1。

b) 第二次施加火焰后的有焰燃烧时间 t_2。

c) 第二次施加火焰后的灼热燃烧时间 t_3。

d) 是否燃烧到 125 mm 标记线。

e) 滴落物是否点燃棉花。

12 泡沫塑料水平燃烧试验

注：ASTM D 4986、ISO/DIS 9772.3 中涉及塑料水平燃烧试验方法。

12.1 试验规范

12.1.1 该试验适用于各种电气装置和设备中用作非结构部件用泡沫塑料。

12.1.2 该试验不适用于作为建筑结构及装饰的泡沫材料。

12.1.3 小试样按 12.2.1～12.6.2 进行试验，材料根据所得结果归类为 HBF、HF-1 或 HF-2 级。

12.1.4 HBF 材料须满足下列要求：

a) 任何试样在 100 mm 的跨距内，燃烧速度不超过 40 mm/min，或

b) 每个试样的有焰燃烧和灼热燃烧在到达 125 mm 标记线之前即终止。

12.1.5 若一组 5 个试样中只有一个不符合 12.1.4 的要求，则另取一组经过相同条件处理的 5 个试样进行试验，第二组所有试样须全部符合 12.1.4 的要求，该厚度及密度的材料才能归为 HBF 级。

12.1.6 归类 HF-1、HF-2 级材料须符合表 5 所列要求。

表 5 材料等级

规范条件	HF-1	HF-2
有焰燃烧时间	4/5，≤2 s	4/5，≤2 s
	1/5，≤10 s	1/5，≤10 s
任何试样的灼热燃烧时间	≤30 s	≤30 s
滴落物点燃棉花	否	是
任何试样烧坏长度	<60 mm	<60 mm

注：4/5 为一组 5 个试样中的 4 个；1/5 为一组 5 个试样中的一个。

12.1.7 若一组5个试样中由于下列情况之一而不符合12.1.6要求，则另取一组经过相同条件处理的5个试样进行试验。

a) 只有一个试样有焰燃烧时间超过10 s；

b) 两个试样有焰燃烧时间超过2 s，但不足10 s；

c) 一个试样有焰燃烧时间超过2 s，不足10 s，另一试样有焰燃烧时间超过10 s；

d) 一个试样不符合12.1.6中的其他要求。

12.1.8 第二组的所有试样须全部符合12.1.6的要求，该厚度和密度的材料才能归为HF-1或HF-2级。

12.2 试验设备

12.2.1 见5.1～5.3、5.5～5.8、5.10、5.12～5.15、5.18和5.19。

12.3 试样

12.3.1 试样从有代表性的材料切割而成，小心地清除试样表面的灰尘及废料。

12.3.2 标准尺寸试样长150 mm±5 mm，宽50 mm±1 mm，厚度取试样所考虑范围的最大和最小厚度。该试验用试样最大厚度为13 mm。如果从最小或最大厚度得到的结果与试验结果相矛盾，取中间厚度试样进行试验，中间厚度间差值不超过6 mm，最大宽度不超过50 mm，试样边沿光滑，导角半径不超过2 mm。

12.3.3 材料范围

如果要考虑被测材料的密度或颜色的范围，则应提供密度或颜色极端状态的试样。若其试验结果基本相同，则这些试样可作为该范围的代表。当已知某些颜色的颜料(如红、黄等)有特别重要的影响，则也应提供这些颜色的试样。

12.3.4 若材料一面或两面有高密度表面的泡沫材料，提供典型试样，若考虑表面密度的范围，提供试样有代表性的范围。

12.3.5 若材料为一面或两面表层密度高的泡沫材料，则应提供一面有胶粘剂的试样。

12.4 处理

12.4.1 两组试样，每组5个，按6.1所述进行预处理。

12.4.2 特殊情况下，两组试样，每组5个，按6.2所述进行预处理。

12.5 试验步骤

12.5.1 用如图8的支架支承金属网，调节其高度使主要部分水平，距燃烧器喷嘴口顶部13 mm±1 mm，距下方平铺的50 mm×50 mm医用脱脂棉127 mm±25 mm，该棉层最大自由厚度为6 mm，置于金属网前部上折端的下方。

12.5.2 距每个试样一端25 mm，60 mm，125 mm处沿宽度方向划三条标记线。

12.5.3 试样平放于金属网上，标记线朝上，靠近80 mm标记线一端与金属网上折端接触。

注1：当试验一面表层密度高的试样时，该面朝下，当试验一面有胶粘剂的试样时，该面朝下。

注2：若每次试验不是都使用新的金属网，则在进行试验前应将前面各次试验留在金属网上的残余物烧净，并使该网冷却。

12.5.4 带有翼形喷嘴的燃烧器远离试样点燃，在弱光下调节形成一个38 mm±1 mm高的蓝色火焰。调节燃烧器产生38 mm±2 mm高的蓝色火焰。调节气源和燃烧器空气入口，产生约38 mm±2 mm高顶端呈黄色的蓝色火焰，加大空气量直至黄色顶端消失，若必要的话，重新测量及调节火焰高度。

12.5.5 迅速移动燃烧器至金属网，施加火焰于支撑试样的金属网上折端的下方，并使火焰一边缘与金属网上折端对齐，另一边缘伸入到试样的前端，如图9所示。

注：燃烧器喷嘴口宽度中心应与试样纵轴在一直线上。

12.5.6　施加火焰 60 s±1 s 后撤离燃烧器至少 100 mm 远，同时启动计时器。

12.5.7　当火焰前沿到达 25 mm 标记线时用另一计时器开始记时，不管此时火焰位于试样的底部、顶端或边缘。

注：在施加火焰 60 s 内，火焰前沿已到达 25 mm 标记线处，此时要启动计时器。

12.5.8　记录下列时间：

a)　火焰终止(有焰燃烧时间)。

b)　火焰和灼热终止(灼热燃烧时间)。

c)　火焰或灼热前沿到达 125 mm 标记线的时间，或火焰或灼热前沿到达 125 mm 标记线前即终止的时间。

12.6　试验结果

12.6.1　对考虑归类为 HBF 级的材料，观察并记录如下结果：

a)　从 25 mm～125 mm 标记线或火焰或灼热终止时的时间 t_b(s)，用第三个记时器记录。

b)　从 25 mm 标记线到火焰或灼热终止，或火焰前沿到达 125 mm 标记线处。

c)　根据下列公式计算燃烧速度：

$$BR = 60(L_b/t_b)$$

式中：

L_b——试样燃烧长度，单位为毫米(mm)；

BR——燃烧速度，单位为毫米每秒(mm/s)。

12.6.2　对考虑归类为 HF-1 和 HF-2 级的材料观察并记录如下结果：

a)　记录 12.5.8 的时间。

b)　60 mm 标记线前试样燃烧长度，或 60 mm 标记线是否被超过。

c)　滴落物是否点燃棉花。

单位为毫米

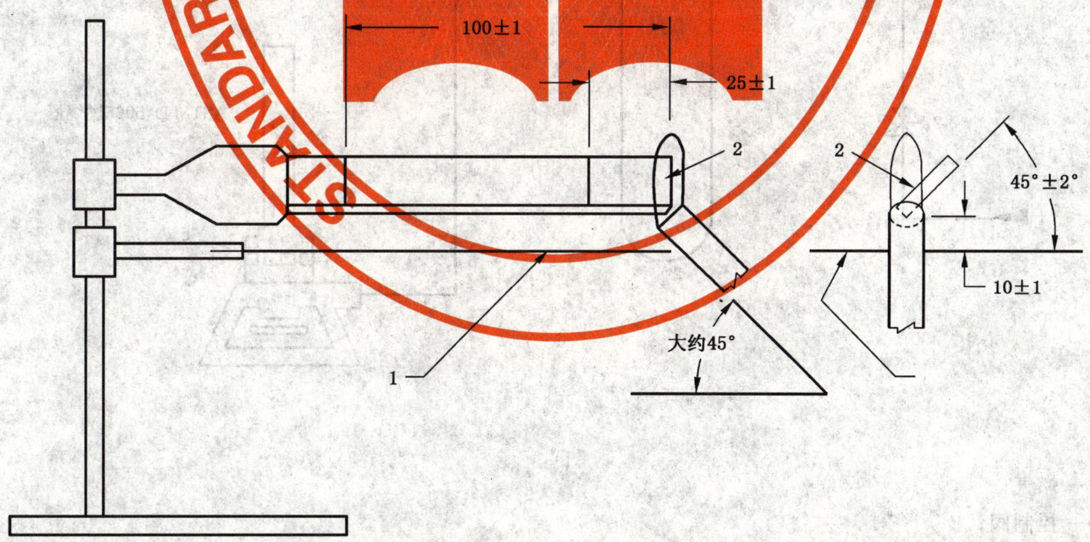

1——金属网；

2——试样。

图 1　HB 级水平燃烧试验

单位为毫米

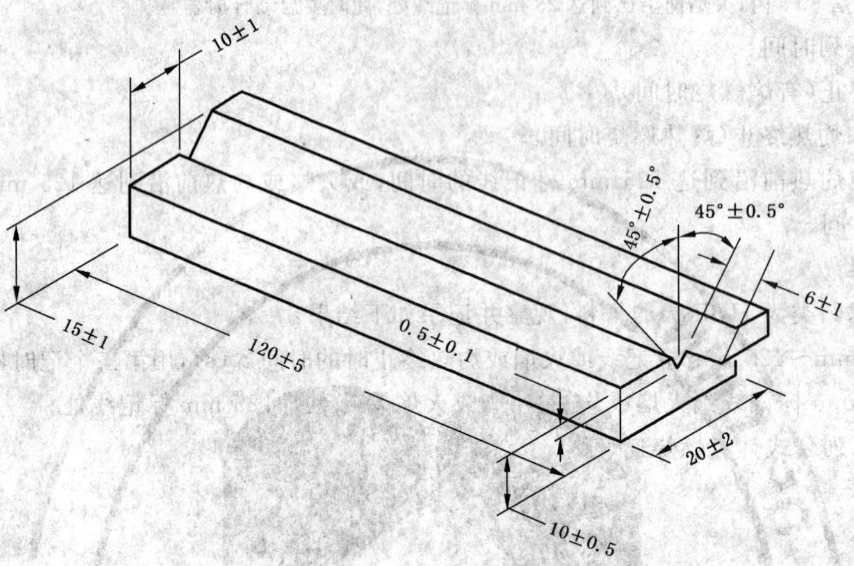

图 2　柔软材料支撑架

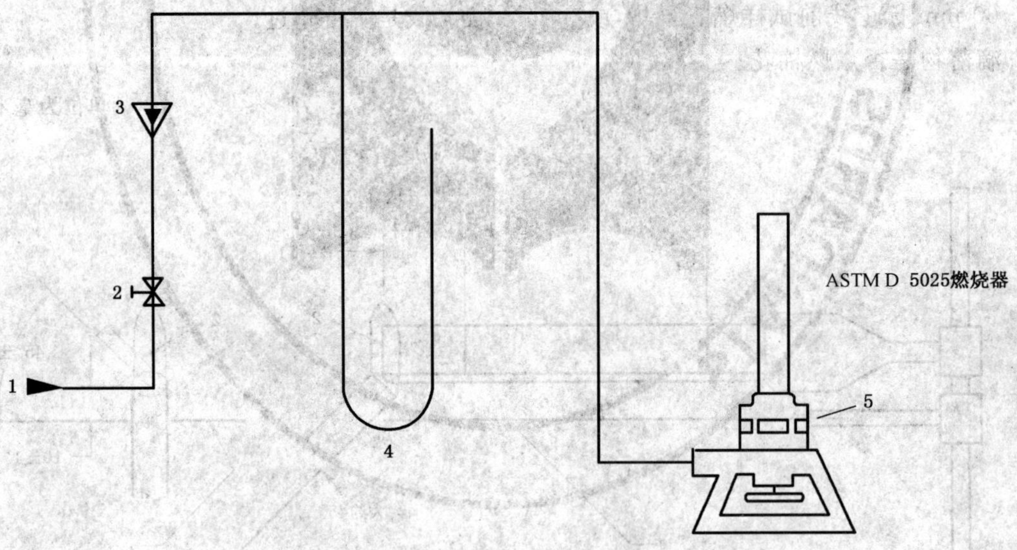

1——燃气；
2——控制阀；
3——流量计；
4——压力计；
5——可调节空气进气口。

图 3　燃烧器供气装置

单位为毫米

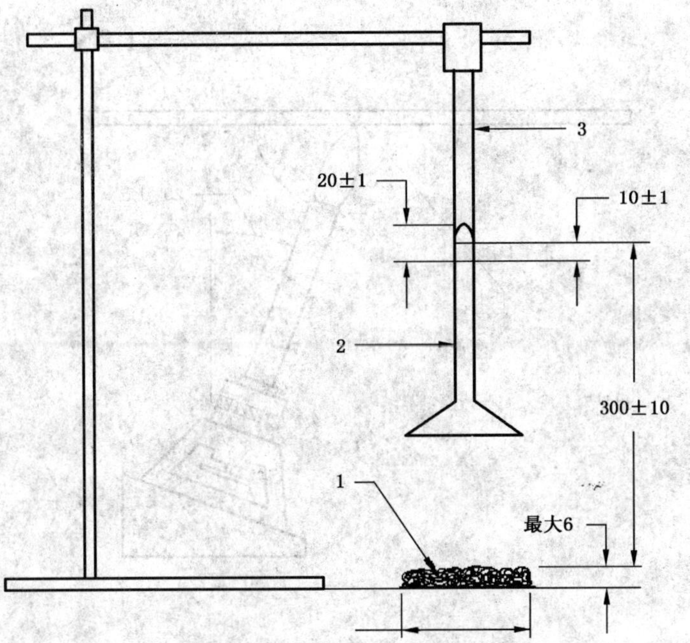

1——棉花；
2——燃烧器；
3——试样。

图 4 V-0,V-1,V-2 级垂直燃烧试验

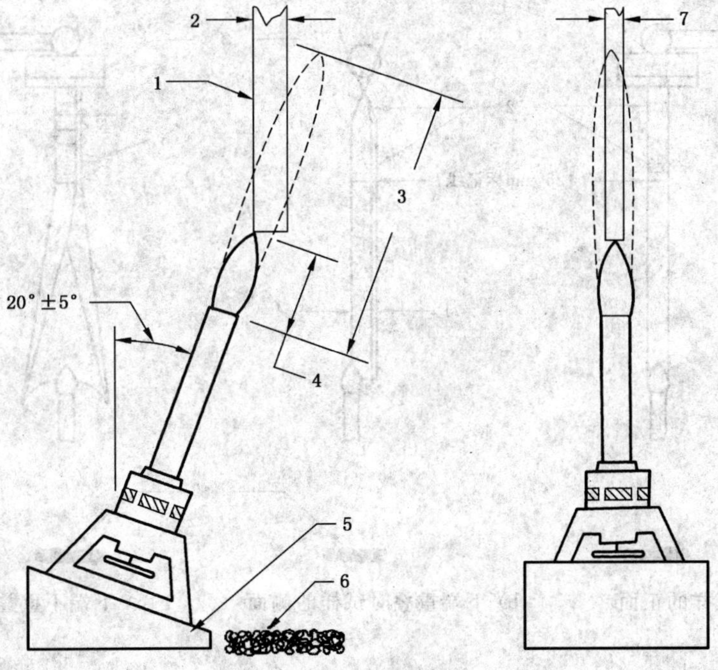

1——试样；
2——宽度；
3——火焰高度；
4——中心蓝色火锥；
5——台座；
6——棉花；
7——厚度。

图 5 棒状试样 5VA,5VB 级垂直燃烧试验

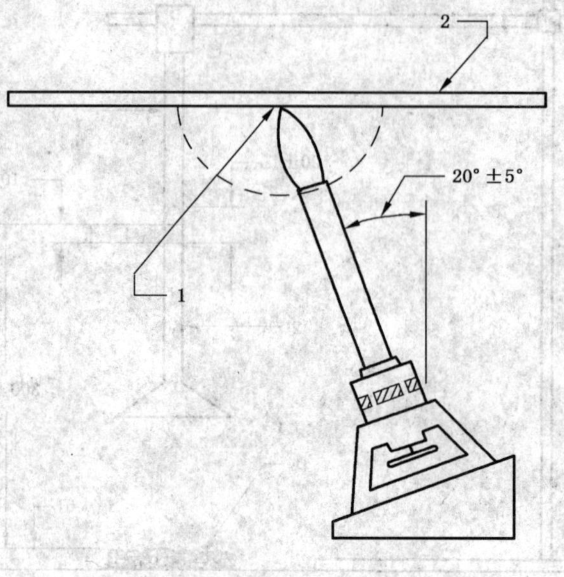

1——中心；
2——板。

图 6　板状试样 5VA,5VB 级垂直燃烧试验

单位为毫米

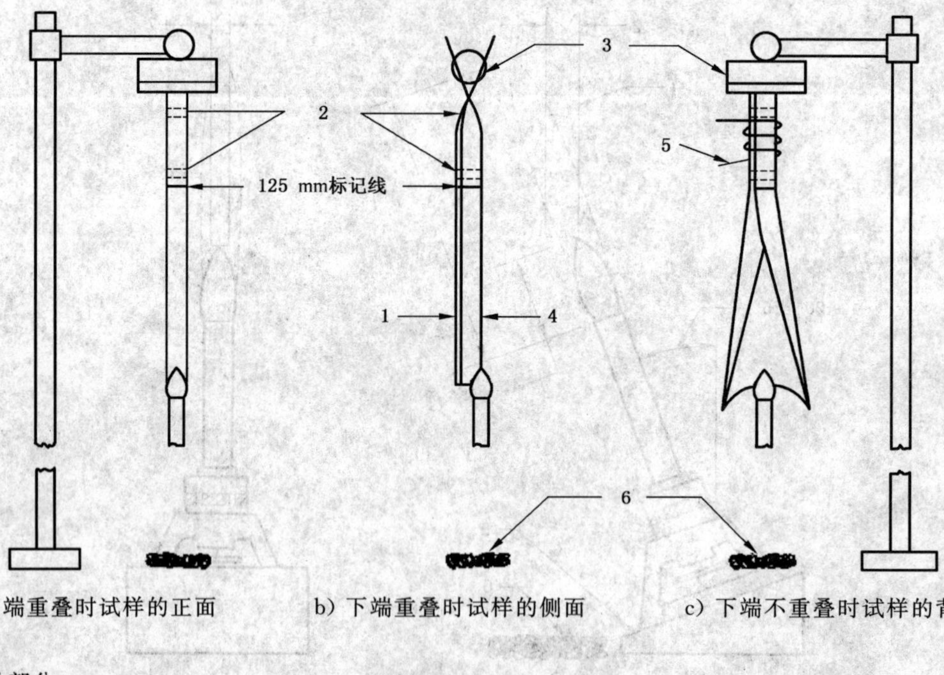

a) 下端重叠时试样的正面　　b) 下端重叠时试样的侧面　　c) 下端不重叠时试样的背面

1——重叠部分；
2——缠绕带；
3——弹簧夹；
4——未重叠部分；
5——镍铬丝锁合；
6——棉花。

图 7　定位试样

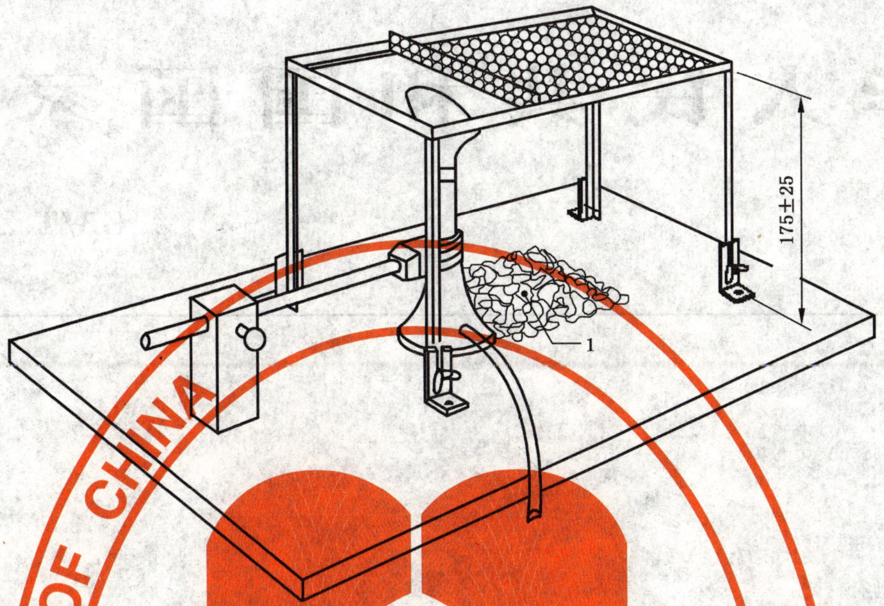

1——棉花指示器。

图 8 泡沫材料支撑架

单位为毫米

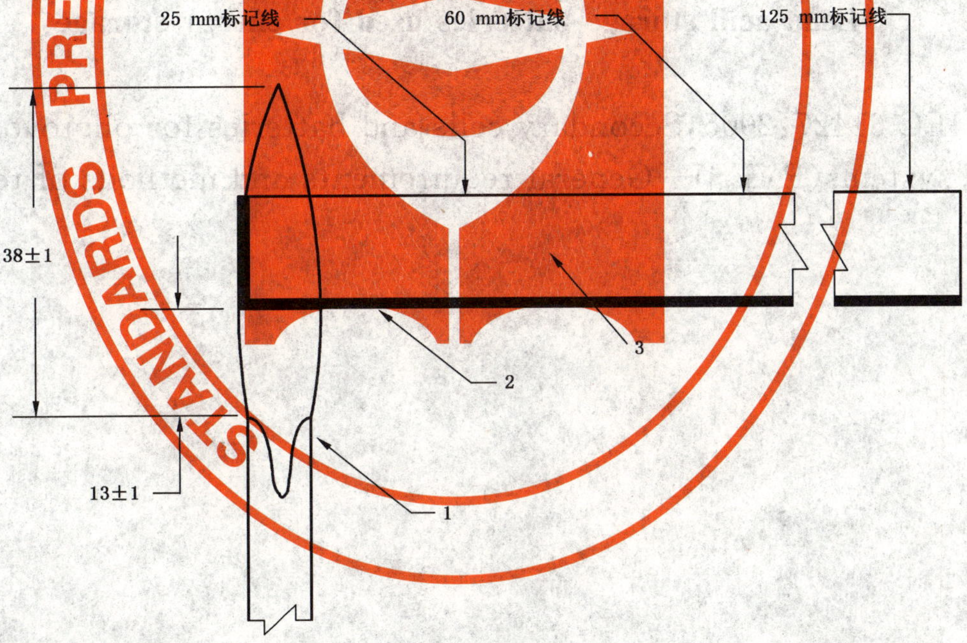

1——燃烧器翼形端部；

2——金属网覆盖层；

3——泡沫试样。

图 9 HF-1 或 HF-2 级水平燃烧

STANDARDS PRESS OF CHINA

ICS 29.220.20
K 84

中华人民共和国国家标准

GB/T 22473—2008

储能用铅酸蓄电池

Lead-acid storage batteries used for energy storage

(IEC 61427:2005,Secondary cells and batteries for photovoltaic energy systems(PVES)—General requirements and methods of test,NEQ)

2008-10-29 发布 2009-10-01 实施

中华人民共和国国家质量监督检验检疫总局
中国国家标准化管理委员会 发布

前　言

本标准对应于 IEC 61427:2005《太阳能光伏能量系统用蓄电池和蓄电池组　一般要求和测试方法》，与 IEC 61427:2005 的一致性程度为非等效，主要差异如下：

——按照我国国情对于 IEC 61427:2005 的部分章、条进行重新编排；

——增加"产品分类"；

——增加"低温容量"；

——增加"容量一致性"；

——增加"密封性能"；

——增加"水损耗"；

——增加"检验规则"；

——增加"标志、包装、运输、贮存"；

——修改"充电接受能力"；

——修改"运行环境"；

——删除"非酸性电解质蓄电池(镉镍蓄电池)"项目技术要求和试验方法。

本标准由中国电器工业协会提出。

本标准由全国铅酸蓄电池标准化技术委员会(SAC/TC 69)归口。

本标准主要起草单位：沈阳蓄电池研究所、山东圣阳电源股份有限公司、江苏双登集团有限公司、浙江古越蓄电池有限公司、浙江南都电源动力股份有限公司、绍兴汇同蓄电池有限公司、江苏福力特电源有限公司、上海复鑫电源科技有限公司、超威电源有限公司、浙江天能电池有限公司、江苏统博电气有限公司、丰日电器集团股份有限公司、江苏优德电源科技有限公司、江苏舜天松日新能源科技有限公司。

本部分主要起草人：陈玉松、周庆申、王景川、曹苗根、李春林、朱文武、朱明海、向炳恩、周明明、杨元玲、刘粤荣、宋永江、钱学海、钱照旺。

储能用铅酸蓄电池

1 范围

本标准规定了供太阳能发电设备和风力发电机以及其他可再生能源的储能用铅酸蓄电池的产品分类、技术要求、试验条件、试验方法、检验规则、标志、包装、运输贮存等。

本标准适用于额定电压为 2 V,6 V 和 12 V,储能用铅酸蓄电池(以下简称蓄电池)。

2 规范性引用文件

下列文件中的条款通过本标准的引用而成为本标准的条款。凡是注日期的引用文件,其随后所有的修改单(不包括勘误的内容)或修订版均不适用于本标准,然而,鼓励根据本标准达成协议的各方研究是否可使用这些文件的最新版本。凡是不注日期的引用文件,其最新版本适用于本标准。

GB/T 2900.11 蓄电池名词术语(GB/T 2900.11—1988,eqv IEC 60486:1986)

3 术语、定义和符号

排气式储能用铅酸蓄电池 vented lead-acid batteries for energy storage

电池盖上有能够补液和析出气体装置的蓄电池(简称:排气式蓄电池)。

阀控式储能用铅酸蓄电池 valve-regulated lead-acid batteries for energy storage

各个电池是密封的,但都带有在内压超出预定值时允许气体逸出的阀的储能用铅酸蓄电池(简称:阀控式蓄电池)。

注:这种电池在正常情况下不能添加电解液。

蓄电池周围温度 ambient temperature of batteries

蓄电池外壁距离 5 cm 以内的温度。

C_{10}——10 h 率额定容量,单位为安时(Ah)。

C_{120}——120 h 率额定容量,单位为安时(Ah)。

I_{10}——10 h 率放电电流,数值为 $C_{10}/10$,单位为安培(A)。

I_{120}——120 h 率放电电流,数值为 $C_{120}/120$,单位为安培(A)。

C_e——实际容量,单位为安时(Ah)。

I_{ca}——充电接受能力试验在充电到 10 min 的电流值,单位为安培(A)。

4 产品分类

4.1 产品名称及定义

×-CN F-×××

- ××× —— 10 h 率额定容量
- F —— 阀控式
- N —— 储能
- × —— 蓄电池单体数目,每单体为 2 V

例如:6-CNF-100 含义:6 个单体,12 V,储能阀控式,10 h 率额定容量 100 Ah。

4.2 产品的型号、规格及容量

蓄电池产品的型号、规格及尺寸、10 h 率容量、120 h 率容量应符合表 1 中技术要求。

表 1

型号	额定电压/V	10 h 率额定容量/Ah	120 h 率额定容量/Ah	最大外形尺寸/mm		
				长	宽	高
6-CN-10	12	10	14	155	100	103
6-CN-20	12	20	24	193	168	134
6-CN-60	12	60	60	270	173	235
6-CN-65	12	65	72	350	166	174
6-CN-100	12	100	120	410	177	240
6-CN-150	12	150	180	513	222	250
6-CN-200	12	200	240	521	278	270
CN-300	2	300	360	175	155	370
CN-400	2	400	480	215	175	370
CN-500	2	500	600	245	175	370
CN-1 000	2	1 000	1 200	480	175	370
CN-2 000	2	2 000	2 400	500	355	370
CN-3 000	2	3 000	3 600	710	355	370

5 技术要求

5.1 运行环境

蓄电池必须在下列环境中平稳运行：温度：−30 ℃～50 ℃、湿度小于 90%、最高海拔高度 4 500 m。

5.2 容量

5.2.1 10 h 率容量

蓄电池按 7.2.1 试验时，10 h 率实际容量在第六次或之前应不低于额定容量 C_{10}。

5.2.2 低温容量

蓄电池按 7.2.2 试验时，10 h 率实际容量在第四次或之前应不低于额定容量的 80%。

5.2.3 120 h 率容量

蓄电池按 7.2.3 试验时，120 h 率实际容量在第七次或之前应不低于额定容量的 90%。

5.3 容量一致性

同批蓄电池 120 h 率容量试验时，最大实际容量与最小实际容量差值不应大于 5%。

5.4 密封性能

蓄电池按 7.4 试验时，蓄电池在与空气隔断后 5 s 内电池内部压力稳定不变。

5.5 充电接受能力

蓄电池按 7.5 试验时，充电电流 I_{ca} 与 $C_{10}/10$ 的比值，排气式蓄电池不应小于 3.0；阀控式蓄电池不应小于 2.0。

5.6 荷电保持能力

完全充电的蓄电池在环境温度为 25 ℃±2 ℃开路贮存 28 d，贮存后剩余容量不应低于 10 h 率实际容量的 85%。

5.7 水损耗

蓄电池按 7.7 试验时，按实际容量 C_e 计算，蓄电池质量损失不得大于 2 g/Ah。

5.8　循环耐久能力

蓄电池按 7.8 试验时，阀控式蓄电池循环周期 3 次；排气式蓄电池循环周期 4 次。

6　试验条件

6.1　测量仪器的精度

6.1.1　仪表量程

所用的仪表量程随被测电压和电流的量值而定，指针式仪表读数应在量程的后三分之一范围内。

6.1.2　电压测量

电压测量用的仪表准确度等级不应低于 0.5 级，内阻不应小于 1 kΩ/V。

6.1.3　电流测量

电流测量用的仪表准确度等级不应低于 0.5 级。

6.1.4　温度测量

温度测量用的温度计应具有适当的量程，其分度值不应大于 1 ℃，精度不低于 0.5 ℃。

6.1.5　电解液密度测量

电解液密度测量用的密度计应具有适当的量程，其分度值不应大于 0.005 g/cm^3。

6.1.6　时间测量

时间测量用的仪表应按时、分、秒分度，至少应具有±1%的准确度。

6.1.7　尺寸测量

尺寸测量用的量具，其分度值不应大于 1 mm。

6.1.8　密封性能测量

密封性能测量用的仪表，精度应不低于 0.25 级。

6.1.9　质量测定

称量蓄电池质量的衡器，应具有±0.05%以上的精度。

6.2　电解液

6.2.1　用于试验的完全充电排气式蓄电池的电解液密度为 1.260 g/cm^3 ±0.005 g/cm^3（25 ℃），也可执行制造厂规定。

6.2.2　蓄电池在完全充电状态时，电解液液面高度应高于保护板 15 mm～20 mm，也可执行制造厂规定。

6.2.3　电解液应符合 JB/T 10052 标准的规定。

6.2.4　蓄电池用水应符合 JB/T 10053 标准的规定。

6.3　试验前的准备

试验应在新的完全充电的蓄电池上进行。

6.3.1　蓄电池的完全充电

6.3.1.1　排气式蓄电池

a)　蓄电池在 20 ℃～25 ℃条件下，初充电用 0.50I_{10}（A）电流；补充电用 0.70I_{10}（A）电流充电。当单体蓄电池平均电压达到 2.40 V 时，初充电改用 0.25I_{10}（A）电流；补充电改用 0.35（A）电流充电。在充电末期连续 2 h 内蓄电池端电压变化每小时不大于 0.05 V，电解液密度无明显变化，认为蓄电池是完全充电。

b)　按制造厂规定的技术条件进行充电。

c)　调整蓄电池电解液密度至 1.260 g/cm^3 ±0.005 g/cm^3（25 ℃）。

6.3.1.2　阀控式蓄电池

a)　蓄电池在 20 ℃～25 ℃条件下，以单体蓄电池 2.40 V±0.01 V（限流 2.5I_{10}）的恒电压充电至电流值 5 h 稳定不变时，认为蓄电池是完全充电。

b) 按制造厂规定的技术条件进行充电。

7 试验方法

7.1 尺寸检查

用分度值为 1 mm 的直尺及量具检查蓄电池外形尺寸。

7.2 容量试验

7.2.1 10 h 率容量

将完全充电蓄电池在充电结束后 1 h～24 h 内，蓄电池用 I_{10}(A)电流放电，电池周围温度保持在 25 ℃±5 ℃之间。在放电时间内电流值的变化应不大于 1%，放电过程中每隔 1 h 记录一次蓄电池电压；每隔 2 h 记录一次蓄电池周围温度。当蓄电池单体电压达到 1.90 V 时，每隔 5 min 记录一次，当蓄电池单体电压达到 1.80 V 时，停止放电并记录放电时间和周围温度。并按公式(1)换算到基准温度 25 ℃时的实际容量。

$$C_e = \frac{I_n \times T}{1+\lambda(t-25)} \quad \cdots\cdots(1)$$

式中：

C_e——实际容量，单位为安时(Ah)；

I_n——10 h 率放电电流或 120 率放电电流，单位为安培(A)；

T——初始温度为 t 时放电时间，单位为小时(h)；

t——初始温度，单位为摄氏度(℃)；

λ——0.006；10 h 率容量温度系数，单位为每摄氏度℃$^{-1}$。

试验后，蓄电池应再次完全充电。

7.2.2 低温容量

将完全充电蓄电池在充电结束后 1 h 内，置于－10 ℃±2 ℃环境中 10 h 以上，用 I_{10}(A)电流进行放电，电池周围温度保持在－10 ℃±2 ℃之间。在放电时间内电流值的变化应不大于 1%，放电过程中每隔 2 h 记录一次蓄电池电压。当电压达到 1.90 V 时，每隔 5 min 记录一次，当电压达到 1.80 V 时，停止放电并记录放电时间。

7.2.3 120 h 率容量

将完全充电蓄电池在充电结束后 1 h～24 h 内，蓄电池用 I_{120}(A)电流放电，电池周围温度保持在 25 ℃±5 ℃之间。在放电时间内电流值的变化应不大于 1%，放电过程中每隔 10 h 记录一次蓄电池电压；每隔 20 h 记录一次蓄电池周围温度。当蓄电池单体电压达到 1.95 V 时，每隔 30 min 记录一次，当蓄电池单体电压达到 1.85 V 时，停止放电并记录放电时间。并按公式(1)换算到基准温度 25 ℃时的实际容量。

7.3 容量一致性

蓄电池按 7.2.2 进行 120 h 率容量试验后，抽取第二次 120 h 率容量试验中的四只蓄电池之中，实际容量最大与最小的两只蓄电池按公式(2) 计算容量一致性 C_d。

$$C_d = \frac{C_{max}-C_{min}}{C_{120}} \times 100\% \quad \cdots\cdots(2)$$

式中：

C_d——第二次 120 h 率容量试验，容量差值；

C_{max}——第二次 120 h 率容量试验，四只蓄电池中实际容量最大值；

C_{min}——第二次 120 h 率容量试验，四只蓄电池中实际容量最小值。

7.4 密封性能

7.4.1 用于密封性能试验的排气式蓄电池应是装配完整的，未灌注电解液的蓄电池。

7.4.2 将未注电解液的蓄电池依次注入压缩空气，当压力大于等于 25 kPa 时，保压 5 s，观察压力表的变化。

7.4.3 密封性能试验检验合格的蓄电池方能进行蓄电池其他性能试验。

7.5 充电接受能力

7.5.1 完全充电蓄电池在充电结束后 1 h～5 h 内，蓄电池用 I_0(A)电流放电 5 h。

7.5.2 I_0 按式(3)计算：

$$I_0 = C_e/10(\mathrm{A}) \qquad (3)$$

式中：

C_e——为 10 小时率三次容量试验中最大值。

7.5.3 放电结束后，将蓄电池放入温度为 0 ℃±1 ℃的低温箱或低温室内至少 20 h～25 h。

7.5.4 蓄电池在低温箱或低温室内取出 1 min 内，蓄电池用恒压 14.40 V±0.10 V 充电，环境充电过程中每隔 1 min 记录一次蓄电池充电电流值，第 10 min 测计充电电流 I_{ca}。

7.6 荷电保持能力

7.6.1 用于荷电保持能力试验的蓄电池应符合 6.3 规定，并在完全充电的蓄电池上进行。

7.6.2 按 7.2.1 进行 10 h 率容量试验，记录所放出实际容量，并进行完全充电，进行下一步试验。

7.6.3 将蓄电池调整好电解液密度及液面高度，并擦净蓄电池表面残迹，在蓄电池环境温度为 20 ℃±5 ℃开路贮存 28 d。

7.6.4 开路贮存 28 d 后，在不充电条件下按 7.2.1 进行 10 h 率容量试验并记录贮存后的剩余容量。

注：阀控式蓄电池不调整电解液密度及液面。

7.7 水损耗

7.7.1 蓄电池完全充电后，擦净蓄电池全部表面，干燥并称量质量到±0.05%。

7.7.2 然后蓄电池在环境温度为 40 ℃±3 ℃以恒压 14.4 V±0.1 V 充电 500 h。

7.7.3 蓄电池充电结束后，立即按 6.1.9 要求称量质量，计算因电解液减少所导致的质量损耗。

7.8 循环耐久能力

7.8.1 用于循环耐久能力试验的蓄电池应符合 6.3 规定，并在完全充电的蓄电池上进行。

7.8.2 将蓄电池置于周围温度 40 ℃±3 ℃环境之中保持 16 h，然后进行试验。整个试验过程中蓄电池周围温度保持在 40 ℃±3 ℃之间。

7.8.3 试验步骤

7.8.3.1 第一阶段(低充电、浅循环)

a) 以 I_{10}(A)电流，放电 9 h；

注：蓄电池电压低于 1.75 V，停止放电。

b) 以 $1.03I_{10}$(A)电流，充电 3 h；

c) 以 I_{10}(A)电流，放电 3 h；

d) 重复 b)，c)步骤 49 次。然后蓄电池完全充电，进行下一阶段试验。

7.8.3.2 第二阶段试验(高充电、浅循环)

e) 以 $1.25I_{10}$(A)电流，放电 2 h；

f) 以 I_{10}(A)电流，充电 6 h；

注：蓄电池充电电压限制在每一单体 2.4 V 以下，除非制造商另有规定。

g) 重复 e)，f)步骤 99 次。然后蓄电池完全充电，进行下一阶段试验。

7.8.3.3 第三阶段试验(10 h 率容量检查放电)

蓄电池由第一阶段试验和第二阶段试验循环 150 次组成一个周期，然后按 7.2.1 进行 10 h 率容量试验，如果实际容量大于额定容量 80%进行下一周期试验，否则循环耐久能力试验终止。

STANDARDS PRESS OF CHINA

8 检验规则

8.1 检验分类

检验分为出厂检验、周期检验和型式检验。

8.2 出厂检验、周期检验

凡提出交货的产品,必须按出厂检验项目和周期检验项目进行试验,检验项目及检验样品数量见表2。

表2

序号	检验分类	试验项目	样本单位	试验周期
1	出厂检验	外观	全数	—
2		外形尺寸	抽检1%	—
3		极性	全数	—
4		密封性能	全数	—
5	周期检验	10 h率容量	2只	半年一次
6		120 h率容量	2只	1年一次
7		荷电保持能力	1只	每年一次
8		循环耐久能力	2只	每两年一次

8.3 型式检验

8.3.1 遇有下列情况之一时,应进行型式检验:作型式检验必须是经出厂检验合格后的产品。

a) 试制的新产品;

b) 产品结构及工艺配方或原材料有更改时;

c) 对批量生产的产品应进行定期抽试;

d) 政府行为检验。

注:同系列生产产品进行“型式检验”时一般选取产量最大型号抽样。

8.3.2 型式检验程序

蓄电池型式检验程序见表3。

表3

试验顺序	试验项目	蓄电池编号			
		1	2	3	4
试验前	外观、极性	△	△	△	△
	外形尺寸	△			
	密封性能※	△	△	△	△
	10 h率容量练习放电	△	△	△	△
1	10 h率容量	△	△	△	△
2	低温容量	△	△	△	△
3	10 h率容量	△	△	△	△
4	低温容量	△	△	△	△
5	120 h率容量	△	△	△	△
6	10 h率容量试验	△	△	△	△

表 3（续）

试验顺序	试验项目	蓄电池编号			
		1	2	3	4
7	120 h 率容量	△	△	△	△
8	容量一致性	△	△	△	△
9	10 h 率容量试验	△	△	△	△
10	充电接受能力	△			
11	荷电保持能力	△			
12	水损耗※		△		
13	循环耐久能力			△	△
注 1：“△”代表需要。 注 2：10 h 率容量练习放电试验不计入试验周期。 注 3：※阀控式储能用铅酸蓄电池不进行此项性能试验。					

8.4 出厂检验、周期检验判定准则

8.4.1 依检验现象评定的检验项目，以检验现象进行判定。

8.4.2 依检验数据评定的检验项目，以全部参试蓄电池的测试数据作为该项目的判定数据，若有一只参试蓄电池的测量数据不符合本标准要求时，可加倍复测，如仍有一只达不到要求，则判定该批产品不合格。

8.4.3 产品须经质量检验部门检验合格后方可出厂。并应附有证明产品质量合格的文件。

9 标志、包装、运输、贮存

9.1 标志

9.1.1 蓄电池产品应有下列标志：

a) 产品型号或规格；

b) 极性符号；

c) 运行环境。

9.1.2 包装箱外壁应有下列标志：

a) 产品名称、型号或规格、数量；

b) 产品执行标准号；

c) 制造日期；

d) 制造厂名称、厂址；

e) 每箱的净重、毛重及尺寸；

f) 标明“怕湿”、“小心轻放”、“向上”等文字或符号；

g) 标明“可回收利用”、“含铅，不可将电池等同生活垃圾处置”等文字或符号。

9.2 包装

9.2.1 蓄电池的包装应符合防潮及防振的要求。

9.2.2 包装箱内随同产品提供的文件及配件：

a) 装箱单；

b) 产品合格证；

c) 产品使用说明书；

d) 蓄电池连接件及其绝缘护套。

9.3 运输

9.3.1 产品在运输过程中，不应受剧烈机械冲击、曝晒、雨淋，不得平放或倒置。

9.3.2 产品在装卸过程中，应轻搬轻放，严禁摔掷、翻滚、重压。

9.4 贮存

蓄电池贮存应符合下列要求：

a) 产品应贮存在 5 ℃～40 ℃干燥、清洁、通风良好的仓库内；

b) 应不受阳光直射，距离热源（暖气等）不应小于 2 m；

c) 避免与任何有毒气体及有机溶剂接触；

d) 阀控式蓄电池储存期不能超过 0.5 a；排气式蓄电池储存期不能超过 2 a。

ICS 67.080.10
X 24

GB

中华人民共和国国家标准

GB/T 22474—2008

果酱

Jam

STANDARDS PRESS OF CHINA

2008-11-04 发布　　　　2009-06-01 实施

中华人民共和国国家质量监督检验检疫总局
中国国家标准化管理委员会　发布

前　言

本标准是在SB/T 10058—1992《猕猴桃酱》、SB/T 10059—1992《山楂酱》、SB/T 10088—1992《苹果酱》、SB/T 10196—1993《果酱通用技术条件》国内贸易行业标准实施多年的基础上，结合当前的市场环境、消费需求及果酱生产企业的生产技术和加工工艺而制定的。

本标准由中国商业联合会提出。

本标准由中华人民共和国商务部归口。

本标准由中国商业联合会商业标准中心负责起草。

本标准主要参加起草单位：山东董老大食品有限公司、山西维之王食品有限公司、国家食品质量监督检验中心、卫生部卫生监督中心、北京丘比食品有限公司、上海味好美食品有限公司、咀香园健康食品(中山)有限公司、北京三乐元食品加工有限公司、上海立高敦食品有限公司、石家庄市永兴果脯厂。

本标准主要起草人：郑传钰、董超、宋永祥、宋全厚、石朝军、潘丽萍、张延杰、刘蕊、王伟雅、齐胜利、李里特、钱志先。

果　　酱

1　范围

本标准规定了果酱的相关术语和定义、产品分类、要求、检验方法和检验规则以及标识标签要求。

本标准适用于符合3.1、3.2定义的产品。

2　规范性引用文件

下列文件中的条款通过本标准的引用而成为本标准的条款。凡是注日期的引用文件，其随后所有的修改单(不包括勘误的内容)或修订版均不适用于本标准，然而，鼓励根据本标准达成协议的各方研究是否可使用这些文件的最新版本。凡是不注日期的引用文件，其最新版本适用于本标准。

GB 317　白砂糖

GB 1987　食品添加剂　柠檬酸

GB 2759.1　冷冻饮品卫生标准

GB 2760　食品添加剂使用卫生标准

GB/T 4789.24　食品卫生微生物学检验　糖果、糕点、蜜饯检验

GB/T 4789.26　食品卫生微生物学检验　罐头食品商业无菌的检验

GB/T 5009.8　食品中蔗糖的测定

GB/T 5009.11　食品中总砷及无机砷的测定

GB/T 5009.12　食品中铅的测定

GB/T 5009.16　食品中锡的测定

GB 5749　生活饮用水卫生标准

GB 7099—2003　糕点、面包卫生标准

GB 7718　预包装食品标签通则

GB/T 10786　罐头食品的检验方法

GB 11671—2003　果、蔬罐头卫生标准

GB 14880　食品营养强化剂使用卫生标准

GB 19302　酸乳卫生标准

JJF 1070　定量包装商品净含量计量检验规则

国家质量监督检验检疫总局令第75号　定量包装商品计量监督管理办法

国家质量监督检验检疫总局、国家工商行政管理总局联合发布令第66号　零售商品称重计量监督管理办法

国家质量监督检验检疫总局令第102号　食品标识管理规定

3　术语和定义

下列术语和定义适用于本标准。

3.1

果酱　jam

以水果、果汁或果浆和糖等为主要原料，经预处理、煮制、打浆(或破碎)、配料、浓缩、包装等工序制成的酱状产品。

3.2

果味酱 fruit-flavor jam

果味果酱

加入或不加入水果、果汁或果浆，使用增稠剂、食用香精、着色剂等食品添加剂，加糖（或不加糖），经配料、煮制、浓缩、包装等工序加工制成的酱状产品。

3.3

析水 sweating

放置一段时间后，从产品中渗出液体的现象。

4 产品分类

4.1 按原料分

4.1.1 果酱：配方中水果、果汁或果浆用量大于或等于25%；

注：水果、果汁或果浆用量按鲜果计。

4.1.2 果味酱：配方中水果、果汁或果浆用量小于25%。

4.2 按加工工艺分

4.2.1 果酱罐头：按罐头工艺生产的果酱产品。

4.2.2 其他果酱：非罐头工艺生产的果酱产品。

4.3 按产品用途分

4.3.1 原料类果酱：供应食品生产企业，作为生产其他食品的原辅料的果酱。

4.3.1.1 酸乳类用果酱：加入酸乳并在其中能够保持稳定状态的果酱。

4.3.1.2 冷冻饮品类用果酱：加入冰淇淋及其他冷冻甜品中的果酱。

4.3.1.3 烘焙类用果酱：加入烘焙类产品的果酱。

4.3.1.4 其他果酱：除上述外，作为生产其他食品原料的果酱。

4.3.2 佐餐类果酱：直接向消费者提供的，佐以其他食品一同食用的果酱。

5 要求

5.1 原辅料和包装材料

5.1.1 水果、果汁或果浆：应符合国家相关标准规定。

5.1.2 白砂糖：应符合GB 317的规定。

5.1.3 柠檬酸：应符合GB 1987的规定。

5.1.4 水：应符合GB 5749的规定。

5.1.5 包装材料和其他原辅料应符合国家相关法规和标准的规定。

5.2 感官要求

应符合表1的规定。

表1 感官要求

项 目	要 求
色 泽	有该品种应有的色泽
滋味与口感	无异味，酸甜适中，口味纯正，具有该品种应有的风味
杂 质	正常视力下无可见杂质，无霉变
组织状态	均匀，无明显分层和析水，无结晶

5.3 理化指标

应符合表2的规定。

表 2 理化指标

项　目		果酱指标	果味酱指标
可溶性固形物(以 20 ℃折光计)	≥	25	—
总糖 /(g/100 g)	≤	—	65
总砷(以 As 计)/(mg/kg)	≤	0.5	
铅(Pb)/(mg/kg)	≤	1.0	
锡(Sn)/(mg/kg)	≤	250[a]	
注 1:"—"表示不作要求。 注 2:总砷、铅、锡的指标参照 GB 11671—2003 设定,并与该标准相同。			
a 仅限马口铁罐。			

5.4 微生物指标

5.4.1 果酱罐头

应符合 GB 11671 商业无菌的规定。

5.4.2 原料类果酱

5.4.2.1 酸乳类用果酱:大肠菌群、霉菌、致病菌应符合 GB 19302 的规定;菌落总数应符合 GB 7099—2003 中"冷加工"的规定。

5.4.2.2 冷冻饮品类用果酱:菌落总数、大肠菌群、致病菌应符合 GB 2759.1 的规定;霉菌应符合 GB 7099—2003 中"冷加工"的规定。

5.4.2.3 烘焙类用果酱:菌落总数、大肠菌群、霉菌、致病菌应符合GB 7099—2003中"热加工"的规定。

5.4.2.4 其他果酱:菌落总数、大肠菌群、霉菌、致病菌应符合GB 7099—2003中"热加工"的规定。

5.4.3 佐餐类果酱

菌落总数、大肠菌群、霉菌、致病菌应符合GB 7099—2003中"热加工"的规定。

5.5 食品添加剂

应符合 GB 2760 的规定;营养强化剂应符合 GB 14880 的规定。

5.6 净含量

应符合《定量包装商品计量监督管理办法》的规定;采用称重方式销售的,应符合《零售商品称重计量监督管理办法》的规定。

6 检验方法

6.1 感官

用不锈钢匙取样品约 20 g,置于清洁的白瓷盘中。观察其色泽、组织形态、有无杂质,鼻嗅和口尝滋味和气味,做出评价。

6.2 理化指标

6.2.1 总糖

按 GB/T 5009.8 规定的方法测定。

6.2.2 可溶性固形物

按 GB/T 10786 规定的方法测定。

6.2.3 铅

按 GB/T 5009.12 规定的方法测定。

6.2.4 总砷

GB/T 5009.11 规定的方法测定。

STANDARDS PRESS OF CHINA

6.2.5 锡

GB/T 5009.16 规定的方法测定。

6.3 微生物指标

6.3.1 商业无菌

按 GB/T 4789.26 规定的方法测定。

6.3.2 菌落总数、大肠菌群、霉菌和致病菌的检验

按 GB/T 4789.24 规定的方法测定。

6.4 净含量

按 JJF 1070 中规定的方法测定。

7 检验规则

7.1 批次

同批投料、同一班次、同一品种的产品为一批。

7.2 出厂检验

7.2.1 出厂前对产品进行检验，符合本标准要求，并出具质量合格证的方可出厂。

7.2.2 标签、净含量、感官要求、菌落总数、大肠菌群、可溶性固形物为每批必检项目；其他项目作定期检验，每年不少于两次。

7.3 型式检验

型式检验项目包括第 5 章规定的全部项目。正常生产时应每 12 个月进行一次型式检验。此外有下列情况之一时，应进行型式检验：

a) 新产品试制鉴定时；

b) 正式投产后，如原料、生产工艺有较大改变，可能影响产品质量时；

c) 产品停产半年以上，恢复生产时；

d) 检验结果与前一次检验结果有较大差异时；

e) 国家质量监督部门提出要求时。

7.4 抽样方法和数量

7.4.1 出厂检验时，从每批次中随机抽取 3 件，每件取出大于或等于 100 g 的单件包装商品。

7.4.2 型式检验时，从每批次中随机抽取 3 件，每件取出大于或等于 300 g 的单件包装商品。

7.5 判定规则

7.5.1 出厂检验判定和复检

7.5.1.1 出厂检验项目全部符合本标准，判为合格品。

7.5.1.2 感官要求检验中如有异味、污染、霉变、外来杂质或微生物指标有一项不合格时，则判为该批产品不合格，并不得复检。其余指标不合格，可在同批产品中对不合格项目进行复检，复检后如仍有一项不合格，则判为该批产品不合格。

7.5.2 型式检验判定和复检

7.5.2.1 型式检验项目全部符合本标准，判为合格品。

7.5.2.2 型式检验项目不超过两项不符合本标准，可以加倍抽样复检。复检后仍有一项不符合本标准，则判定该批产品为不合格品。超过两项或微生物检验有一项不符合本标准，则判定该批产品为不合格品。

7.5.2.3 在检验和判定食品中食品添加剂指标时，应结合配料表各成分中允许使用的食品添加剂范围和使用量综合判定。

8 标识标签

8.1 应符合《食品标识管理规定》的规定。

8.2 定量预包装产品应符合 GB 7718 的规定。

8.3 应标示“果酱”或“果味酱”。

ICS 67.060
X 28

中华人民共和国国家标准

GB/T 22475—2008

沙 琪 玛

Sachima

2008-11-04 发布 2009-06-01 实施

中华人民共和国国家质量监督检验检疫总局
中国国家标准化管理委员会 发布

前　言

本标准由中国商业联合会提出。

本标准由中华人民共和国商务部归口。

本标准起草单位：中国商业联合会商业标准中心、国家食品质量监督检验中心、东莞徐记食品有限公司、黑牛食品股份有限公司、中国焙烤食品糖制品工业协会、太原双合成食品有限公司、大城县美萨佳士达食品有限公司、重庆华生园食品有限公司、北京稻香村食品有限责任公司、广州市莲香楼有限公司、上海市食品研究所。

本标准主要起草人：钱志先、宋全厚、马浩、罗宝剑、赵燕萍、赵光晋、孙茂润、刘崇华、池向东、何溢洪、杨国雄、郑传钰。

STANDARDS PRESS OF CHINA

沙　　琪　　玛

1　范围

本标准规定了沙琪玛的术语和定义、要求、检验方法、检验规则和标识标签要求。

本标准适用于符合3.1规定的产品。

2　规范性引用文件

下列文件中的条款通过本标准的引用而成为本标准的条款。凡是注日期的引用文件，其随后所有的修改单(不包括勘误的内容)或修订版均不适用于本标准，然而，鼓励根据本标准达成协议的各方研究是否可使用这些文件的最新版本。凡是不注日期的引用文件，其最新版本适用于本标准。

GB 317　白砂糖

GB 1355　小麦粉

GB 2716　食用植物油卫生标准

GB 2748　鲜蛋卫生标准

GB 2760　食品添加剂使用卫生标准

GB 2762　食品中污染物限量

GB/T 4789.24　食品卫生微生物学检验　糖果、糕点、蜜饯检验

GB/T 5009.3—2003　食品中水分的测定

GB/T 5009.5—2003　食品中蛋白质的测定

GB/T 5009.6—2003　食品中脂肪的测定

GB/T 5009.22　食品中黄曲霉毒素 B_1 的测定

GB/T 5009.37　食用植物油卫生标准的分析方法

GB/T 5009.56　糕点卫生标准的分析方法

GB/T 5009.182　面制食品中铝的测定

GB 7099　糕点、面包卫生标准

GB 7718　预包装食品标签通则

GB 16565　油炸小食品卫生标准

GB/T 20885　葡萄糖浆

GB/T 20977—2007　糕点通则

JJF 1070　定量包装商品净含量计量检验规则

国家质量监督检验检疫总局令第75号　定量包装商品计量监督管理办法

国家质量监督检验检疫总局、国家工商行政管理总局联合发布令第66号　零售商品称重计量监督管理办法

国家质量监督检验检疫总局令第102号　食品标识管理规定

3　术语和定义

下列术语和定义适用于本标准。

3.1

沙琪玛　Sachima

萨其马　Sa Qi Ma

萨琪玛

沙其玛

以小麦粉、鸡蛋为主要原料，经调制面团、静置、压片、切条、油炸、拌糖浆、成型、装饰、切块而制成的中式糕点。

注：改写 GB/T 12140—2007，定义 2.2.43。

4　要求

4.1　原辅料和包装材料

4.1.1　白砂糖：应符合 GB 317 的规定。

4.1.2　小麦粉：应符合 GB 1355 的规定。

4.1.3　食用植物油：应符合 GB 2716 的规定。

4.1.4　鲜蛋：应符合 GB 2748 的规定。

4.1.5　葡萄糖浆：应符合 GB/T 20885 的规定。

4.1.6　包装材料和其他原辅料：应符合相关法规和标准的规定。

4.2　感官要求

应符合表 1 的规定。

表 1　感官要求

项　目	要　求
形　态	外形规整，刀口整齐
色　泽	呈乳黄色或具有该品种特有色泽
组　织	组织疏松、不松散
滋味和气味	无异味；有蛋香味及该品种应有的风味
杂　质	正常视力下无可见杂质

4.3　理化指标

应符合表 2 的规定。

表 2　理化指标

项　目		指　标
干燥失重/(g/100 g)	≤	15
蛋白质/(g/100 g)	≥	5
总糖(以还原糖计)/(g/100 g)	≤	35
粗脂肪/(g/100 g)	≤	42

4.4　卫生指标

4.4.1　铝限量应符合 GB 2762 的规定。

4.4.2　羰基价应符合 GB 16565 的规定。

4.4.3　其他的卫生指标应符合 GB 7099 对冷加工糕点的规定。

4.5　食品添加剂

食品添加剂的品种和使用量应符合 GB 2760 的规定。

4.6 净含量

应符合《定量包装商品计量监督管理办法》的规定；采用称重销售的产品，应符合《零售商品称重计量监督管理办法》的规定。

5 检验方法

5.1 感官

将样品置于清洁、干燥的白瓷盘中，目测产品的形态、色泽及杂质，用刀剖开后，观察内部组织及杂质，鼻嗅和口尝滋味气味，做出评价。

5.2 理化指标

5.2.1 干燥失重

按 GB/T 5009.3—2003 中第一法测定。

5.2.2 蛋白质

按 GB/T 5009.5—2003 中第一法测定。

5.2.3 脂肪

按 GB/T 5009.6—2003 中第一法测定。

5.2.4 总糖

按 GB/T 20977—2007 中附录 A 规定的方法测定。

5.3 卫生指标的检验

5.3.1 酸价、过氧化值、砷和铅

按 GB/T 5009.56 规定的方法测定。

5.3.2 羰基价

按 GB/T 5009.56 规定的方法进行试样处理后，按 GB/T 5009.37 中规定的方法测定。

5.3.3 铝限量

按 GB/T 5009.182 规定的方法测定。

5.3.4 黄曲霉毒素 B_1

按 GB/T 5009.22 中规定方法测定。

5.3.5 微生物指标

按 GB/T 4789.24 规定的方法测定。

5.4 净含量检验

按 JJF 1070 中规定方法测定。

6 检验规则

6.1 批次

同一班次、同一批投料生产的同一品种的产品为一个批次。

6.2 出厂检验

6.2.1 出厂前对产品进行检验，符合本标准要求，并出具质量合格证的方可出厂。

6.2.2 出厂检验项目：感官要求、干燥失重、净含量、菌落总数、大肠菌群为每批产品必检项目；其他项目作定期检验，每年不少于两次。

6.3 型式检验

型式检验项目包括第 4 章规定的项目。正常生产时应每 12 个月进行一次型式检验。此外有下列情况之一时，也应进行型式检验：

a) 新产品试制鉴定时；

b) 正式投产后，如原料、生产工艺有较大改变，可能影响产品质量时；

c) 产品停产半年以上，恢复生产时；

d) 检验结果与前一次检验结果有较大差异时；

e) 国家质量监督部门提出要求时。

6.4 抽样

从每批次中随机抽取 9 个独立包装的产品，分别做感官、理化指标、卫生指标检验及留样。其中净含量抽样按《定量包装商品计量监督管理办法》进行。

注 1：当总质量小于 1.5 kg 时，可适当增加抽样数量。

注 2：散装产品的抽样质量应不低于 1.5 kg。

6.5 判定

6.5.1 出厂检验判定

出厂检验项目全部符合本标准，判为合格品；感官要求检验中如有异味、杂质或微生物指标中有一项不合格时，则判为该批产品不合格，并不得复检；其余指标不合格，可从同批次产品中，加倍抽样对不合格项目进行复检，以复检结果为最终判定依据。复检后仍有一项不合格，则判定该批次产品为不合格。

6.5.2 型式检验判定

6.5.2.1 型式检验项目全部合格，判为合格品。

6.5.2.2 除微生物外，型式检验项目不超过两项不符合本标准，可以加倍抽样复检。复检后仍有一项不符合本标准，则判定该批产品为不合格品。超过两项或微生物检验有一项不符合本标准，则判定该批产品为不合格品。

7 标识标签

7.1 应符合《食品标识管理规定》的规定，并标明冷加工。

7.2 定量预包装产品应符合 GB 7718 的规定。

7.3 称量销售的散装食品可不标示净含量。

参 考 文 献

[1] GB/T 12140—2007 糕点术语

ICS 81.040
Q 33

中华人民共和国国家标准

GB/T 22476—2008

中空玻璃稳态 *U* 值（传热系数）的计算及测定

Calculation and determination of steady-state *U* values(thermal transmittance) of multiple glazing

[ISO 10291:1994, Glass in building—Determination of steady-state *U* values(thermal transmittance) of multiple glazing—Guarded hot plate method; ISO 10292:1994, Glass in building—Calculation of steady-state *U* values(thermal transmittance) of multiple glazing; ISO 10293:1997, Glass in building—Determination of steady-state *U* values(thermal transmittance) of multiple glazing—Heat flow meter method, MOD]

2008-11-04 发布　　　　2009-06-01 实施

中华人民共和国国家质量监督检验检疫总局
中国国家标准化管理委员会　发布

前　言

本标准修改采用 ISO 10291《建筑玻璃——中空玻璃稳定状态下 U 值(传热系数)的测定——防护热板法》、ISO 10292《建筑玻璃——中空玻璃稳定状态下 U 值(传热系数)的计算》、ISO 10293《建筑玻璃——中空玻璃稳定状态下 U 值(传热系数)的测定——热流计法》。

本标准根据 ISO 10291、ISO 10292、ISO 10293 重新起草。

在附录 C 中列出了本标准章条编号与 ISO 10291、ISO 10292、ISO 10293 章条编号的对照一览表。

考虑到我国国情,在采用 ISO 10291、ISO 10292、ISO 10293 时,本标准做了一些修改。有关技术差异已编入正文中并在它们所涉及的条款的页边空白处用垂直单线标识。在附录 D 中给出了这些技术性差异及其原因的一览表以供参考。

为便于使用,本标准做了下列编辑性修改:

——“本国际标准”一词改为“本标准”;

——用小数点“.”代替作为小数点的逗号“,”;

——删除国际标准的前言。

本标准的附录 A、附录 B 为规范性附录,附录 C、附录 D 为资料性附录。

本标准由中国建筑材料联合会提出。

本标准由全国建筑用玻璃标准化技术委员会归口。

本标准负责起草单位:国家玻璃质量监督检验中心。

本标准参加起草单位:广东金刚玻璃科技股份有限公司、浙江中力控股集团有限公司、信义玻璃工程(东莞)有限公司、中国南玻集团、成都通达工艺玻璃有限责任公司、东营胜明玻璃有限公司、江苏省建筑科学研究院有限公司、上海皓晶玻璃有限公司。

本标准主要起草人:李勇、嵇书伟、黄建斌、王立祥、王铁华、李新达、姜美琴、吴从真。

STANDARDS PRESS OF CHINA

引　言

中空玻璃U值(传热系数)是用于表征中空玻璃热的传递性能,U值的确定可以由测试热阻获得,也可以通过测试玻璃辐射率后计算得出。

本标准包含了三个ISO标准关于U值测定和计算的三种方法。测试者可选用本标准的任一方法进行中空玻璃U值测定。但使用不同的方法所得出的U值可能会存在一定的差异,这是由于测试系统误差的存在造成的,因此在测试结果中应标注所采用的方法。

中空玻璃稳态 *U* 值（传热系数）的计算及测定

1 范围

本标准规定了中空玻璃稳定状态下 U 值（传热系数）计算及测定的三种方法。

本标准适用于由平板玻璃（包括压花、浇注玻璃）、镀膜玻璃或其他材料构成的平型双层或多层中空玻璃，不适用于外片是透过远红外材料构成的中空玻璃。本标准规定的测试方法只测定中空玻璃中央区域的 U 值（传热系数），不考虑边部效应和太阳辐射影响。曲面中空玻璃的 U 值可用相同结构的平型中空玻璃计算和测定。

2 规范性引用文件

下列文件中的条款通过本标准的引用而成为本标准的条款。凡是注日期的引用文件，其随后所有的修改单（不包括勘误的内容）或修订版均不适用于本标准，然而，鼓励根据本标准达成协议的各方研究是否可使用这些文件的最新版本。凡是不注日期的引用文件，其最新版本适用于本标准。

GB/T 8170　数值修约规则

GB/T 10294　绝热材料稳态热阻及有关特性的测定　防护热板法

GB/T 10295　绝热材料稳态热阻及有关特性的测定　热流计法

3 术语和定义

下列术语和定义适用于本标准。

3.1

中空玻璃 *U* 值（传热系数）　*U* values (thermal transmittance of glazing)

中空玻璃 U 值（传热系数）是指在稳态条件下，中空玻璃中央区域，不考虑边缘效应，玻璃两外表面在单位时间、单位温差，通过单位面积的热量，单位为 $W/(m^2 \cdot K)$。

4 符号

本标准引用的符号见表 1、表 2。

表 1

符　号	名　称	单　位
A	常数	—
c	气体比热容	$J/(kg \cdot K)$
d	玻璃厚度（或玻璃的替代材料）	m
Gr	格拉晓夫准数	无量纲
h_e、h_i	表面换热系数	$W/(m^2 \cdot K)$
h	热传导系数	$W/(m^2 \cdot K)$
N	间隔层数	—
Nu	努赛尔准数	无量纲
Pr	普朗特准数	无量纲
r	玻璃（或玻璃的替代材料）的热阻系数	$m \cdot K/W$
R_n	标准反射率	—
S	气体间隔层厚度	m

表 1（续）

符　　号	名　　称	单　　位
T	绝对温度	K
ΔT	温差	K
U	中空玻璃传热系数	$W/(m^2 \cdot K)$
v	风速	m/s
Φ	热流仪表加热功率	W
R	热阻	$m^2 \cdot K/W$
V	电位差	V
C_1、C_2	常量	W/m^2
q	热流量密度	W/m^2
ε	校正辐射率	—
ε_n	标准辐射率（与表面垂直）	—
η	气体的导热系数	$W/(m \cdot K)$
λ	波长	μm
μ	气体的动态粘度	$kg/(m \cdot s)$
ρ	气体密度	kg/m^3
σ	斯蒂芬-波尔兹曼常数（$=5.67\times10^{-8}$）	$W/(m^2 \cdot K^4)$

表 2

脚　　标	名　称
c	对流
g	气体
e	外部
i	内部
m	平均
n	标准
r	辐射
s	间隔层
t	全部

5　中空玻璃稳定状态下 U 值的计算方法

5.1　基本公式

5.1.1　概述

本方法是以式(1)为计算基础的：

$$\frac{1}{U}=\frac{1}{h_e}+\frac{1}{h_t}+\frac{1}{h_i} \qquad (1)$$

式中：

h_e——玻璃的室外表面换热系数；

h_i——玻璃的室内表面换热系数；

h_t——多层玻璃系统内部热传导系数。

多层玻璃系统内部传热系数按式(2)、式(3)计算：

$$\frac{1}{h_t}=\sum_{s=1}^{N}\frac{1}{h_s}+\sum_{m=1}^{M}d_m r_m \qquad (2)$$

式中：

h_s——气体间隔层热传导系数；

N——气体间隔层数；

M——材料层数；

d_m——每种材料层的厚度；

r_m——每种材料的热阻系数。

$$h_s = h_g + h_r \quad \cdots\cdots(3)$$

式中：

h_r——辐射换热系数；

h_g——气体换热系数(包括传导和对流)。

5.1.2 **辐射换热系数 h_r**

辐射换热系数 h_r 由式(4)给出：

$$h_r = 4\sigma\left(\frac{1}{\varepsilon_1}+\frac{1}{\varepsilon_2}-1\right)^{-1}\cdot T_m^{\ 3} \quad \cdots\cdots(4)$$

式中：

σ——斯蒂芬-波尔兹曼常数；

T_m——气体间隔层的平均绝对温度；

$\varepsilon_1, \varepsilon_2$——间隔层中两玻璃表面在平均温度 T_m 下的校正辐射率。

5.1.3 **气体换热系数 h_g**

气体换热系数 h_g 由式(5)给出：

$$h_g = Nu\frac{\eta}{S} \quad \cdots\cdots(5)$$

式中：

S——气体间隔层的厚度；

η——气体导热系数。

Nu 是努赛尔准数，由式(6)给出：

$$Nu = A(Gr \cdot Pr)^n \quad \cdots\cdots(6)$$

式中：

A——常数；

Gr——格拉晓夫准数；

Pr——普朗特准数；

n——幂指数。

$$Gr = \frac{9.81s^3\Delta T\rho^2}{T_m\mu^2} \quad \cdots\cdots(7)$$

$$Pr = \frac{\mu c}{\eta} \quad \cdots\cdots(8)$$

式中：

ΔT——气体间隔层两侧玻璃表面的温度差；

ρ——气体密度；

μ——气体的动态黏度；

c——气体比热容；

努赛尔准数根据式(6)计算，对于垂直使用的中空玻璃：$A=0.035$，$n=0.38$；水平使用的中空玻璃：$A=0.16$，$n=0.28$；45°倾斜使用的中空玻璃：$A=0.10$，$n=0.31$。

如果 Nu 不大于1，对应于 $Gr \cdot Pr$ 小于6 800，表示热传递仅由传导完成，则将 Nu 数值取为1。如

STANDARDS PRESS OF CHINA

果 Nu 大于 1，表示中空玻璃间隔层内存在对流传热，直接将值代入式(5)计算。

5.2 材料基本性能

5.2.1 辐射率

间隔层内玻璃表面校正辐射率 ε 用于计算辐射换热系数 hr。对于普通玻璃表面，校正辐射率值选用 0.837。对镀膜玻璃表面，标准辐射率 εn 由红外光谱仪测得。校正辐射率根据附录 A 中的表 A.2 计算获得。

5.2.2 气体特性

本计算方法需要间隔层内气体的如下特性：

a) 导热系数 η,W/(m·K)；

b) 密度 ρ,kg/m^3；

c) 动态黏度 μ, kg/(m·s)；

d) 比热容 c,J/(kg·K)。

将中空玻璃间隔层内气体特性代入式(7)和式(8)中，求出格拉晓夫准数和普朗特准数，再根据式(6)求出努赛尔准数。代入式(5)得出气体的换热系数 h_g。

附录 A 的表 A.3 给出中空玻璃间隔层所充气体的上述气体特性。

对混合气体，气体特性与各种气体的体积百分比成正比。

如果使用的混合气体中：

——气体 1 所占体积百分比为 R_1；

——气体 2 所占体积百分比为 R_2，等等，那么有式(9)：

$$F = F_1R_1 + F_2R_2 + \cdots\cdots \quad (9)$$

式中：

F——相关的特性，如：导热系数、密度、动态黏度或比热容。

5.2.3 吸收红外线的气体

有些气体吸收波长在 5 μm 至 50 μm 范围的红外辐射。当这种气体与低辐射镀膜($\varepsilon<0.2$)组合使用时，其作用可忽略不计。其他情况下，如果气体的红外吸收对 U 值改善有益，应测量 U 值。

5.3 内部和外部的换热系数

5.3.1 室外表面换热系数

室外表面的换热系数 h_e 是玻璃附近风速的函数，可用式(10)近似表达：

$$h_e = 10.0 + 4.1v \quad (10)$$

式中：

v——风速，m/s。

在比较中空玻璃 U 值时，可选用 h_e 等于 23 W/(m^2·K)。

该计算过程不考虑玻璃外侧具有校正辐射率镀膜表面而对 U 值改善的影响。

如果选用其他的 h_e 值以满足特殊的试验条件，则必须在检测报告中注明。

5.3.2 室内表面换热系数

室内表面换热系数 h_i 可用式(11)表达：

$$h_i = h_r + h_c \quad (11)$$

式中：

h_r——辐射换热系数；

h_c——对流换热系数。

普通玻璃表面的辐射换热系数是 4.4 W/(m^2·K)。镀膜玻璃表面辐射换热系数由式(12)给出：

$$h_r = 4.4\varepsilon/0.837 \quad (12)$$

式中：

ε是镀膜表面的校正辐射率(0.837是清洁的、未镀膜玻璃的校正辐射率)。镀膜表面的校正辐射率与标准辐射率之间的关系见附录A的表A.2。

对于自然对流状态，h_c 的值是3.6 W/(m²·K)。对于非自然对流状态，这个值会增大。

自由对流状态下，垂直使用的普通中空玻璃：

$$h_i = 4.4 + 3.6 = 8.0\ \mathrm{W/(m^2 \cdot K)}$$

其可作为比较中空玻璃 U 值的标准值。

对于非垂直表面，热流向上这个系数会变大，热流向下这个系数会变小。

如果选用其他的 h_i 值以满足特殊的试验条件，则必须在检测报告中注明。

5.4 参考值

用于中空玻璃 U 值计算的基本参考值如下：

玻璃的热阻系数 $r=1\ \mathrm{m \cdot K/W}$；

普通玻璃表面的校正辐射率 $\varepsilon=0.837$；

中空玻璃内外表面的温差 $\Delta T=15\ \mathrm{K}$；

中空玻璃的平均温度 $T_m=283\ \mathrm{K}$；

斯蒂芬-波尔兹曼常数 $\sigma=5.67\times10^{-8}\ \mathrm{W/(m^2 \cdot K^4)}$；

室外表面换热系数 $h_e=23.0\ \mathrm{W/(m^2 \cdot K)}$；

室内表面换热系数 $h_i=8.0\ \mathrm{W/(m^2 \cdot K)}$；

气体特性在附录A的表A.3中给出。

对于气体间隔层多于一个的多层中空玻璃，每一单元的平均温度和平均温差应通过迭代计算步骤得出，计算过程见附录B。

U 值单位为 W/(m²·K)，数值按GB/T 8170修约至小数点后一位。

6 防护热板法测量稳态中空玻璃 U 值

6.1 原理和基本公式

用防护热板装置测定流过计量单元的恒定热流量 Φ，并根据计量单元的面积 A 以及中空玻璃冷、热表面的温度差 ΔT，计算中空玻璃的热阻 R。

中空玻璃的 U 值根据式(13)得出：

$$\frac{1}{U} = R + \frac{1}{h_e} + \frac{1}{h_i} \qquad (13)$$

式中：

R——中空玻璃的热阻，m²·K/W；

h_e——室外表面换热系数，W/(m²·K)；

h_i——室内表面换热系数，W/(m²·K)。

6.2 测量装置

测量装置为符合GB/T 10294的防护热板双试样装置，如图1所示。计量面板尺寸为500 mm×500 mm。

单位为毫米

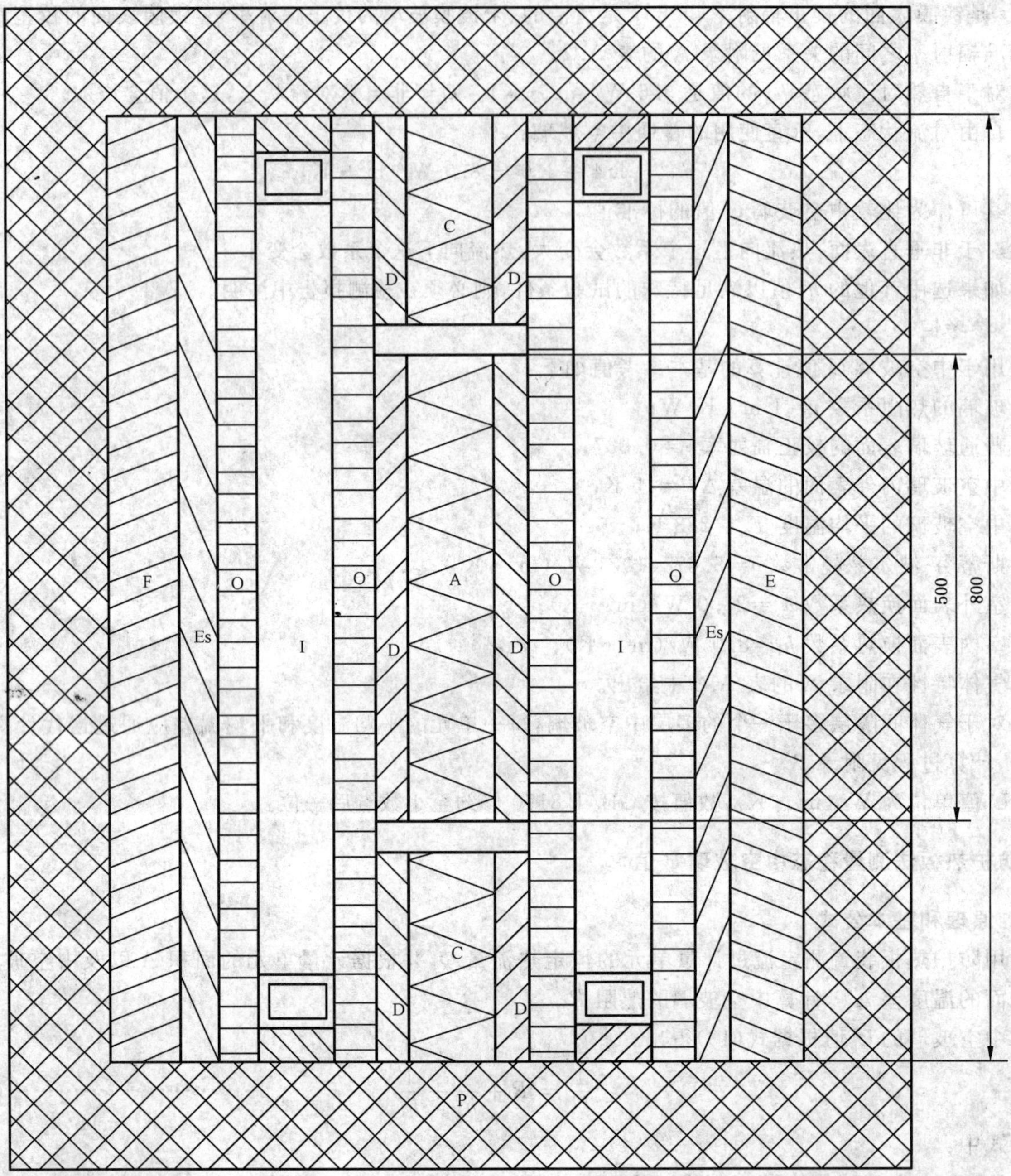

A——计量加热器；
B——计量面板；
} 计量单元；

C——防护区；
D——防护面板；
} 防护单元；

E——冷却设备；
E_s——冷却设备面板；
I——测试样品；
O——橡胶海绵；
P——保温材料。

图 1　防护热板测量装置示意图

两块相同的试样分别放在加热单元的两侧，热流量通过试样到达冷却单元。加热单元由中央计量单元和防护单元组成，通过狭窄的缝隙将计量区和防护区隔开。冷却单元表面尺寸不小于加热单元尺寸，试样应全部覆盖加热单元表面。

6.3 试样

试样为两块尽可能相同的边长 800 mm 的正方形平型中空玻璃。两块试样的厚度差在边部测量应不大于 2%，两表面应平行。试样外表面中央区的向内或向外的挠度在 283 K 时应不大于 0.5 mm。

6.4 试验程序

6.4.1 将试样冷却到 283 K 并达到等温平衡后，立即测量中空玻璃外表面中央区的挠度，如果向外的挠度太大，可以通过降低中空玻璃内部压力进行试样中央区厚度校正。如果试样为向内的挠度，且需要的校正不大于 0.5 mm 时可充空气校正。

6.4.2 将试样垂直放置在试验装置中，并确保试样与相邻的面板间充分接触。

6.4.3 将试样的平均温度控制在 283 K±0.5 K，并使试样冷热表面的平均温差保持在 15 K±1 K。

6.5 计算与结果表达

6.5.1 多层中空玻璃的热阻

多层中空玻璃的热阻由式(14)得出：

$$R = 2A(T_1 - T_2)/\Phi \qquad (14)$$

式中：

A——计量面积，m^2；

T_1——试样热表面的平均温度，K；

T_2——试样冷表面的平均温度，K；

Φ——施加于计量面积的加热平均功率，W。

数值按 GB/T 8170 修约至小数点后两位。

6.5.2 *U* 值的计算

U 值按式(13)计算，内外表面的换热系数按 5.3 得出。数值按 GB/T 8170 修约至小数点后一位。

镀膜表面朝向对 U 值的影响不作考虑。

如果为了满足特定的条件使用了其他的 h_e 和 h_i 值，应在检测报告中注明。

7 热流计法测量稳态中空玻璃 *U* 值

7.1 原理和基本公式

通过已知热阻的校正试样标定的热流计测量装置，测量被测试样的热流量，计算被测试样的热阻。

中空玻璃的 U 值根据式(13)得出。

7.2 测量装置

热流计测量装置为符合 GB/T 10295 的对称布置的单一试样装置或双试样装置，如图 2 所示。

单一试样测量装置由一个加热单元和一个冷却单元构成，分别位于试样的两侧，冷却单元的表面与加热单元的表面尺寸相同。热流计分别位于被测试样或校正试样冷热表面的中央。

双试样测量装置由一个加热单元和两个冷却单元构成。加热单元置于被测试样和对照试样之间，标定时，校正试样应放在被测试样位置，将热流计放在被测试样或校正试样和对照试样的每一侧。

试样应全部覆盖两种类型的测量装置的加热单元的表面，边部采用绝热的方式来控制热流计外部边缘的热损失，热流计的测量截面应不小于 7 500 mm^2 但不应超过 500 mm×500 mm，应成圆形或方形。

至少应使用 3 对热电偶成对安装在每块试样的两个表面且与表面接触。一对热电偶定位在热流计截面的中央。另外两对点中心对称安装在与测量截面中心到周边的 2/3 处。

STANDARDS PRESS OF CHINA

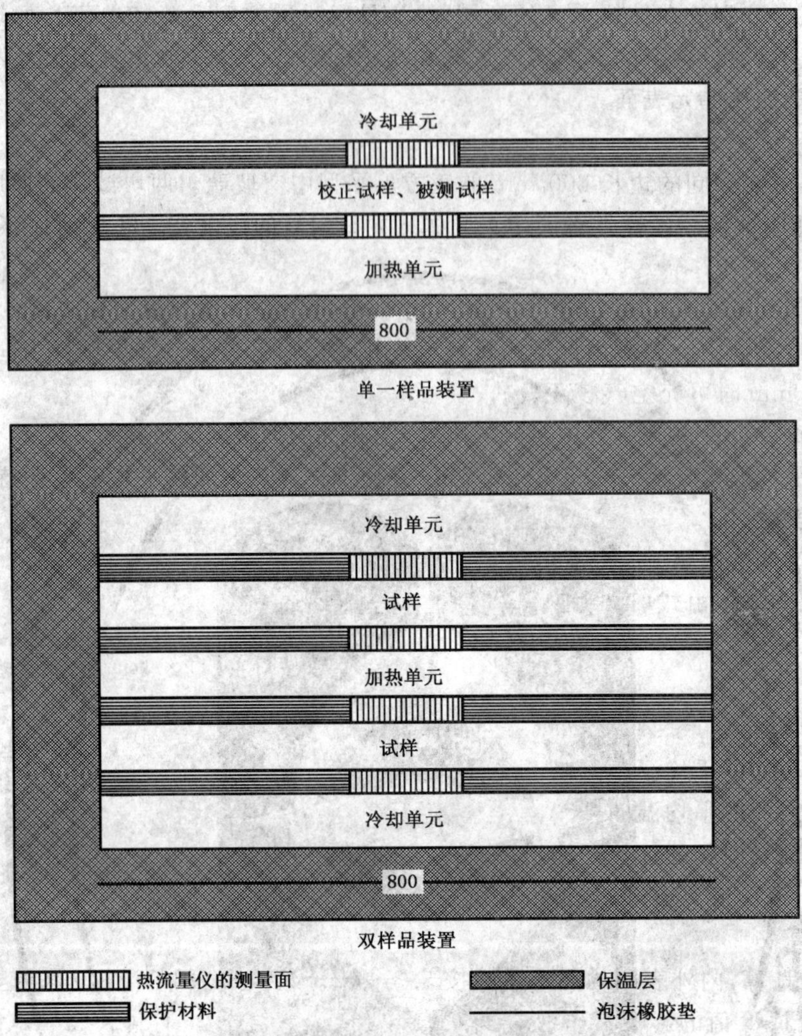

图 2 热流计测量装置示意图

7.3 测量装置的校准

热流计法是一种相对的测量方法，被测试样的热阻是通过与已知热阻的校正试样的比值来估算。校正试样的热阻用防护热板法测定。校正试样应为具有平坦平行表面的均质非吸湿材料，且与被测试样具有类似的热性能。

通过热流计的热流量密度根据式(15)由产生的电位差和热流计测量截面的平均温度计算得出：

$$q = (C_1 + C_2 T_m)V \qquad \cdots\cdots(15)$$

式中：

q——热流量密度；

C_1——常量；

C_2——常量；

T_m——热流计测量截面的平均温度；

V——电位差。

常量 C_1 和 C_2 是通过用校正试样按 GB/T 10295 的标定方法来确定。

对于单一试样装置，应定期用校正试样对单一试样装置和防护热板装置进行校准。

对于双试样装置，当出现设备校准偏差时，用控制试样进行及时调整。

7.4 试样

试样为边长 800 mm 正方形的平型中空玻璃。试样的表面应平坦平行。试样外表面中央区的内外挠度在 283 K 时应不大于 0.5 mm。

7.5 试验程序

7.5.1 将试样冷却到 283 K 并达到等温平衡后，立即测量中空玻璃外表面中央区的挠度，如果向外的挠度太大，可以通过降低中空玻璃内部压力进行试样中央区厚度校正。如果试样向内的挠度太大，且需要的校正不大于 0.5 mm 时可充空气校正。

7.5.2 将试样垂直或按使用时的安装角度放置在试验装置中，并确保试样与热流计充分接触。

7.5.3 将试样的平均温度控制在 283 K±0.5 K，并使试样冷热表面的平均温差保持在 15 K±1 K。

7.6 计算与结果表达

7.6.1 中空玻璃的热阻

中空玻璃的热阻由式(16)得出：

$$R = 2(T_1 - T_2)/(q_1 + q_2) \quad \cdots\cdots (16)$$

式中：

q_1——被测试样热侧热流量密度；

q_2——被测试样冷侧热流量密度；

T_1——被测试样热表面平均温度；

T_2——被测试样冷表面平均温度。

7.6.2 *U* 值(传热系数)的计算

按 6.5.2 规定计算和表达。

8 检测报告

检测报告应包含以下内容：

a) 样品的描述：
- ——试样的规格尺寸；
- ——边部测量的中空玻璃厚度；
- ——玻璃片厚度；
- ——气体间隔层厚度；
- ——填充气体的种类；
- ——充气浓度；
- ——红外反射膜的位置；
- ——挠曲变形量。

b) 测量结果
- ——采用的测试方法；
- ——试样热表面的平均温度；
- ——试样冷表面的平均温度；
- ——试样冷热表面的平均温差；
- ——试样的平均温度；
- ——热阻；
- ——h_e 和 h_i 值(使用了非标准化值时)；
- —— 被测试样的倾角；
- ——*U* 值(传热系数)。

附 录 A
（规范性附录）
辐射率和气体性能的确定

A.1 标准辐射率 ε_n 的确定

镀膜玻璃表面的标准辐射率 ε_n 是在接近正常入射状况下，利用红外光谱仪测出其谱线的反射曲线，按照下列步骤计算：

按照表 A.1 给出的 30 个波长值，在 283 K±0.5 K 温度下测定相应的反射率 $R_n(\lambda_i)$ 曲线，并取其算术平均值，得到 283 K 温度下的常规反射率。

$$R_n = \frac{1}{30}\sum_{i=1}^{30} R_n(\lambda_i)$$

283 K 的标准辐射率按下式求出：

$$\varepsilon_n = 1 - R_n$$

表 A.1 用于测定 283 K 温度下常规反射率 R_n 的波长

单位为微米

序号	波长 λ_i	序号	波长 λ_i
1	5.5	16	14.8
2	6.7	17	15.6
3	7.4	18	16.3
4	8.1	19	17.2
5	8.6	20	18.1
6	9.2	21	19.2
7	9.7	22	20.3
8	10.2	23	21.7
9	10.7	24	23.3
10	11.3	25	25.2
11	11.8	26	27.7
12	12.4	27	30.9
13	12.9	28	35.1
14	13.5	29	43.9
15	14.2	30	50.0[a,b]

[a] 选择 50 μm 是因为这是普通商用红外光谱仪的极限波长，这一近似值对计算精度的影响可以忽略不计。

[b] 如果无法取得 25 μm 以上波长的光谱反射率数值，可以用得到的最高波长点代替。只有反射率响应曲线合理恒定时才有效。采用这种做法应在报告中说明。

A.2 校正辐射率 ε 的确定

校正辐射率 ε 是由标准辐射率 ε_n 乘以表 A.2 给出的系数得出。

表 A.2　校正辐射率与标准辐射率之间的关系

标准辐射率	系数[a]
0.03	1.22
0.05	1.18
0.1	1.14
0.2	1.10
0.3	1.06
0.4	1.03
0.5	1.00
0.6	0.98
0.7	0.96
0.8	0.95
0.89	0.94

[a] 其他值可以通过线性插值或外推计算获得。

A.3　气体特性

中空玻璃间隔层内有关气体参数见表 A.3。

表 A.3　气体特性

气　体	温度 T/K	密度 ρ/(kg/m^3)	动态黏度 μ/[10^{-5} kg/(m·s)]	导热系数 η/[10^{-2} W/(m·K)]	比热容 c/[10^3 J/(kg·K)]
空气	263	1.326	1.661	2.336	1.008
	273	1.277	1.711	2.416	
	283	1.232	1.761	2.496	
	293	1.189	1.811	2.576	
氩气	263	1.829	2.038	1.584	0.519
	273	1.762	2.101	1.634	
	283	1.699	2.164	1.684	
	293	1.640	2.228	1.734	
SF_6	263	6.844	1.383	1.119	0.614
	273	6.602	1.421	1.197	
	283	6.360	1.459	1.275	
	293	6.118	1.497	1.354	
氪气	263	3.832	2.260	0.842	0.245
	273	3.690	2.330	0.870	
	283	3.560	2.400	0.900	
	293	3.430	2.470	0.926	

STANDARDS PRESS OF CHINA

附　录　B
（规范性附录）
多个间隔层中空玻璃 *U* 值的计算方法

在间隔层一个以上时，中空玻璃 U 值的计算可用迭代法（见表 B.1 例子），每个间隔层的气体间隔层热传导系数 h_s 的测定平均温度为 283 K。

迭代法步骤：首先，将气体间隔层两侧玻璃表面温差 $\Delta T=15/N$(K) 代入式(7)，再根据 5.1.2 和 5.1.3 计算出每个间隔层的热传导系数 h_s。

然后，将得出的气体间隔层热传导系数 h_s 代入式(B.1)可计算出每个间隔层的新的 ΔT_s：

$$\Delta T_s = 15\frac{1/h_s}{\sum_{s=1}^{N} 1/h_s} \qquad \cdots\cdots\text{(B.1)}$$

将得出的 ΔT_s 再代入公式进行迭次计算，直到每个间隔层 h_s 均计算得出，并根据公式(2)，计算多层玻璃系统内部热传导系数 h_t。一般情况下，迭代计算法不超过 3 次，特殊情况为 4 次。

当所有气体间隔层的热传导系数 h_s 值相等时，对应的温差可由 $\Delta T=15/N$(K) 给出，则没有必要使用迭代法。

表 B.1　三玻中空玻璃的迭代计算示例

迭代数	1	2	3	4
$1/h_s$(间隔层 1)　[$m^2 \cdot K/W$]	0.145 5	0.171 7	0.171 3	0.171 4
$1/h_s$(间隔层 2)　[$m^2 \cdot K/W$]	0.272 0	0.312 5	0.313 5	0.313 3
$\sum_{s=1}^{2} 1/h_s$　[$m^2 \cdot K/W$]	0.417 5	0.484 2	0.484 8	0.484 7
ΔT(间隔层 1)　[K]	5.23	5.13	5.30	5.30
ΔT(间隔层 2)　[K]	9.77	9.68	9.70	9.70
U 值　[$W/(m^2 \cdot K)$]	1.67	1.51	1.50	1.50
注：示例的玻璃配置：4＋12＋4＋12＋4(mm)，一片膜层在第 2 个间隔层，$\varepsilon=0.1$，两个间隔层内均充 SF_6。				

附 录 C
（资料性附录）
本标准章条编号与 ISO 10291:1994、ISO 10292:1994、ISO 10293:1997 章条编号对照

表 C.1 给出了本标准章条编号与 ISO 10291:1994、ISO 10292:1994、ISO 10293:1997 章条编号对照一览表。

表 C.1

本部分章条编号	对应的国际标准章条号
1	ISO 10291/ISO 10292/ISO 10293　1、3
2	ISO 10291 ISO 10293 2
3	ISO 10292　2
4	ISO 10292　3
5.1	ISO 10292　4
5.1.1	ISO 10292　4.1
5.1.2	ISO 10292　4.2
5.1.3	ISO 10292　4.3/5.4
5.2.1	ISO 10292　5.1
5.2.2	ISO 10292　5.2
5.2.3	ISO 10292　5.3
5.3.1	ISO 10292　6.1
5.3.2	ISO 10292　6.2
5.4	ISO 10292　7
6.1	ISO 10291　4
6.2	ISO 10291　5/6
6.3	ISO 10291　7/8
6.4.1	ISO 10291　8
6.4.2	ISO 10291　9 第一段
6.4.3	ISO 10291　9 第二段
6.5.1	ISO 10291　10.1
6.5.2	ISO 10291　10.2
6.6	ISO 10291　11
7.1	ISO 10293　3/4
7.2	ISO 10293　5
7.3	ISO 10293　6
7.4	ISO 10293　7/8 第一句
7.5.1	ISO 10293　8
7.5.2	ISO 10293　9 第一段、第二段

表 C.1（续）

本部分章条编号	对应的国际标准章条号
7.5.3	ISO 10293　9 第三段
7.6.1	ISO 10293　10.1
7.6.2	ISO 10293　10.2
8	ISO 10293　11
附录 A	ISO 10292 附录 A
附录 B	—

附 录 D
（资料性附录）
本标准与 ISO 10291、ISO 10292、ISO 10293 技术差异及其原因

表 D.1 给出了本标准与 ISO 10291、ISO 10292、ISO 10293 技术差异及其原因的一览表。

表 D.1

本标准的章条编号	技术性差异	原因
1	删除了 ISO 10292 范围中关于 U 值确定的意义和间接作用的描述。	在我国标准中，范围不用描述这些作用。
2	引用了采用国际标准的我国标准，而非国际标准。增加引用了 GB/T 8170。	以适合我国国情。在标准中需要用到修约规则。
4	增加了符号：R——热阻、C_1C_2——测量装置常量、V——电位差、q——热流量密度、Φ——加热功率。用符号 η 代替 λ 表示气体导热系数。	这些符号均在标准中需要用到。
5.1.3	将 ISO 10292 标准 5.4 水平和倾斜中空玻璃取值情况移至本条。	这条内容与本条内容一致，放在这里便于使用。
5.2.1	删除了 ISO 10292 标准中的注释 1。	符合中国标准规定，注释不在正文中出现。
5.3.1	删除了 ISO 10292 标准中的注释 2。	符合中国标准规定，注释不在正文中出现。且保留几位小数已在修约规则中规定。
5.3.2	删除了 ISO 10292 标准中的注释 3、将注释 4 的内容写入标准正文。	同上。
5.4	将注释 5 的内容写入标准正文。	在实际操作中需要。
6.1	删除了中空玻璃 U 值的定义。 增加了测量装置的基本原理。	该定义已经在标准的第 4 章术语和定义中给出，这里就不再重复。 符合我国标准要求。
6.3	将 ISO 10291 标准 8 中对试样内外挠曲的要求移到此条。	这样对测量试样的要求更完整，便于操作。
6.4	将 ISO 10291 标准 8 中对试样内外挠曲测量放在试验程序中，并将内容用二级条目表述。 删除了“使用 3 mm 厚的天然海绵橡胶”	试样挠曲检测是测量过程的一部分。 符合我国标准要求。 引用的 GB/T 10294 标准中对测量设备有详细说明，这里就不必重复。
6.5.1	增加了数值修约规定。	便于数据处理。

表 D.1（续）

本标准的章条编号	技术性差异	原　　因
6.5.2	删除了内外表面换热系数的导出和取值，规定按本标准的5.3得出。	在本标准的5.3中已经给出了该两换热系数的取值和导出公式，在本条中就不再重复，直接引用。
6.6	删除b)的内容。	a)的样品描述已经包含b)的内容。
7.1	删除了中空玻璃U值的定义。 增加了测量装置的基本原理。	该定义已经在标准的第4章术语和定义中给出，这里就不再重复。 符合我国标准要求。
7.4	将ISO 10293标准8中对试样内外挠度的要求移到此条中。	这样对测量试样的要求更完整，便于操作。
7.5	将ISO 10291标准8中对试样内外挠度测量放在试验程序中，并将内容用二级条表述。	试样挠度检测是测量过程的一部分。 符合我国标准要求。
7.6.2	删除本条的具体规定，引用6.5.2规定。	ISO 10291和ISO 10293对本条的U值的计算和表达是完全一致的，在本条中引用6.5.2的规定。
8	删除b)的内容。	a)的样品描述已经包含b)的内容。
公式编号	按先后顺序重新排列公式编号。	将三个标准内容合并为一个后，公式编号有不唯一性。
附录A表A.3	用绝对温度替换摄氏温度。	与标准其他温度统一。
附录	删除了ISO 10292中的附录B。	作为我国标准，ISO标准中的参考书目不必列出。
附录B	增加了附录B。	采用EN673标准的附录B，使大家更清楚多于一个间隔层的中空玻璃的计算方法。

ICS 67.200.10
X 11

中华人民共和国国家标准

GB/T 22477—2008

芝　　麻　　粕

Sesame seed meal

2008-11-04 发布　　　　　　2009-01-20 实施

中华人民共和国国家质量监督检验检疫总局
中国国家标准化管理委员会
发布

前　言

本标准由国家粮食局提出。

本标准由全国粮油标准化技术委员会归口。

本标准起草单位:武汉工业学院。

本标准主要起草人:陈涛、何东平、杨建斌。

芝　麻　粕

1　范围

本标准规定了芝麻粕的术语和定义、质量要求与卫生要求、检验方法、检验规则、标签标识以及包装、储存和运输的要求。

本标准适用于饲料工业用的商品芝麻粕。

2　规范性引用文件

下列文件中的条款通过本标准的引用而成为本标准的条款。凡是注日期的引用文件，其随后所有的修改单(不包括勘误的内容)或修订版均不适用于本标准，然而，鼓励根据本标准达成协议的各方研究是否可使用这些文件的最新版本。凡是不注日期的引用文件，其最新版本适用于本标准。

GB/T 5490　粮食、油料及植物油脂检验　一般规则

GB/T 5492　粮油检验　粮食、油料的色泽、气味、口味鉴定

GB/T 6432　饲料中粗蛋白测定方法

GB/T 6433　饲料中粗脂肪的测定

GB/T 6434　饲料中粗纤维的含量测定　过滤法

GB/T 6435　饲料中水分和其他挥发性物质含量的测定

GB/T 6438　饲料中粗灰分的测定

GB/T 10360　油料饼粕扦样法

GB 10648　饲料标签

GB 13078　饲料卫生标准

3　术语和定义

下列术语和定义适用于本标准。

3.1

芝麻粕　sesame seed meal

芝麻经浸出法(压榨浸出或直接浸出)制得的适合于饲料或饲料添加剂用的松散的富含芝麻蛋白的物料。

4　质量要求与卫生要求

4.1　质量要求

质量要求见表1和表2，其中粗蛋白质含量为定等指标。

表1　感官要求

项　目	一　级	二　级
色泽	黄色	浅褐色
状态	松散的片状、粉状和颗粒状	
气味	具有芝麻粕固有的气味，无异味	

表 2 理化指标

等级	粗蛋白质/%	水分/%	粗脂肪/%	粗纤维/%	粗灰分/%
一级	≥44.0	≤12.0	≤4.0	≤9.0	≤7.0
二级	≥38.0				
等外	<38.0				
注：各项理化指标含量均以 88%干物质为基础计算。					

4.2 添加剂要求

芝麻粕中加入添加剂应符合国家有关标准和规定。

4.3 真实性要求

不得掺入芝麻粕以外的物质。

4.4 卫生要求

按 GB 13078 和国家有关标准规定执行。

5 检验方法

5.1 扦样、分样：按 GB/T 10360 执行。

5.2 色泽、气味：按 GB/T 5492 执行。

5.3 粗蛋白质：按 GB/T 6432 执行，蛋白质的换算系数为 5.30。

5.4 粗脂肪：按 GB/T 6433 执行。

5.5 粗纤维：按 GB/T 6434 执行。

5.6 水分：按 GB/T 6435 执行。

5.7 粗灰分：按 GB/T 6438 执行。

6 检验规则

6.1 检验一般规则

按 GB/T 5490 执行。

6.2 产品组批

同原料、同工艺、同设备、同班次加工的产品为一批。

6.3 出厂检验

每批出厂产品应按 4.1 规定的项目进行检验，经企业检验部门检验合格后，出具检验证书方可出厂。

6.4 判定规则

6.4.1 芝麻粕的各项质量要求中有一项不合格时，即判定为不合格产品。

6.4.2 当其他项目符合要求，而芝麻粕粗蛋白含量低于二等时，判定为等外级。

7 标签标识

7.1 本产品标签应符合 GB 10648 的规定。

7.2 当芝麻粕中加入了添加剂时，应在标签中标注添加剂的产品名称和在芝麻粕中的含量。

8 包装、储存和运输

8.1 包装

应采用无毒、无异味、干燥、清洁的包装物。

8.2 **储存**

应储存在通气、干燥、清洁、无虫、无鼠、无异味的仓库内，严禁与有毒物品一同存放。

8.3 **运输**

应使用清洁、卫生的运输工具，防止雨淋和污染。

ICS 67.200.10
X 14

中华人民共和国国家标准

GB/T 22478—2008

葡 萄 籽 油

Grapeseed oil

2008-11-04 发布 2009-01-20 实施

中华人民共和国国家质量监督检验检疫总局
中国国家标准化管理委员会 发布

前　言

本标准参考了国际食品法典委员会标准 CODEX STAN 210—1999(Rev. 1—2001)《指定的植物油标准》的内容，葡萄籽油的技术质量要求设定、限量值和上述国际标准一致。

本标准由国家粮食局提出。

本标准由全国粮油标准化技术委员会归口。

本标准负责起草单位：国家粮食局科学研究院。

本标准参与起草单位：山东远望生物科技有限公司、河南工业大学、云南省粮油科学研究所。

本标准主要起草人：薛雅琳、张蕊、王瑛瑶、魏传亮、马传国、李林开、邵志凌、贾友苏。

STANDARDS PRESS OF CHINA

葡萄籽油

1 范围

本标准规定了葡萄籽油的相关术语和定义、质量要求与卫生要求、检验方法、检验规则、标签标识以及包装、储存、运输等要求。

本标准适用于以葡萄籽为原料加工的供人食用的商品葡萄籽油。

2 规范性引用文件

下列文件中的条款通过本标准的引用而成为本标准的条款。凡是注日期的引用文件，其随后所有的修改单(不包括勘误的内容)或修订版均不适用于本标准，然而，鼓励根据本标准达成协议的各方研究是否可使用这些文件的最新版本。凡是不注日期的引用文件，其最新版本适用于本标准。

GB 2716 食用植物油卫生标准

GB/T 5009.13 食品中铜的测定

GB/T 5009.37 食用植物油卫生标准的分析方法

GB/T 5009.90 食品中铁、镁、锰的测定

GB/T 5490 粮食、油料及植物油脂检验 一般规则

GB/T 5524 动植物油脂 扦样

GB/T 5525 植物油脂 透明度、气味、滋味鉴定法

GB/T 5526 植物油脂检验 比重测定法

GB/T 5527 植物油脂检验 折光指数测定法

GB/T 5528 动植物油脂 水分及挥发物含量测定

GB/T 5530 动植物油脂 酸值和酸度测定

GB/T 5532 动植物油脂 碘值的测定

GB/T 5534 动植物油脂 皂化值的测定

GB/T 5535.1 动植物油脂 不皂化物测定 第1部分：乙醚提取法

GB/T 5535.2 动植物油脂 不皂化物测定 第2部分：己烷提取法

GB/T 5538 动植物油脂 过氧化值测定

GB 7718 预包装食品标签通则

GB/T 15688 动植物油脂 不溶性杂质含量的测定

GB/T 17374 食用植物油销售包装

GB/T 17376 动植物油脂 脂肪酸甲酯制备

GB/T 17377 动植物油脂 脂肪酸甲酯的气相色谱分析

ISO 12228:1999 动植物油脂 甾醇成分及甾醇总含量的测定 气相色谱法

AOCS Cc 17-95 (97) 油脂中含皂量测定 滴定法

3 术语和定义

下列术语和定义适用于本标准。

3.1

葡萄籽油 grapeseed oil

以葡萄籽为原料经加工制成的油脂产品。

3.2

折光指数　refractive index

光线从空气中射入油脂时，入射角与折射角的正弦之比值。

3.3

相对密度　relative density

在规定温度下植物油的质量与同体积 20 ℃蒸馏水的质量之比值。

3.4

碘值　iodine value

在规定条件下与 100 g 油脂发生加成反应所需碘的克数。

3.5

皂化值　saponification value

皂化 1 g 油脂所需的氢氧化钾毫克数。

3.6

不皂化物　unsaponifiable matter

油脂中不与碱起作用、溶于醚、不溶于水的物质，包括甾醇、脂溶性维生素和色素等。

3.7

脂肪酸　fatty acid

脂肪族一元羧酸的总称，通式为 R-COOH。

3.8

水分及挥发物　moisture and volatile matter

油脂在规定条件下加热，导致其质量损失的物质。

3.9

不溶性杂质　insoluble impurity

油脂中不溶于石油醚等有机溶剂的物质。

3.10

酸值　acid value

中和 1 g 油脂中所含游离脂肪酸需要的氢氧化钾毫克数。

3.11

过氧化值　peroxide value

1 kg 油脂中过氧化物的毫摩尔数。

3.12

溶剂残留量　residual solvent content in oil

1 kg 油脂中残留的溶剂毫克数。

3.13

含皂量　saponified matter content

经过碱炼后的油脂中残留的皂化物的含量(以油酸钠计)。

3.14

甾醇　sterol

含羟基的环戊烷骈全氢菲类化合物的总称，以游离状态或同脂肪酸结合成酯的状态存在于生物体内。

4 质量要求与卫生要求

4.1 特征指标

4.1.1 折光指数(n^{40}):1.467～1.477。

4.1.2 相对密度(d_{20}^{20}):0.920～0.926。

4.1.3 碘值(I):128 g/100 g～150 g/100 g。

4.1.4 皂化值(KOH):188 mg/g～194 mg/g。

4.1.5 不皂化物:≤20 g/kg。

4.1.6 脂肪酸组成见表1。

表1 葡萄籽油脂肪酸组成

脂肪酸		含量/%
豆蔻酸	$C_{14:0}$	ND～0.3
棕榈酸	$C_{16:0}$	5.5～11.0
棕榈油酸	$C_{16:1}$	ND～1.2
十七烷酸	$C_{17:0}$	ND～0.2
十七碳一烯酸	$C_{17:1}$	ND～0.1
硬脂酸	$C_{18:0}$	3.0～6.5
油酸	$C_{18:1}$	12.0～28.0
亚油酸	$C_{18:2}$	58.0～78.0
亚麻酸	$C_{18:3}$	ND～1.0
花生酸	$C_{20:0}$	ND～1.0
二十碳一烯酸	$C_{20:1}$	ND～0.3
山嵛酸	$C_{22:0}$	ND～0.5
芥酸	$C_{22:1}$	ND～0.3
木焦油酸	$C_{24:0}$	ND～0.4
注:ND 表示未检出,含量≤0.05%。		

4.1.7 总甾醇含量:2 000 mg/kg～7 000 mg/kg。

4.1.8 各种甾醇成分含量(占总甾醇的质量分数)见表2。

表2 葡萄籽油甾醇成分含量

甾醇成分	占总甾醇的质量分数/%
高根二醇	>2
芸苔甾醇	ND～0.2
菜籽甾醇	7.5～14.0
豆甾醇	7.5～12.0
β-谷甾醇	64.0～70.0
δ-5-燕麦甾醇	1.0～3.5
δ-7-谷甾醇	0.5～3.5
δ-7-燕麦甾醇	0.5～1.5
其他	ND～5.1
注:ND 表示未检出,含量≤0.05%。	

4.2 质量指标

质量指标见表3。

STANDARDS PRESS OF CHINA

表 3 葡萄籽油质量指标

项　　目		等　　级	
	一级	二级	三级
色　泽	淡绿色或浅黄绿色		
气味、滋味	气味、口感好	气味、口感良好	具有葡萄籽油固有的气味和滋味，无异味
透明度	澄清、透明		
水分及挥发物/% ≤	0.10		
杂质/% ≤	0.05		
酸值(以 KOH 计)/(mg/g) ≤	0.60	1.0	3.0
过氧化值/(mmol/kg) ≤	5.0	6.0	7.5
含皂量/% ≤	0.005	0.005	0.03
铁/(mg/kg) ≤	1.5		5.0
铜/(mg/kg) ≤	0.1		0.4
溶剂残留量/(mg/kg) ≤	50		
注：当油的溶剂残留量检出值小于 10 mg/kg 时，视为未检出。			

4.3 卫生要求

按 GB 2716 和国家有关标准、规定执行。

4.4 添加剂使用限制

不得添加任何香精和香料。

4.5 真实性要求

葡萄籽油中不得掺有其他食用油和非食用油。

5 检验方法

5.1 扦样、分样：按 GB/T 5524 执行。

5.2 透明度、气味、滋味检验：按 GB/T 5525 执行。

5.3 色泽检验：按 GB/T 5009.37 执行。

5.4 相对密度：按 GB/T 5526 执行。

5.5 折光指数：按 GB/T 5527 执行。

5.6 水分及挥发物检验：按 GB/T 5528 执行。

5.7 不溶性杂质检验：按 GB/T 15688 执行。

5.8 酸值检验：按 GB/T 5530 执行。

5.9 碘值检验：按 GB/T 5532 执行。

5.10 含皂量检验：按 AOCS Cc 17-95 (97)执行。

5.11 皂化值检验：按 GB/T 5534 执行。

5.12 不皂化物检验：按 GB/T 5535.1 或 GB/T 5535.2 执行。

5.13 过氧化值检验：按 GB/T 5538 执行。

5.14 溶剂残留量检验：按 GB/T 5009.37 执行。

5.15 脂肪酸组成检验：按 GB/T 17376、GB/T 17377 执行。

5.16 甾醇含量检验：按 ISO 12228:1999 执行。

5.17 铜含量检验:按 GB/T 5009.13 执行。

5.18 铁含量检验:按 GB/T 5009.90 执行。

6 检验规则

6.1 检验一般规则

按照 GB/T 5490 执行。

6.2 出厂检验

除铁、铜项目外,按 4.2 规定的项目检验。

6.3 型式检验

6.3.1 当原料、设备、工艺有较大变化时,均应进行型式检验。

6.3.2 按第 4 章的规定检验。

6.4 判定规则

6.4.1 产品未标注质量等级时,按不合格判定。

6.4.2 产品的各等级指标中有一项不合格时,即判定为不合格产品。

7 标签标识

7.1 应符合 GB 7718 的要求。

7.2 应注明产品原料的生产国名。

8 包装、储存和运输

8.1 包装

应符合 GB/T 17374 及国家的有关规定和要求。

8.2 储存

应储存于阴凉、干燥、避光处。不得与有毒有害物质一同存放。

8.3 运输

运输车辆和器具应保持清洁、卫生。运输过程中应注意安全,防止日晒、雨淋、渗漏、污染和标签脱落。不得与有毒有害物质同车运输。

参 考 文 献

[1] 国际食品法典委员会标准 CODEX STAN 210—1999(Rev. 1—2001)《指定的植物油标准》。

ICS 67.200.10
X 14

中华人民共和国国家标准

GB/T 22479—2008

花椒籽油

Zanthoxylum bungeanum seed oil

2008-11-04 发布 2009-01-20 实施

中华人民共和国国家质量监督检验检疫总局
中国国家标准化管理委员会 发布

前　言

本标准由国家粮食局提出。

本标准由全国粮油标准化技术委员会归口。

本标准负责起草单位:河南工业大学、国家粮食局科学研究院、山东远望生物科技有限公司、武汉福达食用油调料有限公司、武汉工业学院。

本标准主要起草人:马传国、薛雅琳、杨国龙、魏传亮、梁少华、郭道雄、毕艳兰、纪俊敏、何东平、张世宏。

花 椒 籽 油

1 范围

本标准规定了花椒籽油的术语和定义、分类、质量要求与卫生要求、检验方法、检验规则、标签标识以及包装、储存和运输等的要求。

本标准适用于以花椒籽为原料加工的供人食用的商品花椒籽油。

2 规范性引用文件

下列文件中的条款通过本标准的引用而成为本标准的条款。凡是注日期的引用文件，其随后所有的修改单(不包括勘误的内容)或修订版均不适用于本标准，然而，鼓励根据本标准达成协议的各方研究是否可使用这些文件的最新版本。凡是不注日期的引用文件，其最新版本适用于本标准。

GB 2716 食用植物油卫生标准

GB/T 5009.13 食品中铜的测定

GB/T 5009.37 食用植物油卫生标准的分析方法

GB/T 5009.90 食品中铁、镁、锰的测定

GB/T 5490 粮食、油料及植物油脂检验 一般规则

GB/T 5524 动植物油脂 扦样

GB/T 5525 植物油脂 透明度、气味、滋味鉴定法

GB/T 5526 植物油脂检验 比重测定法

GB/T 5527 植物油脂检验 折光指数测定法

GB/T 5528 动植物油脂 水分及挥发物含量测定

GB/T 5530 动植物油脂 酸值和酸度测定

GB/T 5532 动植物油脂 碘值的测定

GB/T 5533 粮油检验 植物油脂含皂量的测定

GB/T 5534 动植物油脂 皂化值的测定

GB/T 5535.1 动植物油脂 不皂化物测定 第1部分:乙醚提取法

GB/T 5535.2 动植物油脂 不皂化物测定 第2部分:己烷提取法

GB/T 5538 动植物油脂 过氧化值测定

GB 7718 预包装食品标签通则

GB/T 15688 动植物油脂 不溶性杂质含量的测定

GB/T 17374 食用植物油销售包装

GB/T 17376 动植物油脂 脂肪酸甲酯制备

GB/T 17377 动植物油脂 脂肪酸甲酯的气相色谱分析

GB/T 22460 动植物油脂 罗维朋色泽的测定

3 术语和定义

下列术语和定义适用于本标准。

3.1

花椒籽油 zanthoxylum bungeanum seed oil

采用花椒的籽粒为原料制成的油脂。

3.2

压榨花椒籽油　pressing zanthoxylum bungeanum seed oil

花椒籽经压榨工艺制取的油脂。

3.3

浸出花椒籽油　solvent extraction zanthoxylum bungeanum seed oil

花椒籽经浸出工艺制取的油脂。

3.4

折光指数　refractive index

光线从空气中射入油脂时，入射角与折射角的正弦之比值。

3.5

相对密度　relative density

在规定温度下植物油的质量与同体积 20 ℃蒸馏水的质量之比值。

3.6

碘值　iodine value

在规定条件下与 100 g 油脂发生加成反应所需碘的克数。

3.7

皂化值　saponification value

皂化 1 g 油脂所需的氢氧化钾毫克数。

3.8

不皂化物　unsaponifiable matter

油脂中不与碱起作用、溶于醚、不溶于水的物质，包括甾醇、脂溶性维生素和色素等。

3.9

脂肪酸　fatty acid

脂肪族一元羧酸的总称，通式为 R-COOH。

3.10

水分及挥发物　moisture and volatile matter

油脂在规定条件下加热，导致其质量损失的物质。

3.11

不溶性杂质　insoluble impurity

油脂中不溶于石油醚等有机溶剂的物质。

3.12

酸值　acid value

中和 1 g 油脂中所含游离脂肪酸需要的氢氧化钾毫克数。

3.13

过氧化值　peroxide value

1 kg 油脂中过氧化物的毫摩尔数。

3.14

溶剂残留量　residual solvent content in oil

1 kg 油脂中残留的溶剂毫克数。

3.15

含皂量　saponified matter content

经过碱炼后的油脂中皂化物的含量(以油酸钠计)。

4 分类

花椒籽油分为压榨花椒籽油和浸出花椒籽油。

5 质量要求与卫生要求

5.1 特征指标

a) 折光指数(n^{20})：1.472～1.481。

b) 相对密度(d_{20}^{20})：0.921～0.967。

c) 碘值(I)：125 g/100 g～133 g/100 g。

d) 皂化值(KOH)：191 mg/g～198 mg/g。

e) 不皂化物：≤10 g/kg。

f) 脂肪酸组成：

棕榈酸	$C_{16:0}$	9%～14%；
棕榈油酸	$C_{16:1}$	2%～8%；
硬脂酸	$C_{18:0}$	1%～3%；
油酸	$C_{18:1}$	25%～32%；
亚油酸	$C_{18:2}$	18%～33%；
亚麻酸	$C_{18:3}$	17%～24%。

5.2 质量指标

压榨花椒籽油和浸出花椒籽油分级质量指标要求见表1。

表1 质量指标

项目		质量指标	
		一级	二级
色泽(罗维朋比色槽 25.4 mm)	≤	黄 30 红 4.0	黄 70 红 7.0
气味、滋味		具有花椒籽油固有的气味和滋味、无异味	具有花椒籽油固有的气味和滋味、无异味
酸值(KOH)/(mg/g)	≤	1.0	3.0
透明度		澄清、透明	—
不溶性杂质/%	≤	0.05	
水分及挥发物/%	≤	0.20	
含皂量/%	≤	0.03	
过氧化值/(mmol/kg)	≤	6.0	
溶剂残留量/(mg/kg)	≤	50	
铁/(mg/kg)	≤	1.5	
铜/(mg/kg)	≤	0.1	

注1：划有"—"者不作检测。

注2：溶剂残留量检出值小于 10 mg/kg 时，视为未检出。

注3：压榨花椒籽油溶剂残留量不得检出。

5.3 卫生要求

按 GB 2716 和国家有关标准、规定执行。

STANDARDS PRESS OF CHINA

5.4 添加剂使用限制

不得添加任何香精和香料。

5.5 真实性要求

花椒籽油中不得掺有其他食用油和非食用油。

6 检验方法

6.1 扦样、分样:按 GB/T 5524 执行。

6.2 透明度、气味、滋味检验:按 GB/T 5525 执行。

6.3 色泽检验:按 GB/T 22460 执行。

6.4 相对密度检验:按 GB/T 5526 执行。

6.5 折光指数检验:按 GB/T 5527 执行。

6.6 水分及挥发物检验:按 GB/T 5528 执行。

6.7 不溶性杂质检验:按 GB/T 15688 执行。

6.8 酸值检验:按 GB/T 5530 执行。

6.9 碘值检验:按 GB/T 5532 执行。

6.10 皂化值检验:按 GB/T 5534 执行。

6.11 不皂化物检验:按 GB/T 5535.1 或 GB/T 5535.2 执行。

6.12 过氧化值检验:按 GB/T 5538 执行。

6.13 含皂量检验:按 GB/T 5533 执行。

6.14 溶剂残留量检验:按 GB/T 5009.37 执行。

6.15 脂肪酸组成检验:按 GB/T 17376、GB/T 17377 执行。

6.16 铜含量检验:按 GB/T 5009.13 执行。

6.17 铁含量检验:按 GB/T 5009.90 执行。

7 检验规则

7.1 检验一般规则

按 GB/T 5490 执行。

7.2 检验组批

同原料、同工艺、同设备、同班次加工的产品为一批。

7.3 出厂检验

除铁、铜项目外,按 5.2 执行。

7.4 型式检验

7.4.1 当原料、设备、工艺有较大变化时,均应进行型式检验。

7.4.2 按第 5 章执行。

7.5 判定规则

7.5.1 产品未标注质量等级时,按不合格判定。

7.5.2 产品的各等级指标中有一项不合格时,即判定为不合格产品。

8 标签标识

8.1 应符合 GB 7718 的要求。

8.2 应标注加工工艺。

8.3 应注明产品原料的生产国名。

9 包装、储存和运输

9.1 包装

应符合 GB/T 17374 及国家的有关规定和要求。

9.2 储存

应储存于阴凉、干燥、避光处。不得与有毒有害物质一同存放。

9.3 运输

运输车辆和器具应保持清洁、卫生。运输过程中应注意安全，防止日晒、雨淋、渗漏、污染和标签脱落。不得与有毒有害物质同车运输。

ICS 67.200.10
X 14

中华人民共和国国家标准

GB/T 22480—2008/ISO 6656:2002

动植物油脂　聚乙烯类聚合物的测定

Animal and vegetable fats and oils—Determination of polyethylene-type polymers

(ISO 6656:2002,IDT)

2008-11-04 发布　　　　2009-01-20 实施

中华人民共和国国家质量监督检验检疫总局
中国国家标准化管理委员会　发布

前 言

本标准等同采用 ISO 6656:2002《动植物油脂 聚乙烯类聚合物的测定》(英文版)。

为了便于使用,本标准对 ISO 6656:2002 进行了下列编辑性修改:

——删除了国际标准的前言;

——"本国际标准"一词改为"本标准";

——用小数点"."代替原文中作为小数点的逗号","。

本标准的附录 A 为资料性附录。

本标准由国家粮食局提出。

本标准由全国粮油标准化技术委员会归口。

本标准起草单位:国家粮食局科学研究院。

本标准主要起草人:薛雅琳、张蕊、赵会义。

STANDARDS PRESS OF CHINA

动植物油脂　聚乙烯类聚合物的测定

警告:本标准需要使用三氯甲烷和四氯乙烯。它们具有毒性,破坏臭氧层。避免吸入这些溶剂蒸气。使用这些溶剂和它们的溶液时,在通风橱中进行操作。

1　范围

本标准规定了动植物油脂中聚乙烯类聚合物的测定方法。

本标准特别适用于动植物油脂聚乙烯类聚合物的测定。

本标准不适用每千克样品中聚合物含量低于 50 mg 的样品(结果参见表 A.1 中的动物脂 1)。

2　术语和定义

下列术语和定义适用于本标准。

2.1

聚乙烯类聚合物　polyethylene-type polymers

可溶于沸腾四氯乙烯中的混杂物。例如:包装材料中的聚乙烯。

3　原理

将经酸洗分解掉皂类化合物的待测样溶解在三氯甲烷中(聚乙烯类聚合物悬浮在溶液中),采用带有助滤剂层的砂芯坩埚过滤。冲洗坩埚和不溶物,干燥,称量。再用沸腾的四氯乙烯,将聚乙烯类聚合物从不溶物中萃取出来。将坩埚和不溶物再次干燥、称量。

4　试剂

所用试剂均为分析纯,实验用水为蒸馏水或同等纯度的水。

4.1　甲醇:含水量不高于 0.5%(质量分数)。

4.2　丙酮。

4.3　三氯甲烷。

4.4　四氯乙烯。

4.5　盐酸乙醇溶液(体积比):1 份盐酸溶液(ρ_{20}=1.19 g/mL)和 9 份 95%乙醇溶液混合。

4.6　酸洗的硅藻土助滤剂。

5　仪器

警告:由于三氯甲烷和四氯乙烯是有机溶剂,能够腐蚀塑料,所以实验中尽量保证所用试剂不要接触塑料。

实验室常用仪器,特别包括以下仪器。

5.1　1 000 mL 烧杯。

5.2　吸滤瓶:250 mL,1 000 mL。

5.3　砂芯坩埚:孔径 P40(16 μm～40 μm)。

5.4　干燥器。

5.5　磁力搅拌器:带有加热器。

5.6　烘箱:可控温度为 103 ℃±2 ℃。

5.7　分析天平。

6 扦样

由于聚合物分散很不均匀，要获得代表性样品须特别小心注意。实验室接收的样品必须具有代表性，在运输和储藏过程中未被损坏或发生变化。本标准未规定扦样方法，建议执行 GB/T 5524。

7 操作步骤

警告：避免皮肤接触试剂，吸入挥发物。所有操作应在通风橱中进行。

7.1 待测样的制备

加热被测油脂至 110 ℃～120 ℃。搅拌试样 3 min～4 min，使其完全混合均匀。

7.2 待测样品

称取 100 g(精确到 0.1 g)的上述待测样(7.1)至 1 000 mL 的烧杯(5.1)中。若待测样中聚乙烯类聚合物的含量超过 500 mg/kg 时，待测样品称取量可降至 50 g。

7.3 酸处理

加 75 mL 盐酸乙醇溶液(4.5)至已称取的待测样品中，盖上烧杯。放在磁力搅拌器(5.5)上搅拌 5 min，温度保持在 60 ℃～70 ℃。

然后冷却至 35 ℃以下，加入 270 mL 三氯甲烷(4.3)，搅拌至试样溶解(允许溶液不澄清)。然后加入 1.0 g 助滤剂(4.6)，其悬浮于 30 mL 三氯甲烷中(以防止结块)。

7.4 测定

7.4.1 制备过滤层，将 0.5 g 助滤剂(4.6)悬浮于 30 mL 三氯甲烷中，然后将其倾入砂芯坩埚(5.3)过滤。如有必要，可借助真空泵，将烧杯(5.1)中的溶液(过滤前搅拌)抽滤至 1000 mL 吸滤瓶(5.2)中。

7.4.2 用 50 mL 三氯甲烷冲洗烧杯(5.1)，将冲洗液缓慢转移到砂芯坩埚中，抽滤。三氯甲烷的液面保持在过滤层上方约 5 mm。再用 50 mL 甲醇溶液(4.1)冲洗，操作应同样小心。

7.4.3 重复上述冲洗步骤，用三氯甲烷和甲醇交替冲洗砂芯坩埚，每次 50 mL，直至 150 mL 的三氯甲烷和 100 mL 的甲醇用完。继续抽滤，至砂芯坩埚干燥为止。

7.4.4 用三氯甲烷冲洗砂芯坩埚内侧。在抽滤条件下，用 25 mL 丙酮溶液(4.2)冲洗砂芯坩埚中的不溶物两次，以便除去吸收的水分。将砂芯坩埚抽气 1 min。

7.4.5 当砂芯坩埚看似变干，将其放在 103 ℃烘箱(5.6)中，干燥 15 min～30 min。

7.4.6 将砂芯坩埚放在干燥器(5.4)中冷却 30 min，称量，精确到 0.1 mg。重复干燥、冷却和称量步骤；直至两次连续称量差值不超过 1 mg。记录质量为 m_1。

7.4.7 在 103 ℃烘箱(5.6)中加热有不溶物的砂芯坩埚。然后用 25 mL 沸腾四氯乙烯(4.4)冲洗不溶物。如可能，尽量不使用抽滤，用清洁干燥的 250 mL 吸滤瓶(5.2)收集滤液。至少重复四次，每次用 25 mL沸腾四氯乙烯清洗。然后将砂芯坩埚抽气 2 min。

7.4.8 用 50 mL 丙酮(4.2)冲洗砂芯坩埚，以除去少量四氯乙烯残留液。然后将砂芯坩埚抽气 2 min。

7.4.9 将砂芯坩埚放在温度设为 103 ℃烘箱(5.6)中，干燥 15 min～30 min。取出放在干燥器(5.4)中冷却 30 min，称量，精确到 0.1 mg。

7.4.10 重复四氯乙烯冲洗(见 7.4.7)、丙酮冲洗(见 7.4.8)、干燥、冷却及称量(见 7.4.9)步骤。直至两次连续称量差值不超过 1 mg 为止。记录质量为 m_2。

7.5 测定次数

同一样品测定两次。

8 结果计算

试样的聚乙烯类聚合物含量按式(1)计算：

$$X = \frac{m_1 - m_2}{m} \times p \qquad \cdots\cdots(1)$$

式中：

X——试样中聚乙烯类聚合物的含量，单位为毫克每千克(mg/kg)；

m_1——抽取前坩埚和不溶物的总质量(7.4.6)，单位为克(g)；

m_2——抽取后坩埚和不溶物的总质量(7.4.10)，单位为克(g)；

m——试样的质量(7.2)，单位为克(g)；

p——系数，10^6。

两次测定的算术平均值为测定最后结果。

9 精密度

在本方法适用的浓度范围内，多个实验室采用本方法的测试数据的精确度数值参见附录A。

10 测试报告

测试报告应说明：

——测试样品所需的所有有关信息；

——若已知采样方法，则注明；

——采用的检验方法及引用标准；

——本标准中没有具体说明的或者被认为是可选的，以及所有可能影响结果的操作细节；

——测试结果。如果进行了重复性试验，应说明两次测试的结果和平均结果。

STANDARDS PRESS OF CHINA

附　录　A
（资料性附录）
实验室间的测试结果

本方法在十个国际实验室间进行了测试，测试的统计结果见表A.1（参照ISO 5725:1986）。

表A.1　实验室间测试结果

项　目	动物脂1	动物脂2
剔除异常值后的实验室数量	10	9
平均值/(mg/kg)	41	184
重复性标准偏差(S_r)/(mg/kg)	8	15
重复性变异系数/%	20	8.4
重复性极限值(r)(2.83×S_r)/(mg/kg)	23	24
再现性标准偏差(S_R)/(mg/kg)	14	33
再现性变异系数/%	34	18
再现性极限值(R)(2.83×S_R)/(mg/kg)	39	92

参 考 文 献

[1] GB/T 5524—2008 动植物油脂 扦样(ISO 5555:2001,IDT)

[2] ISO 5725:1986 Precision of test methods—Determination of repeatability and reproducibility for a standard test method by inter-laboratory tests

[3] ISO 5725-1:1994 Accuracy (trueness and precision) of measurement methods and results—Part 1:General principles and definitions

[4] ISO 5725-2:1994 Accuracy(trueness and precision)of measurement methods and results—Part 2:Basic method for the determination of repeatability and reproducibility of a standard measurement method

ICS 67.060
B 20

中华人民共和国国家标准

GB/T 22481—2008/ISO 4174:1998

谷物、油料和豆类 单向气流穿过散粮的单位压力损失测定

Cereals, oilseeds and pulses—Measurement of unit pressure loss in one-dimensional air flow through bulk grain

(ISO 4174:1998, IDT)

2008-11-04 发布 2009-02-01 实施

中华人民共和国国家质量监督检验检疫总局
中国国家标准化管理委员会 发布

前 言

本标准等同采用 ISO 4174:1998《谷物、油料和豆类 单向气流穿过散粮的单位压力损失测定》(英文版)。

本标准等同翻译 ISO 4174:1998。

为了便于使用,本标准对 ISO 4174:1998 做了下列编辑性修改:

a) "本国际标准"一词改为"本标准";

b) 用小数点"."代替作为小数点的逗号",";

c) 删除国际标准的前言、引言;

d) 用 GB/T 5518《粮油检验 粮食、油料相对密度的测定》代替了原引用标准 ISO 3507:1976《密度计》。

本标准的附录 A 为资料性附录。

本标准由国家粮食局提出。

本标准由全国粮油标准化技术委员会归口。

本标准起草单位:国家粮食局标准质量中心、河南工业大学。

本标准主要起草人:李美琴、吴存荣、周显青、唐怀建、谢华民、张忠杰。

STANDARDS PRESS OF CHINA

谷物、油料和豆类　单向气流穿过散粮的单位压力损失测定

1　范围

本标准规定了单向气流通过粮堆的单位压力损失的测定方法，它可以用来计算通风机组的总压损。即相当于以下几处压力损失之和：

a)　在通风系统中(通风管道等)；

b)　在粮食中(本标准的主要内容)；

c)　从管道进入粮堆的通道处。

本标准适用于气流速度在以下范围的通风系统中压力损失的测定。如果气流速度不超过以下限速，通风系统中的压力损失和气流从通风管道进入粮堆的通道中的压力损失，相对于粮堆中的压力损失而言，可以忽略不计：

——主通风管道中的速度 8 m/s ～10 m/s；

——分通风管道中的速度 4 m/s ～5 m/s；

——进入粮堆的速度 0.25 m/s。

本标准不适用于气流速度大于以上限速的通风系统(如：主管道中气流速度达到 30 m/s)，该情况下要计算由于气流分配以及卸料系统所引起的压力损失。

2　规范性引用文件

下列文件中的条款通过本标准的引用而成为本标准的条款。凡是注日期的引用文件，其随后所有的修改单(不包括勘误的内容)或修订版均不适用于本标准，然而，鼓励根据本标准达成协议的各方研究是否可使用这些文件的最新版本。凡是不注日期的引用文件，其最新版本适用于本标准。

GB/T 5518　粮油检验　粮食、油料相对密度的测定

3　原理

用气流进入粮堆时的速度函数来表示均匀气流穿过粮堆时产生的单位长度(m)的压力损失。通过试验确定曲线，然后得出气流穿过粮堆的单位压力损失的计算公式。

4　仪器

4.1　测定单位压力损失的装置

压损测量装置见图 1。将粮食放进内壁光滑的圆筒形容器，容器外壁装有两个相距 500 mm 的测压口，每个测压口上都有两个与通向粮食的内径为 1 mm 的管子。在底座上有一个压力舱和一个细筛网，测定时粮食堆放在细筛网上。

风机、泵或空压机将空气压送到缓冲气罐，然后空气进入装有针形阀的压力舱。针形阀能够开关，以便调节穿过粮食的气量。空气流量用流量计(如转子流量计)测定。

空气进入流量计前的压力用压力计(如 U 型管压差计)测量；500 mm 厚度粮堆的压力损失用精度 ±0.1 Pa 的微压仪(精密测压计)测量。

单位为毫米

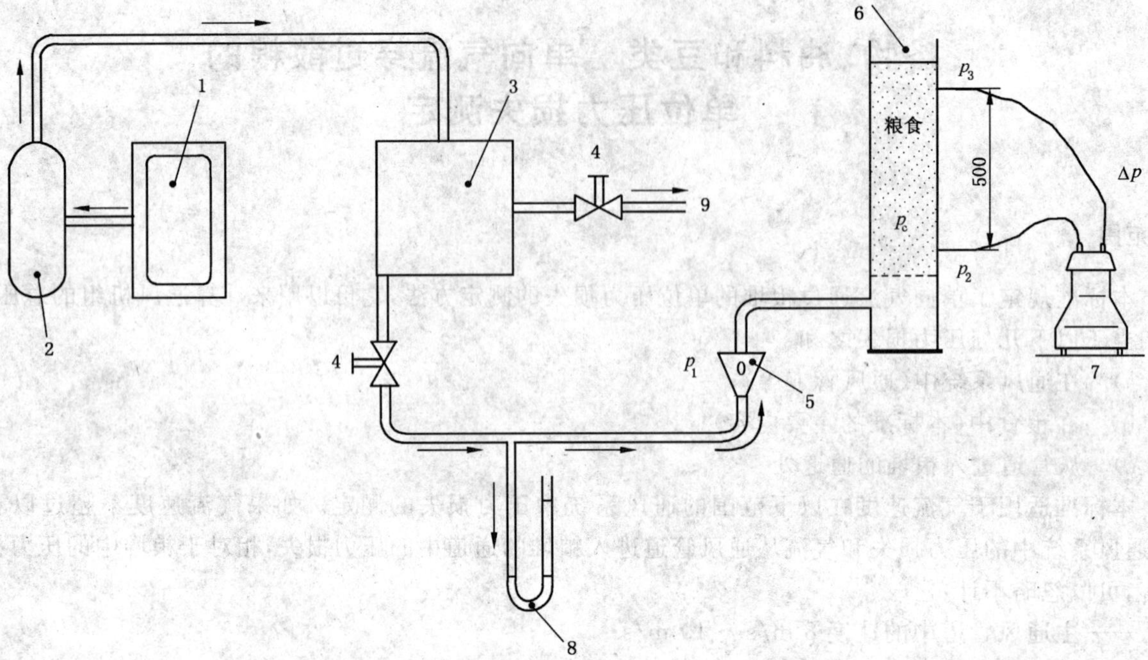

关键部位：

1——风机、泵或空压机（3 m³/h 的风量）；

2——缓冲罐（1.5 dm³ 的容量）；

3——压力舱（25 dm³ 的容量）；

4——针阀；

5——流量计；

6——测量单元；

7——微压仪；

8——U 型管压差计；

9——排空。

图 1 压损测量装置示意图

4.2 记录式温度计

用于测量并记录空气进入粮食时的温度。

4.3 通风式干湿温度计

也可用其他具有相同准确度的装置（如电容式湿度计或露点测量仪），测量并记录试验期间湿球和干球的温度。

4.4 压力计

测量并记录大气压力（依照本标准的要求）。

4.5 密度计

应符合 GB/T 5518 的要求。

4.6 实验室用谷物清选机

清理测定用粮食。

5 操作程序

5.1 进料方法

测定用粮应该用实验室用谷物清选机（4.6）清理干净，否则要在测定报告中说明杂质的类型和特征。

分别进行两种进料方法的测定。

为了模拟粮食通过流管时的松散进料状态，在粮食灌入锥形漏斗时，漏斗的出口端要紧贴粮堆表面，将漏斗缓慢抬起使得粮食几乎是在零落差情况下注入容器，同时要不断往漏斗中加粮以保持有量。

为了模拟布粮机分料器的散落进料状态，将粮食从 200 mm 的高度倒在大孔筛上，使得只有小于筛孔(单个)的粮粒通过。慢慢地向上移动筛子，保持筛子和粮粒表面的距离为 800 mm，形成恒定的粮粒落差，从而形成一个填充的水平粮层。

5.2 绘制压力损失作为气流速度函数的试验曲线

5.2.1 概述

确定压力损失(Δp)作为气流速度(U_0)的函数，需要重复测量气流速度减小和增大时的数据(考虑到每次测定都要给容器重新装料，应注意在实验过程中的微小沉降)。

重复气流增减实验三次。

5.2.2 测量方法

试验期间使用的各种气流速度以 q_0 表示，单位为 m^3/s，用流量计(见 4.1)测定：

a) 空气进入测量室的表压用 p 表示，单位为 Pa，用微压计(或 U 型管压差计)测量(见 4.1)；

b) 压力损失用 Δp 表示，单位为 Pa，用微压计测定(见 4.1)并记录。

5.2.3 参数的确定

5.2.3.1 与粮食有关的参数

a) 容器中粮堆的堆积密度 ρ_s，单位为 kg/m^3。

装料前后都要称量，并测量装料量。采用值是表观体积质量的平均值。

b) 粮粒密度 ρ_V，单位为 kg/m^3，用密度计(4.5)测定。

5.2.3.2 其他参数

a) 大气压力用 p_a 表示，单位为 Pa。用压力计(4.4)测定或由附近的气象部门提供。

b) 环境空气干球温度 θ，单位为 ℃。用温度计(4.2)测量。

c) 进入粮食的气流温度 θ_c，单位为 ℃。用温度计(4.2)测量。

d) 空气中的水蒸气含量用 w 表示，单位为 kg /kg。用通风式干湿温度计(4.3)和湿度曲线图测定，或用空气湿度方程式计算得到。

e) 空气比容用 v 表示，单位为 m^3/kg。

用湿度曲线图确定，或用空气湿度方程式计算。

f) 容器的横截面积用 A 表示，单位为 m^2。

计算如下：

a) 环境空气密度用 ρ_a 表示，单位为 kg/m^3，计算方法见式(1)。

$$\rho_a = \frac{1 + w}{v} \qquad \cdots\cdots (1)$$

b) 校正空气密度用 ρ_0 表示，单位为 kg/m^3，计算方法见式(2)。

$$\rho_0 = \rho_a \times \frac{T_a}{T_0} \times \frac{p_0}{p_a} \qquad \cdots\cdots (2)$$

式中：

T_0——室温，用开氏温度表示($T_0 = 293$ K)；

T_a——进入管道的空气的温度，用开氏温度表示($T_a = 273 + \theta$)；

p_0——标准大气压(101.325 Pa)，单位为帕 (Pa)。

5.2.4 计算 U_0 和 ΔP

流量计中空气的密度用 ρ_r 表示，单位为 kg/m^3，由式(3)计算：

$$\rho_r = \rho_0 \times \frac{p_1}{p_0} \times \frac{T_0}{T_c} \qquad \cdots\cdots (3)$$

式中：

p_1——进入流量计之前的空气压力，单位为帕(Pa)($p_1 = p_a + p$)；

STANDARDS PRESS OF CHINA

T_c——进入粮堆的空气温度,用开氏温度表示($T_c = 273 + \theta_c$)。

通过流量计的实际流量用 q_r 表示,单位为 m^3/s,由式(4)计算:

$$q_r = q_0 \sqrt{\frac{\rho_0}{\rho_r}} \quad \cdots\cdots (4)$$

式中:

q_0——流量计中的速度,单位为立方米每秒(m^3/s)。

容器中的压力用 p_c 表示,单位为 Pa,由式(5)计算:

$$p_c = p_3 + \frac{1}{2}\Delta p \quad \cdots\cdots (5)$$

式中:

p_3——靠近粮堆顶端测压点的压力,单位为帕(Pa);

Δp——微压计(见 4.1)记录的 0.5 m 厚度粮堆的压损,单位为帕(Pa)。

容器中的空气密度用 ρ_c 表示,单位为 kg/m^3,由式(6)计算:

$$\rho_c = \rho_0 \times \frac{T_0}{T_c} \times \frac{p_c}{p_0} \quad \cdots\cdots (6)$$

容器中的流量用 q_c 表示,单位为 m^3/s,由式(7)计算:

$$q_c = q_r \sqrt{\frac{\rho_r}{\rho_c}} \quad \cdots\cdots (7)$$

容器中的气流速度用 U_0 表示,单位为 m/s,由式(8)计算:

$$U_0 = \frac{q_c}{A} \quad \cdots\cdots (8)$$

式中:

A——容器的横截面积,单位为平方米(m^2)。

单位压力损失用 ΔP 表示,单位为 Pa/m,由式(9)计算:

$$\Delta P = \frac{\Delta p}{0.5} \quad \cdots\cdots (9)$$

5.2.5 试验结果报告

记录和计算的结果要按表 1 所示表格形式列出。

单位压力损失(ΔP)作为气流进入粮堆的速度(U_0)的函数记录在复对数坐标纸上,或者用相应的软件记录。

表 1 试验结果记录表

流量计读数(标准刻度)	p/Pa	Δp/Pa	q_0/(m^3/s)	p_1/Pa	ρ_r/(kg/m^3)	p_c/Pa	ρ_c/(kg/m^3)	q_c/(m^3/s)	U_0/(m/s)	ΔP/(Pa/m)
140										
130										
120										
110										
100										
90										
80										
70										
60										
50										
40										

5.3 计算公式

绘制实验曲线后，应用科泽尼-卡尔曼(Kozeny-Carman)回归方程，得式(10)如下：

$$\frac{\Delta p}{\rho_c l}=\frac{k\eta(1-\varepsilon)^2S^2}{g\varepsilon^2}U_0^2 \qquad \cdots\cdots(10)$$

式中：

l——对应于 Δp 的长度($l=1$ m)；

k——常数($k=5$)；

η——空气运动粘度，单位为平方米每秒(m^2/s)，由式(11)计算获得：

$$\eta=0.152\times10^4\times[1+(\theta_c-20)0.006]\times\frac{101.325\times10^3}{p_a} \qquad \cdots\cdots(11)$$

ε——孔隙率，即在某一特定点每单位体积的孔隙体积，单位为立方米(m^3)，由式(12)计算获得：

$$\varepsilon=1-\frac{\rho_s}{\rho_v} \qquad \cdots\cdots(12)$$

S——粮堆的比表面积，单位为平方米每立方米(m^2/m^3)。取决于粮食的籽粒大小和特性(见附录 A)；

$h\beta$——伯克-普鲁黙常数，取决于粮食的特性(见附录 A)；

g——标准重力加速度，单位为米每二次方秒(m/s^2)($g=9.81\ m/s^2$)；

U_0——气流进入粮堆的速度，单位为米每秒(m/s)。

从优选出的两个点，可以获得 S 和 $h\beta$ 的对应值。一般情况下，用最小二乘法从试验点调整计算。

5.4 修正计算公式

实践中，若考虑器壁因素，则常可得到 S 值，因此，校正后的比表面积 S' 计算公式见式(13)。

$$S'=S-\frac{2}{d(1-\varepsilon)} \qquad \cdots\cdots(13)$$

式中：

d——容器的直径，单位为米(m)。

6 结果表述

对于特定的粮食批次应考虑以下因素：

——粮食密度；

——粮堆中某一点的堆积密度；

——气流进入粮堆速度。

单向气流穿过粮堆单位压损可用如下修正计算公式计算，见式(14)。

$$\Delta P=\frac{\rho_c k\eta S'^2(1-\varepsilon)^2}{g\varepsilon^3}U_0+\frac{\rho_c h\beta S'(1-\varepsilon)}{g\varepsilon^3}U_0{}^2 \qquad \cdots\cdots(14)$$

7 实际应用

7.1 某一特定点的不同堆积密度的压损预测

实验结果与粮堆的装粮方式有关。实际上，立筒库内某一点的堆积密度因粮食的落差不同而异。所以，应确定 ε 和 S' 方程式(见 5.3 和 5.4)，以便于计算某一特定点处不同堆积密度压损。

7.2 粮食的压力损失

粮食的压力损失(Δp_{loss})的计算见式(15)。

$$\Delta p_{loss}=\Delta P\times h \qquad \cdots\cdots(15)$$

式中：

h——装粮高度，单位为米(m)，在向上的通风系统中或在其他情况下，则是指空气流过粮层的距离。

8 实验报告

——实验报告应详述以下内容：

——描述样品特征所需的全部信息；

——实验方法(参照本标准)；

——是否采用经修正的流量方程；

——所得实验结果；

——列出所有本标准中并未详述或可供选择的操作要点及其可能影响测定结果的随机因素。

附 录 A
（资料性附录）
粮食的比表面积 S 的计算和伯克-普鲁默常数 $h\beta$

A.1 测量每一种类及每一湿度下 80 粒粮食的尺寸和特性如下：

A.1.1 粮粒的长度（L）。

A.1.2 粮粒的宽度（l）。

A.1.3 高度（h）（由下至上）。

A.1.4 粮粒腹沟的宽度（W）。

A.1.5 粮粒腹沟的深度（D）。

A.2 对每一种类和每一湿度的粮食计算其平均面积和体积。为此，需要将粮食比作不等轴的半椭圆体，以此推算，在平面上，用直角三角板分别量取其长度，横截面可测粮粒和腹沟的长度。三个半轴为 a'，b' 和 c'：

$$a' = L/2$$
$$b' = h$$
$$c' = l/2$$

A.3 不等轴的椭圆体近似于一个回转椭圆球，它的半轴等于：

$$a = \frac{(a'+b')}{2}$$
$$b = a' = l/2$$

A.4 回转的扁平椭圆体（$a > b$）的表面积用等比数列之和表示：

$$S = 2\pi a^2 + 2\pi b^2\left[1 + \frac{1}{3}\frac{(a^2-b^2)}{a^2} + \frac{1}{5}\frac{(a^2-b^2)^2}{a^2} + \frac{1}{7}\frac{(a^2-b^2)^3}{a^2} + \cdots\right] \quad \cdots\cdots\cdots(A.1)$$

A.4.1 不等轴椭圆体的表面积表示为：

$$S' = 4\frac{a'b'}{(a'+b')^2}S \quad \cdots\cdots\cdots(A.2)$$

A.4.2 不等轴椭圆体的体积表示为：

$$V' = \frac{4}{3}\pi a'b'c' \quad \cdots\cdots\cdots(A.3)$$

A.4.3 由此可作以下计算：

a) 比表面积 S（总表面积占给定体积的比例），单位为平方厘米每立方厘米（cm^2/cm^3）；

b) 伯克-普鲁默常数 $h\beta$，由前面所述的步骤所测得的压力损失及第 6 章所述的公式计算得出。此常量一旦测出，即可运用该公式计算不同空气流速下的压力损失。

ICS 07.060
N 93

中华人民共和国国家标准

GB/T 22482—2008

水文情报预报规范

Standard for hydrological information and hydrological forecasting

2008-11-04 发布 2009-01-01 实施

中华人民共和国国家质量监督检验检疫总局
中国国家标准化管理委员会 发布

前　言

本标准在原水利行业标准 SL 250《水文情报预报规范》的基础上制定。

本标准由水利部提出并归口。

本标准负责起草单位：水利部水文局。

本标准参加起草单位：水利部长江水利委员会水文局、水利部黄河水利委员会水文局、河海大学水文水资源及环境学院、广西壮族自治区水文水资源局、浙江省水文局、吉林省水文水资源局、安徽省水文局。

本标准主要起草人：孙继昌、张建云、王俊、梁家志、章四龙、陈树娥、乐嘉祥、芮孝芳、葛守西、李良年、刘志雨、程琳、孙春鹏、俞日新、陶永格、高喜河、邓英春、周砺、李岩、陈祖华、王金星。

水文情报预报规范

1 范围

本标准规定了水文情报、洪水预报以及其他水文情报预报服务的技术规定。

本标准适用于中华人民共和国领域内的水文情报预报工作和相关活动。

2 规范性引用文件

下列文件中的条款通过本标准的引用而成为本标准的条款。凡是注日期的引用文件，其随后所有的修改单(不包括勘误的内容)或修订版均不适用于本标准，然而，鼓励根据本标准达成协议的各方研究是否使用这些文件的最新版本。凡是不注日期的引用文件，其最新版本适用于本标准。

GB/T 50095 水文基本术语和符号标准

SL 206 已成防洪工程经济效益分析计算及评价规范

SL 323 实时雨水情数据库表结构与标识符标准

SL 330 水情信息编码标准

3 术语和定义

GB/T 50095 确立的术语和定义适用于本标准。

4 总则

4.1 水文情报预报指对江河、湖泊、渠道、水库和其他水体的水文要素实时情况的报告和未来情况的预报，涉及水资源开发、利用、节约和保护，水生态环境监测等方面，应包括下列内容：

a) 收集、处理和提供雨情、水情、旱情、风暴潮、冰情、沙情、地下水、水质和水资源监测等各项信息；

b) 制作和发布各种不同预见期的水情、旱情、风暴潮、冰情、沙情、地下水、水质及其他水文现象的预报或预测；

c) 分析和提供旱涝趋势及展望成果；

d) 分析和提供有关水文情势专题的咨询或参考资料。

4.2 水文情报预报人员应：

a) 掌握岗位有关技术规定和要求；

b) 熟悉本地区的流域自然地理特性、水文特性、水情站网设置和水文测报等情况，了解水工程设施的建设、管理和人类活动等情况；

c) 了解本地区历史上洪、涝、旱灾害情况和水文气象演变规律；

d) 熟悉水文预报理论与方法，掌握水文预报方案，了解通信、计算机等新技术在水文情报预报工作中的应用。

4.3 水文预报方案是作业预报的基本依据。水文预报方案的编制(或修订)应正式立项，其成果应通过专业审查，达到规定精度要求后，才能用于发布预报。

a) 编制水文预报方案使用的资料，应满足：

1) 对于洪水预报方案(包括水库水文预报及水利水电工程施工期预报)，要求使用不少于 10 a的水文气象资料，其中应包括大、中、小洪水各种代表性年份，并有足够代表性的场次洪水资料，湿润地区不应少于 50 次，干旱地区不应少于 25 次，当资料不足时，应使用所有洪水资料；

2) 对于潮位预报方案，制作增水预报方案不应少于10次热带(温带)气旋资料，制作正常潮位预报方案不应少于一年的逐时连续潮位资料，并包括高、低潮位值与潮时；

3) 对于冰情预报和中长期预报，应注意资料的代表性。采用经验和统计方法时，样本个数不得少于30个；

4) 对于水质预报方案，所需资料长短依方案编制的需要确定。

b) 水文预报方案应包括以下内容：

1) 方案编制报告，包括流域水文特性说明、使用资料可靠性与代表性分析、采用的水文预报方法与技术途径、预报方案的预见期、精度评定和成果分析论证等；

2) 主要的分析计算成果及其说明；

3) 应用图表或计算机程序及其说明。

c) 水文预报方案在每年汛末或使用一个阶段以后，应对其进行评价。当发现下列情况之一时，应对方案进行修订、补充或更新：

1) 实测水文资料已超出原水文预报方案数值范围；

2) 积累的新资料表明水文规律已发生变化；

3) 由于自然演变或人类活动影响，使流域、河段或断面水文情势发生改变；

4) 采用新方法、新技术可以提高精度或增长有效预见期。

4.4 水情信息系统应包括水情信息采集、传输、处理、预报、会商、服务等系统，系统建设应遵循统一规划、统一标准的原则。

4.5 水情报送应执行SL 330水情信息编码标准。

4.6 水文情报预报工作应由具备相应资质的单位承担。

4.7 水文情报预报的保密范围和保密等级，应按国家有关规定执行。

4.8 在中华人民共和国与邻国交界的跨界河流上从事水文情报预报工作，应遵守中华人民共和国与相关国家缔结的有关条约、协议。

4.9 在水文情报预报工作中，除应符合本标准外，尚应符合国家现行有关标准的规定。

5 水文情报

5.1 水情站网

5.1.1 凡按4.1规定报送水情信息的水文站、水位站、雨量站、水质站、气象站和专用站等统称水情站。水情站可分为常年水情站、汛期水情站、辅助水情站三类。

5.1.2 水情站网由水情站组成，水情站网布设应符合下列要求：

a) 具有代表性和控制性；

b) 满足防汛抗旱、水工程建设和运用、水资源管理与保护及其他有关部门对水情的需要；

c) 满足作业预报的需要；

d) 具备良好的通信条件；

e) 在国家基本水文站、雨量站中选择。不能满足要求时，可增设新站。

5.1.3 水工程设计、建设、管理单位开展水情测报工作，应以现有水情站网为基础，不能满足需要时，可增设专用站，但专用站不应与国家基本水文站网重复。

5.1.4 水情站网应保持相对稳定，当发生下列情况之一时，应及时调整：

a) 自然条件改变或人类活动影响使水文情势发生较大变化；

b) 水文情报预报的要求有改变；

c) 测验条件变化或测站位置变动。

5.1.5 全国水情站站号应统一规划，站号编定后不得随意更改。

5.2 水情信息报送

5.2.1 流域管理机构，省、自治区、直辖市水文机构负责编制本流域或辖区的水情任务书和水情委托书，并提前1个月下达。

5.2.2 水情信息报送段次标准，应根据需要与可能，按如下要求合理确定：

a) 满足防汛、防涝、防潮、防凌、抗旱和水资源管理的要求；

b) 满足水工程施工及运行管理的要求；

c) 满足作业预报的要求；

d) 兼顾上下游、干支流之间的一致性；

e) 统一水情信息报送段次标准，便于水情站执行。

5.2.3 水情信息报送应符合下列要求：

a) 水情信息报送应有专人负责，建立审核制度，形成文档；

b) 水情信息应在规定报汛时间观测后立即发出；

c) 当发生特大暴雨洪水和溃口、分洪、溃坝等特殊水情以及水污染事故时，应及时报告，不能用报文报送的应以电话、传真或其他方式报告。

5.3 水情信息传输

5.3.1 水情信息传输系统是应用现代通信技术和计算机网络技术建设的水情站与水情分中心（或中心）和水情分中心与上级主管部门之间的水情数据通信系统。

5.3.2 水情信息传输方式可采用有线、无线、网络通信等，水情站应选择两种互为备份。

5.3.3 水情信息传输设备的主要技术指标和信息传输协议应符合有关标准的规定。

5.4 水情信息处理

5.4.1 水情信息处理系统应具备接收、处理和查询等主要功能。系统应稳定、可靠，有专人负责管理，保证不间断地正常运行。

5.4.2 水情信息接收软件应保证所接收信息的完整性，经过预处理后的原始水情报文应保存一年。

5.4.3 水情信息处理软件应具有对错误报文进行自动判别和交互修改的功能，按要求加工处理成各类水情要素，并存贮在实时水情数据库中。

5.4.4 水情信息查询软件应能方便、快速地为用户提供水情信息服务；当发生重要水情或特殊水情时，应具备自动告警功能。

5.5 水情信息存储

5.5.1 水情信息应建立数据库存储。数据库包括实时水情数据库和历史水情数据库，数据库表结构应采用 SL 323 实时雨水情数据库表结构与标识符标准。

5.5.2 实时水情信息数据库的数据主要应包括当年通过各种方式采集的，按 4.1a)所列的各种实时信息。信息保存期限应不少于一年。

5.5.3 历史水情信息数据库的资料主要应包括：流域基本资料、历史洪水整编资料或调查资料、大洪水的预报和调度档案资料、水情站考证资料和水情站年、月、旬、日特征值统计资料以及重大人类活动档案资料等。

5.5.4 历史水情信息数据库的数据录入应执行初校、复校和审核的制度，录入差错率不得超过 0.2%。

5.5.5 水情信息数据库的软件和硬件均应备份，所存贮数据应定期进行介质备份，并实行异地存放。

5.6 水情信息质量

5.6.1 水情信息质量应包括水情信息的准确性、及时性和完整性。

5.6.2 水情信息质量考核内容应包括报文数量、报送时效性、错报数量及更正数量。其中水情信息错报率以错报份数与应报总份数之比计算，人工编报时，错报率不得超过 2%，水文自动测报系统误码率不得超过 0.2%。

5.6.3 各级水情部门应建立水情信息质量考核制度。对水情信息质量的检查和考核工作应定期进行，每年主汛期前应进行一次。考核结果应及时向报送单位通报。

5.6.4 水情信息质量应建立管理档案，并作为考核依据。

6 洪水预报

6.1 一般规定

6.1.1 洪水预报的对象一般是江河、湖泊及水工程控制断面的洪水要素，包括洪峰流量(水位)、洪峰出现时间、洪量(径流量)和洪水过程等。应不断提高洪水预报精度和增长有效预见期。

6.1.2 编制洪水预报方案应按4.3规定进行，并应符合下列要求：

a) 洪水预报方案的可靠性取决于编制方案使用的水文资料的质量和代表性。应采用代表年的全部水文资料制作洪水预报方案。对洪水场次选样时，应执行4.3对洪水样本数量的最低要求规定。对于代表年份中大于样本洪峰中值的洪水资料应全部采用，不得随意舍弃。当资料代表性达不到此要求时，洪水预报方案应降一级使用。

b) 洪水预报方案建立后，应进行精度评定和检验，衡量方案的可靠程度，确定方案精度等级。方案的精度等级按合格率划分，精度评定要用参与洪水预报方案编制的全部资料，精度检验要用未参与洪水预报方案编制的资料(不少于2a)。当检验精度等级低于评定精度等级时，应分析原因，如果情况不明又无法增加资料再检验时，洪水预报方案应降级使用。

6.1.3 经精度评定，洪水预报方案精度达到甲、乙两个等级者，可用于发布正式预报；方案精度达到丙级者，可用于参考性预报；方案精度丙级以下者，只能用于参考性估报。

6.1.4 洪水预报应采用多种方案和途径，在进行现时校正和综合分析判断的基础上，确定洪水预报数据。

6.1.5 预报员应密切注视和了解天气形势的发展变化，凡用预报的降雨量对水文情势的发展进行推算预报，在发布预报时应向用户说明预报的依据和可靠程度。

6.1.6 每年汛后应对洪水预报方案进行评价，从技术上分析、总结成功的经验或失误的原因。当出现4.3中c)的情况之一时，应对洪水预报方案进行修订或更新。

6.1.7 作业预报如属于以下情况之一时，结果可不予评定：

a) 预报方案只允许发布参考性估报。

b) 预见期内出现预报方案未能考虑的影响因素(例如水工程调度发生较大变化、溃口分洪、大风等)，而造成作业预报的较大偏差。

6.2 预报方法

6.2.1 采用的洪水预报方法，应符合预报流域水文特性，能实现预定洪水要素的预报，并能达到规定的精度要求。水文学方法、水力学方法、系统数学模型等是常用的洪水预报方法。

6.2.2 应从流域(河道)洪水形成的规律出发，有针对性地选择适用性好的技术方法，并注意观测、报汛条件能否满足作业预报要求。

6.2.3 预报模型和方法的参数率定，应将优化计算与合理性分析相结合。为防止出现虚假拟合现象，应对参数的灵敏度、合理性、可靠性、系统稳定性进行必要的分析和试验。

6.3 突发性洪水预报

6.3.1 突发性洪水是指由短历时、高强度暴雨形成的区域性山洪(汇流历时通常在6 h以内)，或指溃坝和高山冰川湖溃决在其下游形成的洪水。

6.3.2 突发性洪水易发地区应加强对暴雨、冰川湖的监测，建立预警系统；当征兆明显时，应及时向当地防汛抗旱指挥机构报告。

6.3.3 突发性洪水预报可采用气象和水文相结合的方法建立预报方案，并用以估算流量(水位)。

6.3.4 对突发性洪水的预报可不进行精度评定。

6.4 作业预报系统

6.4.1 洪水作业预报系统应有以下主要功能：

a) 实现与实时数据库的连接、数据检索和数据加工处理；

b) 多种洪水预报方法和水文数学模型的作业预报计算、实时校正和交互处理以及与历史洪水的对比分析；

c) 模型参数的分析和率定，预报方案的精度评定；

d) 计算结果的显示和输出；

e) 历史洪水和预报档案的管理。

6.4.2 洪水作业预报系统软件投入运行前应按相关规定进行测试。

6.4.3 洪水作业预报系统的开发和运行应严格管理，建立完整的文档和运行记录，作为系统运行、检索、维护和改进的依据。

6.5 精度评定

6.5.1 洪水预报精度评定应包括预报方案精度等级评定、作业预报的精度等级评定和预报时效等级评定等。

6.5.2 洪水预报精度评定的项目应包括洪峰流量（水位）、洪峰出现时间、洪量（径流量）和洪水过程等。可根据预报方案的类型和作业预报发布需要确定。

6.5.3 洪水预报误差可采用以下 3 种指标：

a) 绝对误差。水文要素的预报值减去实测值为预报的绝对误差。多个绝对误差绝对值的平均值表示多次预报的平均误差水平。

b) 相对误差。绝对误差除以实测值为相对误差，以百分数表示。多个相对误差绝对值的平均值表示多次预报的平均相对误差水平。相对误差绝对值与百分之百的差值为准确率。

c) 确定性系数。洪水预报过程与实测过程之间的吻合程度可用确定性系数作为指标，按式（1）计算：

$$DC = 1 - \frac{\sum_{i=1}^{n}[y_c(i) - y_0(i)]^2}{\sum_{i=1}^{n}[y_0(i) - \overline{y}_0]^2} \quad \cdots\cdots(1)$$

式中：

DC——确定性系数（取 2 位小数）；

$y_0(i)$——实测值；

$y_c(i)$——预报值；

$\overline{y}_0$——实测值的均值；

n——资料序列长度。

6.5.4 许可误差是依据预报成果的使用要求和实际预报技术水平等综合确定的误差允许范围。根据洪水预报方法和预报要素的不同，对许可误差作如下规定：

a) 洪峰预报许可误差。降雨径流预报以实测洪峰流量的 20%作为许可误差；河道流量（水位）预报以预见期内实测变幅的 20%作为许可误差。当流量许可误差小于实测值的 5%时，取流量实测值的 5%，当水位许可误差小于实测洪峰流量的 5%所相应的水位幅度值或小于 0.10 m 时，则以该值作为许可误差。

b) 洪峰出现时间预报许可误差。峰现时间以预报根据时间至实测洪峰出现时间之间时距的 30%作为许可误差，当许可误差小于 3 h 或一个计算时段长，则以 3 h 或一个计算时段长作为许可误差。

c) 径流深预报许可误差。径流深预报以实测值的20%作为许可误差,当该值大于20 mm时,取20 mm;当小于3 mm时,取3 mm。

d) 过程预报许可误差。过程预报许可误差规定如下:

1) 取预见期内实测变幅的20%作为许可误差,当该流量小于实测值的5%,当水位许可误差小于以相应流量的5%对应的水位幅度值或小于0.10 m时,则以该值作为许可误差。

2) 预见期内最大变幅的许可误差采用变幅均方差 σ_{Δ},变幅为零的许可误差采用 $0.3\sigma_{\Delta}$,其余变幅的许可误差按上述两值用直线内插法求出。

当计算的水位许可误差 $\sigma_{\Delta}>1.00$ m时,取1.00 m,计算的 $0.3\sigma_{\Delta}<0.10$ m时,取0.10 m。算出流量许可误差 $0.3\sigma_{\Delta}$ 小于实测流量的5%时,则以该值为许可误差。

变幅均方差按式(2)计算:

$$\sigma_{\Delta}=\sqrt{\sum_{i=1}^{n}(\Delta_i-\overline{\Delta})^2/(n-1)} \qquad \cdots\cdots(2)$$

式中:

σ_{Δ}——变幅均方差;

Δ_i——预报要素在预见期内的变幅;

$\overline{\Delta}$——变幅的均值;

n——样本个数。

6.5.5 预报项目的精度评定作如下规定:

a) 一次预报的误差小于许可误差时,为合格预报。合格预报次数与预报总次数之比的百分数为合格率,表示多次预报总体的精度水平。合格率按式(3)计算:

$$QR=\frac{n}{m}\times 100\% \qquad \cdots\cdots(3)$$

式中:

QR——合格率(取1位小数),%;

n——合格预报次数;

m——预报总次数。

b) 预报项目的精度按合格率或确定性系数的大小分为3个等级,预报项目精度等级按表1规定确定。

表1 预报项目精度等级表

精度等级	甲	乙	丙
合格率/%	$QR\geqslant 85.0$	$85.0>QR\geqslant 70.0$	$70.0>QR\geqslant 60.0$
确定性系数	$DC>0.90$	$0.90\geqslant DC\geqslant 0.70$	$0.70>DC\geqslant 0.50$

6.5.6 预报方案的精度评定作如下规定:

a) 当一个预报方案包含多个预报项目时,预报方案的合格率为各预报项目合格率的算术平均值,其精度等级仍按表1的规定确定。

b) 当主要项目的合格率低于各预报项目合格率的算术平均值时,以主要项目的合格率等级作为预报方案的精度等级。

6.5.7 作业预报的精度评定作如下规定:

a) 作业预报精度用预报误差与许可误差之比的百分数作为分级指标,作业预报精度等级按表2规定确定。

表 2 作业预报精度等级表

精度等级	优 秀	良 好	合 格	不 合 格
分级指标/%	分级指标≤25.0	25.0<分级指标≤50.0	50.0<分级指标≤100.0	分级指标>100.0

一段时期或一个汛期作业预报的优秀率、良好率、合格率用高于和等于各个精度等级的预报次数占总次数的百分率统计。

b) 洪峰预报时效用时效性系数表示，按式(4)计算：

$$CET = EPF/TPF \quad \cdots\cdots(4)$$

式中：

CET——时效性系数(取 2 位小数)；

EPF——有效预见期[指发布预报时间至本站洪峰(或预报对象)出现的时距，取 1 位小数]，单位为小时(h)；

TPF——理论预见期[指主要降雨停止或预报依据要素出现，至本站洪峰(或预报对象)出现的时距，取 1 位小数]，单位为小时(h)。

单河段(流域)洪峰预报时效等级按表 3 规定确定。当 $CET>1.00$ 为超前预报，它是在洪峰预报依据要素尚未出现时发布的洪峰预报，预报时效达不到丙级者为时效不合格。水位流量过程预报的时效也可用预见期最长的预报值比照洪峰预报时效等级规定确定。

表 3 单河段(流域)洪峰预报时效等级表

时效等级	甲(迅速)	乙(及时)	丙(合格)
时效性系数	$CET \geqslant 0.95$	$0.95 > CET \geqslant 0.85$	$0.85 > CET \geqslant 0.70$

同时，各时效等级的 CET 的计算，以作业耗时值 dh(包含水情信息接收处理时间，$dh = TPF - EPF$)的下列值为上限，即甲级≤0.6 h，乙级≤0.8 h，丙级≤1.0 h。

c) 河系连续预报则按河系预报发布的最长预见期直接用作业耗时值作为时效等级标准。河系连续预报时效等级按表 4 规定确定。

表 4 河系连续预报时效等级表

单位为小时

时效等级	甲(迅速)	乙(及时)	丙(合格)
发布预见期≤48	$dh \leqslant 1.0$	$dh \leqslant 1.5$	$dh \leqslant 2.0$
发布预见期>48	$dh \leqslant 1.5$	$dh \leqslant 2.0$	$dh \leqslant 2.5$

多次预报的总体时效等级可用各次预报的时效性系数或作业耗时值的平均值来计算确定。

7 其他水文预报

7.1 潮位预报

7.1.1 潮位预报应包括沿海地区受天文潮、风暴潮影响的水位预报和入海河口以及感潮河段在河道水流、天文潮顶托、风暴潮增水作用下的水位预报，其主要内容有正常潮位短期预报、增水预报、最高潮位及出现时间预报等。

7.1.2 潮位预报的方法可分为经验方法和数值方法两类，各地可根据具体条件选用，但应保证方案预见期不少于 6 h。

7.1.3 编制潮位预报方案所用潮汐资料、气象资料和其他基本资料应具有代表性，正常潮位预报方案应选用热带(温带)气旋影响少的年份的资料，增水预报方案所用资料应包括热带(温带)气旋资料；资料的数量应符合 4.3a)之 2)的要求。

7.1.4 潮位预报的精度评定。

a) 对许可误差作如下规定：

1) 正常潮位(高潮高和低潮高)取±0.30 m。

2) 风暴潮过程最大增水取增水值的20%,并不得超过0.75 m;当此值<0.10 m时,取0.10 m。

3) 风暴潮最高潮位的许可误差按式(5)计算,并不得超过1.00 m;当此值<0.15 m时,取0.15 m。

$$\delta = K\sqrt{\Delta t/12}h_1 + h_2 \qquad \cdots\cdots(5)$$

式中:

δ——许可误差(取2位小数);

Δt——预见期,单位为小时(h);

h_1——实测最高潮位时增水,单位为米(m);

h_2——常数(取正常潮位预报许可误差的1/2,即0.15 m);

K——系数(根据经验取0.20)。

4) 潮位及最大增水出现时间的许可误差,根据潮汐的不同类型分别取值:

——半日潮和混合潮类型的正常潮时取±0.5 h;风暴潮高潮时取±1.0 h。

——全日潮类型的正常潮时取±1.0 h;风暴潮高潮时取±1.5 h。

——最大增水出现时间,属于半日潮和混合潮类型的取±1.0 h;属于全日潮类型的取±2.0 h。

b) 预报方案的精度可按合格率进行评定:

1) 用经验方法建立的预报方案,按6.5.5和7.1.4a)之3)、4)规定分别计算潮位和潮时的合格率。

2) 用数值方法建立的单站正常潮位预报方案,按本标准6.5.5和7.1.4a)中1)、4)规定分别评定一个日历年正常高低潮位和高低潮时的合格率;按6.5.5和7.1.4a)之2)、3)、4)规定分别计算各站单项合格率(计算域边界站可不统计),各站单项合格率累加后除以站数即为单个项目的合格率。

3) 预报方案的合格率,取各单项合格率的算术平均值,当潮位单项合格率低于平均合格率的均值时,应以潮位单项合格率作为预报方案的合格率。

7.2 水库水文预报及水利水电工程施工期预报

7.2.1 水库水文预报的项目应包括入库洪峰、洪量、洪水过程,水库最高水位、最大泄量以及各运行期的入库径流量。

7.2.2 水库水文预报方案除产流与汇流方案外,还应有调洪演算、各运行期入库径流等方案。重要的中、小型水库应有入库洪水总量预报方案和简易调洪查算图表。

7.2.3 水库水文预报应与调度紧密结合。水情部门应熟悉水库的防洪设施和调度原则,水库管理部门应将调度方案、执行时间等及时通告水情部门,努力优化预报调度。

7.2.4 水利水电工程施工期预报的项目在不同施工阶段和施工地区有所差异,主要应有:

a) 最高、最低水位(流量);

b) 龙口、围堰处水位、流量、流速、跌水或壅水高度;

c) 回水区与水库最高水位。

7.2.5 施工期预报方案除上述项目的预报方案之外,还应包括以下方案:

a) 不同预见期的中长期水文预报方案;

b) 工期较长的工程,应有不同施工阶段的径流总量与特征水位、流量预报方案;

c) 凌汛严重河流的冰情、春汛预报方案;

d) 宽阔水体的浪高计算。

7.2.6 施工预报方案中的各种参数，应在不同施工阶段随时率定。进入蓄水阶段后，水库的设计特性曲线应重新率定。

7.2.7 水库水文预报及水利水电工程施工期预报的精度评定规定如下：

流速预报取实测值的20%作为许可误差；其余要素的许可误差按本标准6.5各有关规定执行。

7.3 冰情和春汛预报

7.3.1 冰情预报按照冰情现象的不同阶段可分为封冻期预报和解冻期预报。封冻期主要预报项目有河道槽蓄量、流凌日期、封冻日期、冰厚、河段最大冰量和断面流冰量(冰花)，在不稳定封冻河段还有封冻趋势；解冻期主要预报项目有解冻日期和解冻形势。

春汛预报的预报项目应有最高水位(最大流量)、出现时间和总水量等。

7.3.2 冰情和春汛预报采用的经验方法或统计方法与预报因子的选择关系密切，所选用的气象、水文因子应符合冰情、春汛的物理成因，以保证预报方法的有效性和合理性。

7.3.3 由河道水力和热力条件构成的冰情数学模型，可以模拟河道冰情的生消变化过程。应开展应用数学模型进行冰情、春汛预报和冰塞、冰坝预报的研究。

7.3.4 对预报方案的精度评定规定如下：

a) 对于要素属离散类型的预报方案，取拟合正确的点据占总点据数的比例的百分数作为合格率。

b) 对于要素属数值类型的预报方案，取预报要素在预见期内实测变幅的25%作为许可误差，按小于等于许可误差来计算合格率。

c) 预报方案可划分为以下3个等级：

1) 甲等：合格率≥80.0%；

2) 乙等：70.0%≤合格率<80.0%；

3) 丙等：60.0%≤合格率<70.0%。

d) 预报要素出现时间的许可误差按表5确定。

表5 预报要素出现时间许可误差表

预见期/d	≤2	3～5	6～10	11～13	14～15	>15
许可误差/d	1	2	3	4	5	7

通过精度评定的预报方案，可按6.1.3规定分别用于发布正式预报或参考性预报。

7.3.5 对作业预报的精度评定规定如下：对于离散类型预报要素，按合格、不合格两个等级评定；对于数值类型预报要素，根据每次作业预报误差的大小，按照6.5.5的规定评定。

采用中长期气象预报成果制作的冰情和春汛预报，对因气象预报误差导致较大偏差的，可不作精度评定。

7.4 枯季径流预报

7.4.1 枯季径流的预报项目应包括枯水期江河、湖泊及水工程控制断面的水位、流量、径流总量。

7.4.2 枯季径流预报应针对枯季径流特点，编制枯季径流预报方案。编制方案时，对资料的要求可参照6.1.2规定执行。

7.4.3 枯季径流预报的许可误差可按下列规定执行：

a) 江河水位、流量过程预报的许可误差，可参照6.5.4d)之1)规定。

b) 某时段径流总量的精度评定，可用实测值20%作为许可误差。

7.4.4 枯季径流预报方案和作业预报精度评定可参照6.5.5～6.5.7的规定执行。

7.5 中长期预报

7.5.1 中长期定量预报的项目应包括最高(大)、最低(小)水位(流量)及其出现时间、平均水位(流量)、径流量等，各要素均有年、汛期、季、月或旬之分。

7.5.2 中长期预报可采用数理统计方法、天气学方法和宇宙-地球物理分析方法等。

7.5.3 中长期定性预报主要根据要素距平值，按表6划分成5个等级，对于年、汛期、季、月或旬径流量和最高水位(最大流量)进行预报。

表6 中长期定性预报等级表

分　级	枯(低)水	偏枯(中低水)	正常(中水)	偏丰(中高水)	丰(高水)
要素距平值/%	距平＜－20	－20≤距平＜－10	－10≤距平≤10	10＜距平≤20	距平＞20

7.5.4 对中长期预报的精度评定规定如下：

a) 对于水位(流量)的特征值定量预报，按多年同期实测变幅的10%、其他要素按多年同期实测变幅的20%、要素极值的出现时间按多年同期实测变幅的30%作为许可误差，根据所发布的数值或实测变幅的中值进行评定。

b) 定性预报的评定分合格和不合格两个等级：当预报与实况在同一量级时为合格，否则为不合格。

7.6 水质警报及预报

7.6.1 水质警报及预报项目应包括化学需氧量、高锰酸盐指数、五日生化需氧量等指标和氰化物、汞、砷、氨氮等有毒有害物质含量以及水温、悬浮物、电导率物理指标等，可根据具体情况选定。

7.6.2 若遇以下情况，均应以公报、简报等形式及时发布水质警报及预报：

a) 发生化肥、农药、油类及其他污染物质或有毒有害物质流入江河湖库等突发性事故时；

b) 污染严重河段的闸坝在关闸较长时间后开闸泄水时；

c) 入河排污口的污水量或污染物质含量明显增加，或污水积累时间较长后集中排放时；

d) 污水库垮坝或污染源改道排放时；

e) 每年第一次洪水或发生大洪水时；

f) 因其他原因造成水质明显恶化时。

7.6.3 水质预报可采用经验相关法或水质模型法。水质模型法中的参数可通过实测资料率定或实验室试验确定。

7.6.4 对水质预报的精度评定作以下规定：

a) 水质预报取实测值的30%作为许可误差。

b) 预报方案用合格率进行评定：合格率≥70%的，可用于作业预报；60%≤合格率＜70%的，可用于参考性预报；合格率＜60%的，不能用于作业预报。

c) 作业预报的精度评定，按预报误差的大小分合格与不合格两个等级，并计算合格率。

8 水文情报预报服务

8.1 一般规定

8.1.1 水文情报预报服务工作应包括水情信息的提供、危险水情或灾害的报警、水情预报信息的发布、旱涝趋势分析、水文情势专题分析和承担各方面委托的有关水情的咨询服务。

8.1.2 水文情报预报由县级以上人民政府防汛抗旱指挥机构、水行政主管部门或者水文机构按照规定权限向社会统一发布。禁止任何其他单位和个人向社会发布水文情报预报。

广播、电视、报纸和网络等新闻媒体，应当按照国家有关规定和防汛抗旱要求，及时播发、刊登水文情报预报，并标明发布机构和发布时间。

8.1.3 洪水编号由以下水文机构负责：

a) 各流域水文机构负责本流域江河干流的洪水编号；

b) 省、自治区、直辖市水文机构负责其他江河的洪水编号。

8.2 洪水等级划分

8.2.1 向社会公众发布的洪水定性信息按下列规定划分等级：

a) 洪水要素重现期小于 5 a 的洪水，为小洪水；

b) 洪水要素重现期为 5 a～20 a 的洪水，为中洪水；

c) 洪水要素重现期为 20 a～50 a 的洪水，为大洪水；

d) 洪水要素重现期大于 50 a 的洪水，为特大洪水。

8.2.2 估计重现期的洪水要素项目包括洪峰水位(流量)或时段最大洪量等，可依据河流(河段)的水文特性来选择。

8.3 水文情报预报服务

8.3.1 水文机构应按照任务书的要求，准确、及时地向各级防汛抗旱指挥部报告水情信息。

8.3.2 当堤防安全受到严重威胁、水情或水质发生突然变化，并可能对人民生活和经济造成影响时，水文机构应主动向水行政主管部门和当地人民政府报送情报和预报。

8.3.3 水文机构应建立作业预报发布制度，实行预报员责任制。重要的水文预报，应经过会商、主管领导签发后发布。

8.3.4 预报发布后，遇天气和水文情势发生变化或预报水情与实测水情有较大偏差时，应及时发布修正预报。

8.3.5 服务形式主要提供水情(水质)公报、简报、通报、情况反映和分析报告、资料等。

8.3.6 服务手段可采用电话、传真、网络、手机、视频、媒体等方式分发有关的信息。

8.4 水文情报预报效益评估

8.4.1 水文情报预报效益应包括社会效益、环境效益和经济效益等。

8.4.2 防洪减灾直接经济效益是指洪泛(滞洪)区财产安全转移、已成防洪工程和抗洪抢险等减少(或避免)的经济损失，其中应包括水文情报预报在防洪减灾中产生的直接经济效益。

8.4.3 场次洪水的水文情报预报防洪减灾直接经济效益可按式(6)计算：

$$B = \sum_{i=1}^{n} k_i b_i \qquad \cdots\cdots(6)$$

式中：

B——水文情报预报防洪减灾直接经济效益；

k_i——水文情报预报的直接经济效益在防洪减灾受益单位减少(或避免)的经济损失中所占的比例系数；

b_i——防洪减灾受益单位减少(或避免)的经济损失，单位为元；

n——防洪减灾受益单位总数。

比例系数 k_i 值可对各受益单位水文情报预报工作在防洪减灾中的实际作用等进行调查研究后确定，一般情况下采用 5%～15%。

8.4.4 已建防洪工程经济效益应按 SL 206 已成防洪工程经济效益分析计算及评价规范计算。

ICS 07.040
A 75

中华人民共和国国家标准

GB/T 22483—2008

中国山脉山峰名称代码

Codes of mountain range and peak names of China

2008-10-29 发布　　　　2009-05-01 实施

中华人民共和国国家质量监督检验检疫总局
中国国家标准化管理委员会　发布

前　言

本标准由全国地理信息标准化技术委员会提出并归口。

本标准起草单位:国家基础地理信息中心。

本标准主要起草人:贾云鹏、刘若梅、蒋景曈、周旭、尤联元。

STANDARDS PRESS OF CHINA

中国山脉山峰名称代码

1 范围

本标准规定了全国范围主要山脉、山峰名称的代码。

本标准适用于对全国主要山脉、山峰进行标识，以保证在各种地理信息系统和数据库中山脉、山峰数据采集、存储、检索、交换时代码的一致性与唯一性。本标准也适用于基于地理标识符的空间参照。

2 山脉、山峰名称编码原则

本标准按下列原则对山脉、山峰名称进行编码。

2.1 科学性

既考虑大地构造，又考虑地貌特征及地域的相互关系，对山脉的体系结构进行科学的山系分区和山脉分级，采用科学的代码结构，以最短的码位反映山脉、山峰的分布及其相互关系。

2.2 系统性

全国山系、山脉、山峰采用统一的原则分区、分级，采用唯一的代码进行标识，山系和各级山脉的主从关系、山峰与山脉的从属关系清晰。

2.3 可扩展性

代码结构设计和代码编排留有足够的空码位，充分考虑进一步扩充的可能性。

2.4 实用性

标准所规定的山脉、山峰名称代码，应满足对山脉、山峰名称的各种类型管理和应用需求。

3 代码结构与编码方法

3.1 代码结构

本标准采用三段 8 位字母数字混合码。其结构如下：

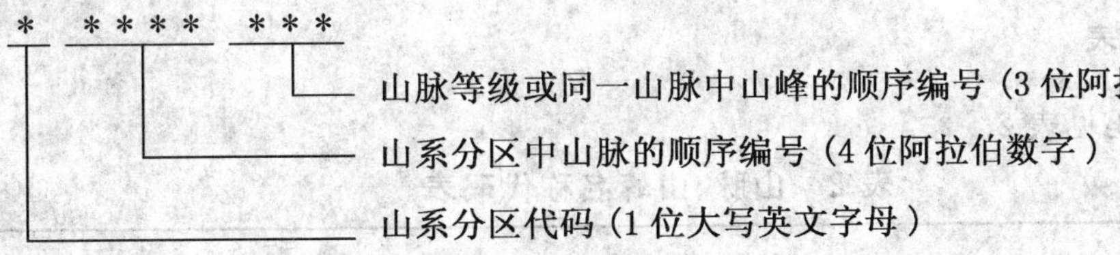

3.2 编码方法

3.2.1 代码第一段(即第 1 位)为大写英文字母，表示山系分区，从字母 A 到 M 顺序排列(除字母 I 外)。各字母含义参见表 1。

表1 山系分区代码表

字母	含义
A	天山—阿尔泰山山系区
B	阴山—大兴安岭山系区
C	长白山及东北、山东诸山山系区
D	昆仑山山系区
E	阿尔金山—祁连山山系区
F	秦岭—大巴山山系区
G	燕山—太行山山系区
H	冈底斯山—唐古拉山山系区
J	喜马拉雅山山系区
K	横断山山系区
L	南岭及华中诸山山系区
M	台湾山系区

3.2.2 代码第二段(即第2～5位)为4位阿拉伯数字,取值为0000～9999,为同一山系分区中山脉的顺序号,当表示山系分区中的独立山峰时这4位代码为0000。

3.2.3 代码第三段(即第6～8位)为3位阿拉伯数字,取值为001～999,具有下列两种含义:

1) 值001～009表示山脉等级,其中:

001 表示一级山脉;

002 表示二级山脉;

003 表示三级山脉;

004 表示四级山脉;

005 表示五级山脉;

009 表示五级以下山脉。

2) 值011～999表示同一山脉中不同山峰的顺序号,或同一山系分区中独立山峰的顺序号。

4 山脉、山峰名称代码表

山脉、山峰名称代码见表2。

表2 山脉、山峰名称代码表

代码	名称
A	**天山—阿尔泰山山系区**
A0005001	阿尔泰山脉
A0005011	友谊峰
A0005012	奎屯峰
A0010005	卡宾山
A0010011	沙尔哈木尔山
A0015003	塔尔巴哈台山
A0020004	萨吾尔山
A0020011	木斯岛山

表 2（续）

代码	名　　称
A0025004	吾尔喀什尔山
A0030004	巴尔鲁克山
A0030011	孔塔普坎山
A0035004	加依尔山
A0035011	哈图
A0040004	玛依勒山
A0040011	喀拉塔马克
A0045003	阿拉套山
A0050005	别珍套山
A0055004	北塔山
A0055011	阿同敖包
A0060005	大哈甫提克山
A0060011	舒尔达根敖瑞
A0065005	苏海图山
A0070005	苏海廷山
A0075004	科古琴山
A0080004	博罗科努山
A0085004	依连哈比尔尕山
A0090004	阿吾拉勒山
A0095004	北天山
A0095011	大黑山
A0100004	乌孙山
A0105005	沙尔套山
A0110002	博格达山
A0110011	博格达峰
A0115001	天山山脉
A0115011	托木尔峰
A0115012	汗腾格里峰
A0115013	托木尔提
A0115014	月牙山
A0120004	巴里坤山
A0125004	天格尔山
A0125011	天格尔峰
A0130004	喀尔力克山
A0135004	那拉提山

STANDARDS PRESS OF CHINA

表 2（续）

代码	名　　称
A0140005	比依克山
A0145004	额尔宾山
A0150005	阿拉沟山
A0155005	火焰山
A0160004	哈尔克他乌山
A0165005	科克铁克山
A0170005	哈拉周里哈山
A0175005	阔克沙勒岭
A0175011	雪莲峰
A0180004	霍拉山
A0185004	觉洛塔格
A0190002	天山南脉
A0195004	黑尔塔格
A0200004	喀拉铁热克山
A0205004	喀拉塔格山
A0205011	阿克铁热克塔格山
A0210004	柯坪山
A0215005	图噜噶尔特山
A0220004	却勒塔格
A0225004	克孜勒塔格山
A0230003	库鲁克塔格
A0230011	大西山
B	**阴山—大兴安岭山系区**
B0000011	大南山
B0000012	大光顶子山
B0000013	流水沟梁
B0000014	阿拉齐山
B0000015	老头山
B0000016	小波勒山
B0000017	石头山
B0005004	额木尔山
B0005011	白卡鲁山
B0010002	大兴安岭
B0010011	黄岗梁
B0010012	太平岭

表 2（续）

代码	名　称
B0010013	巴代艾来
B0010014	兴安岭平杠
B0010015	古利牙山
B0010016	西老头山
B0010017	诺敏大山
B0015004	雉鸡场山
B0015011	大白山
B0015012	玉地山
B0020005	奥拉岭
B0025003	伊勒呼里山
B0025011	大黑山
B0030004	扎克奇山
B0035004	加尔墩山
B0035011	八宝山
B0035012	绰汗山
B0040004	萨起山
B0045005	三道岭
B0050005	二道岭
B0055004	雅克山
B0055011	大光顶山
B0055012	火龙山
B0060002	阴山
B0065003	狼山
B0065011	呼和巴什格
B0065012	大狼山
B0070003	大青山
B0070011	大青山
B0075004	乌拉山
B0075011	大桦背山
B0080004	大马群山
B0080011	东猴顶
B0080012	桦皮岭
B0085004	桌子山
B0085011	桌子山
B0090003	贺兰山

表 2（续）

代码	名　　称
B0090011	贺兰山
B0095005	牛首山
B0100005	罗山
B0100011	大罗山
B0105004	屈吴山
B0105011	关门山
B0105012	屈吴山
B0110005	云雾山
B0115003	六盘山
B0115011	米缸山
B0115012	六盘山
B0115013	崆峒山
B0120004	陇山
B0120011	喇嘛山
C	**长白山及东北、山东诸山山系区**
C0000011	大顶子
C0000012	十花顶子
C0000013	大黑顶山
C0000014	老秃顶子
C0000015	罗山
C0000016	云台山(玉女峰)
C0000017	抱犊崮
C0000018	峄山
C0000019	孟良崮
C0000020	城子山
C0000021	梁山
C0000022	琅玡山
C0000023	芒砀山
C0005003	小兴安岭
C0005011	平顶山
C0010004	青黑山
C0010011	摩天岭
C0015004	完达山
C0015011	神顶山
C0020005	分水岗

表 2（续）

代码	名　称
C0025004	大青山
C0025011	大青山
C0030004	锅盔山
C0030011	大锅盔山
C0035005	那丹哈达阿岭
C0040004	肯特阿岭
C0045003	老爷岭
C0045011	天岭
C0050004	太平岭
C0050011	太平岭
C0055004	哈尔巴岭
C0060005	大黑山
C0060011	牛心顶
C0060012	二龙山
C0065005	大丽岭
C0070005	高岭
C0075005	盘岭
C0075011	森林山
C0080003	张广才岭
C0080011	大秃顶子
C0080012	老爷岭
C0080013	琵琶顶子
C0085004	威虎岭
C0085011	太平顶山
C0090005	富尔岭
C0095004	大黑山
C0095011	大黑山
C0100004	老爷岭
C0100011	老爷岭
C0105003	吉林哈达岭
C0105011	南楼山
C0105012	莫日红山
C0110004	牡丹岭
C0110011	牡丹岭
C0115004	英额岭

STANDARDS PRESS OF CHINA

表 2（续）

代码	名　称
C0115011	甑峰山
C0120004	南岗岭
C0125003	长白山
C0125011	白云峰
C0125012	望天鹅
C0130003	龙岗山
C0130011	花脖子山
C0130012	老秃顶子
C0130013	四方顶子
C0130014	五斤顶子
C0130015	四方山
C0135004	老岭
C0135011	大壶沟山
C0135012	老岭
C0135013	老梁子山
C0135014	老岭
C0140003	千山
C0140011	韭菜顶子
C0140012	黑山
C0140013	帽盔山
C0140014	步云山
C0140015	绵羊顶子山
C0140016	锅头峪山
C0140017	摩天岭
C0140018	唐望山
C0140019	凤凰山
C0140020	千山
C0140021	大和尚山
C0140022	老铁山
C0145004	昆嵛山
C0145011	昆嵛山(泰薄顶)
C0150005	艾山
C0150011	艾山
C0155005	牙山
C0160005	大泽山

表 2（续）

代码	名　称
C0160011	大泽山
C0165003	泰山
C0165011	泰山(玉皇顶)
C0170004	鲁山
C0170011	鲁山
C0175004	沂山
C0175011	沂山
C0180004	崂山
C0180011	巨峰(崂顶)
C0185005	徂徕山
C0185011	太平顶
C0190004	蒙山
C0190011	龟蒙顶
C0195005	尼山
C0195011	凤凰山
C0200005	五莲山
C0200011	马耳山
C0200012	五莲山
D	**昆仑山山系区**
D0000011	土则岗日
D0000012	铁克力克山
D0000013	错哇尕泽峰
D0000014	黄风山
D0005004	麻扎塔格
D0005011	麻扎塔格
D0010005	乔喀塔格
D0010011	托合他喀孜山
D0015005	铁列克套山
D0020005	阿克然山
D0025005	喀孜尕尔特山
D0030005	昆盖山
D0035003	沙里阔勒岭
D0040005	莫支阔勒山
D0045004	北阿尔楚尔山
D0045011	三叉峰

表 2（续）

代码	名　称
D0050004	南阿尔楚尔山
D0055004	沙哈特林岭
D0055011	克玛尔尼索峰
D0060004	瓦罕岭
D0065004	托库孜达坂山
D0065011	箭峡山
D0070001	昆仑山脉
D0070011	公格尔山
D0070012	公格尔九别峰
D0070013	慕士塔格山
D0070014	喀拉雄
D0070015	喀拉亚依拉克峰
D0070016	江满加尔峰
D0070017	柯柯德克峰
D0070018	科克萨依峰
D0070019	阔斯库拉克峰
D0070020	木孜塔格
D0070021	琼木孜塔格
D0070022	布喀达坂峰
D0070023	阿克塔格
D0070024	慕士山
D0070025	耸峙岭
D0070026	玉珠峰
D0070027	马兰山
D0070028	大雪峰
D0070029	五雪峰
D0070030	湖北冰峰
D0070031	皮的其力尕峰
D0075004	塔什库祖克山
D0080004	喀什塔什山
D0080011	乌孜塔格
D0085004	喀拉塔格山
D0090004	喀拉塔什山
D0095003	祁漫塔格山
D0100003	阿尔格山

表 2（续）

代码	名　称
D0105003	博卡雷克塔格
D0105011	玉虚峰
D0110004	沙松乌拉山
D0115003	布尔汗布达山
D0120004	乌斯腾塔格
D0125004	鄂拉山
D0130004	唐格乌拉山
D0135004	布青山
D0135011	布青山
D0140005	玉尔巴杂钦山
D0145005	横云山
D0150005	萨玛绥加日
D0155005	绥加日
D0160002	可可西里山
D0160011	岗扎日
D0165005	强日玛查
D0170004	冬布勒山
D0170011	若拉岗日
D0170012	黑熊山
D0175004	乌兰乌拉山
D0175011	多索岗日
D0180004	冬布里山
D0185002	阿尼玛卿山
D0185011	玛卿岗日
D0190002	巴颜喀拉山
D0190011	年保玉则峰
D0190012	巴颜喀拉山
D0190013	雅拉达泽峰
D0190014	平顶山
D0190015	各式各雅
D0195004	果洛山
D0200002	喀喇昆仑山
D0200011	乔戈里峰
D0200012	加舒尔布鲁木山
D0200013	布洛阿特峰

表 2（续）

代码	名　　称
D0200014	加舒尔布鲁木第二山
D0200015	中光峰
D0200016	加舒尔布鲁木第三山
D0200017	加舒尔布鲁木第四山
D0200018	斯坎杨坎力峰
D0200019	特拉木坎力峰
D0200020	乌尔多克一峰
D0200021	中虎将峰
D0200022	皇冠峰
D0200023	木斯塔山
D0200024	乌尔多克二峰
D0200025	北峰
D0200026	可桢峰
D0200027	团结峰
D0200028	扎嘎尔
D0205005	多坦塔格山
D0210005	西罗克宗山
D0215005	东罗克宗山
D0220005	羌隆山
D0225005	散尔多山
D0230005	熊彩岗日
E	**阿尔金山—祁连山山系区**
E0000011	牦牛山
E0000012	大黄山
E0000013	海心山
E0000014	黑山
E0000015	文殊山
E0000016	白山
E0000017	大红山
E0005004	洪果尔山
E0010003	北山
E0010011	马鬃山
E0015004	包尔乌拉山
E0020004	雅布赖山
E0025004	合黎山

表 2（续）

代码	名　称
E0025011	大青山
E0030004	北大山
E0030011	炭窑子坡
E0035004	龙首山
E0035011	东大山
E0040002	阿尔金山
E0040011	尤苏巴勒塔格
E0040012	阿尔金山
E0040013	阿卡托山
E0040014	大通沟北山
E0045004	阿斯腾塔格
E0050004	金雁山
E0055004	安南坝山
E0060004	阿哈提山
E0065004	玉苏普阿勒克塔格
E0070004	苏拉木塔格
E0075005	鸣沙山
E0075011	三危山
E0075012	黑石峰
E0080005	鹰咀山
E0080011	鹰咀山
E0085004	照壁山
E0085011	妖魔山
E0090002	祁连山
E0090011	祁连山
E0090012	大雪山
E0090013	镜铁山
E0090014	扎柯山
E0095004	野马山
E0100004	野马南山
E0105003	党河南山
E0110003	托来南山
E0110011	托来南山
E0115003	疏勒南山
E0115011	团结峰(岗则吾结)

表 2（续）

代码	名　　称
E0120005	牙马图
E0125005	沙那林那穆吉木岭
E0130003	走廊南山
E0135003	托来山
E0135011	托勒山
E0140003	冷龙岭
E0140011	冷龙岭
E0145004	赛什腾山
E0150004	察汗鄂博图岭
E0155004	古尔班保热达垅
E0160004	土尔根达坂山
E0165004	柴达木山
E0170004	绿梁山
E0175005	哈尔科
E0180004	宗务隆山
E0180011	巴音山
E0185005	布依坦乌拉山
E0185011	俄博山
E0190009	锡铁山
E0195005	布果特山
E0200003	青海南山
E0200011	橡皮山
E0205005	大通山
E0210003	达坂山
E0210011	仙米达坂山
E0215004	乌鞘岭
E0215011	毛毛山
E0220004	日月山
E0220011	同宝山
E0225005	青石岭
E0230003	拉脊山
E0230011	马场山
E0230012	拉脊山
F	**秦岭—大巴山山系区**
F0000011	紫柏山

表 2（续）

代码	名　称
F0000012	老鸦岔脑
F0000013	骊山
F0000014	定军山
F0000015	大悟山
F0000016	三线尖
F0000017	三官山
F0000018	狼窝山
F0000019	八公山
F0005002	秦岭
F0005011	太白山
F0005012	马衔山
F0005013	鳌山
F0005014	静峪脑
F0005015	玉皇山
F0005016	首阳山
F0005017	鸟鼠山
F0005018	终南山
F0005019	火炎山
F0005020	蟒岭
F0005021	南五台
F0005022	麦积山
F0010009	迭山
F0010011	迭山
F0015004	华山
F0015011	草链岭
F0015012	华山南峰
F0020003	崤山
F0020011	青岗
F0020012	冠云山
F0025003	熊耳山
F0025011	全宝山
F0030004	嵩山
F0030011	峻极峰
F0035004	外方山
F0040003	伏牛山

STANDARDS PRESS OF CHINA

表 2（续）

代码	名　称
F0040011	大门扇哑
F0040012	老君山
F0040013	石人山
F0045005	流岭
F0050005	鹘岭
F0050011	大天竺山
F0055005	新开岭
F0060003	岷山
F0060011	雪宝顶
F0065005	罗老山
F0070005	羊拱山
F0075005	红岗山
F0080004	摩天岭
F0085004	龙门山
F0090004	茶坪山
F0090011	九顶山
F0095003	大巴山
F0095011	神农顶
F0095012	大神农架
F0095013	化龙山
F0095014	光顶山
F0100005	凤凰山
F0105004	米仓山
F0105011	光雾山
F0110004	荆山
F0110011	聚龙山
F0115003	武当山
F0115011	苍浪山
F0115012	天柱峰
F0115013	牛角山
F0120004	大洪山
F0120011	大洪山
F0125004	桐柏山
F0125011	太白顶
F0130002	大别山

表 2（续）

代码	名　　称
F0130011	天堂寨
F0130012	天柱山
F0130013	鸡公山
F0135004	霍山
F0135011	白马尖
F0140005	大伏山
F0140011	金钢台
F0145005	龟峰山
F0145011	系马桩
F0150004	张八岭
F0150011	龙王尖
F0150012	琅琊山
G	**燕山—太行山山系区**
G0000011	大海陀山
G0000012	溜冰台
G0000013	洪涛山(大贝山)
G0000014	平顶山
G0000015	老爷山
G0000016	双井沟大砬子
G0000017	黄花顶
G0000018	石窑尖
G0000019	南天门山
G0000020	团园山
G0000021	弧峰山
G0000022	爷台山
G0000023	稷王山
G0000024	大虹螺山
G0000025	骆驼山
G0000026	宝塔山
G0005003	七老图山
G0005011	棒垂山
G0005012	光头山
G0010003	努鲁儿虎山
G0010011	四道营子大山
G0010012	袋王山

表 2（续）

代码	名　　称
G0015004	大青山
G0015011	大青山
G0020004	医巫闾山
G0020011	望海山
G0025004	松岭
G0025011	楼子山
G0030004	黑山
G0030011	大青山
G0030012	黑山
G0035005	碣石山
G0035011	娘娘顶
G0040002	燕山
G0040011	雾灵山
G0040012	云雾山
G0040013	都山
G0040014	卯镇山
G0040015	千层背
G0040016	五指山
G0040017	平顶山
G0040018	八仙桌子
G0040019	盘山
G0045004	军都山
G0045011	云蒙山
G0045012	八达岭
G0050004	西山
G0050011	灵山
G0050012	东灵山
G0050013	百花山
G0050014	妙峰山
G0050015	上方山
G0050016	香山
G0055004	熊耳山
G0055011	九荒坨
G0060003	吕梁山
G0060011	关帝山

表 2（续）

代码	名　称
G0060012	北武当山
G0060013	黑驼山
G0060014	紫荆山
G0065004	管涔山
G0065011	管涔山
G0070004	芦芽山
G0070011	芦芽山
G0070012	黑茶山
G0075004	云中山
G0075011	大石人梁
G0075012	水背尖
G0080003	恒山
G0080011	馒头山
G0080012	天峰岭
G0085003	五台山
G0085011	叶斗峰
G0090004	系舟山
G0090011	柳林尖山
G0095005	横山
G0100004	白于山
G0100011	白于山
G0105005	崂山
G0110004	子午岭
G0110011	洪峙梁
G0110012	子午岭
G0115004	黄龙山
G0115011	大岭
G0115012	黄龙山
G0120004	火焰山
G0120011	人祖山
G0120012	龙门山
G0125002	太行山
G0125011	小五台山
G0125012	南坨
G0125013	太白山

STANDARDS PRESS OF CHINA

表 2（续）

代码	名称
G0125014	北天池
G0125015	阳曲山
G0125016	白石山
G0125017	赵掌尖老
G0125018	嶂石岩
G0125019	林虑山
G0125020	云台山
G0125021	天桂山
G0125022	狼牙山
G0125023	苍岩山
G0125024	鼓山
G0130003	太岳山
G0130011	牛角鞍
G0130012	霍山
G0135003	中条山
G0135011	历山
G0135012	雪花山
G0135013	五老峰
G0140005	王屋山
G0140011	析城山
H	**冈底斯山—唐古拉山山系区**
H0000011	加拉白垒峰
H0000012	多杰埃钟
H0000013	宁金岗桑峰
H0000014	藏色岗日
H0000015	姜桑拉姆峰
H0000016	解同速松峰
H0000017	卡达确莫峰
H0005003	拉达克山
H0010004	班公山
H0015004	强仁温杂日
H0020004	祖尔肯乌拉山
H0020011	岗钦扎仲
H0020012	雀莫日
H0025009	西恰日升山

表 2（续）

代码	名　称
H0030005	茶足日
H0035005	果干加年日
H0040005	波杂玛龙
H0045004	马尔岗木山
H0050005	卓玛耶扎山
H0050011	玛依岗日
H0055005	欠甲嘎尔博山
H0060005	加若山
H0065005	希杂日
H0065011	那底岗日
H0070004	江爱山
H0075005	西雅尔岗
H0075011	扎琼鄂玛
H0080005	穷莫山
H0085005	多杂日
H0090005	干果山
H0095005	多不杂日
H0095011	赛尔角
H0100004	桑孜则扎俄山
H0105004	木嘎岗日
H0105011	木嘎各波
H0110002	唐古拉山
H0110011	各拉丹冬峰
H0110012	嘎尔岗日
H0110013	普若岗日
H0110014	唐古拉山
H0110015	吉热格帕
H0110016	尺宰日
H0115005	交唐玛约
H0120005	嘎鄂布苏仁
H0125004	妥尔久山
H0130005	夏达尔
H0135005	那鲁玛山
H0140005	加穹
H0145005	强拉日

表 2（续）

代码	名　　称
H0150002	冈底斯山
H0150011	冷布岗日
H0150012	冈仁波齐峰
H0150013	雪拉普岗日
H0155004	阿伊拉日居
H0155011	纳查日
H0155012	郭拉则松
H0160004	亚龙赛龙日居
H0165004	隆格尔山
H0170005	夏康坚
H0170011	夏康坚峰
H0175004	郎钦山
H0180004	康巴多钦山
H0180011	查拉扎波
H0185004	康琼岗日
H0190004	桑木巴提山
H0195005	巴林岗日
H0200004	昂孜山
H0205004	拉布琼山
H0210004	布钦日
H0215004	申扎杰岗山
H0215011	甲岗
H0220004	强拉潘日
H0225004	拔布日
H0230005	玛台巴
H0235005	觉母麦日
H0240002	念青唐古拉山
H0240011	念青唐古拉峰
H0240012	穷母岗日
H0240013	桑丹康桑
H0245003	郭喀拉日居
H0245011	念久
H0245012	昌果拉
H0250003	岗日嘎布
H0255003	伯舒拉岭

表 2（续）

代码	名　　称
H0260004	祁灵公山
H0265005	米什米山
J	**喜马拉雅山山系区**
J0005001	喜玛拉雅山脉
J0005011	珠穆朗玛峰
J0005012	洛子峰
J0005013	马卡鲁山
J0005014	卓奥友峰
J0005015	希夏邦马峰
J0005016	格仲康峰
J0005017	南迦巴瓦峰
J0005018	摩拉门青峰
J0005019	纳木那尼峰
J0005020	康冲子
J0005021	章子峰
J0005022	库拉岗日
J0005023	拉布吉康峰
J0005024	拉玛朗卓
J0005025	乔吾雅峰
J0005026	绰莫拉日
J0005027	四光峰
J0005028	康波钦峰
J0005029	卡达普峰
J0005030	南当里峰
J0005031	乔格茹峰
J0005032	普莫里山
J0005033	赤仁玛
J0005034	南东峰
J0005035	立新峰
J0005036	康格多山
J0005037	卡达章格里峰
J0005038	乃彭峰
J0005039	红旗峰
J0005040	觉悟吓北峰
J0005041	向东峰

表 2（续）

代码	名　称
J0005042	列俄帕尔格阿勒山
J0005043	格拉岗日
J0005044	卓那布桑峰
J0005045	那木错里峰
J0010003	拉轨岗日
J0010011	藏拉
J0010012	拉轨岗日
J0010013	普勒日
J0010014	哈金桑惹
J0015004	佩枯岗日
J0020004	阿波尔山
J0025005	阿玛日
J0030005	东卡拉山
J0035005	达夫拉山
K	**横断山山系区**
K0000011	格聂
K0000012	哈巴雪山
K0000013	尖高山
K0000014	鸡足山
K0000015	刮风丫口
K0005002	横断山
K0010005	达马拉山
K0015003	他念他翁山
K0020005	瓦合山
K0025005	恩达日
K0030005	若果日
K0030011	初胆针
K0035004	永隆里南山
K0040005	玉卡山
K0045003	芒康山
K0050005	莫拉山
K0055005	布拉山
K0060004	雀儿山
K0060011	雀儿山
K0065005	良哥山

表 2（续）

代码	名　称
K0070009	牟尼芒起山
K0075005	罗科马山
K0080005	老虎山
K0085005	喇嘛山
K0090005	白鹤山
K0095009	梦笔山
K0100003	邛崃山
K0100011	四姑娘山
K0100012	西岭雪山
K0100013	天台山
K0100014	青城山(老君阁)
K0105009	大白山
K0110003	沙鲁里山
K0115004	素龙山
K0120005	海子山
K0125004	工卡拉山
K0130003	大雪山
K0130011	白日山
K0135005	磨子山
K0140005	郭宗山
K0145009	牧马山
K0150004	折多山
K0150011	海子山
K0155005	大马山
K0160005	通达山
K0165004	夹金山
K0165011	二郎山
K0170009	扎噶山
K0175005	贡嘎山
K0175011	贡嘎山
K0180004	大相岭
K0180011	背后山
K0180012	峨眉山(金顶)
K0185004	小相岭
K0185011	铧头尖

表 2（续）

代码	名　　称
K0185012	保南石
K0190004	大凉山
K0190011	捎瑙门车合
K0195009	木拉山
K0200009	太阳山
K0205009	牦牛山
K0210004	锦屏山
K0210011	锦屏山
K0215003	高黎贡山
K0215011	高黎贡山
K0220003	怒山
K0220011	梅里雪山
K0220012	碧罗雪山
K0220013	雪蒙山
K0220014	癞石头
K0225003	云岭
K0225011	老君山
K0230004	雪山
K0235004	玉龙山
K0235011	玉龙雪山
K0240004	绵绵山
K0245004	雪盘山
K0245011	天子山
K0250004	清水朗山
K0250011	雪邦山
K0250012	老和尚山
K0255004	点苍山
K0255011	点苍山
K0260005	白林山
K0265005	螺髻山
K0270009	龙帚山
K0275004	鲁南山
K0275011	鲁南山
K0280005	白草岭
K0280011	大白草岭

表 2（续）

代码	名　称
K0285004	三台山
K0285011	卧璋山
K0290004	拱王山
K0295004	梁王山
K0295011	草白竜山
K0300003	无量山
K0300011	无量山
K0300012	大囤子山
K0305003	哀牢山
K0305011	哀牢山
K0305012	大雪锅山
K0310004	老别山
K0310011	大雪山
K0310012	雪竹林大山
K0315004	邦马山
K0315011	大雪山
L	**南岭及华中诸山山系区**
L0000011	韭菜坪
L0000012	大黑山
L0000013	轿子顶
L0000014	白溢砦
L0000015	猫儿山
L0000016	元宝山
L0000017	岑王老山
L0000018	火烧堡
L0000019	斗烘坡
L0000020	黄茅尖
L0000021	石坑崆
L0000022	银锭山
L0000023	百祖山
L0000024	白石顶
L0000025	金钟山
L0000026	黄连盂
L0000027	石牛山
L0000028	古牛降

STANDARDS PRESS OF CHINA

表 2（续）

代码	名　　称
L0000029	五指峰
L0000030	四面山
L0000031	大雾山
L0000032	乌龙汰
L0000033	陇西山
L0000034	五股尖
L0000035	黄莲山
L0000036	香花岭
L0000037	长冲顶
L0000038	大芹山
L0000039	凤凰山
L0000040	庐山(汉阳峰)
L0000041	黄牛石
L0000042	石大岗
L0000043	黔灵山
L0000044	乱罗嶂
L0000045	圣人山
L0000046	罗壳山
L0000047	鹅凰嶂
L0000048	七目嶂
L0000049	宝台山
L0000050	大佑山
L0000051	七星岩顶
L0000052	大雷山
L0000053	三百山
L0000054	水福崠
L0000055	玉华山
L0000056	天湖山
L0000057	高峰
L0000058	镇龙山
L0000059	冠豸山
L0000060	大旭山
L0000061	大青山
L0000062	乌云界
L0000063	白云嶂

表 2（续）

代码	名称
L0000064	鸡笼山
L0000065	鼓山
L0000066	峰顶山
L0000067	大罗山
L0000068	大帽山
L0000069	皂幕山
L0000070	岈*嵖山
L0000071	白石山
L0000072	羊台山
L0000073	齐云山
L0000074	大岭山
L0000075	五桂山
L0000076	韶山
L0000077	清源山
L0000078	铜官山
L0000079	丹霞山
L0000080	方岩
L0000081	西樵山
L0000082	花山
L0000083	缥缈峰
L0000084	惠山
L0000085	岳麓山
L0000086	苜里峰
L0000087	普陀山（佛顶山）
L0000088	虞山
L0000089	龙虎山（龙虎峰）
L0000090	万石山
L0000091	灵岩山
L0000092	君山
L0005004	宁镇山
L0005011	钟山（紫金山）
L0005012	三山
L0010004	茅山
L0010011	丫髻山
L0010012	茅山

表 2（续）

代码	名　　称
L0015004	龙泉山
L0020004	观面山
L0025004	巫山
L0025011	乌云顶
L0025012	神女峰
L0030004	华蓥山
L0030011	高登山
L0030012	缙云山
L0035005	中梁山
L0040004	铜锣山
L0040011	插香坪
L0045004	明月山
L0045011	峰顶山
L0050004	精华山
L0050011	铁峰山
L0055005	黄草山
L0060004	方斗山
L0060011	方斗山
L0065004	七曜山
L0065011	猫儿梁
L0065012	夹壁
L0070004	九华山
L0070011	十王峰(九华山)
L0075004	黄山
L0075011	莲花峰
L0080003	天目山
L0080011	清凉峰
L0080012	龙王山
L0080013	西天目山
L0080014	东天目山
L0080015	莫干山
L0085004	昱岭
L0090004	白际山
L0090011	啸天龙
L0090012	莲花山

表 2（续）

代码	名　称
L0095004	龙门山
L0100004	会稽山
L0100011	东白山
L0100012	秦望山
L0105004	四明山
L0105011	雪窦山
L0105012	四明山
L0110005	大盘山
L0110011	大盘山
L0115004	天台山
L0115011	华顶山
L0120004	千里岗
L0120011	磨心尖
L0125003	怀玉山
L0125011	三清山(玉京峰)
L0125012	大灵山
L0125013	大茅山
L0125014	石耳山
L0130003	幕阜山
L0130011	幕阜山
L0130012	太阳山
L0130013	九宫山
L0135004	连云山
L0135011	连云山
L0140003	九岭山
L0140011	武陵岩
L0140012	五梅山
L0145002	罗霄山
L0150004	衡山
L0150011	祝融峰
L0155003	武功山
L0155011	武功山
L0160003	五莲峰
L0160011	大梨山
L0165005	金佛山

表 2（续）

代码	名　　称
L0165011	金佛山
L0170003	大娄山
L0170011	九龙山
L0170012	白马山
L0170013	白云岩
L0175005	毛坝盖
L0180005	广沿盖
L0185005	平阳盖
L0190003	武陵山
L0190011	凤凰山
L0190012	梵净山
L0190013	天门山
L0190014	人头山
L0195004	佛顶山
L0195011	佛顶山
L0200003	雪峰山
L0200011	苏宝顶
L0200012	白马山
L0200013	九龙池
L0205003	乌蒙山
L0205011	黎山
L0210003	苗岭
L0210011	斗篷山
L0210012	更顶山
L0215004	雷公山
L0215011	雷公山
L0220003	仙霞山
L0220011	白马山
L0220012	江郎山
L0225004	括苍山
L0225011	大洋山
L0225012	括苍山
L0230004	雁荡山
L0230011	南雁荡山（九峰尖）
L0230012	北雁荡山（百岗尖西峰）

表 2（续）

代码	名　称
L0235004	洞宫山
L0235011	箬坑坳
L0240002	武夷山
L0240011	九龙山
L0240012	鸡公栋
L0240013	项山甑
L0245003	杉岭
L0245011	黄岗山
L0245012	猪母岗
L0245013	峨嵋峰
L0250004	于山
L0250011	军峰山
L0250012	灵华山
L0250013	芙蓉山
L0250014	大王山
L0250015	于山
L0255004	鹫峰山
L0255011	仁山
L0255012	鸡鸣山
L0255013	高岗
L0255014	莲花峰
L0260004	太姥山
L0260011	东山
L0265003	戴云山
L0265011	戴云山
L0265012	铜发山
L0265013	白岩山
L0270004	玳瑁山
L0270011	紫云洞山
L0275004	博平岭
L0275011	苦笋林尖
L0275012	笔架山
L0280002	南岭
L0285004	万洋山
L0285011	井冈山（五指峰）

表 2（续）

代码	名　称
L0285012	南风面
L0290004	八面山
L0290011	八面山
L0295004	诸广山
L0295011	诸广山
L0300004	八十里大南山
L0300011	南山顶
L0305004	越城岭
L0305011	真宝顶
L0305012	崀山
L0310004	阳明山
L0310011	阳明山
L0315004	天平山
L0315011	蔚青岭
L0320004	海洋山
L0320011	宝界岭
L0325004	都庞岭
L0325011	韭菜岭
L0330004	骑田岭
L0330011	二尖峰
L0330012	骑田岭
L0335004	驾桥岭
L0335011	三县界
L0340004	九嶷山
L0340011	畚箕窝
L0345004	萌渚岭
L0345011	山马塘顶
L0350004	九万大山
L0350011	摩天岭
L0350012	长老山
L0350013	老高山
L0355004	凤凰山
L0355011	八号坡
L0355012	鲁王山
L0360005	东风岭

表 2（续）

代码	名　称
L0365005	青龙山
L0370004	都阳山
L0375004	瑶山
L0380004	大庾岭
L0380011	观音崠
L0380012	油山
L0385004	滑石山
L0385011	雪山嶂
L0390004	青云山
L0390011	青云山
L0395003	九连山
L0395011	风吹蝴蝶
L0395012	九连山
L0395013	天堂顶
L0395014	白云山
L0400004	罗浮山
L0400011	罗浮山
L0400012	大帽山
L0400013	红花嶂
L0405003	莲花山
L0405011	铜鼓嶂
L0405012	莲花山
L0405013	阴那山
L0405014	鸿图嶂
L0410005	大南山
L0415005	海岸山
L0415011	梧桐山
L0420003	大瑶山
L0420011	圣堂山
L0420012	大平天山
L0420013	桂平西山
L0425004	大桂山
L0425011	犁头顶
L0430004	六诏山
L0430011	规弄山

STANDARDS PRESS OF CHINA

表 2（续）

代码	名　称
L0435004	大明山
L0435011	大明山
L0440005	高峰岭
L0445005	莲花山
L0450004	西大明山
L0450011	西大明山
L0455004	大容山
L0455011	梅花顶
L0460004	勾漏山
L0465004	罗阳山
L0465011	罗阳山
L0470004	六万大山
L0470011	葵扇顶
L0475003	云开大山
L0475011	望君顶
L0475012	大芒顶
L0475013	金菊顶
L0475014	铜镬大山
L0480003	云雾山
L0480011	大田顶
L0480012	大云雾山
L0485009	北岭山
L0490004	天露山
L0490011	天露山
L0490012	烂头岭
L0495005	古兜山
L0495011	狮子头
L0500004	四方岭
L0500011	葫芦山
L0505003	十万大山
L0505011	莳良岭
L0505012	白石牙
L0510005	铜鱼山
L0515005	雅加大岭
L0520004	黎母岭

表 2（续）

代码	名　称
L0520011	鹦哥岭
L0520012	猕猴岭
L0520013	斧头岭
L0520014	尖峰岭
L0520015	黎母岭
L0525004	五指山
L0525011	五指山
L0525012	马咀岭
L0525013	牛上岭
L0525014	南茂岭
M	**台湾山系区**
M0005004	阿里山
M0005011	大塔山
M0010004	雪山
M0010011	雪山
M0010012	塔曼山
M0015003	玉山
M0015011	玉山
M0020003	中央山(台湾山)
M0020011	秀姑峦山
M0020012	南湖大山
M0020013	斊* 莱主山
M0020014	卑南主山
M0020015	北大武山
M0020016	太平山
M0025004	海岸山(台东山)
M0025011	新港山
注：标有 * 为生僻字。	

ICS 03.220.20
P 51

中华人民共和国国家标准

GB/T 22484—2008

城市公共汽电车客运服务

Passenger transport services for bus/trolleybus

2008-10-27 发布　　2009-05-01 实施

中华人民共和国国家质量监督检验检疫总局
中国国家标准化管理委员会　发布

前　言

本标准自实施之日起，CJ/T 3024.2—1995《城市公共交通客运服务　城市公共汽车、无轨电车》同时废止。

本标准的附录A、附录B、附录D为规范性附录，附录C、附录E为资料性附录。

本标准由中华人民共和国住房和城乡建设部提出并归口。

本标准起草单位：中国城市公共交通协会、北京市公共交通研究所、建设部科技委城市车辆专家委员会、北京公共交通控股集团有限公司、重庆市公共交通促进会、珠海市公共汽车公司、郑州市公共交通总公司、太原市公共交通总公司、长春市公共交通集团公司、南京市公共交通总公司、武汉市公共交通集团公司、济南市公共交通总公司、西安市公共交通总公司、南昌市公共交通总公司、金华市公共交通总公司、上海市凯伦电子技术公司。

本标准主要起草人：朱滢、李世豪、曾宪舜、王荣林、杨青山、林正、叶东强、蔡霞、陈子乙，韩瑞成、王欣民、刘雄燕、王永济、徐贵华、李来滨、庄国舜、杨大忠。

STANDARDS PRESS OF CHINA

城市公共汽电车客运服务

1 范围

本标准规定了城市公共汽电车客运服务的基本内容和质量要求。

本标准适用于城市公共汽电车客运服务。

2 规范性引用文件

下列文件中的条款通过本标准的引用而成为本标准的条款。凡是注日期的引用文件，其后所有的修改单（不包括勘误的内容）或修订版均不适用于本标准，然而，鼓励根据本标准达成协议的各方研究是否可使用这些文件的最新版本。凡不注日期的引用文件，其最新版本适用于本标准。

GB/T 5845.2 城市公共交通标志 第2部分：一般图形符号和安全标志

GB/T 5845.3 城市公共交通标志 第3部分：公共汽电车站牌和路牌

GB/T 5845.4 城市公共交通标志 第4部分：运营工具、站（码头）和线路图形符号

GB 7258 机动车运行安全技术条件

GB 18285 点燃式发动机汽车排气污染物排放限值及测量方法（双怠速法及简易工况法）

GB 17691 车用压燃式、气体燃料点燃式发动机与汽车排气污染物排放限值及测量方法（中国Ⅲ、Ⅳ、Ⅴ阶段）

CJ/T 107 城市公共汽车、电车候车亭

CJ/T 162 城市客车分等级技术要求与配置

CJJ 15 城市公共交通站、场、厂设计规范

CJJ/T 119 城市公共交通工程术语标准

JGJ 50 城市道路和建筑物无障碍设计规范

3 术语和定义

CJJ/T 119确立的以及下列术语和定义适用于本标准。

3.1

客伤事故 passenger injury accident

在运营途中因急刹车、急拐弯、开关车门操作不当或交通事故等发生的撞、跌、挤、刷、夹伤乘客的事故。

3.2

公共汽电车交通覆盖率 the covered area rate of public transport

按一定的车站服务半径计算，公共汽电车交通覆盖面积与城市建成区面积之比。

3.3

发车间隔 departure headway

同一线路的相邻两车次驶离起点站的时距。

3.4

高峰小时平均满载率 average loading rate during peak hour

在高峰小时内，通过最大客流断面的各车次乘客数之和与额定载客量之和之比。

3.5

运营时间 operation time

线路在一天中，首班车驶离运营起点至末班车到达运营终点的时间。

4 一般要求

4.1 公共汽电车交通覆盖率

4.1.1 按车站服务半径 300 m 计算，城市建成区不应低于 50%，中心城区不应低于 70%。

4.1.2 按车站服务半径 500 m 计算，城市建成区不应低于 90%。

4.2 线路网密度

4.2.1 城市中心区应达到 3 km/km^2～4 km/km^2。

4.2.2 城市边缘地区应达到 2 km/km^2～2.5 km/km^2。

4.3 平均站距

4.3.1 常规公共汽电车市区站距宜为 300 m～500 m，郊区站距宜为 500 m～1 000 m。

4.3.2 快速公共汽车站距宜为 800 m～1 200 m。

4.4 换乘距离

4.4.1 在路段中的同向换乘距离不宜大于 100 m。

4.4.2 在平交路口换乘距离不宜大于 200 m。

4.4.3 在立交桥区换乘距离不宜大于 300 m。

4.4.4 在轨道交通车站、长途汽车站、火车站、客运码头及住宅区的主要出入口 150 m 范围内，设置公共汽电车站。

4.5 发车间隔

4.5.1 高峰时间应能满足乘客上车需求。

4.5.2 低谷时间不宜大于 15 min～20 min。

4.6 高峰小时平均满载率不宜大于 80%。

4.7 线路的运营时间应能满足公众日常出行的需要。

4.8 公交车辆保有率

城镇人口（含户籍人口、暂住人口和流动人口）平均每万人拥有的公共汽电车数，特大城市不应少于 15 辆标准车，大城市不应少于 10 辆标准车，中小城市不应少于 8 辆标准车。

5 车站设施

5.1 站台

5.1.1 停靠 6 条以下线路的车站，站台长度宜不少于两个停靠车位。停靠线路多于 6 条时，宜分组分区段停靠。

5.1.2 根据需要在站台边缘应设置安全护栏。

5.1.3 排队上车的车站应按线路设置排队标志和标线。

5.1.4 在设有无障碍设施的街道，应按 JGJ 50 的要求设置站台。

5.1.5 有条件的车站宜设置标有本站及其附近公交车站位置和停靠线路的街道交通简图。

5.2 候车亭

5.2.1 候车亭应安全、实用、美观、简洁，具有标识性。

5.2.2 候车亭的设置便于乘客遮阳、避雨，且不影响乘客集散和行人通行。

5.2.3 候车亭的技术要求应符合 CJ/T 107 的规定。

5.2.4 顶蓬限界与路缘石外缘的水平距离不应小于 0.4 m。

5.3 站牌

5.3.1 站牌的内容、形式和技术要求应符合 GB/T 5845.3 的规定。

5.3.2 线路及车站命名的原则和方法见附录 A。

5.3.3 站牌应设在站台前端，其朝向和高度应便于查看，且不应影响乘客集散。按 5.1.1 的要求分组分区段停靠的线路，其站牌设在相应区段的前端。

5.3.4 有条件的线路可设电子站牌。

5.4 首末站应设置下列设施

5.4.1 线路管理、行车调度的工作用房和相应设施。

5.4.2 运营车回车道和停车坪。

5.4.3 车辆检修和保洁的场地和设施。

5.4.4 运营服务人员休息、餐饮、卫生等场所和设施。

5.4.5 消防设施。

5.4.6 有条件的始发站应设置发车显示屏(牌)，指示下一车次的车号、发车时间和当前时间。

5.5 有条件时，应设港湾式车站。

5.6 车站设施各项技术要求，应符合 CJJ 15 的规定。

5.7 车站设施应定期维护、打扫，保持完好、整洁。

6 运营车辆

6.1 车辆的等级和配置应符合 CJ/T 162 的规定。

6.2 尾气排放应符合 GB 18285 和 GB 17691 的规定。

6.3 车辆的安全性能应符合 GB 7258 的规定。

6.4 服务设施

6.4.1 车门、车窗、顶窗设施应完好，开关应灵活，应安全可靠。

6.4.2 车身顶蓬及内外皮无破损、无变形。

6.4.3 地板、踏步、坐椅、车内扶握设施应完整、牢靠。

6.4.4 电脑报站器、读卡机、投币箱(机)、电子显示屏、视频监视器、车内照明等设施应完好有效。

6.4.5 应设有小型垃圾容器。

6.5 服务标志

6.5.1 在车厢外侧标明公交企业名称(或标志)和车辆编号。

6.5.2 车辆应设置路牌。

6.5.3 对空调车、无人售票车、IC 卡收费车 、分段计价车 、无障碍车以及有上、下车门顺序要求的车辆等应在车厢外侧设置相关标志。

6.5.4 在车内适当位置应张贴本线路的站名排序、票制票价、服务监督电话号码、乘客须知、服务公约等。

6.5.5 车厢内上车门附近应设儿童购票高度标线。

6.5.6 老幼病残孕座席应设置标志。

6.5.7 空调车内应设温度计，并明示开启冷暖风条件。

6.6 安全提示标志

6.6.1 在驾驶区应设置“禁止与驾驶员谈话”标志。

6.6.2 在车门内侧设置“请勿倚靠”、“当心夹手”标志。

6.6.3 在乘客门旋转立柱上和铰接护栏上应设置“请勿触摸”标志。

6.6.4 在醒目位置应设置“请勿吸烟”、“禁止头手伸出窗外”及“请勿乱扔废弃物”标志等。

6.6.5 在快速公共汽车车门处应设置“请注意地板间隙”标志。

6.6.6 各种标志应分别符合 GB/T 5845.2、GB/T 5845.3 和 GB/T 5845.4 的要求。

6.7 车容和卫生

6.7.1 车身外表漆面整洁、完好、无剐痕、无污垢。

6.7.2 车外顶无污垢、堆积物。

STANDARDS PRESS OF CHINA

6.7.3 车门及周边无污垢、油污。

6.7.4 地板、踏步无污垢、尘土和垃圾。

6.7.5 车厢内壁无污垢。

6.7.6 车窗玻璃清洁、明亮。

6.7.7 座椅无尘土和积水。

6.7.8 扶手杆、环无污垢。

6.7.9 驾驶舱无尘土、杂物。

6.7.10 轮胎、轮毂无积泥、油污。

6.7.11 车内外各种标志清晰、无破损。

6.7.12 车内垃圾箱应及时清理、无异味。

7 运营服务人员基本要求

7.1 身体条件符合岗位工作的要求。

7.2 遵纪守法，具有良好的职业道德。

7.3 具有相应的职业资格。

7.4 岗位培训合格。

7.5 工作时按规定着装，佩带或放置服务证、卡。

7.6 衣着整洁、仪表端庄、举止大方、文明礼貌。

7.7 使用普通话服务，吐字清楚，语速适中，用语文明。

7.8 在少数民族地区、地方话较难懂的地区及外宾较多的地区，宜使用双语服务。

7.9 尊重乘客，态度和蔼，耐心解答乘客的询问。

7.10 在服务过程中，不吸烟、不吃零食、不与他人闲谈，不做其他与本职工作无关的事，不擅离工作岗位。

8 运营调度

8.1 编制线路运行计划及应急调度预案。

8.1.1 根据需要对线路进行客流调查。

8.1.2 根据客流数据按季度编制平日和节假日行车时刻表。

8.1.3 根据行车时刻表、运营车和人员出勤情况编排车次配班计划。

8.1.4 编制突发事件时的应急调度预案。

8.2 行车调度

8.2.1 按计划发车。

8.2.2 提示车组提前进站，准时发车。

8.2.3 保证首、末班车正点发车。

8.2.4 掌握车辆运行状况，及时采取调度措施，保证正常的行车间隔。

8.2.5 客流意外增大、受阻时，及时增发车次。

8.2.6 遇突发事件和恶劣天气，启动应急调度预案。

8.2.7 记录发车及运行情况信息。

8.3 接待乘客咨询和投诉。

9 行车服务

9.1 每日出车前应按附录B规定的内容进行车辆例行检查，确认车辆性能完好，符合运营安全要求。

9.2 按调度指令提前进站，准时发车。

9.3 按规定的线路和站点行车。不得擅自越站甩客、改道行驶。

9.4 按安全行车要求(见12.1)行车。

9.5 车辆进站时,避让出站车辆,按规定位置停靠。

9.6 平稳停车,车停稳后开车门。乘客上下车完毕并关好车门后平稳起步。

9.7 停车时靠近路边,车身与道路平行。雨天停车时车门宜避开积水。

9.8 在不影响正常运行的情况下,应等候跑来的乘客上车,但不得滞站揽客。

9.9 交接班时,应交代车况和路况。在中途交接班的,接班人员未到时,应继续行驶到终点。

10 车厢服务

10.1 按规定提前上岗,检查服务设施。

10.2 礼貌待客,服务用语应符合附录C的规定,不说服务忌语和不文明用语。

10.3 按规定操作报站器、读卡机、GPS车载机等电子设备。

10.4 提示乘客刷卡、投币、购票。本车满员时,劝告留站乘客等候下一次车。

10.5 车辆进站时应向车内乘客报到达站名,出站时向乘客报下一站站名。报站器、动态显示屏和移动电视同时报站时,其内容应一致。报站器故障时,应人工报站。

10.6 开关车门时应注意防止夹摔乘客。

10.7 执行票制票价规定,有乘务员时主动售票,唱收唱付,认真验票,收钱给车票,必要时应流动售票。

10.8 执行政府有关减免费乘车规定,并提供同等服务。

10.9 耐心解答乘客问询。

10.10 重点照顾老幼病残孕等需要帮助的乘客。

10.11 向乘客进行文明乘车和安全防范的宣传。乘客较多时,应进行疏导。

10.12 劝阻和制止乘客携带宠物、车内吸烟、头手伸出窗外、乱扔废弃物等违反乘车规则的行为。

10.13 根据天气变化及时调整车窗开度,按规定的车内温度开启空调。

10.14 夜间行车时,按规定开启发光路牌和厢灯。

10.15 本车因故不能继续行驶时,应引导乘客换乘本线路后续车,后续车应积极配合换乘。

10.16 发生服务纠纷时,应冷静对待,化解矛盾,当矛盾激化无法控制时,应立即报警并向上级报告。

10.17 无障碍车遇残疾人坐轮椅乘车时,应放下无障碍踏板。

10.18 拣拾乘客遗失的物品应妥善保管,按规定上交。

10.19 车辆到达终点站,待乘客离车后,整理车内卫生,并对服务设施故障按附录D的规定及时报修。

11 信息服务

11.1 采用公交热线、网站及多媒体查询等方式提供信息服务。

11.2 提供以下公交线路信息:

——全线路的站名排序;

——首末班车发车时间;

——线路长度;

——所属公司;

——票制(票价表);

——是否空调(夜班或高峰)车;

——预计单程运行时间;

——不同时段的发车间隔等。

11.3 提供以下任意两站之间的公交乘车方案:

——乘车距离最短、换乘次数最少或费用最省的多种乘车方案;

——每种乘车方案的乘行线路、乘降车站、乘车距离及票价；

——在电子地图上标示乘车方案。

11.4 提供公交服务质量监督电话号码。

11.5 提供相关道路、公交服务设施等地理信息。

11.6 提供公交政策法规等信息。

11.7 下列情况应提前十天在各相关车站公告，并在实施前更新车站、车厢及数据库的相关信息，必要时在媒体公布：

——公交线路的开通、调整、撤消；

——变更首末车发车时间；

——变更线路名或车站名；

——票价调整。

11.8 车站设置的公交线路图或街道交通简图，应适时更新。

11.9 电子地图的更新周期不宜超过3个月。

11.10 电子站牌显示的车辆动态位置信息，更新周期不大于60 s。

11.11 发车显示屏显示的发车信息，应在车辆发出后立即更新为下一车次的发车信息。

12 运营安全

12.1 驾驶员安全行车要求

12.1.1 遵守交通安全法规。

12.1.2 熟悉车辆性能，集中精力，文明驾驶，礼让行车。

12.1.3 按规定车速驾驶，保持安全车距。

12.1.4 超车和会车时注意车头和车尾、让车时应让道减速。

12.1.5 通过人行横道时，应减速行驶或停车让行。

12.1.6 通过繁华路段、交叉路口和拐弯时应提前减速，谨慎驾驶，不与行人和自行车抢行。

12.1.7 熟悉本线路所经事故多发路段和限高部位，谨慎驾驶。

12.1.8 通过铁道口时要做到一停二看三通过。

12.1.9 站外非故障停车，不得开门上下乘客。

12.1.10 能见度较差的风雾雨雪天气及在冰雪路面行车时，保持安全车速，禁止超车。

12.1.11 在冰雪路面行车时，应点刹制动，配备缓速器的车辆宜使用缓速器辅助制动。

12.1.12 遇积水路面，水情不明和积水深度超过车轮半径时，不宜通过。涉水通过后，及时采取点磨刹车的措施。

12.1.13 无轨电车通过分线器、并线器、交叉器时应减速行驶。

12.1.14 随时观查气压是否正常，如低于规定值时应补足气量到规定值后再行车。

12.1.15 发现异响或异味时，靠路边停车查验，在判明原因并排除故障前，不得继续行车。

12.1.16 车辆发生故障时，立即靠路边停车，开启危险报警闪光灯，并在车后方向设置警示标志。

12.1.17 故障车被拖走时，应采取硬拖方式，同时开启危险报警闪光灯。

12.1.18 行车中不与他人闲谈和使用手机。

12.1.19 停车场内限速15 km/h，出入口限速5 km/h。

12.1.20 离开车辆时，拉好手刹。收车时，关闭电源和燃气总开关。

12.1.21 如遇突发事件，按应急预案的规定执行。

12.2 乘务员安全要求

12.2.1 维护乘车秩序，劝解乘客纠纷。

12.2.2 配合驾驶员开关车门防止夹摔乘客。

12.2.3 进出站、拐弯、经过繁华地段及能见度较差时，提醒乘客扶好、坐好，注意乘车安全，提醒车旁行人和非机动车注意安全。

12.2.4 关照老幼病残孕乘客乘车安全。

12.2.5 运营中不与驾驶员闲谈。

12.2.6 发现乘客携带易燃、易爆、危险、有毒及其他禁带物品乘车时应及时制止。

12.2.7 每一单程运营结束时，应检查车内有无乘客遗留物品。

12.2.8 如遇突发事件，按应急预案的规定执行。

12.3 运营中突发事件的处置

12.3.1 运营车发生冒烟、起火、漏电事故时，立即停车，打开车门，切断电、气源，疏散乘客，用消防器材灭火，及时报警。

12.3.2 发生客伤事故时，积极抢救受伤人员，保护现场，寻找证人，及时向相关部门报告。

12.3.3 发现可能造成严重损害人身安全的可疑危险物品(例如爆炸物、剧毒物等)，立即组织乘客离车疏散，迅速报警。

12.3.4 遇有持械抢劫伤人等事件时，保持冷静，并寻机报警。

12.3.5 发生重大盗窃事件时，协助失主报警。

12.3.6 遇有严重传染病流行时，按传染病防治法的要求处理。

12.3.7 遇有突发严重病人时，立即向急救中心呼救，协助医务人员抢救病人。

12.3.8 发生交通事故时，按交通法规处置。

13 服务评价

13.1 车辆整洁合格率

13.1.1 考评指标

——优　秀：合格率≥98%；

——良　好：合格率≥90%；

——合　格：合格率≥85%；

——不合格：合格率<85%。

13.1.2 考评方法按E.1的内容作随机抽查，每月不少于一次。抽查数量不少于30%的线路和20%的运营车。

13.1.3 计算方法按公式(1)：

$$\text{车辆整洁合格率} = \frac{\text{整洁合格车辆数}}{\text{被检查车辆数}} \times 100\% \qquad \cdots\cdots(1)$$

13.2 车厢服务合格率

13.2.1 考评指标

——优　秀：合格率≥98%；

——良　好：合格率≥90%；

——合　格：合格率≥85%；

——不合格：合格率<85%。

13.2.2 考评方法按E.2的内容作随机抽查，每月不少于一次。抽查数量不少于为30%的线路和20%的运营车。

13.2.3 计算方法按公式(2)：

$$\text{车厢服务合格率} = \frac{\text{车厢服务合格车辆数}}{\text{被检查车辆数}} \times 100\% \qquad \cdots\cdots(2)$$

13.3 车内服务设施完好率

13.3.1 考评指标

STANDARDS PRESS OF CHINA

——优　秀：完好率≥98%；

——良　好：完好率≥90%；

——合　格：完好率≥85%；

——不合格：完好率<85%。

13.3.2　考评方法按E.3的内容作随机抽查，每月不少于一次。抽查数量不少于30%的线路和20%的运营车。

13.3.3　计算方法按公式(3)：

$$车内服务设施完好率=\frac{车内服务设施合格车辆数}{被检查车辆数}\times 100\% \quad \cdots\cdots(3)$$

13.4　发车正点率

13.4.1　考评指标

——优　秀：正点率≥98%；

——良　好：正点率≥90%；

——合　格：正点率≥80%；

——不合格：正点率<80%。

13.4.2　考评方法为检查考核期内的台账和原始记录。

13.4.3　计算方法按公式(4)：

$$发车正点率=\frac{正点发车次数}{发车总次数}\times 100\% \quad \cdots\cdots(4)$$

13.5　车次完成率

13.5.1　考评指标

——优　秀：完成率≥98%；

——良　好：完成率≥90%；

——合　格：完成率≥80%；

——不合格：完成率<80%。

13.5.2　考评方法为检查考核期内的台账和原始记录。

13.5.3　计算方法按公式(5)：

$$车次完成率=\frac{实际完成的车次数}{计划完成的车次数}\times 100\% \quad \cdots\cdots(5)$$

13.6　行车责任事故频率

13.6.1　考评指标

——优　秀：责任事故频率≤1次/百万千米；

——良　好：责任事故频率≤1.5次/百万千米；

——合　格：责任事故频率≤2次/百万千米；

——不合格：责任事故频率>2次/百万千米。

13.6.2　考评方法为检查考核期内的台账和原始记录。

13.6.3　计算方法按公式(6)：

$$行车责任事故频率=\frac{运营车发生的交通和客伤一般及以上责任事故次数}{总行驶里程}\times 100\% \quad \cdots\cdots(6)$$

13.7　乘客满意度

13.7.1　考评指标

——优　秀：乘客满意度≥90%；

——良　好：乘客满意度≥80%；

——合　格：乘客满意度≥70%；

——不合格：乘客满意度<70%。

13.7.2 考评方法按E.4的内容作随机抽查，每年不少于一次。调查数量不少于20%的线路，每条线路收回问卷不少于200张。

13.7.3 计算方法按公式(7)：

$$乘客满意度=\frac{对服务质量满意的乘客数}{被调查的乘客数}\times 100\% \quad \cdots\cdots(7)$$

13.8 乘客投诉处理率

13.8.1 考评指标

——优　秀：乘客投诉处理率≥98%；

——良　好：乘客投诉处理率≥90%；

——合　格：乘客投诉处理率≥85%；

——不合格：乘客投诉处理率<85%。

13.8.2 考评方法为检查考核期内的抽查台账和原始记录。

13.8.3 计算方法按公式(8)：

$$乘客投诉处理率=\frac{对乘客投诉处理和回复的件数}{乘客投诉件数}\times 100\% \quad \cdots\cdots(8)$$

附 录 A
（规范性附录）
线路及车站命名原则及方法

A.1 线路及车站命名原则

A.1.1 方便乘客出行，方便公交企业管理。
A.1.2 指位明确，导向无误。
A.1.3 全市范围内不重名。
A.1.4 简单明了，易读、易懂、易记。
A.1.5 不因社会情况的变化而改变。

A.2 线路的命名及更名方法

A.2.1 统一用一至三位阿拉伯数码加“路”字命名。
A.2.2 一条线路的上、下行或环行线路的内、外环，应使用同一数码命名。
A.2.3 路径和设站不完全相同的线路应使用不同的数码命名。
A.2.4 全市任意两条线路，均不应用同一数码命名。
A.2.5 已撤销线路所用的数码，一年内不宜用于其他线路。
A.2.6 在公交车的路牌和公交车站的站牌等特定场合，线路名可只写数码，不写“路”字。

A.3 车站的命名及更名方法

A.3.1 以车站所在地的地名加“站”字命名。
A.3.2 优先使用知名度高的地名。
A.3.3 知名度相近时，优先使用地理实体较近的地名。
A.3.4 一般不用企、事业单位名称。
A.3.5 企业出资冠名的车站，应以括注方式标在原有站名之后。
A.3.6 不单独使用通名作站名（在地名中，表示地理实体类别的通用部分为通名，例如商场、体育馆、小街等均没有指位性）。
A.3.7 不用不文明的地名。
A.3.8 避免音同字不同的站名。
A.3.9 新设站时，不宜使用生僻字地名作站名。
A.3.10 站名的地名部分及括注均不宜超过六个汉字。
A.3.11 车站与所用地名指称的地理实体的距离不宜大于半个站距。
A.3.12 不同线路的车站相互距离小于半个站距时，应使用同一站名。
A.3.13 不同线路的车站相互距离大于半个站距时，应使用不同站名。
A.3.14 在大型路口、环岛、立交桥区及其他大型地理实体周围的车站，应加注方位。例如：玉泉路口西、花园桥南、天坛东门等。
A.3.15 以道路名称命名的车站，宜改用路口名称命名。
A.3.16 全市范围内的地名相同的车站，可冠以方位、当地知名度较高的地名或所属区（县）名称的专名部分。例如：西八里庄、广安门外甘石桥、通州北苑等。
A.3.17 当代的地理实体已经搬迁者，宜更改其站名。
A.3.18 车站因故移动后，已不符合 A.3.11～A.3.14 的要求时，应更改站名。

A.3.19　站名的英语、法语、德语、西班牙语、世界语的译文：地名部分按汉语拼音方案拼写；通名“站”字按意译写。

A.3.20　少数民族地区，可用双语命名车站。

A.3.21　在公交车站的车牌和公交车的路牌等特定场合，站名可只写地名部分，不写“站”字。

STANDARDS PRESS OF CHINA

附 录 B
（规范性附录）
车辆例行检查项目

B.1 轮胎压力是否正常，固定螺母是否缺失或松动；

B.2 燃油的油量或燃气压力是否正常；

B.3 机油的油面和压力是否正常，配置自动变速箱的车辆应检查液压油的油面；

B.4 冷却液液面是否正常；

B.5 反光镜是否正常；

B.6 仪表、指示灯是否正常应特别关注气压表、水温表读数是否达到行驶要求；

B.7 喇叭是否正常；

B.8 灯光是否正常；

B.9 转向是否正常；

B.10 制动是否正常，配置缓速器的车辆应检查缓速器工作是否正常；

B.11 雨雪天出车前检查刮水器工作是否正常；

B.12 冬季出车前检查除霜机是否正常；

B.13 冬夏两季，暖风、空调车出车前检查暖风和空调系统工作是否正常；

B.14 灭火器是否完好；

B.15 全车有无漏油、漏水、漏气、漏电；

B.16 电车滑块、集电头、安全绳是否完好。

附　录　C
（资料性附录）
车厢服务用语

C.1　对不同的乘客用不同的尊称。

C.2　应使用敬语，例如“请”、“您”等。

C.3　×××路，开往×××。

C.4　前方到站是×××，要下车的乘客请带好随身物品准备下车。

C.5　×××站到了。

C.6　没票的乘客请买票，持卡乘客请刷卡。

C.7　下车的乘客，请出示车票。

C.8　车上的乘客较多，请大家往里走。要下车的乘客请提前做好准备。

C.9　哪位乘客给老大爷（妈）让个座位。

C.10　现在开始验票，请协助我们工作，出示您的车票。

C.11　查验过后对票证有效的乘客说“谢谢，请收好”。

C.12　终点站就要到了，请大家携带好自己的物品准备下车。

C.13　需要乘客帮助时说“请帮忙”，“谢谢”。

C.14　受到乘客表扬时说“不客气”。

C.15　不慎失礼或失误时应说“对不起”。

C.16　遇到乘客道歉时说“没关系”。

C.17　当乘客妨碍安全视线时，应说：“对不起，我看不见反光镜了，请您让一下”。

附 录 D
（规范性附录）
服务设施检查及报修项目

D.1 车辆不能正常行驶的故障或故障隐患。

D.2 车门异常不能正常工作。

D.3 车门开关异常不能达到正常开度。

D.4 车窗玻璃缺损、推拉或升降不灵活、行车中振动噪声过大或关不严。

D.5 车顶漏水。

D.6 顶窗开启关闭不灵活，闭合后漏水。

D.7 伸缩篷破损或漏水。

D.8 座椅松动，坐垫和靠背不齐全完整。

D.9 扶手杆及扶手套松动、缺损；拉手损坏及不齐全。

D.10 地板塌漏，地板盖缺损，地板条翘曲。

D.11 报站设备损坏或音质不清晰。

D.12 路牌不完好，或线路号与行驶路线不一致。

D.13 跳站运行或区间运行的车辆无跳站或区间标识。

D.14 车厢内的标志残缺不清。

D.15 厢灯故障。

D.16 空调故障。

D.17 车灯面罩缺损。

D.18 车厢内饰破损。

D.19 装饰条翘头超过 2 cm。

D.20 显示屏不能正常工作。

D.21 监视器或摄像头故障。

D.22 投币机故障。

D.23 读卡机计价不准、显示字迹不清等故障。

D.24 GPS 车载机不能正常工作。

D.25 电视故障。

D.26 发动机舱盖缺损或漏风。

D.27 灭火器或其固定支架缺损。

D.28 其他服务设施缺损。

附　录　E
（资料性附录）
服务质量检查项目

服务质量检查表参照表 E.1～E.3 执行。

表 E.1　车辆整洁检查表

车号	车皮	玻璃	外顶	地板	车门	轮胎	座椅	踏步	驾舱	内壁	总分	备注
线路：			检查日期：　年　月　日					天气：		检查人：		
注：前四项满分各 13，后六项满分各 8，总分 70 以上为合格。												

表 E.2　车厢服务检查表

车号	时间	区间	着装仪容	报站清楚	售票验票	服务用语	重点照顾	文明驾驶	开关车门	积极疏导	解答询问	车内卫生	遵章守纪	总分	备注
线路：			检查日期：　年　月　日								天气：		检查人：		
注：前十项满分各 7，遵章守纪满分 30，总分 70 以上为合格。															

表 E.3　车内服务设施检查表

车号	车门	玻璃	地板	座椅	扶手	厢灯	空调	投币机	读卡机	报站器	动态显示屏	监视器	移动电视	GPS 车载机	总分	备注
线路：			检查日期：　年　月　日						天气：				检查人：			
注：每项满分各 7，总分 70 分以上为合格。																

STANDARDS PRESS OF CHINA

表 E.4　乘客满意度调查表

序号	项目	优秀	良好	合格	不合格
1	文明服务				
2	行车安全				
3	车辆整洁				
4	候车时间长度				
5	车站设施完好				
6	车内设施完好				
调查结果					
其他意见和建议：					
线路：		调查日期：　年　月　日		天气：	调查人：
注：1）填表时以“√”表示。 2）四项以上(须含第1项、第2项)优良，其余为合格者，视为乘客满意。					

ICS 45.060.20
Q 84

中华人民共和国国家标准

GB/T 22485—2008

出租汽车服务

Taxi service

2008-10-27 发布 2009-05-01 实施

中华人民共和国国家质量监督检验检疫总局
中国国家标准化管理委员会 发布

前　言

本标准自实施之日起，CJ/T 3024.3—1998《城市公共交通客运服务　城市出租汽车》同时废止。

本标准的附录A为规范性附录。

本标准由中华人民共和国住房和城乡建设部提出并归口。

本标准负责起草单位：中国出租汽车暨汽车租赁协会。

本标准参加起草单位：北京市运输管理局、天津市客运交通管理办公室、上海市城市交通运输管理处、南京市客运交通管理处、广州市客运交通管理处、鞍山市城市客运管理处、上海市出租汽车暨汽车租赁行业协会、青岛市出租汽车协会、北京首汽（集团）股份有限公司、哈尔滨天鹅出租汽车有限公司、大连市出租汽车有限公司。

本标准主要起草人：解彦敏、王铁卫、崔允富。

本标准参加起草人：虞同文、吴红兵、刘艳、赵红、王景凯、李桐、乔承军、郭胜利、刘广义、李宝元、曹洪升、绳同喜、刘常虹。

出租汽车服务

1 范围

本标准规定了出租汽车服务的术语和定义、服务方式、服务规范、服务设施、服务安全、服务评价等。

本标准适用于出租汽车的客运服务。

2 规范性引用文件

下列文件中的条款通过本标准的引用而成为本标准的条款。凡是注日期的引用文件，其随后所有的修改单(不包括勘误的内容)或修订版均不适用于本标准，然而，鼓励根据本标准达成协议的各方研究是否可使用这些文件的最新版本。凡是不注日期的引用文件，其最新版本适用于本标准。

GB 7258 机动车运行安全技术条件

GB 8410 汽车内饰材料的燃烧特性

GB/T 10001.1 标志用公共信息图形符号 第1部分：通用符号

GB/T 18344 汽车维护、检测、诊断技术规范

CJ/T 172 电子式出租汽车计价器微型击打式点阵打印机

CJ/T 173 电子式出租汽车计价器磁电式传感器

CJ 5024 电子式出租汽车计价器

3 术语和定义

下列术语和定义适用于本标准。

3.1

出租汽车 taxi

由乘客意愿而被雇用的载运乘客并按行驶里程、时间计费的汽车。

3.2

服务 service

为满足顾客需要，供方和顾客之间接触的活动以及供方为顾客提供人员劳务活动完成的结果，供方为顾客提供通过人员对实物付出劳动活动完成的结果，供方为顾客提供实物使用活动的结果。

[GB/T 15624.1—2003]

3.3

组织 organization

职责、权限和相互关系得到安排的一组人员及设施。

示例：公司、集团、商行、企事业单位、研究机构、慈善机构、代理商、社团或上述组织的部分或组合。

注1：安排通常是有序的。

注2：组织可以是公有或私有的。

[GB/T 15624.1—2003]

3.4

出租汽车服务 taxi service

利用出租汽车为乘客提供的出行服务。

3.5

服务组织 service organization

提供出租汽车客运服务的组织。

STANDARDS PRESS OF CHINA

3.6

服务质量 service quality

为乘客提供的服务与服务标准符合的程度。

3.7

服务人员 service personnel(Agent)

在服务组织中,为乘客提供出租汽车服务的人员。

3.8

服务用语 service Language

服务人员使用的语言。

3.9

合理路线 reasonable route

从乘客上车地点到目的地经济、便捷的行驶轨迹。

3.10

绕路 detour

未按合理路线行驶的行为。

3.11

私揽 picking up a passenger without authorization

在公示的营业站区未按规定揽客的行为。

3.12

拒载 refusal to take passenger

车辆处于待租状态,驾驶员在得知乘客去向后拒绝提供服务的行为。

3.13

甩客 stopping service in midway

营运途中无正当理由擅自中断服务的行为。

3.14

待租状态 for hire

出租汽车内无乘客时,运营标志显示“空车”字样,随时可提供服务的状态。

4 总则

4.1 基本要求

4.1.1 服务组织应为乘客提供安全、快捷、舒适、文明和持续改进的服务。

4.1.2 服务组织应贯彻执行国家制定的各项方针政策,接受主管部门的监督检查和指导。

4.1.3 服务组织应为乘客提供符合服务规范要求的车辆和服务设施。

4.1.4 服务组织应为乘客提供满足需要的饭店、机场、火车站的公共调度服务。

4.1.5 服务组织应建立安全行车和治安防范制度,应为乘客提供必要的安全和乘车指导信息。

4.1.6 服务组织应向乘客公布其服务承诺。

4.2 服务管理

4.2.1 服务组织应具备安全、营运、车辆、劳动等管理体系,服务规范等规章制度,建立服务质量管理体系。

4.2.2 服务人员上岗前应经过法制、职业道德、业务的岗位培训,并取得上岗资格,在岗人员应掌握本岗位业务技能,胜任本职工作。

4.2.3 服务组织应对驾驶员身体健康进行定期检查。

4.2.4 服务组织应定期进行服务质量自我考核评价,也可以通过第三方独立进行服务质量评价,根据评价结论不断改进服务。

5 服务方式

5.1 扬手招车服务

处于待租状态的出租汽车在允许停靠的路段上，应停车满足扬手招车乘客租车需求。

5.2 预约租车服务

应能满足乘客通过电讯、网络等途径提出的预约租车要求，并准时提供的服务。

5.3 站点租车服务

在设有出租汽车营运站点的地方，应按乘客要求，提供出租汽车服务。

5.4 包车服务

在协议时间内，应为乘客提供满足其对出租汽车特定的需求服务。

6 服务规范

6.1 服务仪容

6.1.1 服务人员应做到精神饱满、端庄大方、举止文明、礼貌待客。

6.1.2 服务人员应按规定着装，正确佩带服务标志，配饰得体、衣着整洁无破损。

6.1.3 服务人员上岗前，面部应修饰洁净，卫生、自然，需化妆时要淡雅适度，不应在服务时化妆。

6.1.4 服务人员发型应梳理整齐，修饰大方，风格庄重，并应及时按需清洗。

6.1.5 服务人员手、脚应保持洁净，指甲修剪得体，不得光腿、赤足。

6.1.6 服务人员应勤洗澡更衣，做到身体无异味。

6.1.7 服务人员不得在车内吸烟，不得向车外抛物、吐痰。

6.2 服务用语

6.2.1 服务语言宜采用普通话。

6.2.2 服务用语应规范准确，文明礼貌。

6.2.3 服务人员在对外服务时，宜能够使用简单常用英语。

6.3 运营服务

6.3.1 服务人员应持证上岗，证照齐全。服务证件放置在行业管理部门规定的位置。

6.3.2 运营前应检查车辆燃油，备好发票。

6.3.3 乘客提带行李时，服务人员应协助乘客将行李放入行李厢内。行李厢应由服务人员开启和闭锁，到达目的地时，协助取出行李，经乘客确认无误后关闭行李厢。

6.3.4 乘客上车时，在条件允许的情况下，应主动为乘客打开车门，目视乘客，主动问候，问清到达地点，确认乘客指定路线，起步行车，压下空车标志灯。

6.3.5 车辆行驶应选择合理路线，不得绕路。停车时，应在允许停车路段按乘客目的地就近停车。

6.3.6 营运途中，如乘客改变目的地，应按乘客意愿重新选择合理路线。

6.3.7 遇有道路交通堵塞或临时封闭，需改变原行驶路线时，应按乘客意愿改道行驶。

6.3.8 运营中应尊重不同国家、地区、民族的风俗习惯。按乘客提问，介绍当地旅游景点和风土人情。

6.3.9 行驶途中，应按乘客意愿使用音响和空调。

6.3.10 必须按规定使用计价器，到达目的地按下暂停键停止计费；应按计价器的显示金额，报清当次业务费用，打印的发票应完整、字迹清楚，交予乘客。装刷卡设备的，应接受乘客的刷卡付费要求，当遇过高速路、隧道、桥梁及其他加收费用时，向乘客说明并交付票据。

6.3.11 乘客下车时，应提醒乘客开车门时注意行人、车辆安全，在条件允许下，协助提拿大行李及物品，巡视车厢，提醒乘客带好随身物品，向乘客道别。

6.3.12 发现乘客遗留物品，应设法及时归还，告知服务组织或上缴服务组织和相关单位。

6.4 电讯服务

6.4.1 服务组织应通过电讯网络提供 24 h 租车服务和供车信息。调度员应在电话铃声响起 5 次内接听电话并回复。解释问题时做到内容准确、耐心。

6.4.2 驾驶员接受调度电话任务后，应准时到达乘客候车地点，超出预约时间乘客未出现时，应与调度员联系，经同意后方可离去。

6.4.3 驾驶员直接收到乘客求租电话时，应按约定的时间、地点及时提供服务。

6.5 特殊服务

6.5.1 对老、弱、病、残、孕等乘客应提供提拿行李的服务，协助需要帮助的乘客顺利乘车。

6.5.2 遇到乘客不适时，应提供必要的帮助或拨打救助电话。

6.5.3 应耐心解答乘客提出的问题。

6.6 服务禁忌

6.6.1 运营中的出租汽车不应拒载、议价、绕路、甩客、私揽。

6.6.2 乘客之间交谈时忌插话。

6.6.3 严禁将车辆交给无出租汽车从业资质的人员驾驶营运，不应驾驶无营运资质的营运车辆。

6.6.4 劝阻乘客不在车内吸烟。

7 服务设施

7.1 基本要求

服务设施应满足安全、舒适、环保、节约能源、计量准确的要求。

7.2 车辆

7.2.1 车容车貌。

7.2.1.1 车身内外应整洁完好，漆皮完整无损，不做个性化装饰。

7.2.1.2 车辆牌照字号清晰，固定端正，无遮档物、反光物。

7.2.1.3 车前后内外照明灯齐全，干净明亮，功能完备。

7.2.1.4 轮胎盖齐全，完好整洁。

7.2.1.5 车内外饰条完好无脱落、缺损。

7.2.1.6 车窗玻璃齐全，洁净明亮、无破损、无遮蔽物，升降滑动功能有效。

7.2.1.7 仪表完好、整洁，仪表台不放置与营运无关的物品。

7.2.1.8 遮阳板、化妆镜、顶棚、后风档窗台齐全完好洁净。

7.2.1.9 车厢内整洁、卫生，无杂物、异味。

7.2.1.10 座椅牢固无塌陷，前排座椅可前后移动，倾度可调。

7.2.1.11 座套、头枕套齐全，洁净平整。

7.2.1.12 脚垫整洁、平整无破损。

7.2.1.13 行李厢整洁，照明有效，开启装置完好，行李厢内可供乘客放置行李物品的空间不少于行李厢的三分之二。

7.2.2 技术要求

7.2.2.1 必须取得当地公安部门核发的有效机动车牌照和行驶证。

7.2.2.2 运营车辆的各项技术指标应达到相应的国家标准。

7.2.2.3 应保持运营车辆技术状况良好，车辆的维护、检测、诊断应符合 GB/T 18344 的各项规定。

7.2.3 服务标志

7.2.3.1 车身颜色应采用当地管理部门规定的标志色。

7.2.3.2 车顶应安装标志顶灯并与空车待租标志灯联动，夜间应有照明，标志灯一面标有企业简称，个体经营户宜有“个体”字样，另一面应有“TAXI”和当地行政主管部门监制字样。

7.2.3.3 空车待租标志灯应大小适宜,显示明亮,字迹清楚。

7.2.3.4 车身两侧前门标示应有企业名称。字迹清楚、端正。

7.2.3.5 车辆年检审验合格证、车船使用缴讫证、环保标志、经营权证、营运证,按行政管理部门要求摆放粘贴。

7.2.4 计量和电讯设施

7.2.4.1 必须安装计价器,显示位置应方便乘客查看,数字显示清楚,发票打印准确,铅封有效,并应定期检验。计价器、打印机等应符合 CJ/T 172、CJ/T 173 和 CJ 5024 的有关规定。

7.2.4.2 宜安装车载定位系统、无线电通讯设施和车辆运行动态信息收集系统。

7.3 调度设施

服务组织宜建立车辆调度中心、采用网络调度电话进行调度。配置的电话线路接听席位应满足乘客及时要车的需要。

7.4 服务站点

7.4.1 应设有文字标志、导向标志,标志设置应明显清晰,宜有中英文。标志应符合 GB/T 10001.1 的规定。

7.4.2 服务站点宜有少量停车位。

7.4.3 应能有效隔离乘客与车辆,区分车辆停靠区、载客区、候车区。

7.4.4 宜在客流量大的交通集散地、公共场所服务地设置出租汽车候车站。在商业、医院、活动中心和密集的居民社区内宜设有直列式、港湾式、岛式的乘客候车站台。

7.4.5 停车点应设置统一样式图文颜色的站牌,车辆在停车点即停即走。

8 服务安全

8.1 行车安全

8.1.1 驾驶员应保证身体健康,并应定期体检。

8.1.2 管理部门、服务组织,应定期对驾驶员进行安全法规、规章制度、安全操作规程、职业道德的教育。

8.1.3 驾驶员严禁酒后驾车、疲劳驾车、带病驾车,行车途中不应接打手机。应劝阻乘客提出的不利于安全行车的要求。

8.1.4 出省、市、县境或夜间去偏远、冷僻地区时,应向本单位和有关部门报告并办理相关手续。

8.1.5 载客时不应超过核定的载客人数,不应装载可燃、易爆等危险物品。

8.2 车辆安全

8.2.1 驾驶员应对车辆进行出车前、行车中、收车后的日常维护检查,保持车况良好。

8.2.2 车辆应配备适用的消防器材,应定期检查消防器材的有效日期。

8.2.3 车辆应安装防劫防盗装置。

8.2.4 应定期检查车况,车辆安全应符合 GB 7258 的有关规定 。车辆内饰材料应符合 GB 8410 的规定。

8.3 乘客安全

8.3.1 一切问题的处置以乘客安全第一为原则,行驶中提醒乘客系好安全带,提醒乘客不要将头、手伸出车外。

8.3.2 乘客上下车时,车辆应与人行道平行停靠,并在右侧下车。在交通法规禁止上下乘客的地方,驾驶员应劝拒乘客上下车。

8.3.3 车内发生治安、刑事案件,应及时报警。

8.3.4 车辆发生火灾时,应立即停车,首先帮助乘客下车至安全区域,然后进行灭火。

8.3.5 乘客因交通事故受伤时,服务组织应启动应急处理预案。

STANDARDS PRESS OF CHINA

8.4 乘客财产安全

8.4.1 服务组织应建立乘客报失管理制度，设立报失途径，公布接待电话，遗失物进行登记、保管，尽力寻找失主。

8.4.2 服务组织应在接到乘客遗失物查询电话后，及时与乘客对遗失物的查询进行沟通，在 72 h 内，将遗失物查询情况答复乘客。

8.4.3 对涉嫌恶意侵占乘客财物的员工应依法处理。

9 服务评价

9.1 基本要求

9.1.1 服务组织应建立内部服务监督制度，将服务评价纳入日常工作的评价、考核体系。

9.1.2 服务组织应接受社会对服务的监督，设置服务监督机构，公布服务监督电话、通信地址，对乘客的投诉，48 h 内调查处理，百分之百地回复。

9.1.3 服务组织应定期进行自我服务评价，每年自我评价次数不应少于一次，评价结果宜向社会公示。

9.1.4 服务组织或监督机构，宜定期委托第三方进行乘客满意度测评。

9.1.5 服务组织应有专人负责服务质量相关数据的统计，并保证原始记录真实、准确可靠。

9.2 服务评价指标

9.2.1 服务人员仪容合格率大于或等于 95%。

9.2.2 服务人员违章率小于或等于 5%。

9.2.3 行车责任事故间隔里程大于或等于 3×10^{5} km。

9.2.4 车辆整洁合格率大于或等于 95%。

9.2.5 计价器合格率 100%。

9.2.6 乘客表扬率大于或等于百万分之十六。

9.2.7 有责乘客投诉率小于或等于百万分之二十。

9.2.8 乘客投诉回复率 100%。

9.2.9 乘客满意度大于或等于 80%。

9.2.10 服务评价指标计算方法见附录 A。

附 录 A
（规范性附录）
服务评价指标计算方法

A.1 服务人员仪容合格率

服务人员仪容检查合格人数与被检查总人数之比。计算公式如下：

$$服务人员仪容合格率(\%)=\frac{服务人员仪容检查合格人数}{检查总人数}\times 100\% \quad \cdots\cdots\cdots(A.1)$$

A.2 服务人员违章率

检查违反规章人次数与实际检查总人次数之比。计算公式如下：

$$服务人员违章率(\%)=\frac{检查违反规章人次数}{检查总人次数}\times 100\% \quad \cdots\cdots\cdots(A.2)$$

A.3 行车责任事故间隔里程

实际发生行车责任事故间隔里程。计算公式如下：

$$行车责任事故间隔里程(万公里/次)=\frac{运行里程(万公里)}{行车责任事故次数} \quad \cdots\cdots\cdots(A.3)$$

A.4 车辆整洁合格率

车辆车容车貌检查合格车次与检查总车次之比。计算公式如下：

$$车辆整洁合格率(\%)=\frac{检查合格车次数}{检查总车次}\times 100\% \quad \cdots\cdots\cdots(A.4)$$

A.5 计价器合格率

计价器检查合格车数与检查总车数之比。计算公式如下：

$$计价器合格率(\%)=\frac{检查合格车数}{检查总车数}\times 100\% \quad \cdots\cdots\cdots(A.5)$$

A.6 乘客表扬率

乘客表扬车次数与运营车次数之比。计算公式如下：

$$乘客表扬率(\%)=\frac{乘客表扬车次数}{运营车次数}\times 100\% \quad \cdots\cdots\cdots(A.6)$$

A.7 有责乘客投诉率

有责乘客投诉次数与运营车次之比。计算公式如下：

$$有责乘客投诉率(\%)=\frac{有责乘客投诉次数}{运营车次数}\times 100\% \quad \cdots\cdots\cdots(A.7)$$

A.8 乘客投诉回复率

已经回复的有责乘客投诉次数与有责乘客投诉次数之比。计算公式如下：

$$乘客投诉回复率(\%) = \frac{已回复的有责乘客投诉次数}{有责乘客投诉次数} \times 100\% \qquad \cdots\cdots\cdots\cdots(A.8)$$

A.9 乘客满意度

按服务组织委托的第三方设计的乘客满意度调查问卷，答复满意人数与被调查总人数之比。计算公式如下：

$$乘客满意度(\%) = \frac{答复满意人数}{被调查总人数} \times 100\% \qquad \cdots\cdots\cdots\cdots(A.9)$$

参 考 文 献

GB/T 15624.1—2003 服务标准工作指南 第1部分:总则

ICS 93.080
Q 84

中华人民共和国国家标准

GB/T 22486—2008

城市轨道交通客运服务

Urban rail passenger transport service

2008-10-27 发布　　2009-05-01 实施

中华人民共和国国家质量监督检验检疫总局
中国国家标准化管理委员会　发布

前　言

本标准自发布之日起，城镇建设行业标准 CJ/T 3024.1—1993《城市公共交通客运服务　城市地铁》同时废止。

本标准的附录 A 为规范性附录。

本标准由中华人民共和国住房和城乡建设部提出。

本标准由全国城市轨道交通标准化技术委员会(SAC/TC 290)归口。

本标准由中国城市规划设计研究院、建设部地铁与轻轨研究中心负责起草，建设部标准定额研究所、北京地铁运营有限公司、上海申通地铁集团公司、广州市地下铁道总公司、天津市地下铁道总公司、香港铁路有限公司、南京地下铁道有限责任公司、中铁二院工程集团有限公司、深圳市地铁有限公司参加起草。

本标准主要起草人：秦国栋、黄金屏、陈燕申、张素燕、宋国强、倪克琦、朱效洁、陈雄文、王淑敏、黄维华、周建、叶丽娟、林正、李岩、王志海、刘莲花、孙彰、吴国华。

城市轨道交通客运服务

1 范围

本标准规定了城市轨道交通客运服务(简称客运服务)的基本要求、服务管理、服务质量、服务设施、服务安全和服务环境。

本标准适用于全封闭线路上运行的城市轨道交通系统的客运服务,其它城市轨道交通系统的客运服务可参照执行。

2 规范性引用文件

下列文件中的条款通过本标准的引用而成为本标准的条款。凡是注日期的引用文件,其随后所有的修改单(不包括勘误的内容)或修订版均不适用于本标准,然而,鼓励根据本标准达成协议的各方研究是否可使用这些文件的最新版本。凡是不注日期的引用文件,其最新版本适用于本标准。

GB/T 7928 地铁车辆通用技术条件

GB 14227 城市轨道交通车站站台声学要求和测量方法

GB 14892 城市轨道交通列车噪声限值和测量方法

GB/T 16275 地下铁道照明标准

GB/T 18574 地铁客运服务标志

GB 50157 地铁设计规范

3 术语和定义

下列术语和定义适用于本标准。

3.1

服务 service

为满足顾客需要,供方和顾客之间接触的活动以及供方内部活动所产生的结果。包括供方为顾客提供人员劳务活动完成的结果;供方为顾客提供通过人员对实物付出劳动活动完成的结果;供方为顾客提供实物使用活动完成的结果。

服务的提供可涉及,例如:

——在顾客提供的有形产品(如维修的汽车)上完成的活动;

——在顾客提供的无形的产品(如为准备税款申报书所需的收益表)上完成的活动;

——无形产品的交付(如知识传授方面的信息提供);

——为顾客营造氛围(如在宾馆饭店)。

[GB/T 15624.1—2003]

3.2

组织 organization

职责、权限和相互关系得到安排的一组人员及设施。

示例:公司、集团、商行、企事业单位、研究机构、慈善机构、代理商、社团或上述组织的部分或组合。

注1:安排通常是有序的。

注2:组织可以是公有或私有的。

[GB/T 15624.1—2003]

3.3

城市轨道交通客运服务　urban rail passenger transport service

为使用城市轨道交通出行的乘客提供的服务。

3.4

服务组织　service organization

提供客运服务的组织。

3.5

服务质量　service quality

服务组织为乘客所提供服务的程度。

3.6

服务人员　service personnel(agent)

在服务组织中,为乘客提供客运服务的人员。

3.7

服务用语　service language

在客运服务中,服务人员所使用的规范语言。

3.8

服务行为　service behavior

在客运服务中,服务人员表现出来的行为。

3.9

服务设施　service facilities

在城市轨道交通系统内设置的,直接为乘客提供服务的设施。

3.10

城市轨道交通车站　urban rail transport station

在城市轨道交通线路上,办理运营业务和为乘客提供服务的建筑设施和场所。可包括:

——始发站,城市轨道交通列车运行的起始车站;

——中间站,城市轨道交通列车运行途经的车站;

——换乘站,城市轨道交通线路交汇处,具备从一条线路转乘到其他条线路功能的车站;

——终点站,城市轨道交通列车运行的终到车站。

4　总则

4.1　基本要求

4.1.1　服务组织应以安全、准时、便捷、舒适、文明为目标,为乘客提供持续改进的服务。

4.1.2　服务组织应为乘客提供符合服务规范的服务设施、候车环境和乘车环境。

4.1.3　服务组织应为乘客提供规范、有效、及时的信息。在非正常运营状态下,应为乘客提供必要的指导信息。

4.1.4　服务组织应向残障等特殊乘客提供相应的服务。

4.1.5　为乘客提供的公益或商业服务应以方便乘客、提高服务质量为原则,保证客运服务质量不受影响。

4.2　服务管理

4.2.1　服务组织应制定相应的规章制度,建立服务质量管理体系。

4.2.2　服务人员上岗前应经过岗位培训,并取得上岗资格;在岗人员应掌握本岗位业务技能,胜任本职工作。

4.2.3　服务组织应定期进行服务的自我考核评价,可通过第三方独立进行服务评价;服务组织应根据评价结论不断改进服务。

5 服务质量

5.1 票务服务

5.1.1 售票处(机)或其附近应有醒目、明确的车票种类、票价、售票方式、车票有效期等信息，方便乘客购票。

5.1.2 自动售票机、充值设备上或自动售票机和充值设备附近应有醒目、明确、详尽的操作说明。

5.1.3 人工售票、充值或售卡过程中，售票员应唱收唱付，做到准确、规范。

5.1.4 对符合免费乘车规定，并持有效乘车证件的乘客，应验证后准乘。

5.1.5 自动检(验)票机或其附近应有相应的标志或图示，方便乘客检(验)票。

5.1.6 在特殊情况下，应及时采取有效措施，为乘客进行必要的票务处理。

5.2 导乘服务

5.2.1 车站的醒目位置应公布乘车常识和注意事项；必要时，应通过广播等方式向乘客宣传乘车常识和注意事项。

5.2.2 车站应提供即时、准确、有效的乘车信息。

5.2.3 列车运营计划变更或列车运行不正常，对乘客造成影响时，应及时通知乘客；必要时，应采取有效措施疏导乘客。

5.2.4 车站出入口、售票处等的醒目处应公示本车站首末车时间；车站宜公布列车间隔时间、各车站运行时间等信息。

5.2.5 车站的醒目位置应公布车站周边公交线路的换乘信息。

5.2.6 列车上，应向乘客提供列车运行方向、到站、换乘等清晰的广播或图文信息。

5.3 行车服务

5.3.1 城市轨道交通的运营时间应根据当地居民的出行规律及其变化来确定和调整，调整前应及时公示。

5.3.2 应根据列车运行图组织列车运行，并可根据客流变化等情况合理调整列车运行；对乘客有影响时，应及时公布。

5.3.3 列车行驶应平稳，到站后应适时开关车门。

5.3.4 列车运行发生故障时，应视情况采取救援、清客、继续运行到目的地等处理措施。

5.3.5 一年内列车准点率应大于或等于98.5%，准点率的计算方法见附录A。

5.3.6 一年内列车运行图兑现率应大于或等于99%，列车运行图兑现率的计算方法见附录A。

5.3.7 列车拥挤度不应大于100%，列车拥挤度的计算方法见附录A。

5.4 问询服务

应提供现场问询服务和远程问询服务。

5.5 特殊服务

5.5.1 对残障等乘客应提供必要的服务，协助其顺利乘车。

5.5.2 发现走失的儿童，应带领其至安全场所，并设法联系其监护人或报警。

5.5.3 当遇到乘客身体不适时，应提供必要的帮助或拨打救助电话。

5.6 应急服务

5.6.1 应急服务应以保障乘客人身安全为首要目标。

5.6.2 应分别就运营事故、重大活动、政府管制、恶劣天气、乘客伤亡、事故灾难等影响城市轨道交通正常运营的突发事件制定应急服务预案，并适时启动。

5.6.3 当发生影响城市轨道交通正常运营的突发事件时，应及时告知乘客，并采取措施。

5.7 服务用语

5.7.1 服务语言应使用普通话。

5.7.2 问询、播音宜提供英语服务。

5.7.3 服务用语应表达规范、准确、清晰、文明、礼貌。

5.7.4 服务文字应用中文书写，民族自治地区还应增加当地的民族文字。

5.7.5 应根据本地区的特点提出服务忌语，对服务人员应进行防止使用忌语的培训。

5.8 服务行为

5.8.1 服务人员应按规定着装，正确佩带服务标志。

5.8.2 服务人员应坚守岗位，严格遵守规章制度。

5.8.3 服务人员应做到精神饱满、端庄大方、举止文明、动作规范。

5.9 服务承诺与监督

5.9.1 服务组织应向乘客做出服务承诺，并通过多种方式向乘客和社会公布。服务承诺至少应包括：列车准点率、列车运行图兑现率、乘客有效投诉回复率。

5.9.2 乘客需要时，服务人员应说明或解释服务承诺。

5.9.3 服务应接受乘客和社会的监督；服务组织应提供与乘客交流的有效途径。

5.9.4 服务组织应建立内部服务监督制度，将服务评价纳入日常工作的评价、考核体系。

5.9.5 服务组织应接受社会对服务的监督，应设置服务监督（投诉处理）机构，公布服务监督电话、服务监督机构通信地址。

5.9.6 服务组织的自我评价，每年不应少于一次；评价结果应在车站公示，宜向社会公布。

5.9.7 服务组织应有专人负责相关数据统计，并应保证原始记录真实、准确。

5.9.8 服务组织宜定期委托第三方进行评价，评价结果应在车站内公示，并应向社会公布。

5.9.9 对不合格的服务项目应进行改进，对不合格服务的改进应制定行之有效的措施，并应将改进结果记录存档。

5.9.10 可采用乘客满意度进行服务评价，乘客满意度应通过抽样调查和统计分析获得；服务组织或监督机构可委托第三方进行乘客满意度测评。

5.9.11 一年内有效乘客投诉率和有效乘客投诉回复率应满足下列要求，有效乘客投诉率和有效乘客投诉回复率的计算方法见附录A。

a) 有效乘客投诉率应小于或等于百万分之三。

b) 有效乘客投诉回复率应为100%。

6 服务设施

6.1 基本要求

6.1.1 服务设施的布置和运行，应与设计或验收时的标准保持一致。

6.1.2 服务设施布置和运行的调整变化应是在设计或验收标准要求之上的改进和提高，不应降低服务水平和减少服务内容；不应随意减少服务场所的面积和使用空间。

6.2 车站基本服务设施

6.2.1 车站出入口、步行梯、通道、站厅、站台等场所应通畅，地面应保证完好、平整、防滑。

6.2.2 自动扶梯、电梯、轮椅升降机等乘客输送设施应安全、可靠、运行平稳。

6.2.3 屏蔽门应保证安全可靠、状态完好。

6.2.4 无障碍服务设施应保证正常使用。

6.3 票务设施

6.3.1 票务设施应布局合理、满足通过能力和客流疏散要求。

6.3.2 售检票设施应安全可靠、状态完好。

6.3.3 当票务设施发生故障无法使用时，应有明显的标志引导乘客使用其他可用设施；必要时，票务闸机通道应处于全开通的状态。

6.4 导乘设施

6.4.1 导乘标志应醒目、明确、规范，引导乘客安全、便捷出行；标志的设置应符合 GB/T 18574 的要求。

6.4.2 车站的广播设施应具备对站台、站厅、换乘通道、出入口等处单独广播和集中广播的功能。自动广播发生故障时，应能够进行人工广播。

6.4.3 广播设施应音质清晰、音量适中、不失真。

6.5 问询服务设施

6.5.1 车站应有人工问询或自助查询设备，并应标示问询点现时的工作状态。

6.5.2 自助查询设备应性能可靠、操作简单、指示明确、状态完好。

6.6 照明设施

6.6.1 车站正常照明和应急照明设施应状态完好；正常照明应采取节能措施，并持续改进。

6.6.2 照明设施的设置、性能等应符合 GB/T 16275 的要求。

6.7 列车

6.7.1 列车上的座椅、扶手等设施应安全可靠，乘客信息系统应清晰、有效。

6.7.2 列车上的残障等特殊乘客优先座椅应有明显标识。

6.7.3 列车上的应急设备应保持有效，并设置醒目的标志和操作导引。

6.7.4 列车上的空调、采暖、通风、照明、闭路电视（监控用）等设备应保持状态完好，并按规定开启。

6.7.5 运营列车应保持技术状态完好。

6.8 其他设施

6.8.1 车站宜设置适量的乘客座椅，并保持完好。

6.8.2 车站内设置的公共卫生间应清洁，并保证正常使用。

6.8.3 通风、采暖与空调系统、环境与设备监控系统应按规定设置并开启。

6.8.4 火灾报警系统应按规定设置，并保证处于正常运行状态。

6.8.5 屏蔽门的应急开启装置应完好，操作导引应醒目、清晰。

6.8.6 车站的站台、站厅宜设置适量的废物箱。

6.9 服务设施的可靠度

一年内服务设施的可靠度应满足下列要求，相关服务设施可靠度的计算方法见附录 A：

a) 售票机可靠度应大于或等于 98%；
b) 储值卡充值机可靠度应大于或等于 98%；
c) 进出站闸机可靠度应大于或等于 99%；
d) 自动扶梯可靠度应大于或等于 98.5%；
e) 垂直电梯可靠度应大于或等于 99%；
f) 车站乘客信息系统可靠度应大于或等于 98%；
g) 列车乘客信息系统可靠度应大于或等于 98%；
h) 列车服务可靠度应大于 50 万车公里。

7 服务安全

7.1 安全服务设施应保持 100% 的可用性。

7.2 手动火灾报警按钮旁边应设置明显的标志和使用说明。

7.3 火灾时，供公众疏散使用的且平时需要关闭的疏散门，应确保在火灾时不需要任何器具易于手动迅速开启。

STANDARDS PRESS OF CHINA

7.4 列车客室内应设置乘客手动报警或与司机或车站控制室通话的装置,紧急情况下乘客可向司机或车站控制室报警。

7.5 服务组织应建立安全管理体系,明确安全责任。

7.6 服务组织应向乘客进行安全宣传,定期组织应急疏散演习。

7.7 服务组织应按规定及时妥善处理给乘客造成的损失或伤害,做到公正、诚实、守信。

8 服务环境

8.1 服务卫生

8.1.1 服务组织应向乘客提供适宜的候车和乘车的环境。

8.1.2 服务组织宜向乘客提供温度、湿度、空气质量、噪音等级和天气状况等候车、乘车的环境信息。

8.1.3 车站、列车上应保持空气清新。封闭式车站的温度、新风量应符合 GB 50157 的规定;列车客室内的温度、新风量应符合 GB/T 7928 的规定。

8.1.4 车站的候车和乘车环境应整洁,应及时清除尘土、污迹、垃圾等;不应有异味。

8.1.5 车站、列车车厢、空调系统、公共卫生间等直接与乘客接触的服务设施、反复使用的车票应定期清洁、消毒。

8.1.6 服务人员应持有效的健康证上岗,服务人员患有传染性疾病时,不应从事直接为乘客服务的工作。

8.2 环境保护

8.2.1 列车客室噪声限值应符合 GB 14892 的规定。

8.2.2 车站噪声限值应符合 GB 14227 的规定。

8.3 其他环境

8.3.1 宣传横幅、标语、广告等不应遮挡标志标识、指示牌、公告、通知等服务设施,或影响其使用。

8.3.2 广告宣传灯箱及灯光的使用不应影响标志标识、指示牌、公告、通知以及设施设备的辨认和使用。

附 录 A
（规范性附录）
服务指标计算方法

A.1.1 准点率

准点列车次数与全部开行列车次数之比，用以表示运营列车按规定时间准点运行的程度。计算公式如下：

$$准点率=\frac{准点列车次数}{全部开行列车次数}\times 100\% \quad \cdots\cdots(A.1)$$

凡按运行图图定的时间运行，早晚不超过规定时间界限的为准点列车，准点的时间界限指终点到站时间误差小于或等于 2 min 的列车（市域快速轨道交通系统除外）；市域快速轨道交通系统准点的时间界限指终点到站时间误差小于或等于 3 min 的列车。

A.1.2 列车运行图兑现率

实际开行列车数与运行图定开行列车之比。实际开行的列车中不包括临时加开的列车数。计算公式如下：

$$列车运行图兑现率=\frac{实际开行列车数}{运行图图定开行列车数}\times 100\% \quad \cdots\cdots(A.2)$$

A.1.3 列车拥挤度

线路高峰小时平均断面客运量与线路实际运输能力之比，列车按定员计算，用以表示列车的拥挤程度。计算公式如下：

$$列车拥挤度=\frac{高峰小时平均断面客运量}{线路实际运输能力}\times 100\% \quad \cdots\cdots(A.3)$$

A.1.4 售票机可靠度

售票机实际服务时间与售票机应服务时间之比，实际服务时间包括正常的加票和加币时间。计算公式如下：

$$售票机可靠度=\frac{售票机实际服务时间}{售票机应服务时间}\times 100\% \quad \cdots\cdots(A.4)$$

A.1.5 储值卡充值机可靠度

储值卡充值机实际服务时间与应服务时间之比，实际服务时间包括正常的加票和加币时间。计算公式如下：

$$储值卡充值机可靠度=\frac{储值卡充值机实际服务时间}{储值卡充值机应服务时间}\times 100\% \quad \cdots\cdots(A.5)$$

A.1.6 进出站闸机可靠度

进出站闸机实际服务时间与应服务时间之比。计算公式如下：

$$进出站闸机可靠度=\frac{闸机实际服务时间}{闸机应服务时间}\times 100\% \quad \cdots\cdots(A.6)$$

A.1.7 自动扶梯可靠度

自动扶梯实际服务时间与应服务时间之比。计算公式如下：

$$自动扶梯可靠度=\frac{自动扶梯实际服务时间}{自动扶梯应服务时间}\times 100\% \quad \cdots\cdots(A.7)$$

A.1.8 垂直电梯可靠度

垂直电梯实际服务时间与应服务时间之比。计算公式如下：

$$垂直电梯可靠度=\frac{垂直电梯实际服务时间}{垂直电梯应服务时间}\times 100\% \quad \cdots\cdots(A.8)$$

A.1.9 车站乘客信息系统可靠度

车站乘客信息系统实际服务时间与应服务时间之比。计算公式如下：

$$车站乘客信息系统可靠度=\frac{车站乘客信息系统实际服务时间}{车站乘客信息系统应服务时间}\times 100\% \quad \cdots\cdots\cdots(A.9)$$

A.1.10 列车乘客信息系统可靠度

列车乘客信息系统实际服务时间与应服务时间之比。计算公式如下：

$$列车乘客信息系统可靠度=\frac{列车乘客信息系统实际服务时间}{列车乘客信息系统应服务时间}\times 100\% \quad \cdots\cdots(A.10)$$

A.1.11 列车服务可靠度

一年内发生 5 min 及其以上(至 15 min)延误之间平均行驶的车公里数，数值越大，表明可靠性越高。

A.1.12 有效乘客投诉率

有效乘客投诉次数与客运量之比。计算公式如下：

$$有效乘客投诉率=\frac{有效乘客投诉次数}{客运量}\times 100\% \quad \cdots\cdots\cdots\cdots\cdots\cdots(A.11)$$

A.1.13 有效乘客投诉回复率

已经回复的有效乘客投诉次数与有效乘客投诉次数之比。计算公式如下：

$$有效乘客投诉回复率=\frac{已回复的有效乘客投诉次数}{有效乘客投诉次数}\times 100\% \quad \cdots\cdots\cdots\cdots(A.12)$$

有效乘客投诉应在接到投诉之日起，7 个工作日内回复，超过 7 个工作日按未回复处理。

参 考 文 献

GB/T 15624.1—2003 服务标准化工作指南 第1部分:总则
CJ/T 8—1999 城市公共交通经济技术指标计算方法 地铁

ICS 65.120
B 46

中华人民共和国国家标准

GB/T 22487—2008

水产饲料安全性评价
急性毒性试验规程

Principle of aquafeed safety evaluation—Acute toxicity test

2008-11-04 发布 2009-02-01 实施

中华人民共和国国家质量监督检验检疫总局
中国国家标准化管理委员会 发布

前　言

本标准是在参阅了 GB/T 13267—1991《水质　物质对淡水鱼(斑马鱼)急性毒性测定方法》和 GB 15193.3—2003《急性毒性试验》及国内外相关文献的基础上，根据我国技术发展水平研究制定的。

本标准的附录 A 和附录 B 为规范性附录。

本标准由全国饲料工业标准化技术委员会提出并归口。

本标准起草单位：中国农业科学院饲料研究所、国家水产饲料安全评价基地。

本标准主要起草人：薛敏、刘海燕、吴秀峰。

水产饲料安全性评价
急性毒性试验规程

1 范围

本标准规定了水产饲料安全性评价急性毒性试验规程的基本技术要求。

本标准适用于水产饲料原料及水产饲料添加剂的安全性评价，不包括饲料药物添加剂。

2 规范性引用文件

下列文件中的条款通过本标准的引用而成为本标准的条款。凡是注日期的引用文件，其随后所有的修改单（不包括勘误的内容）或修订版均不适用于本标准，然而，鼓励根据本标准达成协议的各方研究是否可使用这些文件的最新版本。凡是不注日期的引用文件，其最新版本适用于本标准。

GB/T 6682 分析实验室用水规格和试验方法（GB/T 6682—2008，ISO 3696:1987，MOD）

GB 11607 渔业水质标准

3 术语和定义

下列术语和定义适用于本标准。

3.1

接触致毒法 touching test

将受试物按照一定浓度梯度溶解稀释于水，然后放入试验水产动物。

3.2

口服致毒法 oral test

将受试物一次或分次饲喂或灌服给试验动物。

3.3

注射致毒法 injection test

将受试物配成一定浓度的溶液，按试验动物的体重用注射器直接将一定量的受试物溶液作腹腔或肌肉注射。

3.4

半数致死浓度 median lethal concentration; LC_{50}

接触致毒后，引起动物死亡率为50%的水体中受试物的浓度，该浓度为经过统计得出的估计值。其单位是每升水体中受试物的量，以毫克每升(mg/L)或克每升(g/L)表示。

3.5

半数致死剂量 median lethal dose; LD_{50}

经口或注射给予受试物后，预期在一定时间内能够引起动物死亡率为50%的受试物剂量。该剂量为经过统计得出的估计值。其单位是每千克体重所摄入或注射进入的受试物的量，以毫克每千克体重(mg/kg体重)、克每千克体重(g/kg体重)或毫升每千克体重(mL/kg体重)表示。

3.6

最大耐受剂量(MTD)法 test of maximum tolerated concentration (dose)

用最大使用浓度和最大口服或注射容量给予至少10尾试验水产动物后，连续观察7 d～14 d，未见

STANDARDS PRESS OF CHINA

任何动物死亡，则 MTD 大于该浓度（mg/L，g/kg 体重）。

3.7

静水式试验　static water test

采用接触致毒法时，试验水产动物所在容器内的试验溶液处于静止状态，试验期间不更换试验溶液。静水式试验只适用于在试验期间稳定而又耗氧不高的受试物。

3.8

换水式试验　semi-static water test

采用接触致毒法时，每 24 h 或更短的时间内更换一次同种试验浓度试验液，更换时间根据受试物的稳定性确定，保证波动范围在初始值的 20%之内。可用于受试物浓度在更换试验液的时间内相对稳定的试验。

3.9

流水式试验　flow-through test

采用接触致毒法时，试验液连续更新，可用于大多数物质，包括水中不稳定的物质。

3.10

循环水养殖系统　recirculation system

养殖用水在系统内经过净化处理后循环使用的养殖系统。

3.11

流水养殖系统　flow-through system

来自系统外的养殖用水连续或间歇地流经养殖容器的养殖系统。

4　原理

通过接触、口服或注射对试验动物致毒后，在短时间内观察动物所产生的毒性反应，包括致死的和非致死的指标参数，通常用半数致死浓度（LC_{50}）或半数致死剂量（LD_{50}）来表示。

5　试验动物

5.1　试验动物的选择

5.1.1　选择对受试物敏感的试验水产动物

选取不同分类地位、不同食性及不同养殖环境下的 3 种以上水产动物各 10 尾进行急性毒性试验预试验，筛选其中对受试物敏感的 1 种水产动物作为试验动物。对于预试验中求不出 LC_{50} 和 LD_{50} 的受试物，可以选择其中任何 1 种水产动物作为试验动物。

5.1.2　试验水产动物选用种质纯正、规格整齐、体格健康的同批苗种。正式试验前应有 7 d～15 d 的驯养期。

5.2　试验水产动物的饲养管理

试验开始前 24 h 停止投喂，用于接触致毒试验的水产动物在试验期间停止投饵，用于口服及注射试验水产动物正常投喂。

6　操作步骤

6.1　接触致毒试验

6.1.1　制备受试物储备液

配制受试物储备液所用试剂至少为分析纯或给定已知浓度产品，所用水应符合 GB/T 6682 中三级水的规定。将已知量的受试物溶于一定体积的水中。储备液应当天配制。对于化学性质较稳定的物质，可配制供 2 d 以上使用的溶液，配好后 0 ℃～4 ℃保存。对于那些难溶于水的物质，可采用适当的方法使其溶解或乳化，如使用超声波、有机溶剂、乳化剂等。有机溶剂在试验溶液中的浓度不应超过

0.1 mg/L。

6.1.2 试验溶液的配制

向水中加入适当的受试物储备液，使达到所需要的浓度。

6.1.3 试验水产动物分组操作

迅速将试验水产动物转移到配制好的不同受试物浓度的养殖容器中，前后不应超过 30 min。

6.2 口服及注射致毒试验

6.2.1 受试物的处理

受试物应溶解或悬浮于适宜的介质中。一般采用水或食用植物油作介质，可以考虑用羧甲基纤维素、明胶、淀粉等配成混悬液；不能配制成混悬液时，可配制成其他形式(如糊状物等)。

6.2.2 受试物的给予

各剂量组的口服或注射容量要相同(mL/kg 体重)。常用注射容量为 10 mL/kg 体重。一般一次性给予受试物，也可一日内多次给予(每次间隔 4 h～6 h，24 h 内不超过 3 次，合并作为一次剂量计算)。将受试物用于口服的方式可采用自主摄食或人工灌服；而注射的方式可采用腹腔或肌肉注射；将试验水产动物离水进行灌服或注射操作时一定要使用麻醉剂(见附录 A)。

7 试验条件

7.1 试验系统

在接触致毒试验中可采用静水式试验、换水式试验或流水式试验，同时保持受试物在水中浓度的稳定性，并要保证水质指标符合 GB 11607 的规定，必要时可以采取气泵增氧措施。

口服或注射致毒试验中可根据试验情况采用静水养殖系统或流水养殖系统。

7.2 试验容器

根据受试物性质，针对性地选择无毒、对受试物吸附性能低的材料制成的容器。受试物为重金属离子时使用由聚乙烯制成的容器；受试物为有机化合物时使用玻璃、玻璃钢容器或搪瓷容器。

7.3 试验水温

进行急性毒性试验期间，养殖系统水体温度要保持在试验水产动物生长的适宜温度范围内并相对恒定，水温温差小于±2 ℃。

7.4 试验周期

7.4.1 接触致毒试验期为 24 h、48 h 或 96 h，可以观察得出 24 h、48 h 及 96 h 的 LC_{50}。

7.4.2 口服或注射致毒试验期为 7 d～14 d，根据试验水产动物的死亡情况，得出 LD_{50}。

8 几种常用的急性毒性试验设计方法

8.1 寇氏(Korbor)法

8.1.1 预试验

除另有要求外，应在预试验中求得动物全死亡或 90%以上死亡的剂量和动物不死亡或 10%以下死亡的剂量，分别作为正式试验的最高与最低剂量。

8.1.2 动物数

除另有要求外，设 5 个～10 个剂量组，每组不少于 6 个重复，每个重复至少 30 个个体。

8.1.3 剂量

将由预试验得出的最高、最低剂量换算为常用对数，然后将最高、最低剂量的对数差按所需要的组数，分为几个对数等距(或不等距)的剂量组，应设计空白对照组。

8.1.4 试验结果的计算与统计

8.1.4.1 列试验数据及其计算表

包括各组剂量(mg/kg 体重，g/kg 体重)，剂量对数(X)，动物数(n)，动物死亡数(r)，动物死亡百分比(P,以小数表示),相邻剂量比值的对数(d),以及统计公式中要求的其他计算数据项目。

8.1.4.2 LD_{50}的计算公式

根据试验条件及试验结果,可分别选用下列三个公式中的一个,求出 $lgLD_{50}$,再查反对数表,求得 LD_{50}(mg/kg 体重,g/kg 体重)。

8.1.4.2.1 按本试验设计得出的任何结果,均可用式(1)计算出 $lgLD_{50}$。

$$lgLD_{50} = \sum \frac{1}{2}(X_i + X_{i+1}) \cdot (P_{i+1} - P_i) \quad \cdots\cdots(1)$$

式中:

X_i,X_{i+1}——相邻两组的剂量对数。

P_{i+1},P_i——相邻两组的动物死亡百分比。

8.1.4.2.2 按本试验设计且各组间剂量对数等距时,可用式(2)计算出 $lgLD_{50}$。

$$lgLD_{50} = XK - \frac{d}{2}(P_{i+1} - P_i) \quad \cdots\cdots(2)$$

式中:

XK——最高剂量对数,其他同式(1)。

8.1.4.2.3 当试验条件同 8.1.4.2.2 且最高、最低剂量组动物死亡百分比(以小数表示)分别为 1(全死)和 0(全不死时),则可用便于计算的式(3)。

$$lgLD_{50} = XK - d(\sum P - 0.5) \quad \cdots\cdots(3)$$

式中:

$\sum P$——各组动物死亡百分比之和,其他同式(2)。

8.1.4.3 标准误差与 95%可信限

8.1.4.3.1 $lgLD_{50}$的标准误差(S)计算见式(4)。

$$S_{lgLD50} = d\sqrt{\frac{\sqrt{\sum P_i(1-P_i)}}{n}} \quad \cdots\cdots(4)$$

8.1.4.3.2 95%可信限(X)的计算见式(5)。

$$X = lg^{-1}(lgLD_{50} \pm 1.96 S_{lgLD_{50}}) \quad \cdots\cdots(5)$$

此法易于理解,计算简便,可信限不大,结果可靠,特别是在试验前对受试物的急性毒性程度了解不多时,尤为适用。

8.2 机率单位-对数图解法

8.2.1 预试验

以每组 3 个个体至 5 个个体找出全死和全不死的剂量。

8.2.2 动物数

除另有要求外,每组不少于 6 个重复,每个重复至少 30 个个体。

8.2.3 剂量及分组

在预试验中得到的两个剂量组之间拟出等比的六个剂量组或更多的组。此法不要求剂量组间呈等比关系,但等比可使各点距离相等,有利于作图,应设计空白对照组。

8.2.4 作图计算

8.2.4.1 将各组按剂量及死亡百分率,在对数概率纸上或计算机作图。除死亡百分率为 0 及 100%者外,也可将剂量化成对数,并将百分率查概率单位表得其相应的概率单位作点于普通算术格纸上,0 及 100%死亡率在理论上不存在,为计算需要:

0 改为$\frac{0.25\times100}{N}$%,100%改为$\frac{(N-0.25)}{N}\times100$%。

其中:N 为该组动物数,相当于 0 及 100%的作图用概率单位。

8.2.4.2 划出直线，以透明尺目测，并照顾概率。

8.2.5 **计算标准误差**

标准误差的计算见式(6)。

$$SE = 2S/\sqrt{2N'} \qquad \cdots\cdots(6)$$

式中：

SE——标准误差；

$2S$——LD_{84}与LD_{16}之差，即$2S = LD_{84} - LD_{16}$（或$ED_{84} - ED_{16}$）；

N'——概率单位3.5～6.5之间（反应百分率为6.7～93.7之间）各组动物数之和。

相当于LD_{84}及LD_{16}的剂量均可从所作直线上找到。也可用普通方格纸或计算机作图，查表将剂量换算成对数值，将死亡率换算成概率单位，方格纸横坐标为剂量对数，纵坐标为概率单位，根据剂量对数及概率单位作点连成线，由概率单位5处作一水平线与直线相交，由相交点向横坐标作一垂直线，在横坐标上的相交点即为剂量对数值，求反对数致死量(LD_{50})值。

8.3 **最大耐受剂量法**

8.3.1 适宜条件：毒性极小的或未显示毒性的受试物，给予动物最大使用浓度和最大口服及注射容量时，仍不出现死亡。

8.3.2 动物数：除另有要求外，每组不少于6个重复，每个重复至少30个个体。

8.3.3 剂量：受试物最大使用浓度和口服及注射体积（一个剂量组）。

8.3.4 方法：试验水产动物在试验前需在相同试验条件下驯养、观察7 d，试验前一天停止喂食，试验时给予最大使用浓度或最大口服及注射容量的受试物（1 d内1次或多次给予，1 d内最多不超过3次），连续观察7 d～14 d，动物不出现死亡，则认为受试物对某种动物的急性毒性最大耐受剂量大于某一数值（mg/L或g/kg体重）。最大口服及注射容量为20 mL/kg体重。

9 中毒反应观察

给予受试物后，即观察并记录试验水产动物的中毒表现（如丧失平衡）和死亡情况。包括出现的程度与时间。对死亡动物进行解剖。

10 结果评价

根据LC_{50}或LD_{50}数值，判定受试物的毒性分级。由中毒表现初步提示毒作用特征。急性毒性(LD_{50})剂量分级表见附录B。

STANDARDS PRESS OF CHINA

附　录　A
（规范性附录）
急性毒性(LD_{50})实验中常用麻醉剂及使用剂量

表 A.1　急性毒性(LD_{50})实验中常用麻醉剂及使用剂量表

名称和化学式	别名	性状	使用浓度	作用时间
三卡因 Tricaine Methanesulphonate $C_{10}H_{15}NO_5S$	鱼保安 MS222 Finquel[TM]	白色微细结晶粉末， 易溶于水	25 mg/L～ 300 mg/L	1 min～3 min
丁香酚 Euqgenol 2-甲氧-4丙烯基酚	AQUI-S	可直接分散于海水和淡水中， 无需缓冲液	25 mg/L～ 100 mg/L	40 s～1 min
三氯叔丁醇 Chloroeutanol $C_4H_7C_{13}O \cdot 0.5H_2O$	—	白色微细结晶粉末， 易溶于有机溶剂	100 mg/L～ 1 200 mg/L	20 s～1 min

附 录 B
（规范性附录）
急性毒性剂量分级

表 B.1 急性毒性剂量分级表

级 别	水产动物接触致毒 LC_{50}/(mg/L)	水产动物口服及注射致毒 LD_{50}/(mg/kg)
极毒	＜1	＜1
剧毒	1～100	1～50
中等毒	100～1 000	51～500
低毒	1 000～10 000	501～5 000
实际无毒	＞10 000	5 001～15 000

ICS 65.120
B 46

中华人民共和国国家标准

GB/T 22488—2008

水产饲料安全性评价 亚急性毒性试验规程

Principle of aquafeed safety evaluation—Sub-acute toxicity test

2008-11-04 发布

2009-02-01 实施

中华人民共和国国家质量监督检验检疫总局
中国国家标准化管理委员会 发布

前　言

本标准是在参阅了 GB 15193.13—2003《30 天和 90 天喂养试验》、NY/T 1031—2006《饲料安全评价 亚急性毒性试验》及国内外相关文献的基础上，根据我国技术发展水平研究制定的。

本标准由全国饲料工业标准化技术委员会提出并归口。

本标准起草单位：中国农业科学院饲料研究所、国家水产饲料安全评价基地。

本标准主要起草人：薛敏、刘海燕、吴秀峰。

STANDARDS PRESS OF CHINA

水产饲料安全性评价 亚急性毒性试验规程

1 范围

本标准规定了水产饲料安全性评价亚急性毒性试验规程的基本技术要求。

本标准适用于水产配合饲料、水产饲料原料及水产饲料添加剂的安全性评价，不包括饲料药物添加剂。

2 规范性引用文件

下列文件中的条款通过本标准的引用而成为本标准的条款。凡是注日期的引用文件，其随后所有的修改单(不包括勘误的内容)或修订版均不适用于本标准，然而，鼓励根据本标准达成协议的各方研究是否可使用这些文件的最新版本。凡是不注日期的引用文件，其最新版本适用于本标准。

GB/T 5917.1 饲料粉碎粒度测定 两层筛筛分法

GB 11607 渔业水质标准

GB 13078 饲料卫生标准

GB/T 22487 水产饲料安全性评价 急性毒性试验规程

NY 5072 无公害食品 渔用配合饲料安全限量

3 术语和定义

下列术语和定义适用于本标准。

3.1

最大未观察到有害作用剂量 no-observed-adverse-effect-level; NOAEL

通过动物试验，以现有的技术手段和检测指标未观察到与受试物有关的毒性作用的最大剂量。

3.2

靶器官 target organ

试验动物出现由受试物引起的明显毒性作用的任何器官。

3.3

流水养殖系统 flow-through system

来自系统外的养殖用水连续或间歇地流经养殖容器的养殖系统。

3.4

循环水养殖系统 recirculation system

养殖用水在系统内经过净化处理后循环使用的养殖系统。

3.5

初始体重 initial body weight; IBW

试验结束时水产动物的平均重量。

3.6

终末体重 final body weight; FBW

试验结束时试验动物的平均重量。

3.7

摄食率 feeding rate;FR

试验期间,试验水产动物平均体重的日摄食量百分数,计算公式见式(1)。

$$摄食率 = R_1/[(W_0 + W_t)/2]/t \times 100\% \quad \cdots\cdots(1)$$

式中:

R_1,t,W_0 与 W_t——分别为摄食量,试验天数,初始总体重与终末总体重。

3.8

饲料转化比(饲料系数) feed conversion ratio;FCR

试验期间,试验水产动物单位增重所消耗的饲料量,计算公式见式(2)。

$$饲料转化比 = R_1/(W_t + W_d - W_0) \quad \cdots\cdots(2)$$

式中:

R_1,W_t,W_d 与 W_0——分别为摄食量,终末总体重,死亡试验动物体重与初始总体重。

3.9

增重率 weight gain;WG

试验水产动物在试验期间的增重相对于初始体重的百分率,计算公式见式(3)。

$$增重率 = (\mathrm{FBW} - \mathrm{IBW})/\mathrm{IBW} \times 100\% \quad \cdots\cdots(3)$$

式中:

FBW 与 IBW——分别为终末体重与初始体重。

3.10

特定生长率 specific growth rate;SGR

试验水产动物在试验期间的日增重速率,计算公式见式(4)。

$$特定生长率 = [\ln(\mathrm{FBW}) - \ln(\mathrm{IBW})]/t \times 100\% \quad \cdots\cdots(4)$$

式中:

FBW,IBW 与 t——分别为终末体重,初始体重与试验天数。

3.11

存活率 survival

试验期间,试验水产动物的存活数占初始数的百分率,计算公式见式(5)。

$$存活率 = 存活尾数 / 初始尾数 \times 100\% \quad \cdots\cdots(5)$$

4 原理

通过在饲料中添加受试物,观察试验动物在摄食后所产生的摄食、生长及生理生化上的各种反应,以提出短期饲喂不同剂量的受试物对动物引起有害效应的剂量,阐明毒性作用的性质,为慢性试验的剂量选择和观察指标的确定提供依据。

5 试验动物

选择依据 GB/T 22487 所筛选的对受试物敏感的水产动物作为试验动物,试验动物选用种质纯正、体格健康、规格整齐的同批苗种。正式试验前应有 2 周的驯养期,并且保证试验水产动物的健康活泼。

6 剂量与分组

6.1 剂量设计参考的原则

6.1.1 原则上高剂量组的动物在饲喂受试物期间应当出现明显中毒表现,低剂量组不出现中毒表现。在此二剂量间再设一到几个剂量组,以期获得比较明确的剂量-反应关系。对能或不能求出经口或注射 LD_{50} 的受试物分别进行规定。

6.1.2 能求出经口或注射 LD_{50} 的受试物：以经口服或注射 LD_{50} 的10%～25%作为亚急性毒性试验的最高剂量组，此 LD_{50} 百分比的选择主要参考 LD_{50} 剂量-反应曲线的斜率。然后在此剂量下设几个剂量组，最低剂量组至少是试验水产动物可能摄入量的3倍。

6.1.3 对于不能求出经口或注射 LD_{50} 的受试物：亚急性毒性试验应尽可能涵盖试验水产动物可能摄入量100倍的剂量组。对于试验水产动物摄入量较大的受试物，高剂量可以按在饲料中的最大掺入量进行设计。

6.2 分组

至少应设3个剂量组和1个对照组，每组不少于6个重复，每个重复至少30个个体。

7 操作步骤

7.1 受试物的处理

将受试物粉碎至所要求的粒度(全部通过筛孔0.425 mm的分样筛)，粒度的测定方法符合GB/T 5917。根据受试物试验剂量的设计，把受试物添加到试验水产动物的配合饲料中，液体受试物按照试验剂量直接添加到其他原料的混合物中。充分混合，适当加工，制成营养组成、适口性、水稳定性、粒径等特性都符合试验目的和试验水产动物要求的试验饲料，减少受试物以外的因素对试验动物的影响。受试配合饲料直接饲喂。对某一种受试物进行评价时，要考虑到饲料配方中是否存在其他拮抗或协同作用的成分。在确定配方前分析相关原料常规营养成分，并分析其卫生指标，结果应符合GB 13078和NY 5072标准。

7.2 受试物的给予

7.2.1 途径

将含有受试物的试验饲料喂养试验水产动物(应注意受试物在饲料中的稳定性)。当受试物添加到饲料时，需将受试物剂量按每100 g试验水产动物体重的摄入量折算为饲料的量(mg/kg)。

7.2.2 试验开始及结束前空腹

试验水产动物在试验开始及结束前均应空腹24 h。

7.2.3 试验周期

试验周期为56 d。

7.3 试验条件

7.3.1 试验系统

对于水溶性受试物的安全性评价使用流水养殖系统，对于非水溶性受试物的安全性评价使用流水养殖系统或循环水养殖系统，废水排放要符合国家有关环保规定。

7.3.2 养殖条件

试验期间要保持养殖系统水温、光照条件及养殖密度等条件处于养殖对象的最适生长要求范围。

7.3.3 水质条件

养殖过程中的水质应符合GB 11607的要求。

7.3.4 试验管理

正式试验开始时，迅速将水产动物捞出、称重，此操作要快速而轻微，尽量减小对水产动物的刺激。各处理组水产动物的初始体重要求尽量接近，统计学差异不显著。

试验水产动物要定时定量或表现饱食投喂，详细记录投喂量及残饵量，测定饲料的溶失以准确计算试验水产动物的摄食量。

试验结束时称重、取样，必要时使用麻醉剂，以降低各种操作对试验水产动物的刺激作用。

7.4 观察指标

7.4.1 摄食、生长、饲料利用及存活指标

每天观察并记录试验水产动物的一般表现、中毒表现、摄食和死亡情况。试验结束时称重。评价终末体重、摄食率、饲料系数、增重率、特定生长率、存活率等指标。

STANDARDS PRESS OF CHINA

7.4.2　血液学指标

试验结束时，测定试验水产动物血红蛋白、红细胞计数、白细胞计数及分类、红细胞比容。依受试物情况，必要时测定其他相应指标。

7.4.3　血液生化指标

试验结束时，测定血清或血浆的谷丙转氨酶(ALT)、谷草转氨酶(AST)、碱性磷酸酶(ALP)、尿素氮(BUN)、血糖(Glu)、总蛋白(TP)、总胆固醇(TCH)和甘油三酯(TG)。依受试物情况，必要时测定其他相应指标。

7.4.4　免疫和抗氧化指标

试验结束时，测定血清或血浆的血清溶菌酶(LYS)、超氧化物歧化酶(SOD)、丙二醛(MDA)。依受试物情况，必要时测定其他相应指标。

7.4.5　病理检查

7.4.5.1　大体解剖

试验结束时对试验水产动物进行解剖检查，并将重要器官和组织固定保存。

7.4.5.2　脏器称重

测定内脏、肝脏(或肝胰腺)的绝对重量和相对重量(内脏比和脏/体比值)。测定脏器的绝对重量时应将分离的内脏、肝脏用滤纸等试验材料除去水分。

7.4.5.3　组织病理学检查

在对各剂量组动物做解剖观察未发现明显病变和生化指标未发现异常后，对最高剂量组及对照组动物的主要脏器进行组织病理学检查，发现病变后再对较低剂量组相应器官及组织进行组织病理学检查。肝脏(或肝胰腺)、肾脏的组织病理学检查为必测项目。其他组织和器官的检查则需根据不同情况确定。

7.4.6　其他指标必要时，根据受试物的性质及所观察的毒性反应，增加其他敏感指标并进一步进行慢性毒性试验和残留试验。

8　数据处理

试验设计时应选择适当的统计学方法，将所有观察到的结果都进行统计学分析和评价。完整、准确地描述对照组与各剂量组试验水产动物间各项指标的差异，以显示其毒性作用。

9　试验报告

报告应阐明设计、试验方法、毒性表现和受试物的饲用可行性评价。

对照组饲料符合试验水产动物的营养需求，平均相对增重率高于200%，存活率不低于90%。

根据统计结果，与对照组相比没有显著差异的摄食剂量为最大未观察到有害作用剂量，并且确定引起有害效应的剂量、毒作用性质及靶器官，为慢性试验的剂量选择和观察指标的确定提供依据。

ICS 65.120
B 46

中华人民共和国国家标准

GB/T 22489—2008

饲料添加剂 蛋氨酸锰

Feed additive—Manganese methionine

2008-11-04 发布 2009-02-01 实施

中华人民共和国国家质量监督检验检疫总局
中国国家标准化管理委员会 发布

前　言

本标准由全国饲料工业标准化技术委员会提出并归口。

本标准起草单位：国家饲料质量监督检验中心(武汉)、广州天科科技有限公司、广州康瑞德生物技术股份有限公司、广西壮族自治区饲料监测所、成都蜀星饲料有限公司。

本标准主要起草人：杨林、滕冰、刘贤荣、李军、武纯青、周建群、杨海鹏。

饲料添加剂　蛋氨酸锰

1　范围

本标准规定了饲料添加剂蛋氨酸锰的要求、试验方法、检验规则及标签、包装、运输和贮存等。

本标准适用于由可溶性锰盐及蛋氨酸(2-氨基-4-甲硫基-丁酸)合成的摩尔比为 2∶1 或 1∶1 的蛋氨酸锰产品。

蛋氨酸-锰摩尔比为 2∶1 的蛋氨酸锰产品：分子式为 $C_{10}H_{22}N_2O_8S_3Mn$；相对分子质量：449.49。

蛋氨酸-锰摩尔比为 1∶1 的蛋氨酸锰产品：分子式为 $C_5H_{11}NO_6S_2Mn$；相对分子质量：300.17（按 2005 年国际相对原子质量计）。

2　规范性引用文件

下列文件中的条款通过本标准的引用而成为本标准的条款。凡是注日期的引用文件，其随后所有的修改单(不包括勘误的内容)或修订版均不适用于本标准，然而，鼓励根据本标准达成协议的各方研究是否可使用这些文件的最新版本。凡是不注日期的引用文件，其最新版本适用于本标准。

GB/T 5917.1　饲料粉碎粒度测定　两层筛筛分法

GB/T 6435　饲料中水分和其他挥发性物质含量的测定(GB/T 6435—2006,ISO 6496:1999,IDT)

GB 10648　饲料标签

GB/T 13079　饲料中总砷的测定

GB/T 13080　饲料中铅的测定　原子吸收光谱法

GB/T 13080.2　饲料添加剂　蛋氨酸铁(铜、锰、锌)螯合率的测定　凝胶过滤色谱法

GB/T 13082　饲料中镉的测定方法

GB/T 14699.1　饲料　采样(GB/T 14699.1—2005,ISO 6497:2002,IDT)

GB/T 17810　饲料级 DL-蛋氨酸

HG 2936　饲料级硫酸锰

3　要求

3.1　感官性状

蛋氨酸锰(2∶1)为白色或类白色粉末，微溶于水，略有蛋氨酸特有气味。无结块、无发霉现象。

蛋氨酸锰(1∶1)为白色或类白色粉末，易溶于水，略有蛋氨酸特有气味。无结块、无发霉现象。

3.2　鉴别

甲醇提取物与相应试剂反应得到紫色溶液。

3.3　粉碎粒度

过 0.25 mm 孔径分析筛，筛上物不得大于 2%。

3.4　技术指标

技术指标应符合表 1 要求。

STANDARDS PRESS OF CHINA

表 1

项目		指标	
		摩尔比为 2∶1 的产品	摩尔比为 1∶1 的产品
锰/%	≥	8.0	15.0
蛋氨酸/%	≥	42.0	40.0
螯合率/%	≥	93.0	83.0
水分/%	≤	5	
总砷/%	≤	5	
铅/(mg/kg)	≤	10	
镉/(mg/kg)	≤	5	

4 试验方法

4.1 感官性状的检验

采用目测及嗅觉检验。

4.2 鉴别

4.2.1 试剂及溶液

除非另有规定，所用试剂均为分析纯。

4.2.1.1 甲醇。

4.2.1.2 三氯甲烷。

4.2.1.3 吡啶偶氮萘酚(PAN)三氯甲烷溶液 0.1 mg/mL(质量浓度)：称取 0.01 g PAN 溶解于 100 mL 三氯甲烷中。

4.2.1.4 氢氧化钾甲醇溶液 0.01 g/mL(质量浓度)：称取 1 g 氢氧化钾溶解于 100 mL 甲醇中。

4.2.2 鉴别方法

称取 1.0 g 试样，用 25 mL 甲醇(4.2.1.1)提取，过滤，取滤液 1.0 mL，加入 PAN 三氯甲烷溶液(4.2.1.3)1.0 mL，再加入氢氧化钾甲醇溶液(4.2.1.4)0.5 mL，得到紫色溶液。此鉴别反应检出限为 0.1 g。

4.3 水分的测定

按 GB/T 6435 中规定的方法测定。

4.4 粉碎粒度的测定

按 GB/T 5917.1 中规定的方法测定。

4.5 总砷的测定

按 GB/T 13079 中规定的方法测定。

4.6 铅的测定

按 GB/T 13080 中规定的方法测定。

4.7 镉的测定

按 GB/T 13082 中规定的方法测定。

4.8 锰含量的测定

按 HG 2936 中的规定方法测定。

4.9 蛋氨酸含量的测定

按 GB/T 17810 中的规定方法测定。

4.10 螯合率的测定

按 GB/T 13080.2 中的规定方法测定。

5 检验规则

5.1 采样方法

按 GB/T14699.1 进行。

5.2 出厂检验

5.2.1 批

以同班、同原料、同配方的产品为一批,每批产品进行出厂检验。

5.2.2 出厂检验项目

感官性状、水分、鉴别、粒度、蛋氨酸含量、锰含量。

5.2.3 判定方法

以本标准的有关试验方法和要求为依据,对抽取样品按出厂检验项目进行检验。检验结果如有一项指标不符合本标准要求时,应重新自两倍的包装单元中取样进行复检,复检结果如仍有任何一项不符合标准要求,则判定该批产品为不合格产品,不能出厂。

5.3 型式检验

5.3.1 有下列情况之一,应进行型式检验:

a) 改变配方或生产工艺;

b) 正常生产每半年或停产半年后恢复生产;

c) 国家技术监督部门提出要求时。

5.3.2 型式检验项目:为第 3 章的全部项目。

5.3.3 判定方法:以本标准的有关试验方法和要求为依据,对抽取样品按型式检验项目进行检验。检验结果如有一项指标不符合本标准要求时,应重新自两倍的包装单元中取样进行复检,复检结果如仍有任何一项不符合本标准要求,则判型式检验不合格。

6 标签、包装、运输和贮存

6.1 标签

应符合 GB 10648 中的规定。

6.2 包装

内包装采用食品级聚乙烯薄膜,外包装采用纸箱、纸桶或聚丙烯塑料桶包装。

6.3 运输

运输过程中,不得与有毒、有害、有污染和有放射性的物质混放混载,防止日晒雨淋。

6.4 贮存

应贮存在清洁、干燥、阴凉、通风、无污染的仓库中。

在符合上述运输、贮存条件下,保质期为自生产之日起 24 个月。

ICS 13.080
B 11

中华人民共和国国家标准

GB/T 22490—2008

开发建设项目水土保持设施验收技术规程

Acceptance technical code for soil and water conservation engineering of development and construction projects

2008-11-14 发布　　2009-02-01 实施

中华人民共和国国家质量监督检验检疫总局
中国国家标准化管理委员会　发布

前　言

本标准的附录 A、附录 B、附录 C、附录 D、附录 E、附录 F 和附录 G 均为资料性附录。

本标准由中华人民共和国水利部提出和归口。

本标准主要起草单位：水利部水土保持监测中心。

本标准参加起草单位：黄河水利委员会黄河上中游管理局。

本标准主要起草人：姜德文、赵永军、陈平、沈雪建、高旭彪、王瑞增、张来章、袁普金、赵光耀、王坤平、张宇龙、杜小如、段菊卿、白志刚、陈吉虎。

STANDARDS PRESS OF CHINA

开发建设项目水土保持设施验收技术规程

1 范围

本标准规定了开发建设项目(以下简称“建设项目”)水土保持设施验收的验收分类以及各类验收的条件、组织、内容、程序、验收标准和成果要求。

本标准适用于征占地面积在 1 hm^2 以上或挖填土石方总量在 1 万 m^3 以上的建设项目的水土保持设施验收工作。

2 规范性引用文件

下列文件中的条款通过本标准的引用而成为本标准的条款。凡是注日期的引用文件，其随后所有的修改单(不包括勘误的内容)或修订版均不适用于本标准，然而，鼓励根据本标准达成协议的各方研究是否可使用这些文件的最新版本。凡是不注日期的引用文件，其最新版本适用于本标准。

GB/T 20465 水土保持术语

GB 50433 开发建设项目水土保持技术规范

GB 50434 开发建设项目水土流失防治标准

SL 336 水土保持工程质量评定规程

3 术语和定义

GB/T 20465 确立的以及下列术语和定义适用于本标准。

3.1

自查初验 self-inspection and acceptance

建设单位或其委托监理单位在水土保持设施建设过程中组织开展的水土保持设施验收，主要包括分部工程的自查初验和单位工程的自查初验，是行政验收的基础。

3.2

行政验收 governmental inspection and acceptance

由水土保持方案审批部门在水土保持设施建成后主持开展的水土保持设施验收，是主体工程验收(含阶段验收)前的专项验收。

3.3

技术评估 technical evaluation

建设单位委托的水土保持设施验收技术评估机构对建设项目中的水土保持设施的数量、质量、进度及水土保持效果等进行的全面评估。

3.4

重要单位工程 main subunit project

对周边可能产生水土流失重大影响或投资较大的单位工程，包括征占地不小于 5 hm^2 或土石方量不小于 5×10^4 m^3 的大中型弃土(渣)场或取土场的防护设施；工程投资不小于 1 万元的穿(跨)越工程及临河建筑物；周边有居民点或学校且征占地不小于 1 hm^2 或拦渣量不小于(5×10^3 m^3)的小型弃渣场的防护设施；占地 1 hm^2 及以上的园林绿化工程等。

4 基本要求

4.1 建设项目水土保持设施的验收包括自查初验和行政验收两个方面。

4.2 建设项目的水土保持设施验收，应按照水土保持相关法律法规和技术标准的要求，对建设项目的水土保持方案及其批复文件、后续设计文件所确定的水土保持设施及其水土流失防治效果进行验收。

4.3 在建设项目的土建工程完工后、主体工程竣工验收前，建设单位应向行政验收主持单位申请水土保持设施行政验收。分期建设、分期投入生产或者使用的建设项目，其相应的水土保持设施应按照本标准进行分期验收。建设项目水土保持设施行政验收前，应先通过水土保持设施技术评估（以下简称“技术评估”）。

4.4 水土保持设施验收相关资料的制备应由建设单位负责。验收所需资料参见附录A，备查资料参见附录B。验收有关资料的纸张规格应统一为A4，正本不应采用复印件。

5 自查初验

5.1 一般规定

5.1.1 依据GB 50433界定的建设项目水土保持工程的分部工程和单位工程完工时，建设单位或其委托的监理单位应及时组织参建单位开展自查初验工作，进行质量控制和过程管理。

5.1.2 自查初验应当依据SL 336的有关规定开展。

5.1.3 建设单位应对水土保持设施档案资料的真实性、完整性和规范性负责，使之满足档案管理的有关要求。重要档案资料应长期保存。

5.1.4 建设单位在行政验收前，应依据各单位工程试运行及自查初验的情况，编写水土保持方案实施工作总结报告和水土保持设施竣工验收技术报告。

5.2 分部工程自查初验

5.2.1 分部工程的所有单元工程被监理单位确认为完建且质量合格或有关质量缺陷已经处理完毕，方可进行分部工程自查初验。

5.2.2 分部工程的自查初验应由建设单位或其委托的监理单位主持，设计、施工、监理、监测和质量监督等单位参加，并应根据建设项目及其水土保持设施运行管理的实际情况决定运行管理单位是否参加。

5.2.3 分部工程自查初验应包括以下内容：

a) 鉴定水土保持设施是否达到国家强制性标准以及合同约定的标准。

b) 按SL 336和国家相关技术标准，评定分部工程的质量等级。

c) 检查水土保持设施是否具备运行或进行下一阶段建设的条件。

d) 确认水土保持设施的工程量及投资。

e) 对遗留问题提出处理意见。

5.2.4 分部工程自查初验资料应包括工程图纸、过程资料及验收成果。

5.2.5 分部工程自查初验应填写“分部工程验收签证”（格式参见附录C），作为单位工程自查初验资料的组成部分。参加自查初验的成员应在签证上签字，分送各参加单位。归档资料中还应补充遗留问题的处理情况并有相关责任单位的代表签字。

5.3 单位工程自查初验

5.3.1 单位工程自查初验应具备下列条件：

a) 按批准的设计文件的内容基本建成。

b) 分部工程已经完工并自查初验合格。

c) 运行管理条件已初步具备，并经过一段时间的试运行。

d) 少量尾工已妥善安排。水土保持设施投入使用后，不影响其他工程正常施工，且其他工程施工不影响该单位工程安全运行。

5.3.2 单位工程自查初验应由建设单位或其委托的监理单位主持,设计、施工、监理、监测、质量监督、运行管理等单位参加。重要单位工程还应邀请地方水行政主管部门参加。

5.3.3 单位工程自查初验应包括下列内容:

a) 对照批准的水土保持方案及其设计文件,检查水土保持设施是否完成。

b) 鉴定水土保持设施的质量并评定等级,对工程缺陷提出处理要求。

c) 检查水土保持效果及管护责任落实情况,确认是否具备安全运行条件。

d) 确认水土保持工程量和投资。

e) 对遗留问题提出处理要求。

5.3.4 单位工程自查初验应填写“单位工程验收鉴定书”(格式参见附录 D),作为技术评估和行政验收的依据。形成的“单位工程验收鉴定书”应分送参加验收的相关单位,并应预留技术评估机构和运行管理单位各 1 份。

5.3.5 建设项目所在地的各级水行政主管部门对建设项目的各次督查、检查、评价等书面意见以及处理结果,应由建设单位保存,并应作为技术评估和行政验收的依据。

6 技术评估

6.1 一般规定

6.1.1 技术评估机构应依据相关水土保持技术标准和批复的水土保持方案及其设计文件,组织水土保持、水工、植物、资源环境、经济及土建工程等方面的专家,对水土保持方案落实情况、水土保持措施及投资、水土流失防治工作及防治效果等方面进行评估,提交技术评估报告。

6.1.2 技术评估范围应以批复的水土保持方案确定的水土流失防治责任范围为基础,根据实际情况可适当调整评估范围。

6.1.3 技术评估的主要对象应为批复的水土保持方案及其设计文件确定的水土保持工程措施、植物措施和临时措施。技术评估还应对主体工程的水土保持功能进行评价或提出要求。工程措施应以采用实地测量和典型调查法为主;植物措施应以采用样方测量和面积推算法为主;临时措施应以监理记录和调查统计为主。根据项目特点,也可采用遥感、遥测等技术手段对各项水土保持措施进行调查核实。

6.2 评估内容和程序

6.2.1 开展技术评估应具备下列条件:

a) 开发建设项目水土保持方案审批手续完备,水土保持设施的设计变更已经批复或备案。水土保持档案资料完整,水土保持工程设计、施工、监理、财务支出、水土保持监测报告等资料齐全。

b) 各项水土保持设施按批准的水土保持方案及其设计文件建成,符合主体工程和水土保持的要求,达到了批准的水土保持方案和批复文件的要求,水土流失防治效果达到 GB 50434 和地方有关技术标准的要求。

c) 水土保持设施投资的竣工结算已经完成,运行管理单位明确,后续管护和运行资金有保证。

d) 水土保持设施具备正常运行条件,且能持续、安全、有效运转,符合交付使用要求。

e) 建设单位完成自查初验,水土保持工程达到合格以上标准,并有质量监督结论。

f) 已经编制完成水土保持方案实施工作总结报告、水土保持设施竣工验收技术报告、水土保持监测总结报告、水土保持监理总结报告、水土保持设计总结报告、水土保持工程质量评定报告、水土保持工程施工总结报告等(主要报告提纲参见附录 E)。

g) 遗留问题和需处理的质量缺陷已有处理方案,尾工已有安排。

6.2.2 技术评估应包括以下内容:

a) 评价建设单位对水土流失防治工作的组织管理。

b) 评价水土保持方案后续设计及实施情况。

c) 评价施工单位制定和遵守相关水土保持工作管理制度的情况,调查施工过程中采取的水土保

STANDARDS PRESS OF CHINA

持临时防护措施的种类、数量和防治效果。

d) 抽查核实水土保持设施的数量；对重要单位工程进行核实和评价，检查评价其施工质量，检查工程存在的质量缺陷是否影响工程使用寿命和安全运行；评价水土保持监理、监测工作。

e) 判别建设项目的扰动土地整治率、水土流失总治理度、土壤流失控制比、拦渣率、林草植被恢复率、林草覆盖率等指标是否满足 GB 50434，分析能否达到批复同意的水土流失防治目标。

f) 检查水土流失防治效果与生态环境恢复和改善情况，调查施工过程中水土流失防治效果，分析评价水土保持设施试运行的效果及水土保持设施运行管理维护责任落实情况。

g) 根据水土保持质量监督部门或监理单位的工程质量评定报告或评价鉴定意见，评估工程质量等级或质量情况。

h) 分析评价水土保持投资完成情况。

i) 开展公众调查，了解当地群众对建设项目水土保持工作的满意程度，总结成功经验和不足之处。

j) 总结水土流失防治技术、管理的经验和教训。

k) 提出行政验收前、后需要解决的主要问题。

6.2.3 技术评估应遵循以下程序：

a) 熟悉项目基本情况并进行现场巡查，拟定技术评估的工作方案。

b) 走访当地居民和水行政主管部门，收集督查等相关资料，调查施工期间水土流失及其危害情况、防治情况和防治效果。

c) 组织不同专业的专家进行现场查勘与技术评估。

d) 讨论并草拟总体评估意见，提出行政验收前需解决的主要问题并督促落实。

e) 征求当地水行政主管部门及建设单位的意见。

f) 核实行政验收前需解决主要问题的落实情况，完成技术评估报告。

6.3 评估核查

6.3.1 对重要单位工程，应全面核查工程措施的外观质量，并对关键部位的几何尺寸进行测量；全面核查植物措施生长状况（完成率、成活率和保存率）和林草植被种植面积；检查水土流失防治效果等。

对其他单位工程，应核查主要分部工程的外观质量，对关键部位几何尺寸进行测量；核查主要部位植物措施生长状况和林草植被种植面积；检查水土流失防治效果等。

6.3.2 对重要单位工程，工程措施的外观质量和几何尺寸可采用目视检查和皮尺（或钢卷尺）测量，必要时可采用 GPS、经纬仪或全站仪测量；混凝土浆砌石强度可采用混凝土回弹仪检查，必要时可作破坏性检查。植物措施可采用样方测量，必要时可对覆土厚度、穴坑尺寸等作探坑、挖掘检查。

对其他单位工程，工程措施的外观质量和几何尺寸可采用目视检查和皮尺（或钢卷尺）测量，植物措施可采用样方测量。

6.4 点型建设项目评估

6.4.1 点型建设项目包括矿山、电厂、城市建设、水利枢纽、水电站、机场等布局相对集中、呈点状分布的建设项目。这类项目的重点评估范围应为土石方扰动较强、水土流失防治措施集中、投资份额较高以及容易造成水土流失危害的区域。如火电厂的贮灰场、水利枢纽的取土场和弃土（渣）场及周边地区、矿山中的矸石山（场）等区域。

6.4.2 点型建设项目技术评估核查的比例应达到以下要求：

a) 重点评估范围内的水土保持单位工程应全面查勘，分部工程的抽查核实比例应达到 50%。其中，植物措施中的草地核实面积应达到 50%，林地核实面积应达到 80%。

b) 其他评估范围的水土保持单位工程查勘比例应达到 50%，分部工程的抽查核实比例达到 30%。其中，植物措施中的草地核实面积应达到 30%，林地核实面积应达到 50%。

c) 重要单位工程应全面查勘，其分部工程的抽查核实比例应达到 50%。重要单位工程中，植物措施中的草地核实面积应达到80%，林地核实面积应达到90%。

6.5 线型建设项目评估

6.5.1 线型建设项目包括公路、铁路、管道工程、灌渠等布局跨度较大、呈线状分布的建设项目。重点评估范围应为主体工程沿线附近的弃土(石、渣)场、取土(石、料)场、伴行(临时)道路，穿(跨)越河(沟)道、中长隧道、管理站所等沿线关键控制点。

6.5.2 线型建设项目水土保持单位工程的查勘比例应达到以下要求：

a) 重点评估范围内，单位工程查勘比例应达到50%；在不同地貌类型或不同侵蚀类型区，应分别进行核实。

b) 其他评估范围内，单位工程查勘比例应达到30%。

c) 对重要单位工程，查勘比例应达到80%。

6.5.3 按照工程建设扰动地表强度的不同，线型建设项目可分为扰动强度较弱的A类项目和扰动强度较强的B类项目。输气(输油)管道、输电线路等属于A类项目，公路、铁路等属于B类项目。

对A类项目，重点评估范围中分部工程抽查核实比例应达到40%，其他评估范围应达到30%。

对B类项目，重点评估范围中分部工程抽查核实比例应达到50%，其他评估范围应达到30%。

6.6 混合类型项目评估

混合类型项目应先划分成点型和线型分(支)项目，再参照上述要求确定单位工程查勘比例和分部工程抽查核实比例，其中线型分项目的比例应调增10%。

6.7 评估标准和成果要求

6.7.1 通过技术评估，应满足下列条件：

a) 建设项目水土保持方案的审批手续完备，水土保持工程设计、施工、监理、质量评定、监测、财务支出的相关文件等资料齐全。

b) 水土保持设施按批准的水土保持方案及其设计文件建成，全部单位工程自查初验合格，符合主体工程和水土保持的要求。

c) 建设项目的扰动土地整治率、水土流失总治理度、土壤流失控制比、拦渣率、林草植被恢复率、林草覆盖率等指标满足GB 50434，达到批复水土保持方案的防治目标。

d) 水土保持投资使用符合审批要求，管理制度健全。

e) 水土保持设施的后续管理、维护措施已落实，具备正常运行条件，且能持续、安全、有效运转，符合交付使用要求。

6.7.2 技术评估成果应包括以下内容：

a) 建设项目水土保持设施技术评估报告及相关附件；

b) 建设项目水土保持行政验收前需解决的主要问题及其处理情况说明；

c) 重要单位工程影像资料；

d) 建设项目水土保持设施竣工验收图。

7 行政验收

7.1 一般规定

7.1.1 行政验收应当具备以下条件：

a) 通过技术评估。

b) 主要遗留问题和质量缺陷已经处理完毕，尾工基本完成，技术评估提出的行政验收前需解决的主要问题已经处理完毕。

c) 临时征、占地已经整治完毕并符合归还当地的条件。

d) 水土保持设施的管理、维护措施落实。

e) 历次验收或检查督查中发现的问题已基本处理完毕。

f) 国家规定的其他条件。

7.1.2 行政验收工作应包括下列内容：

a) 检查水土保持设施是否符合批复的水土保持方案及其设计文件的要求。

b) 检查水土保持设施施工质量和管理维护责任落实情况。

c) 检查水土保持投资完成情况。

d) 评价水土流失防治效果。

e) 对存在问题提出处理意见。

7.1.3 行政验收应采用以下形式，并按以下要求执行：

a) 行政验收时应成立验收组，验收组设组长1名（由验收主持单位的代表担任），副组长1名～3名。验收组宜由方案审批部门、有关行业行政主管部门、相关工程质量监督单位、建设单位的上级主管部门、建设项目的主要投资方、技术评估等单位的代表组成。行政验收应由验收组长主持。

b) 行政验收合格意见应经2/3以上验收组成员同意。行政验收过程中有争议的问题，验收组长应提出裁决意见，若有1/2以上的验收组成员不同意裁决意见时，验收主持单位对争议问题有裁决权。

c) 验收组成员应在“水土保持设施专项验收意见”（以下简称“验收意见”，主要内容参见附录F）上签字，保留意见应有明确记载。

d) 建设、设计、施工、监理、监测、运行管理等单位的代表列席行政验收会议，负责解答验收组的质疑，并在验收会议代表名单上签字。

7.1.4 行政验收的评价标准应包括下列内容，若同时满足这四项标准，即可通过水土保持设施的行政验收：

a) 建设项目水土保持方案审批手续完备，水土保持工程管理、设计、施工、监理、监测、专项财务等建档资料齐全。

b) 水土保持设施按批准的水土保持方案及其设计文件的要求建成，符合水土保持的要求。

c) 扰动土地整治率、水土流失总治理度、土壤流失控制比、拦渣率、林草植被恢复率、林草覆盖率等指标达到了批准的水土保持方案的要求及国家和地方的有关技术标准。

d) 水土保持设施具备正常运行条件，且能持续、安全、有效运转，符合交付使用要求，且水土保持设施的管理、维护措施已得到落实。

7.2 任务与工作程序

7.2.1 行政验收应按以下程序执行：

a) 审查建设单位提交的验收申请材料，受理验收申请。

b) 听取技术评估机构的技术评估汇报，确定行政验收时间。

c) 召开预备会议，听取建设单位有关验收准备情况汇报，确定验收组成员名单。

d) 现场检查水土保持设施及其运行情况。从水土保持设施竣工图中抽取重点工程和重点部位，现场查勘不同防治区和主要防治措施的质量、数量、防治效果、生态与环境状况等。

e) 查阅有关资料。

f) 召开验收会议，可按以下程序进行：

1) 宣布验收会议议程。

2) 宣布验收组成员名单。

3) 观看工程声像资料。

4) 听取建设单位的“工作总结报告”和“技术报告”。

5) 听取施工单位的“施工总结报告”。

6) 听取监理单位的“监理总结报告”。

7） 听取监测单位的“监测总结报告”。

8） 听取技术评估单位的“评估报告”。

9） 会议质询。

10） 验收组讨论并形成“验收意见”，落实遗留问题处理责任及核查单位。

11） 宣布水土保持设施“验收意见”。

12） 验收组成员在“验收意见”上签字。

7.2.2 如果在验收过程中发现重大问题，验收组应停止验收，待处理完毕后再组织验收。

7.2.3 验收合格的项目，应由验收主持单位印发水土保持设施验收鉴定书（格式参见附录G），作为建设项目竣工验收的重要依据之一。

7.2.4 行政验收中发现的遗留问题，由建设单位负责整改，并由水行政主管部门监督实施。

7.2.5 验收意见应准确反映工程建设的实际情况，达到合格及以上标准的水土保持设施的质量结论应确定为合格。建设单位和工程参建单位可依据有关评定标准，自主决定参加有关建设项目水土保持示范工程等奖励或荣誉证书的申报。

7.2.6 建设项目通过水土保持专项验收后，建设单位还应注重水土保持设施的管护和修复工作，确保水土保持设施的安全运行。

STANDARDS PRESS OF CHINA

附　录　A
（资料性附录）
水土保持设施验收应提供的资料目录

表 A.1　水土保持设施验收应提供的资料目录

序号	资料名称	分部工程自查初验	单位工程自查初验	分期验收	行政验收
1	工程建设大事记		√	√	√
2	水土保持设施建设大事记		√	√	√
3	拟验工程清单、未完工程清单，未完工程的建设安排及完成工期，存在问题及解决建议		√	√	
4	分部工程验收签证或单位工程验收鉴定书（或自查初验报告）		√	*	*
5	水土保持方案及有关批文		√	√	√
6	水土保持工程设计和设计工作报告		√	√	√
7	各级水行政主管部门历次监督、检查及整改等的书面意见	√	√	√	√
8	水土保持工程施工总结报告		√	√	√
9	水土保持设施工程质量评定报告		*	*	√
10	水土保持监理总结报告		*	√	√
11	水土保持监测总结报告			√	√
12	水土保持方案实施工作总结报告			√	√
13	水土保持设施竣工验收技术报告			√	√
14	水土保持设施验收技术评估报告			√	√

注 1：符号“√”表示“应提供”，符号“*”表示“宜提供”。

注 2：分期验收为行政验收的一种形式。

附 录 B
（资料性附录）
水土保持设施验收应准备的备查资料目录

表 B.1 水土保持设施验收应准备的备查资料目录

序号	资料名称	分部工程自查初验	单位工程自查初验	分期验收	行政验收
1	土壤、地质、水文、气象等设计基础资料		√	√	√
2	水土保持招投标文件		√	√	√
3	工程承包合同及协议书(包括设计、施工、监理、监测等)		√	√	√
4	分部工程质量评定资料	√	√	√	√
5	单位工程质量评定资料		√	√	√
6	自查初验资料	√	√	√	√
7	阶段验收资料	√	√	√	√
8	项目水土保持工作管理制度、有关文件、会议记录及水土保持重大事件资料及文字说明	√	√	√	√
9	工程运用和度汛方案以及建设过程水土流失危害和防治记录		*	*	√
10	水土保持专项设计、相关主体设计资料	√	√	√	√
11	施工图纸、设计变更、施工说明等资料	√	√	√	√
12	水土保持监理资料	√	√	√	√
13	水土保持监测资料			√	√
14	专项验收相关资料			√	√
15	竣工图纸、竣工结算及有关资料				√
16	电子文件资料	√	√	√	√
17	其他资料		√	√	√

注 1：符号“√”表示“应提供”，符号“*”表示“宜提供”。

注 2：分期验收为行政验收的一种形式。

附　录　C
（资料性附录）
分部工程验收签证格式

C.1　分部工程验收签证封面格式

编号：

开发建设项目水土保持设施
分 部 工 程 验 收 签 证

建设项目名称：

单位工程名称：

分部工程名称：

施　工　单　位：

年　　月　　日

C.2　分部工程验收签证扉页格式

开工完工日期： 主要工程量： 工程内容及施工经过： 质量事故及缺陷处理： 主要工程质量指标(主要设计指标,施工单位自检统计结果,监理单位抽检统计结果)： 质量评定(单元工程、主要单元工程个数和优良品率,分部工程质量等级)： 存在问题及处理意见： 验收结论： 保留意见：(保留意见人签字) 附件目录： 1. 存在问题处理记录(实施单位处理情况、验收单位和日期)。 2. 其他文件。

STANDARDS PRESS OF CHINA

C.3 分部工程验收组成员签字表格式见表C.1。

表 C.1 分部工程验收组成员签字表格式

姓　名	单　位	职务和职称	签　字

附　录　D
（资料性附录）
单位工程验收鉴定书格式

D.1　单位工程验收鉴定书封面格式

编号：

开发建设项目水土保持设施

单位工程验收鉴定书

建设项目名称：

单位工程名称：

所含分部工程：

年　　月　　日

D.2 单位工程验收鉴定书扉页格式

开发建设项目水土保持设施

单位工程验收鉴定书

项目名称：

单位工程：

建设单位：

设计单位：

施工单位：

监理单位：

质量监督单位：

运行管理单位：

验收日期：　　年　　月　　日至　　年　　月　　日

验收地点：

D.3 单位工程验收鉴定书格式

单位工程(名称)验收鉴定书

前言(简述验收主持单位、参加单位、时间、地点等)

一、工程概况

(一)工程位置(部位)及任务

(二)工程主要建设内容

包括工程等级、标准、主要规模、效益、主要工程量的设计值及合同投资。

(三)工程建设有关单位

包括项目法人、设计、施工、监理、监测、质量监督、运行管理等单位。

(四)工程建设过程

包括施工准备、开工日期、完工日期、验收时工程面貌、实际完成工程量(与设计、合同量对比)、工程建设中采用的主要措施及其效果、主要经验教训等。

二、合同执行情况

包括合同管理、计量、支付与结算等。

三、工程质量评定

(一)分部工程质量评定

(二)监测成果分析

(三)外观评价

(四)质量监督单位的工程质量等级核定意见

四、存在的主要问题及处理意见

包括处理方案、措施、责任单位、完成时间以及复验责任单位等。

五、验收结论及对工程管理的建议

包括对工期、质量、投资控制、工程是否达到设计标准并发挥效益、工程资料建档以及是否同意交工等,均应有明确结论。对工程管理及运行管护提出建议。

六、验收组成员及参验单位代表签字表

七、附件

(一)提供资料目录

(二)备查资料目录

(三)分部工程验收签证目录

(四)保留意见(应有本人签字)

STANDARDS PRESS OF CHINA

附 录 E
（资料性附录）
行政验收主要报告内容提纲

E.1 水土保持方案实施工作总结报告

E.1.1 前言

有关主体工程、水土保持方案报批、水土保持设施建设及自查初验情况简介。

E.1.2 主体工程及水土保持工程概况

E.1.2.1 主体工程主要技术指标、主要建设内容、主要建设过程和工程完成情况。

E.1.2.2 水土保持方案编报审批情况，主要建设内容、建设进度、投资概算，水土保持方案中的防治措施设计落实、调整情况。

E.1.3 水土保持管理

E.1.3.1 组织领导

包括水土保持工作领导及具体管理机构，水土保持工程建设、设计、施工监理单位。

E.1.3.2 规章制度

有关水土保持工作过程中建立的各类规章、制度、办法。

E.1.3.3 监督管理

各级水行政主管部门及水土保持监督管理部门检查、监督情况。

E.1.3.4 建设过程

包括水土保持工程招标投标过程，合同及执行情况。

E.1.3.5 建设监理

包括监理规划及实施细则，监理制度、机构、人员、检测方法，水土保持工程质量、进度、投资控制情况。

E.1.3.6 工程投资

包括批准的水土保持投资概算（估算），概算调整情况，各项工程投资完成情况，独立费用执行情况和补偿费缴纳情况。

E.1.3.7 完成主要工程

包括各类防治措施类型及完成情况，对比设计工程量的增减情况及原因分析。

E.1.3.8 自查初验

包括自查初验组织及实施情况，各单位工程的验收结论等。

E.1.4 经验与问题

E.1.4.1 主要经验

在水土保持管理工作中的主要经验。

E.1.4.2 存在问题

包括建设过程中出现的、当前存在的以及生产运行期可能出现的水土流失事故及灾害情况，尚未完成的水土保持工程及实施安排和预留经费。

E.1.5 结论与下阶段工作安排

E.1.5.1 自查结论

水土流失防治成果的自查初验结论，给出是否达到批复水土保持方案及其设计要求的结论。

E.1.5.2 下阶段工作安排

水土保持设施移交后的管理与养护责任、办法等，运行期的水土保持任务安排以及对今后管理运行的建议。

E.1.6 附件

a) 水行政主管部门关于水土保持方案批复文件。

b) 有关水土保持工程设计与概算的批复文件。

c) 水土保持工程设计变更的批复。

d) 单位工程验收鉴定书。

e) 有关水行政主管部门的监督检查意见。

f) 主体工程总平面图。

g) 其他有关资料。

E.2 水土保持设施竣工验收技术报告

E.2.1 简要说明

有关水土保持方案实施情况说明。

E.2.2 防治责任范围和防治目标

E.2.2.1 批复的水土流失防治责任范围与实际发生的责任范围对比，调整变化的原因。

E.2.2.2 批复的水土流失防治目标与主要水土保持设施的设计标准。

E.2.3 工程设计

E.2.3.1 水土保持方案确定的水土保持措施和工程量。

E.2.3.2 工程设计对水土保持方案的落实情况及重大设计变更。

E.2.3.3 各项工程措施、植物措施和临时措施的设计标准和设计要点。

E.2.4 施工

E.2.4.1 施工安排及进度

各项防治工程的实施时间、施工过程、完成的工程量，并与批准的方案及其设计文件中的数量、实施时间比较，并分析其原因。

E.2.4.2 施工质量管理

施工单位质量保证体系，建设单位和监理单位的质量管理体系，施工事故及其处理。

E.2.4.3 水土保持工程建设大事

包括有关批文，较大的设计变更，有关合同协议，监督检查情况和重要会议等。

E.2.4.4 价款结算

批准的工程量及其投资，施工合同价与实际结算价对比，分析增减的原因。

E.2.5 工程质量

E.2.5.1 项目划分

水土保持工程的单位工程、分部工程、单元工程划分情况。

E.2.5.2 质量检验

监理工程师及质量监督机构的质量检验方法，检验结果。

E.2.5.3 质量评定

单元工程、分部工程质量评定情况，自查初验确定的各单位工程的质量等级，对水土保持工程质量评价。

E.2.6 工程初期运行及成效评价

E.2.6.1 工程运行情况

各项水土保持工程建成运行后，其安全稳定性、暴雨后的完好情况，工程维修、植物补植情况。

E.2.6.2 工程效益。

E.2.6.3　水土流失治理

工程试运行期间控制水土流失面积，治理水土流失面积及治理程度，项目区水土流失强度变化情况。废弃土、石、渣的拦挡情况，各类开挖面、拆除后的施工场地的治理情况，计算拦渣率、扰动土地整治率、水土流失总治理度、土壤流失控制比等指标。

E.2.6.4　植被变化

建设前、施工期间、竣工后林草植被建设和植被恢复情况，计算林草植被恢复系数和林草覆盖率。

E.2.6.5　土地整治及生产条件恢复

土地整治率，施工临时占用耕地的恢复数量，土地生产力恢复情况。

E.2.6.6　水土保持监测

根据水土保持专项监测报告，提出施工及施工准备期间水土流失量，是否达到国家规定的限值。工程施工对水系、下游河道径流泥沙影响，水土流失危害情况。

E.2.6.7　综合评价

总体评价工程建设对水土流失及生态环境的影响，水土流失防治效果和水土保持工程质量评价。

E.2.7　附件及有关资料

a)　工程竣工后水土流失防治责任范围图。
b)　水土保持工程设计文件、资料。
c)　水土保持分部工程验收签证，工程质量评定资料。
d)　水土保持工程施工合同、验收报告。
e)　水土保持专项监测报告相关内容。
f)　水土保持设施竣工验收图。
g)　水土保持工程实施过程中的影像资料。
h)　水土保持大事记。

E.3　水土保持监测总结报告

E.3.1　建设项目及项目区概况

E.3.1.1　项目概况。

E.3.1.2　项目区概况。

E.3.1.3　工程水土流失特点。

E.3.2　监测实施

E.3.2.1　监测目标与原则。

E.3.2.2　监测工作实施情况。

E.3.3　监测内容与方法

E.3.3.1　监测内容

E.3.3.1.1　防治责任范围动态监测。

E.3.3.1.2　弃土弃渣动态监测。

E.3.3.1.3　水土流失防治动态监测。

E.3.3.1.4　施工期土壤流失量动态监测。

E.3.3.2　监测方法和频次

E.3.3.2.1　调查监测。

E.3.3.2.2　定位监测。

E.3.3.2.3　临时监测。

E.3.3.2.4　巡查。

E.3.3.3　监测时段。

E.3.3.4　监测点布设。

E.3.4　不同侵蚀单元侵蚀模数的分析确定

E.3.4.1　侵蚀单元划分

E.3.4.1.1　原地貌侵蚀单元划分。

E.3.4.1.2　地表扰动类型划分。

E.3.4.1.3　防治措施分类。

E.3.4.2　各侵蚀单元侵蚀模数

E.3.4.2.1　原地貌侵蚀模数。

E.3.4.2.2　各地表扰动类型侵蚀模数。

E.3.4.2.3　防治措施实施后侵蚀模数。

E.3.5　水土流失动态监测结果与分析

E.3.5.1　防治责任范围动态监测结果

E.3.5.1.1　水土保持方案确定的防治责任范围。

E.3.5.1.2　施工期防治责任范围监测结果。

E.3.5.2　弃土弃渣动态监测结果

E.3.5.2.1　设计弃土弃渣情况。

E.3.5.2.2　弃土弃渣场及占地面积监测结果。

E.3.5.2.3　弃土弃渣量动态监测结果。

E.3.5.3　地表扰动面积动态监测结果。

E.3.5.4　土壤流失量动态监测结果

E.3.5.4.1　各阶段土壤流失量。

E.3.5.4.2　各扰动地表类型土壤流失量。

E.3.6　水土流失防治动态监测结果

E.3.6.1　水土流失防治措施

E.3.6.1.1　工程措施及实施进度。

E.3.6.1.2　植物措施及实施进度。

E.3.6.1.3　临时防治措施及实施进度。

E.3.6.2　水土流失防治效果动态监测结果

E.3.6.2.1　扰动土地整治率。

E.3.6.2.2　水土流失总治理度。

E.3.6.2.3　拦渣率与弃渣利用率。

E.3.6.2.4　土壤流失控制比。

E.3.6.2.5　林草植被恢复率。

E.3.6.2.6　林草覆盖率。

E.3.6.3　运行初期水土流失分析。

E.3.7　结论

E.3.7.1　水土保持措施评价

E.3.7.1.1　水土流失动态变化与防治达标情况。

E.3.7.1.2　综合结论。

E.3.7.1.3　存在问题及建议。

E.3.7.2　监测工作中的经验与问题

E.3.7.2.1　监测工作中的经验。

E.3.7.2.2　存在问题与建议。

E.4 水土保持监理总结报告

E.4.1 工程概况

包括工程特性、合同目标、工程项目组成等。

E.4.2 监理规划

包括监理制度的建立、监理机构的设置与主要工作人员、检测采用的方法和主要设备等。

E.4.3 监理过程

包括监理合同履行情况和监理过程情况。

E.4.4 监理效果

a) 质量控制监理工作成效及综合评价。

b) 投资控制监理工作成效及综合评价。

c) 进度控制监理工作成效及综合评价。

d) 施工安全与工作成效与综合评价。

E.4.5 经验与建议。

E.4.6 其他问题

E.4.6.1 其他需要说明或报告事项。

E.4.6.2 其他应提交的资料和说明事项等。

E.4.7 附件

a) 监理机构的设置与主要工作人员情况表。

b) 工程建设监理大事记。

E.5 水土保持技术评估报告

E.5.1 前言

技术评估过程简述。

E.5.2 工程概况及工程建设水土流失问题

E.5.2.1 工程概况

概略介绍工程位置、主要任务和技术经济指标、主要工艺和主要建筑物、投资方和建设单位、设计单位、监理单位、主要施工单位、施工工期、工程总投资等。

E.5.2.2 项目区自然和水土流失情况

简述土壤、植被、水文、气象和水土流失情况，所在地水土保持分区情况。

E.5.2.3 工程建设水土流失问题

弃土弃渣情况、开挖和占压土地情况、植被破坏情况、水土流失主要形式和危害。

E.5.3 水土保持方案和设计情况

E.5.3.1 方案报批和工程设计过程

水土保持方案编制、审查、批复和初步设计、施工图设计以及设计变更等情况。

E.5.3.2 水土保持设计情况

水土保持方案及其设计提出的水土流失防治目标、主要防治措施、主要工程项目和工程量。

E.5.4 水土保持设施建设情况评估

E.5.4.1 水土流失防治范围

介绍建设期实际的水土流失防治范围，与方案批复的防治责任范围对照，提出变化的原因，评估是否符合实际。

E.5.4.2 水土保持措施总体布局评估

介绍水土流失防治分区和水土保持设施总体布局情况，评估其合理性。

E.5.4.3 水土保持设施完成情况评估

汇总并分单位工程和分部工程分别介绍工程措施(包括土地整治)、植物措施的项目名称、工程位置、工程内容、实施时间、完成的主要工程量,与水土保持方案及其设计的工程量对照,评估其完成情况。列表说明临时措施的实施地点、时间和工程量。

E.5.5 水土保持工程质量评价

E.5.5.1 质量管理体系

总的管理体系和管理制度、建设单位、设计单位、监理单位、施工单位和质量保证体系和措施。

E.5.5.2 工程措施质量评价

介绍工程组工程措施质量评价情况和结论。

E.5.5.3 植物措施质量评价

介绍植物组植物措施质量评价情况和结论。

E.5.6 水土保持监测评价

介绍水土保持监测情况,包括监测设施、监测过程、监测结果等。

E.5.7 水土保持投资及资金管理评价

E.5.7.1 水土保持方案批复投资

水土保持方案和初步设计概(估)算情况。

E.5.7.2 水土保持工程实际完成投资

列出水土保持工程实际完成投资表,与概算比较,分析增加或减少的原因。

E.5.7.3 投资控制和财务管理

反映投资管理情况的工程结算程序、财务管理办法等的评价。

E.5.8 水土保持效果评价

E.5.8.1 水土流失治理

介绍拦渣率、扰动土地整治率、水土流失总治理度、土壤流失控制比。

E.5.8.2 生态环境和土地生产力恢复

介绍林草植被恢复率、林草覆盖率、耕地恢复情况。

E.5.8.3 公众满意程度

介绍公众调查情况。

E.5.9 水土保持设施管理维护评价

管理机构、人员、设备、管理制度等落实情况。

E.5.10 综合结论

综合以上评估意见,提出综合结论,水土保持设施能否通过验收和投入使用。

E.5.11 遗留问题及建议

验收前需完成的主要工作、遗留的主要问题及建议。

E.5.12 附图与附件

E.5.12.1 附图

a) 水土保持设施竣工图。

b) 验收后防治责任范围图。

c) 现场检查照片。

E.5.12.2 附件

a) 综合组评估报告。

b) 工程组评估报告。

c) 植物组评估报告。

d) 经济财务组评估报告。

e) 评估组成员名单、参加评估工作人员名单。

附 录 F
（资料性附录）
水土保持设施行政验收意见主要内容

F.1 引言简述

验收会议召开时间、地点，验收主持单位、参加单位以及验收组成员情况，现场检查与会议讨论情况。

F.2 工程及项目区概况

F.2.1 工程概况

叙述工程名称、位置，建设单位或项目法人，投资单位，主体工程批准机关及文号，建设工期，工程总投资及投资来源，工程主要建设内容（包括工程组成及特性），工程规模及布置，工程占地及拆迁移民安置，工程进度、投资等。

F.2.2 项目区概况

简述项目区所处的自然环境及水土流失情况。

F.3 “三同时”制度落实情况

水土保持方案编制、后续设计、施工、监理、监测、自查初验以及验收的技术准备情况。

F.4 防治责任范围

叙述批准的水土保持方案报告书确定的水土流失防治责任范围，实际的水土流失防治责任范围、验收后运行期水土流失防治责任范围。

F.5 水土保持设施建设情况

水土保持工程完成情况及主要工程量，并与方案批复或设计工程量对比分析。

F.6 工程质量

工程质量管理体系评价，工程质量评定的总体情况以及水土保持设施运行情况。

F.7 投资完成情况

说明批准的水土保持方案估算投资及初步设计的概算投资，实际完成投资并分析评价。

F.8 防治效益

说明验收时达到的水土流失防治目标以及水土流失防治效果总体评价。

F.9 综合结论

给出是否通过验收的综合结论，并记载保留意见。

F.10 存在问题及处理意见

针对验收发现的问题与不足，提出处理意见，对责任单位、核查单位提出具体要求，明确应补充完善的措施和完成的期限;对工程运行和管护提出意见。

F.11 附件

验收组成员及验收会议代表签字。

STANDARDS PRESS OF CHINA

附 录 G
（资料性附录）
水土保持设施验收鉴定书格式

G.1 水土保持设施验收鉴定书封面格式

编号：

开发建设项目水土保持设施
验收鉴定书

项 目 名 称________________________

建 设 单 位________________________

建 设 地 点________________________

验收主持单位________________________

______年____月____日

中华人民共和国水利部制

G.2　水土保持设施验收基本情况表格式见表G.1。

表G.1　水土保持设施验收基本情况表格式

<table>
<tr><td>项目名称</td><td colspan="5"></td></tr>
<tr><td>主管部门
（或主要投资人）</td><td colspan="2"></td><td colspan="2">行业类别</td><td></td></tr>
<tr><td colspan="6">建设项目性质（新建　　改扩建　　技术改造　　画√）</td></tr>
<tr><td colspan="3">水土保持方案审批部门、文号及时间</td><td colspan="3"></td></tr>
<tr><td colspan="3">初步设计审批部门、文号及时间</td><td colspan="3"></td></tr>
<tr><td>工程总投资概算</td><td>万元</td><td>其中水土保持投资</td><td>万元</td><td>所占比例</td><td>%</td></tr>
<tr><td>工程实际总投资</td><td>万元</td><td>其中水土保持投资</td><td>万元</td><td>所占比例</td><td>%</td></tr>
<tr><td>工程施工准备期</td><td colspan="2"></td><td colspan="2">建设时间</td><td></td></tr>
<tr><td>水土保持方案编制单位</td><td colspan="5"></td></tr>
<tr><td>水土保持初步设计单位</td><td colspan="5"></td></tr>
<tr><td>水土保持监测单位</td><td colspan="5"></td></tr>
<tr><td>水土保持设施施工单位</td><td colspan="5"></td></tr>
<tr><td>水土保持监理单位</td><td colspan="5"></td></tr>
<tr><td>技术评估单位</td><td colspan="5"></td></tr>
</table>

G.3 水土保持设施验收意见页格式

验收意见：

G.4 验收组成员名单表格式见表 G.2。

表 G.2 验收组成员名单表格式

分　工	姓　名	单位全称	职务/职称	签　字	备　注
组长					
副组长					
成员					

G.5 参加验收会议代表名单表格式见表 G.3。

表 G.3 参加验收会议代表名单表格式

姓　名	单位全称	职务/职称	签　字	备　注
				验收主持单位
				项目法人
				建设单位
				设计单位
				监理单位
				监测单位
				施工单位
				评估单位
				运行管理单位
				……

STANDARDS PRESS OF CHINA

ICS 67.060
X 31

GB

中华人民共和国国家标准

GB/T 22491—2008

大豆低聚糖

Soybean oligosaccharide

2008-11-04 发布 2009-01-01 实施

中华人民共和国国家质量监督检验检疫总局
中国国家标准化管理委员会 发布

前 言

本标准的附录A为规范性附录。

本标准由国家粮食局提出。

本标准由全国粮油标准化技术委员会归口。

本标准起草单位:南京财经大学、临沂山松生物制品有限公司。

本标准主要起草人:袁建、汪海峰、鞠兴荣、李柱平、张立峰。

大豆低聚糖

1 范围

本标准规定了大豆低聚糖的术语和定义、分类、质量要求、检验方法、检验规则、标签标识及包装、储存和运输要求。

本标准适用于以大豆及其加工副产品为原料生产的商品大豆低聚糖。

2 规范性引用文件

下列文件中的条款通过本标准的引用而成为本标准的条款。凡是注日期的引用文件，其随后所有的修改单(不包括勘误的内容)或修订版均不适用于本标准，然而，鼓励根据本标准达成协议的各方研究是否可使用这些文件的最新版本。凡是不注日期的引用文件，其最新版本适用于本标准。

GB/T 4789.2 食品卫生微生物学检验 菌落总数测定

GB/T 4789.3 食品卫生微生物学检验 大肠菌群测定

GB/T 4789.4 食品卫生微生物学检验 沙门氏菌检验

GB/T 4789.5 食品卫生微生物学检验 志贺氏菌检验

GB/T 4789.10 食品卫生微生物学检验 金黄色葡萄球菌检验

GB/T 4789.15 食品卫生微生物学检验 霉菌和酵母计数

GB/T 5009.1 食品卫生检验方法 理化部分 总则

GB/T 5009.3 食品中水分的测定

GB/T 5009.4 食品中灰分的测定

GB/T 5009.11 食品中总砷及无机砷的测定

GB/T 5009.12 食品中铅的测定

GB/T 5492 粮油检验 粮食、油料的色泽、气味、口味鉴定

GB/T 6682 分析试验室用水规格和试验方法(ISO 3696:1987,MOD)

GB 7718 预包装食品标签通则

3 术语和定义

下列术语和定义适用于本标准。

3.1

大豆低聚糖 soybean oligosaccharide

以大豆、大豆粕或大豆胚芽为原料生产的，含有一定量的水苏糖、棉子糖、蔗糖等低聚糖的产品。

4 分类

根据大豆低聚糖产品的外观特性，产品分为糖浆型和粉末型。

5 质量要求

5.1 成分特征

大豆低聚糖产品主要成分包括水苏糖(stachyose)、棉子糖(raffinose)及蔗糖等低聚糖。

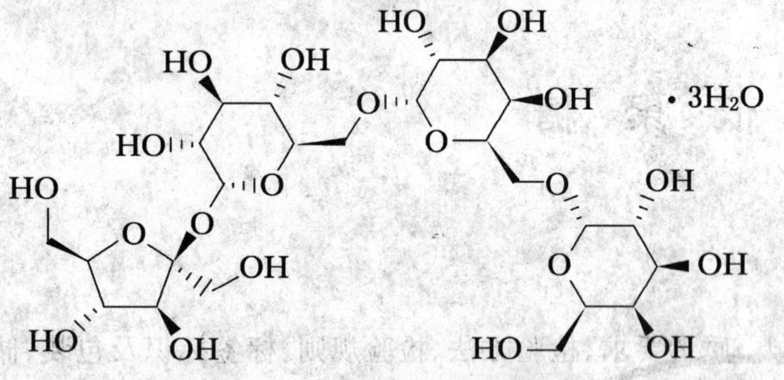

水苏糖的结构式

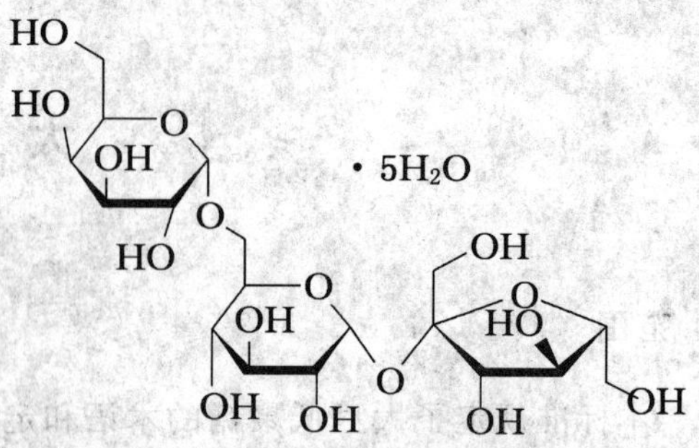

棉子糖的结构式

5.2 质量要求

大豆低聚糖质量要求见表1。

表1 大豆低聚糖质量要求

项目	糖浆型	粉末型
色泽、外观	白色、淡黄色或黄色粘稠液体状	白色、淡黄色或黄色粉末状
气味、滋味	气味正常，有甜味，无异味	
杂质	无肉眼可见杂质	
水分/%	≤25.0	≤5.0
灰分(以干基计)/%	≤3.0	≤5.0
大豆低聚糖(以干基计)/%	≥60.0	≥75.0
其中：水苏糖、棉籽糖(以干基计)/%	≥25.0	≥30.0
pH值(1%水溶液)	6.5±1.0	

5.3 卫生要求

卫生指标见表2。

表2 大豆低聚糖卫生指标

项目	糖浆型或粉末型
菌落总数/(CFU/g)	≤1 000
大肠菌群/(MPN/100 g)	≤30
霉菌和酵母菌总数/(CFU/g)	≤100
致病菌(指肠道致病菌和致病性球菌)	不得检出
总砷(以As计)/(mg/kg)	≤0.5
铅(以Pb计)/(mg/kg)	≤1.0

6 检验方法

6.1 扦样：按GB/T 5009.1进行。

6.2 色泽、气味、口味检验：按GB/T 5492执行。

6.3 杂质测定：取一定量的试样平摊于表面皿中，在自然光线下，肉眼观察有无与产品颜色不同的斑点、不溶物或其他物质。

6.4 水分测定：按GB/T 5009.3执行。

6.5 大豆低聚糖含量测定：按附录A执行。

6.6 灰分含量测定:按 GB/T 5009.4 执行。

6.7 菌落总数测定:按 GB/T 4789.2 执行。

6.8 大肠菌群测定:按 GB/T 4789.3 执行。

6.9 致病菌检验:按 GB/T 4789.4、GB/T 4789.5、GB/T 4789.10 执行。

6.10 霉菌和酵母数检验:按 GB/T 4789.15 执行。

6.11 总砷含量测定:按 GB/T 5009.11 执行。

6.12 铅含量测定:按 GB/T 5009.12 执行。

6.13 pH 值测定:称取 1.00 g 样品,加入到 99.0 mL 水中,搅拌均匀,制成 1.0%的样品溶液。用 pH 计测定样液 pH 值。

7 检验规则

7.1 检验批

同一批原料,同一班次生产的同一规格的产品为一批。

7.2 出厂检验

按 5.2 的规定对每批产品检验,检验合格,方可出厂。

7.3 型式检验

7.3.1 遇有下列情况之一时,应进行型式检验:

——常年连续生产的每半年至少进行一次;

——当原料、设备、工艺有较大变化可能影响产品质量时;

——国家质量监督部门提出要求时。

7.3.2 型式检验按 5.2、5.3 规定进行。

7.4 判定规则

7.4.1 质量指标、卫生指标全部符合本标准规定时,判定该批产品合格。

7.4.2 检验结果不符合 5.2 规定时,可在原批次产品中双倍抽样复检一次,判定以复检结果为准,若仍有指标不合格,则判定该批产品不合格。不合格产品不能供人食用。

8 标签标识

8.1 应符合 GB 7718 以及国家有关规定和要求。

8.2 凡标识“大豆低聚糖”的产品均应符合本标准。

8.3 应注明产品原料的原产国。

8.4 采用转基因大豆为原料生产的产品,应按国家有关规定进行标识。

9 包装、储存和运输

9.1 材料或容器应符合相应食品卫生要求,包装应完整、无破损、无污染。

9.2 应使用符合卫生要求的工具、容器运送,运输中应注意防止日晒、雨淋、污染和标签脱落。

9.3 应储存于清洁、干燥、阴凉处,不得与有害、有毒物品混贮。

附 录 A
（规范性附录）
大豆低聚糖含量的测定

A.1 范围

本方法规定了采用高效液相色谱法测定大豆低聚糖中低聚糖含量的测定方法。

本方法低聚糖各单体的检出限为 1.0 g/kg。

A.2 原理

试样用 80%乙醇溶解后，经 0.45 μm 滤膜过滤，采用反相键合相色谱测定，根据色谱峰保留时间定性，根据峰面积或峰高定量，各单体的含量之和为大豆低聚糖含量。

A.3 试剂

除非另有说明，在分析中仅使用确认为优级纯的试剂。

A.3.1 水：符合 GB/T 6682 一级水的要求。

A.3.2 乙腈。

A.3.3 80%乙醇溶液：量取 800 mL 无水乙醇加水稀释至 1 000 mL。

A.3.4 低聚糖标准溶液：分别称取蔗糖、棉子糖、水苏糖标准品（含量均应≥98%）各 1.000 g 置于 100 mL 容量瓶中，用 80%乙醇溶液溶解并稀释至刻度，摇匀。每毫升溶液分别含蔗糖、棉子糖、水苏糖 10 mg。经 0.45 μm 滤膜过滤，滤液供 HPLC 分析用。

A.4 仪器

除常规实验室仪器设备外，还包括以下仪器设备：

A.4.1 高效液相色谱仪：附示差折光检测器。

A.4.2 高效液相色谱分析参考条件

A.4.2.1 色谱柱：Kromasil 100 氨基柱，25 cm×4.6 mm，或相同性质的填充柱。

A.4.2.2 流动相：$V(\text{乙腈})+V(H_2O)=80+20$。

A.4.2.3 流速：1.0 mL/min。

A.4.2.4 检测器：示差折光检测器（RID）。

A.4.2.5 色谱柱温度：30 ℃。

A.4.2.6 检测器温度：30 ℃。

A.4.2.7 进样量：10 μL。

A.4.3 天平：分度值 0.000 1 g。

A.5 操作步骤

A.5.1 试样制备

称取试样约 1 g，精确到 0.001 g，加 80%乙醇溶液溶解并稀释定容至 100 mL，混匀，经 0.45 μm 滤膜过滤，滤液备作 HPLC 分析用。

A.5.2 测定

A.5.2.1 校准曲线的制备

分别取低聚糖标准糖液（A.3.4）1 μL、2 μL、3 μL、4 μL、5 μL（相当于各低聚糖质量 10 μg、20 μg、

30 μg、40 μg、50 μg)注入液相色谱仪，进行高效液相色谱分析，测定各组分色谱峰面积(或峰高)，以标准糖质量对相应的峰面积(或峰高)作校准曲线，或用最小二乘法求回归方程。

A.5.2.2 样品测定

在相同的色谱分析条件下，取 10 μL 试样溶液(A.5.1)注入高效液相色谱仪分析，测定各组分色谱峰面积(或峰高)，与标准曲线比较确定进样液中低聚糖 i 组分的质量(m_i)，大豆低聚糖色谱示意图见图 A.1。

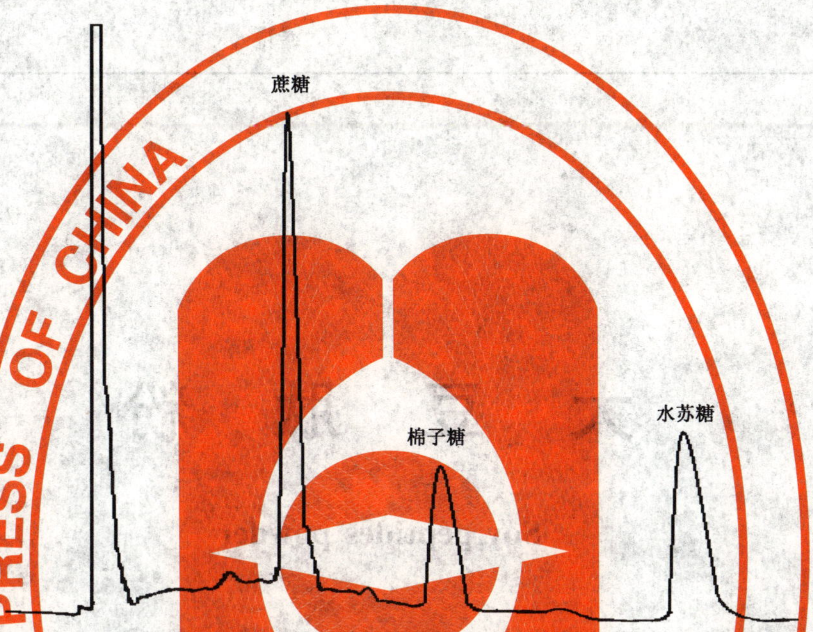

图 A.1 大豆低聚糖色谱示意图

A.6 结果计算

大豆低聚糖的含量按式(A.1)计算：

$$X = \frac{\sum m_i \times V \times 100}{V_1 \times m \times 1\,000 \times (100 - \omega)} \times 100 \quad \cdots\cdots(A.1)$$

式中：

X——产品中大豆低聚糖的含量(以质量分数计)，%；

m_i——低聚糖组分 i 的质量，单位为毫克(mg)；

V——样品溶液体积，单位为微升(μL)；

V_1——进样体积，单位为微升(μL)；

m——样品质量，单位为克(g)；

ω——样品水分(以质量分数计)，%。

计算结果保留三位有效数字。

A.7 重复性

在重复性条件下获得的两次独立测定结果的绝对差值不得超过算术平均值的 5%。

ICS 67.060
X 11

中华人民共和国国家标准

GB/T 22492—2008

大 豆 肽 粉

Soy peptides powder

2008-11-04 发布 2009-01-01 实施

中华人民共和国国家质量监督检验检疫总局
中国国家标准化管理委员会 发布

前　言

本标准的附录A、附录B为规范性附录。

本标准由国家粮食局提出。

本标准由全国粮油标准化技术委员会归口。

本标准起草单位:武汉工业学院、武汉天天好生物制品有限公司、临沂山松生物制品有限公司、临沂出入境检验检疫局。

本标准主要起草人:刘大川、陈栋梁、刘嵬、莫朝晖、张立峰、陈建中、杨西江。

大 豆 肽 粉

1 范围

本标准规定了大豆肽粉的术语和定义、质量要求和卫生要求、检验方法、检验规则、标签标识以及包装、储存和运输要求。

本标准适用于以大豆粕或大豆蛋白等为原料，生产的食用大豆肽粉商品。

2 规范性引用文件

下列文件中的条款通过本标准的引用而成为本标准的条款。凡是注日期的引用文件，其随后所有的修改单(不包括勘误的内容)或修订版均不适用于本标准，然而，鼓励根据本标准达成协议的各方研究是否可使用这些文件的最新版本。凡是不注日期的引用文件，其最新版本适用于本标准。

GB/T 5009.1 食品卫生检验方法 理化部分 总则

GB/T 5009.3 食品中水分的测定

GB/T 5009.4 食品中灰分的测定

GB/T 5009.5 食品中蛋白质的测定

GB/T 5009.6 食品中脂肪的测定

GB/T 5009.117 食用豆粕卫生标准的分析方法

GB/T 5492 粮油检验 粮食、油料的色泽、气味、口味鉴定

GB/T 6682 分析实验室用水规格和试验方法(GB/T 6682—2008,ISO 3696:1987,MOD)

GB 7718 预包装食品标签通则

GB/T 12096 淀粉细度测定方法

GB 16740 保健(功能)食品通用标准

3 术语和定义

下列术语和定义适用于本标准。

3.1

大豆肽粉 soy peptides powder

以大豆粕或大豆蛋白等为主要原料，用酶解或微生物发酵法生产的，相对分子质量在 5 000 以下，主要成分为肽的粉末状物质。

3.2

肽含量 the content of soy peptides

肽占试样的质量分数。

3.3

脲酶(尿素酶)活性 urease activity

脲酶(尿素酶)将尿素分解为氨和二氧化碳或碳酸铵的能力。

4 质量要求和卫生要求

4.1 感官要求

大豆肽粉感官指标见表 1。

STANDARDS PRESS OF CHINA

表 1 大豆肽粉感官要求

项　　目	质量要求
细　　度	100% 通过孔径为 0.250 mm 的筛
颜　　色	白色、淡黄色、黄色
滋味与气味	具有本产品特有的滋味与气味，无其他异味
杂　　质	无肉眼可见的外来物质

4.2 理化指标及分级指标

大豆肽粉理化指标及分级指标见表 2。

表 2 大豆肽粉理化指标

项　目	质 量 指 标		
	一级	二级	三级
粗蛋白质(以干基计，N×6.25)/%	≥90.0	≥85.0	≥80.0
肽含量(以干基计)/%	≥80.0	≥70.0	≥55.0
≥80%肽段的相对分子质量	≤2 000	≤5 000	
灰分(以干基计)/%	≤6.5	≤8.0	
水分/%	≤7.0		
粗脂肪(干基)/%	≤1.0		
脲酶(尿素酶)活性	阴性		

4.3 卫生要求

4.3.1 按 GB 16740 及国家有关标准和规定执行。

4.3.2 植物检疫按国家有关标准和规定执行。

5 检验方法

5.1 采样：按 GB/T 5009.1 要求执行。

5.2 颜色、气味和滋味检验：按 GB/T 5492 执行。闻气味时，同时尝其滋味。

5.3 细度检验：按 GB/T 12096 执行。

5.4 粗蛋白质检验：按 GB/T 5009.5 执行。

5.5 肽相对分子质量分布检验：按附录 A 执行。

5.6 肽含量检验：按附录 B 执行。

5.7 水分检验：按 GB/T 5009.3 执行。

5.8 灰分检验：按 GB/T 5009.4 执行。

5.9 粗脂肪检验：按 GB/T 5009.6 执行。

5.10 脲酶检验：按 GB/T 5009.117 执行。

6 检验规则

6.1 检验批

同一批原料、同一班次生产的同一规格的产品为一批。

6.2 出厂检验

6.2.1 应逐批检验，并出具检验报告。检验合格，方可出厂。

6.2.2 除肽相对分子质量分布项目外，按 4.1 和 4.2 的规定检验。

6.3 型式检验

遇有下列情况之一时，应按第 4 章规定的全部项目进行型式检验：

——新产品投产时；

——连续生产的每半年至少进行一次；

——当原料、设备、工艺有较大变化时有可能影响质量时；

——国家质量监督检验机构提出时。

6.4 判定规则

6.4.1 产品未标注质量等级的，或有一项质量指标不符合本标准规定的按不合格判定。

6.4.2 质量指标应符合本标准的等级规定，有一项不符合应判定为下一个等级。不符合最低等级的，判定为不合格产品。

6.4.3 检验结果不符合 4.1 和 4.2 要求时，可在原批次产品中加倍抽样复检一次，判定以复检结果为准。若仍有项目不合格时，即判定该批为不合格产品。不合格产品不能供人食用。

7 标签标识

7.1 应符合 GB 7718 的规定。

7.2 采用转基因大豆生产加工的大豆肽粉应按国家有关规定标识。

7.3 应注明产品原料的生产国名。

8 包装、储存和运输

8.1 包装

材料应符合相应的食品卫生要求，包装容器应大小合适，且确保产品在贮藏和运输过程中，保持干燥和不受污染。

8.2 储存

应储存在通风、干燥、清洁的地方，严禁与有异味、有毒物品一同存放。

8.3 运输

运输工具要清洁，防晒、防雨、防潮。不得与有毒、有异味的物品混运。

附　录　A
（规范性附录）
肽相对分子质量分布的测定方法

A.1　原理

采用高效凝胶过滤色谱法测定。即以多孔性填料为固定相，依据样品组分相对分子质量大小的差别进行分离，在肽键的紫外吸收波长 220 nm 条件下检测，使用凝胶色谱法测定相对分子质量分布的专用数据处理软件（即 GPC 软件），对色谱图及其数据进行处理，计算得到大豆肽的相对分子质量大小及分布范围。

A.2　试剂

实验用水应符合 GB/T 6682 中二级用水的规格，使用试剂除特殊规定外，均为分析纯。

A.2.1　乙腈

色谱纯。

A.2.2　三氟乙酸

色谱纯。

A.2.3　相对分子质量分布校正曲线所用标准品

A.2.3.1　胰岛素。

A.2.3.2　杆菌肽。

A.2.3.3　甘氨酸-甘氨酸-酪氨酸-精氨酸。

A.2.3.4　甘氨酸-甘氨酸-甘氨酸。

A.3　仪器和设备

A.3.1　高效液相色谱仪：配有紫外检测器和含有 GPC 数据处理软件的色谱工作站或积分仪。

A.3.2　流动相真空抽滤脱气装置。

A.3.3　电子天平：分度值 0.000 1 g。

A.4　操作步骤

A.4.1　色谱条件与系统适应性实验（参考条件）

A.4.1.1　色谱柱：TSKgelG2000$_{SWXL}$ 300 mm×7.8 mm（内径）或性能与此相近的同类型其他适用于测定蛋白质和肽的凝胶柱。

A.4.1.2　流动相：乙腈＋水＋三氟乙酸＝20＋80＋0.1。

A.4.1.3　检测波长：220 nm。

A.4.1.4　流速：0.5 mL/min。

A.4.1.5　检测时间：30 min。

A.4.1.6　进样体积：20 μL。

A.4.1.7　柱温：室温。

A.4.1.8　为使色谱系统符合检测要求，规定在上述色谱条件下，凝胶色谱柱效即理论塔板数（N）按三肽标准品（甘氨酸-甘氨酸-甘氨酸）峰计算不低于 10 000。

A.4.2　相对分子质量标准曲线制作

分别用流动相配制成质量浓度为 1 mg/mL 的上述不同相对分子质量肽标准品溶液，按一定比例混合后，用孔径 0.2 μm～0.5 μm 有机相膜过滤后进样，得到标准品的色谱图。以相对分子质量的对数对保留时间作图或作线性回归得到相对分子质量校正曲线及其方程。

A.4.3 样品处理

准确称取样品 10 mg 于 10 mL 容量瓶中，加入少许流动相，超声振荡 10 min，使样品充分溶解混匀，加流动相稀释至刻度，用孔径 0.2 μm～0.5 μm 有机相膜过滤，滤液按 A.4.1 的色谱条件进行分析。

A.5 相对分子质量分布的计算

将 A.4.3 制备的样品溶液在 A.4.1 色谱条件下分析后，用 GPC 数据处理软件，将样品的色谱数据代入校正曲线 A.4.2 中进行计算，即可得到样品的相对分子质量及其分布范围。用峰面积归一法可计算得到不同肽段相对分子质量的分布情况，按式(A.1)进行计算：

$$X = \frac{A}{A_{总}} \times 100 \qquad \cdots\cdots(\text{A.1})$$

式中：

X——试样中某相对分子质量肽段所占总肽段的质量分数，%；

A——某相对分子质量肽段的峰面积；

$A_{总}$——各相对分子质量肽段的峰面积之和，$A_{总} = \sum_{i=1}^{n} A_i$（其中 n 表示样品相对分子质量段数）。

计算结果保留小数点后一位。

A.6 重复性

在重复性条件下获得的两次独立测定结果的绝对差值不得超过两次测定结果算术平均值的 15%。

STANDARDS PRESS OF CHINA

附 录 B
（规范性附录）
肽含量的测定方法

B.1 原理

高分子蛋白质在酸性条件下易被沉淀，相对分子质量较小的蛋白质水解物（酸溶蛋白质）可溶于酸性溶液（其中包含肽及游离氨基酸）。样品经酸化后，滤液中的酸溶蛋白质含量减去游离氨基酸含量即为肽含量。

B.2 试剂

实验用水应符合 GB/T 6682 中二级用水的规格，使用试剂除特殊规定外，均为分析纯。

B.2.1 三氯乙酸：150 g/L。

B.2.2 硫酸铜（$CuSO_4 \cdot 5H_2O$）。

B.2.3 硫酸钾。

B.2.4 硫酸：密度为 1.841 9 g/L。

B.2.5 硼酸溶液：20 g/L。

B.2.6 氢氧化钠溶液：400 g/L。

B.2.7 盐酸：优级纯。

B.2.8 硫酸标准滴定溶液[$c(1/2\ H_2SO_4)$ = 0.050 0 mol/L]或盐酸标准滴定溶液[$c(HCl)$ = 0.050 0 mol/L]。

B.2.9 混合指示液：1 份 1 g/L 甲基红乙醇溶液与 5 份 1 g/L 溴甲酚绿乙醇溶液临用时混合。或 2 份 1 g/L 甲基红乙醇溶液与 1 份 1 g/L 亚甲基蓝乙醇溶液临用时混合。

B.2.10 混合氨基酸标准液：0.002 5 mol/L。

B.2.11 pH2.2 的柠檬酸钠缓冲液：称取 19.6 g 柠檬酸钠（$Na_3C_6H_5O_7 \cdot 2H_2O$），加入 16.5 mL 浓盐酸并加水稀释到 1 000 mL，用浓盐酸或 500 g/L 的氢氧化钠溶液调节 pH 至 2.2。

B.2.12 pH3.3 的柠檬酸钠缓冲液：称取 19.6 g 柠檬酸钠，加入 12 mL 浓盐酸并加水稀释到 1 000 mL，用浓盐酸或 500 g/L 的氢氧化钠溶液调节 pH 至 3.3。

B.2.13 pH4.0 的柠檬酸钠缓冲液：称取 19.6 g 柠檬酸钠，加入 9 mL 浓盐酸并加水稀释到 1 000 mL，用浓盐酸或 500 g/L 的氢氧化钠溶液调节 pH 至 4.0。

B.2.14 pH6.4 的柠檬酸钠缓冲液：称取 19.6 g 柠檬酸钠和 46.8 g 氯化钠（优级纯），加水溶解并稀释到 1 000 mL，用浓盐酸或 500 g/L 的氢氧化钠溶液调节 pH 至 6.4。

B.2.15 pH5.2 的乙酸锂溶液：称取氢氧化锂（$LiOH \cdot H_2O$）168 g，加入冰乙酸（优级纯）279 mL，加水稀释到 1 000 mL，用浓盐酸或 500 g/L 的氢氧化钠溶液调节 pH 至 5.2。

B.2.16 茚三酮溶液：取 150 mL 二甲基亚砜（C_2H_6OS）和 50 mL 乙酸锂溶液，加入 4 g 水合茚三酮（$C_9H_4O_3 \cdot H_2O$）和 0.12 g 还原茚三酮（$C_{18}H_{10}O_6 \cdot 2H_2O$）搅拌至完全溶解。

B.3 仪器与设备

B.3.1 氨基酸自动分析仪。

B.3.2 定氮蒸馏装置如图 B.1 所示。

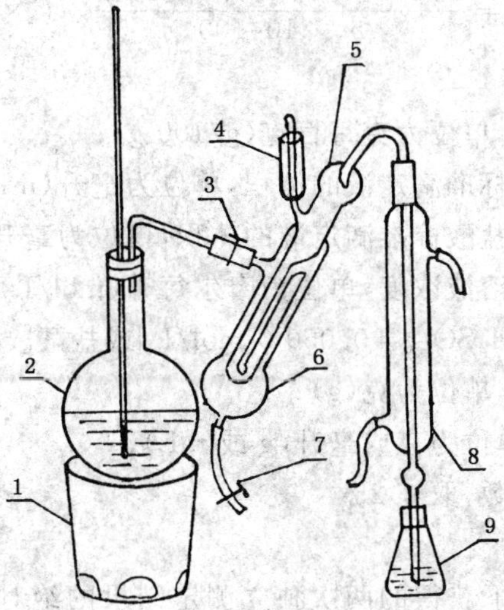

1——电炉；
2——水蒸气发生器(2 L 平底烧瓶)；
3——螺旋夹；
4——小漏斗及棒状玻塞；
5——反应室；
6——反应室外层；
7——橡皮管及螺旋夹；
8——冷凝管；
9——蒸馏液接收瓶。

图 B.1　定氮蒸馏装置

B.4　操作步骤

B.4.1　酸溶蛋白质含量的测定

B.4.1.1　准确称取样品 1.000 g(精确至 0.001 g),加入 15%三氯乙酸(TCA)溶液溶解并定容至 50 mL,混匀并静置 5 min,过滤,去除初滤液,滤液作为备用液。

B.4.1.2　吸取 10.00 mL～25.00 mL 滤液,移入干燥的 100 mL 或 500 mL 定氮瓶中,加入 0.2 g 硫酸铜,6 g 硫酸钾及 20 mL 硫酸,稍摇匀后于瓶口放一小漏斗,将瓶以 45°角斜支于有小孔的石棉网上。小心加热,待内容物全部碳化,泡沫完全停止后,加强火力,并保持瓶内液体微沸,至液体呈蓝绿色澄清透明后,再继续加热 0.5 h～1 h。取下放冷,小心加 20 mL 水。放冷后,移入 100 mL 容量瓶中,并用少量水洗定氮瓶,洗液并入容量瓶中,再加水至刻度,混匀备用。同时做试剂空白试验。

B.4.1.3　测定:按图 B.1 装好定氮蒸馏装置,于水蒸气发生瓶内装水至三分之二处,加入数粒玻璃珠,加甲基红指示液数滴及数毫升硫酸,以保持水呈酸性,用调压器控制,加热煮沸水蒸气发生瓶内的水。

B.4.1.4　向接收瓶内加入 10 mL 硼酸溶液(20 g/L)及 1 滴～2 滴混合指示液,并使冷凝管的下端插入液面下,准确吸取 10 mL 试样处理液由小漏斗流入反应室,并以 10 mL 水洗涤小烧杯使流入反应室,立即将玻塞盖紧,并加水于小玻杯以防漏气。夹紧螺旋夹,开始蒸馏。蒸馏 5 min。移动接收瓶,使液面离开冷凝管下端,再蒸馏 1 min。然后用少量水冲洗冷凝管下端外部。取下接收瓶,滴加指示剂,以硫酸或盐酸标准滴定溶液(0.05 mol/L)滴定至灰色或蓝紫色为终点。同时准确吸取 10 mL 试剂空白消化液按同样步骤操作。

B.4.1.5 试样中蛋白质的含量按式(B.1)进行计算。

$$X_1 = \frac{(V_1 - V_2) \times c \times 0.0140}{m \times 10/100} \times F \times 100 \quad \cdots\cdots\cdots\cdots (B.1)$$

式中：

X_1——试样中蛋白质的含量，单位为克每百克(g/100 g)；

V_1——试样消耗硫酸或盐酸标准滴定液的体积，单位为毫升(mL)；

V_2——试剂空白消耗硫酸或盐酸标准滴定液的体积，单位为毫升(mL)；

c——硫酸或盐酸标准滴定溶液浓度，单位为摩尔每升(mol/L)；

0.014 0——1.0 mL 硫酸[$c(1/2\ H_2SO_4)$=0.050 0 mol/L]或盐酸[$c(HCl)$=0.050 0 mol/L]标准滴定溶液相当的氮的质量，单位为克(g)；

m——试样的质量或体积，单位为克或毫升(g 或 mL)；

F——氮换算为蛋白质的系数，取 6.25。

计算结果保留三位有效数字。

B.4.1.6 重复性：在重复性条件下获得的两次独立测定结果的绝对差值不得超过两次测定结果算术平均值的 10%。

B.4.2 游离氨基酸含量的测定

B.4.2.1 准确称取样品(使试样游离氨基酸含量在 10 mg～20 mg 范围内)，用 pH 为 2.2 的缓冲液溶解，定容至 50 mL，供仪器测定用。

B.4.2.2 准确吸取 0.200 mL 混合氨基酸标准溶液，用 pH2.2 的缓冲液稀释到 5 mL，此标准稀释液浓度为 5.00 nmol/50 μL，作为上机测定用的氨基酸标准，用氨基酸自动分析仪以外标法测定试样测定液的氨基酸含量。

B.4.2.3 结果按式(B.2)计算：

$$X_2 = \frac{c \times \frac{1}{50} \times F \times V \times M}{m \times 10^9} \times 100 \quad \cdots\cdots\cdots\cdots (B.2)$$

式中：

X_2——试样氨基酸的含量，单位为克每百克(g/100 g)；

c——试样测定液中氨基酸含量，单位为纳摩尔每 50 微升(nmol/50 μL)；

F——试样稀释倍数；

V——试样定容体积，单位为毫升(mL)；

M——氨基酸相对分子质量；

m——试样质量，单位为克(g)；

$\frac{1}{50}$——折算成每毫升试样测定的氨基酸含量，单位为微摩尔每升(μmol/L)；

10^9——将试样含量由纳克(ng)折算成克(g)的系数。

十六种氨基酸相对分子质量：天冬氨酸：133.1；苏氨酸：119.1；丝氨酸：105.1；谷氨酸：147.1；脯氨酸：115.1；甘氨酸：75.1；丙氨酸：89.1；缬氨酸：117.2；蛋氨酸：149.2；异亮氨酸：131.2；亮氨酸：131.2；酪氨酸：181.2；苯丙氨酸：165.2；组氨酸：155.2；赖氨酸：146.2；精氨酸：174.2。

计算结果表示为：试样氨基酸含量在 1.00 g/100 g 以下，保留两位有效数字；含量在 1.00 g/100 g 以上，保留三位有效数字。

B.4.2.4 精密度：在重复性条件下获得的两次独立测定结果的绝对差值不得超过算术平均值的 12%。

B.4.2.5 氨基酸分析仪得到的色谱图见图 B.2。各种氨基酸的出峰顺序和保留时间见表 B.1。

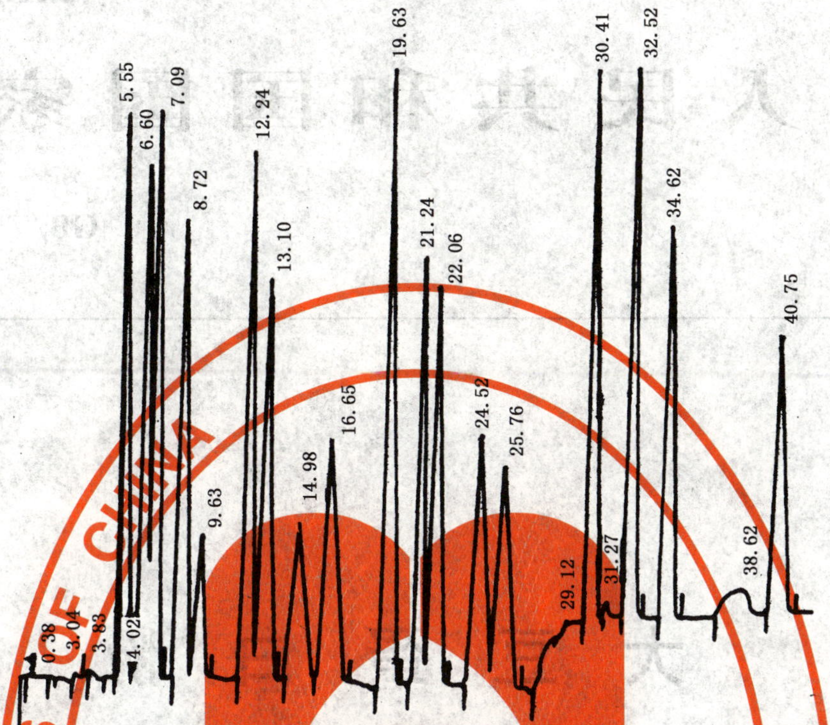

图 B.2　氨基酸分析仪色谱图

表 B.1　氨基酸出峰顺序和保留时间

出峰顺序		保留时间/min	出峰顺序		保留时间/min
1	天冬氨酸	5.55	9	蛋氨酸	19.63
2	苏氨酸	6.60	10	异亮氨酸	21.24
3	丝氨酸	7.09	11	亮氨酸	22.06
4	谷氨酸	8.72	12	酪氨酸	24.52
5	脯氨酸	9.63	13	苯丙氨酸	25.76
6	甘氨酸	12.24	14	组氨酸	30.41
7	丙氨酸	13.10	15	赖氨酸	32.57
8	缬氨酸	16.65	16	精氨酸	40.75

B.5　结果计算

试样中多肽含量按式(B.3)计算：

$$X = X_1 - X_2 \qquad \cdots\cdots (B.3)$$

式中：

X——试样中多肽的含量，单位为克每百克(g/100 g)；

X_1——试样中酸溶蛋白质的含量，单位为克每百克(g/100 g)；

X_2——试样中游离氨基酸的含量，单位为克每百克(g/100 g)。

B.6　重复性

在重复性条件下获得的两次独立测定结果的绝对差值不得超过两次测定结果算术平均值的12%。

STANDARDS PRESS OF CHINA

ICS 67.060
X 11

中华人民共和国国家标准

GB/T 22493—2008

大豆蛋白粉

Soybean protein flour

2008-11-04 发布

2009-01-01 实施

中华人民共和国国家质量监督检验检疫总局
中国国家标准化管理委员会
发布

前　言

本标准由国家粮食局提出。

本标准由全国粮油标准化技术委员会归口。

本标准起草单位:河南工业大学、双汇集团公司、益海嘉里粮油集团公司、安阳漫天雪食品制造有限公司。

本标准主要起草人:周瑞宝、魏安池、李红伟、张宏荣、杨晓明、祁鲲、朱新亮。

大 豆 蛋 白 粉

1 范围

本标准规定了大豆蛋白粉的术语和定义、分类、质量要求、检验方法、检验规则、标签标识以及包装、储存和运输的要求。

本标准适用于作为食品工业原料的商品大豆蛋白粉。

2 规范性引用文件

下列文件中的条款通过本标准的引用而成为本标准的条款。凡是注日期的引用文件，其随后所有的修改单(不包括勘误的内容)或修订版均不适用于本标准，然而，鼓励根据本标准达成协议的各方研究是否可使用这些文件的最新版本。凡是不注日期的引用文件，其最新版本适用于本标准。

GB/T 4789.2 食品卫生微生物学检验 菌落总数测定

GB/T 4789.3 食品卫生微生物学检验 大肠菌群测定

GB/T 4789.4 食品卫生微生物学检验 沙门氏菌检验

GB/T 4789.5 食品卫生微生物学检验 志贺氏菌检验

GB/T 4789.10 食品卫生微生物学检验 金黄色葡萄球菌检验

GB/T 4789.15 食品卫生微生物学检验 霉菌和酵母计数

GB/T 5009.1 食品卫生检验方法 理化部分 总则

GB/T 5009.11 食品中总砷及无机砷的测定

GB/T 5009.12 食品中铅的测定

GB/T 5009.117 食用豆粕卫生标准的分析方法

GB/T 5492 粮油检验 粮食、油料的色泽、气味、口味鉴定

GB/T 5497 粮食、油料检验 水分测定法

GB/T 5505 粮油检验 灰分测定法

GB/T 5511—1985 粮食、油料检验 粗蛋白质测定法

GB/T 5512 粮油检验 粮食中粗脂肪含量测定

GB/T 5515 粮油检验 粮食中粗纤维素含量测定 介质过滤法

GB 7718 预包装食品标签通则

3 术语和定义

下列术语和定义适用于本标准。

3.1

大豆蛋白粉 soybean protein flour

大豆经清选、脱皮、脱脂、粉碎等工艺加工而成的蛋白质含量(干基，N×6.25)不低于50%的粉状产品。

3.2

热变性大豆蛋白粉 heat-denatured soybean protein flour

采用热处理后的大豆粕经粉碎等生产工艺加工得到的大豆蛋白粉。

3.3

低变性大豆蛋白粉 low-denatured soybean protein flour

低温脱溶大豆粕经碾磨等生产工艺加工，得到的氮溶解指数(NSI)不低于55%的大豆蛋白粉。

3.4

形态　appearance

一批大豆蛋白粉的外观形体状态。

3.5

色泽　color

一批大豆蛋白粉的综合颜色。

3.6

气味　odor

一批大豆蛋白粉的综合嗅感味道。

3.7

氮溶解指数　nitrogen solubility index

NSI

样品中水溶性蛋白质氮含量占总氮量的质量分数。

3.8

细度　fineness

大豆蛋白粉粉末的粗细程度。

4　产品分类

依据产品中蛋白质的变性程度，分为热变性大豆蛋白粉和低变性大豆蛋白粉两类。

5　质量要求

5.1　感官要求

大豆蛋白粉感官要求见表1。

表1　大豆蛋白粉感官要求

项　　目	质量要求
形　　态	粉状，无结块现象
色　　泽	白色至浅黄色
气　　味	具有大豆蛋白粉固有的气味，无异味
杂　　质	无肉眼可见的外来物质

5.2　质量指标

各类大豆蛋白粉的质量指标见表2。

表2　大豆蛋白粉质量指标

项　　目		热变性大豆蛋白粉	低变性大豆蛋白粉
氮溶解指数(NSI)/%	≥	—	55
粗蛋白质(以干基计，N×6.25)/%	≥	50	
水分/%	≤	10.0	
灰分(以干基计)/%	≤	7.0	
粗脂肪(以干基计)/%	≤	2.0	
粗纤维(以干基计)/%	≤	5.0	
细度(通过直径0.154 mm筛)/%	≥	95	

5.3　卫生指标

大豆蛋白粉卫生指标见表3。

表3　大豆蛋白粉卫生指标

项　　目	热变性大豆蛋白粉	低变性大豆蛋白粉
菌落总数/(CFU/g)	≤30 000	≤50 000
大肠菌群/(MPN/100 g)	≤90	≤2 400
霉菌和酵母菌(CFU/g)	≤100	≤1 000
致病菌(沙门氏菌、志贺氏菌、金黄色葡萄球菌)	不得检出	不得检出
总砷(以 As 计)/(mg/kg)	≤0.5	≤0.5
铅(以 Pb 计)/(mg/kg)	≤1.0	≤1.0
残留溶剂/(mg/kg)	≤500	≤500

6　检验方法

6.1　抽样

按 GB/T 5009.1 执行。

6.2　色泽、气味的鉴定

按 GB/T 5492 执行。

6.3　粗蛋白质的检验

按 GB/T 5511—1985 执行。

6.4　水溶性蛋白质检验

按 GB/T 5511—1985 附录 A 执行。

6.5　氮溶解指数(NSI)检验

根据6.3、6.4规定的方法，测得样品蛋白质的总氮含量和水溶性蛋白质的氮含量，按式(1)计算氮溶解指数：

$$X = \frac{N_1}{N} \times 100 \quad \cdots\cdots\cdots\cdots (1)$$

式中：

X——氮溶解指数(NSI)，以质量分数计，%；

N_1——水溶性蛋白质的氮含量，单位为克每百克(g/100 g)；

N——样品中蛋白质的总氮含量，单位为克每百克(g/100 g)。

注：氮含量为蛋白质测定时未乘换算系数的实测氮含量值。

6.6　粗脂肪的检验

按 GB/T 5512 执行。

6.7　水分检验

按 GB/T 5497 执行。

6.8　灰分的检验

按 GB/T 5505 执行。

6.9　粗纤维的检验

按 GB/T 5515 执行。

6.10 总砷的检验

按 GB/T 5009.11 执行。

6.11 铅的检验

按 GB/T 5009.12 执行。

6.12 残留溶剂的检验

按 GB/T 5009.117 执行。

6.13 微生物指标检验

菌落总数测定按 GB/T 4789.2 执行。

大肠菌群测定按 GB/T 4789.3 执行。

致病菌检验按 GB/T 4789.4、GB/T 4789.5、GB/T 4789.10 执行。

霉菌和酵母菌计数按 GB/T 4789.15 执行。

7 检验规则

7.1 检验批

同一批原料、同一班次生产的同一规格的产品为一批。

7.2 逐批检验

水分、氮溶解指数、粗脂肪等检验项目应随生产按班抽样检验；粗纤维、灰分、细度等检验项目可按原料批量定期抽样检验。

7.3 出厂检验

产品出厂时按 5.1、5.2 和菌落总数、大肠菌群等项目逐批检验，检验合格，方可出厂。

每批产品出厂时应出具检验报告。

7.4 型式检验

7.4.1 凡有下列情况之一时，应进行型式检验：

——新产品投产时；

——正常生产时每半年应进行一次型式检验；

——当原料、设备、工艺有较大变化可能影响产品质量时；

——国家质量监督部门提出要求时。

7.4.2 型式检验按本标准第 5 章规定的内容检验。

7.5 判定规则

7.5.1 质量要求和卫生要求均合格，判该批为合格产品。

7.5.2 检验结果不符合 5.1 和 5.2 规定的，判定该批为不合格产品，不合格产品不能供人食用。

8 标签和标识

8.1 产品的标签应符合 GB 7718 的规定。

8.2 采用转基因大豆生产加工的大豆蛋白粉，其标签和标识应符合国家相关规定。

8.3 凡标识“大豆蛋白粉”的产品，应符合本标准规定的相应指标。

9 包装、储存和运输

9.1 包装

包装材料应符合食品卫生要求，包装应封口严密、结实，无破损，应能确保产品在运输、储存过程中保持清洁、干燥和不受污染。

9.2 储存

应储存在通风、干燥、清洁及避光的地方，严禁与有异味、有毒物品一同存放。

9.3 运输

运输工具要清洁，防晒、防雨、防潮。不得与有毒、有异味的物品混运。

STANDARDS PRESS OF CHINA

ICS 67.060
X 11

中华人民共和国国家标准

GB/T 22494—2008

大豆膳食纤维粉

Soy dietary fiber powder

2008-11-04 发布 2009-01-01 实施

中华人民共和国国家质量监督检验检疫总局
中国国家标准化管理委员会 发布

前　　言

本标准由国家粮食局提出。

本标准由全国粮油标准化技术委员会归口。

本标准起草单位:武汉工业学院、华中农业大学。

本标准主要起草人:刘良忠、潘思轶、何东平、张世宏。

大豆膳食纤维粉

1 范围

本标准规定了大豆膳食纤维粉的术语和定义、质量要求和卫生要求、检验方法、检验规则、标签标识以及包装、储存和运输的要求。

本标准适用于商品大豆膳食纤维粉。

2 规范性引用文件

下列文件中的条款通过本标准的引用而成为本标准的条款。凡是注日期的引用文件，其随后所有的修改单(不包括勘误的内容)或修订版均不适用于本标准，然而，鼓励根据本标准达成协议的各方研究是否可使用这些文件的最新版本。凡是不注日期的引用文件，其最新版本适用于本标准。

GB/T 4789.2 食品卫生微生物学检验 菌落总数测定

GB/T 4789.3 食品卫生微生物学检验 大肠菌群测定

GB/T 4789.4 食品卫生微生物学检验 沙门氏菌检验

GB/T 4789.5 食品卫生微生物学检验 志贺氏菌检验

GB/T 4789.10 食品卫生微生物学检验 金黄色葡萄球菌检验

GB/T 4789.15 食品卫生微生物学检验 霉菌和酵母计数

GB/T 5009.3 食品中水分的测定

GB/T 5009.4 食品中灰分的测定

GB/T 5009.11 食品中总砷及无机砷的测定

GB/T 5009.12 食品中铅的测定

GB/T 5009.88 食物中不溶性膳食纤维的测定

GB 7718 预包装食品标签通则

GB/T 17109 粮食销售包装

3 术语和定义

下列术语和定义适用于本标准。

3.1

大豆膳食纤维粉 soy dietary fiber powder

大豆加工过程中产生的大豆皮和大豆渣，经提纯、分离、干燥、粉碎(全部通过孔径 0.15 mm 筛)等处理而成的产品。

3.2

可溶性膳食纤维 soluble dietary fiber

溶于温水或热水的膳食纤维。

3.3

非可溶性膳食纤维 insoluble dietary fiber

不溶于热水的膳食纤维，包括纤维素、半纤维素、木质素、植物蜡等。

3.4

总膳食纤维含量 the content of total dietary fiber

可溶性和非可溶性膳食纤维的质量占样品的质量分数。

3.5

色泽 colour

膳食纤维粉本身带有的颜色和光泽。

4 质量要求和卫生要求

4.1 质量要求

大豆膳食纤维粉以总膳食纤维为定等指标,质量指标见表1。

表1 大豆膳食纤维粉质量要求

项目	质量指标		
	一级	二级	三级
总膳食纤维/%	≥80	≥60	≥40
可溶性膳食纤维/%	≥10	≥5	—
水分/%	≤10		
灰分/%	≤5		
色泽	淡黄色或乳白色粉末		
气味、滋味	具有大豆膳食纤维粉固有的气味和滋味、无异味		

4.2 卫生指标

大豆膳食纤维粉卫生指标见表2。

表2 卫生指标

项目	指标
菌落总数/(CFU/g)	≤30 000
大肠菌群/(MPN/100 g)	≤90
霉菌和酵母/(CFU/g)	≤50
致病菌(沙门氏菌、志贺氏菌、金黄色葡萄球菌)	不得检出
总砷/(mg/kg)	≤0.5
铅/(mg/kg)	≤1.0

4.3 添加剂限制

大豆膳食纤维粉不得添加香精、香料、色素。添加其他食品添加剂按国家有关标准和规定执行。

5 检验方法

5.1 水分:按 GB/T 5009.3 规定的方法测定。

5.2 总膳食纤维:按 GB/T 5009.88 规定的方法测定。

5.3 灰分:按 GB/T 5009.4 规定的方法测定。

5.4 总砷:按 GB/T 5009.11 规定的方法测定。

5.5 铅:按 GB/T 5009.12 规定的方法测定。

5.6 菌落总数:按 GB/T 4789.2 规定的方法检验。

5.7 大肠菌群:按 GB/T 4789.3 规定的方法检验。

5.8 霉菌和酵母:按 GB/T 4789.15 规定的方法检验。

5.9 致病菌:按 GB/T 4789.4、GB/T 4789.5 及 GB/T 4789.10 的规定检验。

6 检验规则

6.1 抽样

按每批产品的万分之五抽取样品，每批取样量应不少于1.5 kg。

6.2 检验批

同一批原料、同一班次生产的同一规格的产品为一批。

6.3 出厂检验

产品出厂前应进行逐批检验，检验合格后方能出厂。出厂检验的项目包括：感官、水分、灰分、总膳食纤维和可溶性膳食纤维、菌落总数和大肠菌群等。

6.4 型式检验

6.4.1 下列情况应进行型式检验：

a） 新产品投产；

b） 当生产工艺或原料有所改变，可能影响产品质量；

c） 出厂检验结果与上次型式检验结果有较大差异；

d） 国家质量监督部门提出要求时。

6.4.2 按第4章规定的所有项目进行检验。

6.5 判定规则

6.5.1 检验结果全部符合本标准规定时，判该批产品为合格品。

6.5.2 除卫生指标外，其他项目检验结果不符合本标准要求时，可以在原批次产品中双倍抽样复验一次，判定以复验结果为准。若仍有一项指标不合格，则判该批产品为不合格品。不合格产品不能供人食用。

7 标签标识

7.1 应符合GB 7718以及国家有关规定和要求。

7.2 凡是标注“大豆膳食纤维粉”的产品均应符合本标准。

7.3 应注明产品原料的生产国。

7.4 采用转基因大豆为原料生产的产品，应按国家有关规定进行标识。

8 包装、储存和运输

8.1 包装

应符合GB/T 17109的要求和国家相应卫生标准及有关规定。

8.2 储存

应储存于阴凉、干燥及避光处，不得与有害有毒物质一同存放。

8.3 运输

运输车辆和器具应保持清洁、卫生。运输过程中应注意安全，防止日晒、雨淋、渗漏、污染和标签脱落；不得与有害有毒物质同车运输。

ICS 65.040.20
B 20

中华人民共和国国家标准

GB/T 22495—2008

粮油储藏　磷化氢发生器

Grain and oil storage—On-site phosphine generator out of warehouse

2008-11-04 发布　　2009-01-01 实施

中华人民共和国国家质量监督检验检疫总局
中国国家标准化管理委员会　发布

前言

本标准的附录A为规范性附录。

本标准由国家粮食局提出。

本标准由全国粮油标准化技术委员会归口。

本标准主要起草单位：河南工业大学、河南未来机电工程有限公司、中央储备粮德州直属库、山东省金乡粮食机械厂、国营绵阳市华西计算机厂。

本标准主要起草人：王殿轩、吴存荣、魏雷、白旭光、曹阳、于林平、徐锦亮、苟本亮。

STANDARDS PRESS OF CHINA

粮油储藏　磷化氢发生器

1　范围

本标准规定了粮油储藏中磷化氢发生器的术语和定义、要求、检验方法、检验规则、标志、包装、运输和储存要求。

本标准适用于粮油储藏中采用磷化物产生磷化氢气体的机械施药装置。

2　规范性引用文件

下列文件中的条款通过本标准的引用而成为本标准的条款。凡是注日期的引用文件，其随后所有的修改单(不包括勘误的内容)或修订版均不适用于本标准，然而，鼓励根据本标准达成协议的各方研究是否可使用这些文件的最新版本。凡是不注日期的引用文件，其最新版本适用于本标准。

GB 150—1998　钢制压力容器

GB/T 191　包装储运图示标志

GB 3836.1　爆炸性气体环境用电气设备　第1部分:通用要求

GB/T 6388　运输包装收发货标志

GB 9969.1　工业产品使用说明书　总则

GB/T 14436　工业产品保证文件　总则

GB 50235　工业金属管道工程施工及验收规范

LS/T 3501.10　粮油加工机械通用技术条件　表面涂漆

《压力容器安全技术监察规程》　质技监局锅发[1999]154号

3　术语和定义

下列术语和定义适用于本标准。

3.1

磷化氢发生器　on-site phosphine generator

可控制磷化物生成磷化氢气体的机械装置。

3.2

磷化物　phosphide

可与水或水汽或在一定条件下反应产生磷化氢的金属磷化物。

4　要求

4.1　型号

磷化氢发生器的型号编制见附录A。

4.2　工作环境要求

4.2.1　环境温度为10 ℃～45 ℃。

4.2.2　环境相对湿度90％。

4.2.3　采用电源电压为AC220(1±10％)V或380(1±10％)V，频率为50(1±2％)Hz。

4.2.4　发生器使用中应避免雨淋和阳光直射。

4.2.5　发生器移动中应避免强振动，使用中机体不得倾斜。

4.3 结构要求

应具备药剂储存装置、可控投药装置、气体温度调节装置、防爆泄爆装置等。

4.4 性能要求

4.4.1 用以暂时集存一定数量药剂的储药桶应为可开启和气密的容器，装药口应便于开启。

4.4.2 能够定时定量投药，不发生堵塞。

4.4.3 设有熏蒸气体温度调节装置，控制气体温度不大于 40 ℃。

4.4.4 采用磷化氢与二氧化碳混合气体的磷化氢发生器，混合气体中磷化氢气体含量应达到 1%～2%（质量分数）。

4.4.5 气体出口应有温度检测、显示和调节装置。

4.5 安全性要求

4.5.1 所用电机应采用防爆电机，并符合 GB 3836.1 的规定。设置的泄爆装置应符合 GB 150—1998 附录 B 和《压力容器安全技术监察规程》的有关规定。

4.5.2 部件连接应符合 GB 50235 的有关规定。

4.5.3 操作面板应在醒目位置有说明用途的文字或符号。

4.5.4 检测出口气体温度的传感器要求耐磷化氢气体腐蚀。

4.5.5 带有机壳的设备要有漏电保护设置。无机壳的设备直接在有电气装置的部分设置接地处理。

4.6 可靠性要求

4.6.1 出厂检验测试结果要满足 4.3、4.4 的要求。

4.6.2 行走脚轮要经久耐用、转动灵活，直径不小于 130 mm。

4.7 制造要求

4.7.1 外观

外观应符合以下要求：

a） 机体及部件表面平整，油漆颜色均匀一致，光滑平整，无露底、气泡、麻点、起皱、刷痕等缺陷，电镀件镀层均匀、颜色一致；

b） 图示部分无断点、无花斑；

c） 文字符号等标志应字体端正、清晰、正确；

d） 外表面漆膜附着力应符合 LS/T 3501.10 的规定。

4.7.2 空载运转

磷化氢发生器 1 h 空载运转，应符合以下要求：

a） 运转平稳，无异常声响；

b） 操作部件应正确、牢固、可靠、灵活；

c） 所有转动部件应转动灵活、无卡滞和碰撞现象，所有紧固件、密封件应无松动。

5 检验方法

5.1 检验条件

5.1.1 试验物料

钢瓶装二氧化碳和发泡剂，发泡剂可用肥皂或洗涤剂等配制。

5.1.2 检验环境

工作环境温度：常温。

5.1.3 检验人员

熟练操作的专业人员。

5.2 检验步骤

5.2.1 用目测、手触摸等感官检验方法检验各装置的零部件安装配合和外观质量。

5.2.2 管径、壁厚用游标卡尺测量并记录。

5.2.3 用发泡剂法进行空载泄漏性检验。将二氧化碳气瓶与磷化氢发生器连接，打开二氧化碳气瓶阀，将减压器出口压力调至设计压力(0.2 MPa)，将发泡剂用毛刷涂抹在装置各连接处，观察有无气泡产生，无气泡产生即为气体无泄漏。

6 检验规则

6.1 产品组批

同原料、同工艺、同设备同一生产周期加工的产品为一批。

6.2 出厂检验

6.2.1 每台发生器均应逐台检验，并经生产制造企业的质量检验部门检验合格，并附有合格证明方能出厂。

6.2.2 检验项目按4.3～4.7中要求的内容进行检验。

6.3 判定规则

6.3.1 所有检验项目符合要求时，判为合格。

6.3.2 发生器有不合格项的，需调整或修复后进行复检，直到合格方能出厂。

6.3.3 经调整或修复两次后，复检仍不合格，判为不合格品。

6.4 型式检验

6.4.1 有下列情况之一时应进行型式检验：

a) 产品定型鉴定时；

b) 结构、工艺、材料有较大变化，可能引起性能变化时；

c) 产品停产半年后恢复生产时；

d) 正常生产时，每两年进行一次；

e) 出厂检验结果与上次型式检验有较大差异时；

f) 国家质量监督机构提出进行型式检验的要求时。

6.4.2 抽样方法：从出厂检验合格的产品中随机抽取不少于2台进行型式检验。

6.4.3 型式检验按第4章的要求进行所有项目试验。型式检验中若有不合格项目，可加倍抽样复检，以复检结果为准。

6.4.4 经调整或修复两次后，复检仍不合格，则判定该次型式检验不合格。

7 标志

7.1 产品的明显处应固定有铭牌。铭牌大小与机体协调，字迹清晰。

7.2 铭牌内容应包括：产品名称、规格、型号、产品标准编号、制造商名称、地址和制造年月。

7.3 包装箱应有包装储运图示标志，标志内容应符合GB/T 191的规定。

7.4 包装箱上应有：品名、规格、数量、质量、体积、收货地点和单位、发货单位等运输包装和收发标志，标志内容应符合GB/T 6388的规定。

8 包装、运输与储存

8.1 产品一般采用木箱包装，并适当定位，以避免运输途中的震动造成碰撞损伤。

8.2 紧固件分别包装，以保证不散失。

STANDARDS PRESS OF CHINA

8.3 随机文件应包括：

a) 产品合格证,内容应符合 GB/T 14436 的规定；

b) 装箱单；

c) 使用说明书,内容应符合 GB 9969.1 的规定。

8.4 运输和储存:发生器在运输过程中不应倾斜,避免潮湿。磷化氢发生器不使用时,应存放于室内,避免受潮、雨淋和水浸。

附　录　A
（规范性附录）
磷化氢发生器的型号编制

A.1　型号编制

由专业代号、品种代号、型式代号、规格代号等部分组成。

C　FS　□　□□

□□——规格代号：一次装入药剂量，单位：kg。

□——型式代号：Y：液体水反应发生磷化氢；S：酸式反应发生磷化氢；C：潮解反应发生磷化氢。

FS——品种代号：FS：磷化氢发生器。

C——专业代号：C：粮食仓储设备。

A.2　示例

A.2.1　CFSY08 表示：一次最大装入药剂量为 8 kg 的液体水反应发生磷化氢的磷化氢发生器。

A.2.2　CFSC06 表示：一次最大装入药剂量为 6 kg 的潮解反应发生磷化氢的磷化氢发生器。

ICS 67.060
X 11

中华人民共和国国家标准

GB/T 22496—2008

玉　米　糁

Maize（corn）grits

2008-11-04 发布　　　　2009-01-20 实施

中华人民共和国国家质量监督检验检疫总局
中国国家标准化管理委员会　发布

前　言

本标准参考了国际食品法典委员会标准 CODEX STAN 155—1985(Rev. 1—1995)《脱胚玉米粗粉和玉米糁标准》重新起草。

本标准由国家粮食局提出。

本标准由全国粮油标准化技术委员会归口。

本标准负责起草单位:河南工业大学、黑龙江省粮油卫生检验监测站、吉林省粮油卫生检验监测站、辽宁省粮油检验监测所、内蒙古自治区粮油质量检测中心、永城市金晶玉米加工有限公司、鸡西兴达制米有限公司、河南省粮食加工装备工程技术研究中心。

本标准主要起草人:王凤成、宋秀娟、张杰、季澜洋、孟勇、冯锡仲、郁伟、王晓光、周家文、赵治永、魏永春。

STANDARDS PRESS OF CHINA

玉　米　糁

1　范围

本标准规定了玉米糁的相关术语和定义、分类、质量要求、检验方法、检验规则、标签标识、以及包装、储存和运输的要求。

本标准适用于食用或作为食品原料的脱胚玉米糁。

2　规范性引用文件

下列文件中的条款通过本标准的引用而成为本标准的条款。凡是注日期的引用文件，其随后所有的修改单(不包括勘误的内容)或修订版均不适用于本标准，然而，鼓励根据本标准达成协议的各方研究是否可使用这些文件的最新版本。凡是不注日期的引用文件，其最新版本适用于本标准。

GB 1353　玉米

GB 2715　粮食卫生标准

GB/T 5490　粮食、油料及植物油脂检验　一般规则

GB 5491　粮食、油料检验　扦样、分样法

GB/T 5492　粮油检验　粮食、油料的色泽、气味、口味鉴定

GB/T 5497　粮食、油料检验　水分测定法

GB/T 5505　粮油检验　灰分测定法

GB/T 5507　粮油检验　粉类粗细度测定

GB/T 5508　粮食、油料检验　粉类含砂量测定法

GB/T 5509　粮油检验　粉类磁性金属物测定

GB/T 5512　粮油检验　粮食中粗脂肪含量测定

GB 7718　预包装食品标签通则

GB/T 15684　谷物制品脂肪酸值测定法

GB/T 17109　粮食销售包装

LS/T 3802　粮食包装　面粉袋

3　术语和定义

下列术语和定义适用于本标准。

3.1

玉米糁　maize (corn) grits

以符合 GB 1353 规定的玉米为原料，经除杂、脱胚、研磨和筛分等系列工序加工而成的颗粒状产品。

3.2

灰分含量　ash content

试样经高温灼烧剩下的残渣占试样的质量分数。

3.3

粗脂肪含量　crude fat content

试样所含粗脂肪占试样的质量分数。

3.4

含砂量　sand content

试样中的细砂占试样的质量分数。

3.5

磁性金属物含量　magnetic metals content

每千克试样中含有磁性金属物的质量，单位为克每千克(g/kg)。

3.6

脂肪酸值　fat acidity

中和 100 g 试样中游离脂肪酸所需氢氧化钾的毫克数，以"mg/100 g"表示。

3.7

粗细度　granularity

玉米糁颗粒的大小程度，以留存及通过规定筛号筛网的玉米糁质量分数表示。

4　分类

玉米糁按其颗粒粗细度分为大玉米糁、中玉米糁、粗玉米糁和细玉米糁。

4.1　大玉米糁：通过 8 W 筛网不大于 5%；

4.2　中玉米糁：留存 6 W 筛网不大于 5%，通过 14 W 筛网不大于 10%；

4.3　粗玉米糁：留存 12 W 筛网不大于 5%，通过 26 W 筛网不大于 10%；

4.4　细玉米糁：留存 18 W 筛网不大于 5%，通过 40 W 筛网的不大于 10%。

5　质量要求

5.1　质量指标

质量指标要求见表 1。

表 1　玉米糁质量指标

项　目		质　量　指　标
水分含量/%	≤	14.5
灰分含量(干基)/%	≤	1.0
粗脂肪含量(干基)/%	≤	2.0
含砂量/%	≤	0.02
磁性金属物含量/(g/kg)	≤	0.003
脂肪酸值(干基)(以 KOH 计)/(mg/100 g)	≤	70
色泽、气味		正常

5.2　卫生要求

卫生指标应符合 GB 2715 和国家有关规定。

5.3　真实性要求

玉米糁中不得添加任何添加剂以及其他物质。

6　检验方法

6.1　抽样：按 GB 5491 执行。

6.2　粗细度测定：按 GB/T 5507 执行。

6.3　水分测定：按 GB/T 5497 执行。

6.4 灰分测定:按 GB/T 5505 执行。

6.5 粗脂肪测定:按 GB/T 5512 执行。

6.6 含砂量测定:按 GB/T 5508 执行。

6.7 磁性金属物测定:按 GB/T 5509 执行。

6.8 脂肪酸值测定:按 GB/T 15684 执行。

6.9 色泽和气味检验:按 GB/T 5492 执行。

7 检验规则

7.1 一般规则

检验的一般规则按 GB/T 5490 执行。

7.2 产品组批

同原料、同工艺、同设备、同班次加工的同种产品为一批。

7.3 出厂检验

每批出厂的产品,应按表 1 规定的检验项目进行检验,合格后方可出厂。

7.4 判定规则

质量指标有一项不符合本标准规定的,该批产品应判为不合格产品。

8 标签标识

8.1 预销售包装标签应符合 GB 7718 的规定。

8.2 非零售包装应注明产品的名称、标准号、原料、生产日期、保质期、制造厂名称、地址和电话等。

8.3 标注的净含量为标准水分下的质量。

9 包装

9.1 应符合 GB/T 17109 和 LS/T 3802 的规定要求。

9.2 材料应符合包装技术要求和国家有关食品卫生的规定。

9.3 应能保护产品的卫生和品质。

9.4 应洁净、牢固缝制或牢固密封。

10 储存和运输

袋装产品应储存在清洁、干燥、通风、无污染的专用库房中,确保防虫、防鼠、防潮。不得与有毒有害的物品混存。

运输器具应清洁、干燥、无污染,并有防尘、防雨雪设施,不得与有毒有害物质混装运输。

STANDARDS PRESS OF CHINA

ICS 65.100
B 17

中华人民共和国国家标准

GB/T 22497—2008

粮油储藏　熏蒸剂使用准则

Grain and oil storage—Fumigants application guideline

2008-11-04 发布　　　　2009-01-20 实施

中华人民共和国国家质量监督检验检疫总局
中国国家标准化管理委员会　发布

前　　言

本标准由国家粮食局提出。

本标准由全国粮油标准化技术委员会归口。

本标准负责起草单位：国家粮食储备局成都粮食储藏科学研究所、河南工业大学、中国储备粮管理总公司、广东省粮食科学研究所。

本标准主要起草人：严晓平、白旭光、张秀明、郭道林、黎万武、吕建华、陶诚、曾伶、周浩、许胜伟、王利丹。

粮油储藏　熏蒸剂使用准则

1　范围

本标准规定了熏蒸剂使用准则的相关术语和定义、熏蒸剂的使用、残留限量和检测方法及安全使用的防护原则。

本标准适用于储藏的粮食和油料虫害熏蒸防治。

2　规范性引用文件

下列文件中的条款通过本标准的引用而成为本标准的条款。凡是注日期的引用文件，其随后所有的修改单(不包括勘误的内容)或修订版均不适用于本标准，然而，鼓励根据本标准达成协议的各方研究是否可使用这些文件的最新版本。凡是不注日期的引用文件，其最新版本适用于本标准。

GB 2715　粮食卫生标准

GB 2762　食品中污染物限量

GB 2763　食品中农药最大残留限量

GB/T 5009.18　食品中氟的测定

GB/T 5009.20　食品中有机磷农药残留量的测定

GB/T 5009.36　粮食卫生标准的分析方法

GB 7797　职业性急性磷化氢中毒诊断标准及处理原则

GB/T 14233.1　医用输液、输血、注射器具检验方法　第1部分：化学分析方法

GB/T 16886.7　医疗器械生物学评价　第7部分：环氧乙烷灭菌残留量

GBZ 2.1　工作场所有害因素职业接触限值　化学有害因素

LS 1206　粮食仓库安全操作规程

LS/T 1211　粮油储藏技术规范

LS 1212　储粮化学药剂管理和使用规范

3　术语和定义

下列术语和定义适用于本标准。

3.1

熏蒸剂　fumigant

在特定的温度和压力下，能够形成足够的气态浓度致死储粮有害生物的化学药剂。

3.2

安全间隔期　pre-outloading interval

熏蒸剂最后一次使用后至其在粮食中的残留量降至卫生标准要求的最大限量以下所经历的时间。

4　熏蒸剂的使用

4.1　基本要求

用于储粮的熏蒸剂应取得农药登记证号(或者农药临时登记证号)、农药生产许可证号(或者农药生产批准文件号)和产品质量检验合格证。

不得使用国家明令淘汰和禁止使用的熏蒸剂，以及经检验不合格的储粮熏蒸剂。

STANDARDS PRESS OF CHINA

4.2 允许使用的熏蒸剂及其限制

4.2.1 磷化氢:可熏蒸原粮和除粉类外的各种成品粮,熏蒸种子粮按照 LS/T 1211 执行。

4.2.2 硫酰氟:同一批粮食不得重复使用高剂量硫酰氟(≥20 g/m^3)。

4.2.3 敌敌畏:仅用作空仓熏蒸。

4.2.4 氯化苦:不得用于成品粮、高水分粮、种用粮的熏蒸,也不得用于地下仓熏蒸。

4.2.5 环氧乙烷:仅限于处理带有矮腥黑穗病(TCK)的小麦。

4.2.6 甲基溴(也称溴甲烷):仅限于在《关于消耗臭氧层物质的蒙特利尔议定书》[1]及其哥本哈根修正案[2]中的豁免范围内使用。

4.2.7 其他经国家法定程序批准的熏蒸剂。

4.3 应用剂量

熏蒸剂的应用剂量按照 LS/T 1211 或有关规定执行。

4.4 安全间隔期和最少散气时间

熏蒸后的储粮出库前应有安全间隔期,安全间隔期的长短应确保储粮出库时的熏蒸剂残留量应符合 GB 2715、GB 2762 和 GB 2763 要求。

熏蒸后最少散气时间应满足散气后仓房内熏蒸剂的浓度符合 GBZ 2.1 的要求。

5 残留限量和检测方法

5.1 磷化氢、氯化苦在粮食中的残留限量应符合 GB 2715 的最大限量,其检测方法按照GB/T 5009.36 执行。

5.2 环氧乙烷在粮食中的残留限量应符合 GB/T 16886.7 的最大限量,其检测方法按照 GB/T 14233.1执行。

5.3 敌敌畏在粮食中的残留限量应符合 GB 2763 的最大限量,其检测方法按照 GB/T 5009.20 执行。

5.4 硫酰氟在粮食中的残留限量应符合 GB 2762 的最大限量,其检测方法按照 GB/T 5009.18 执行。

5.5 其他熏蒸剂在粮食中的残留限量应符合相关国家标准和法律法规的要求。

6 安全使用的防护原则

6.1 熏蒸剂在使用过程中应注意人员安全,按 LS 1206、LS 1212 执行。

6.2 磷化氢中毒诊断和处理按 GB 7797 执行。

6.3 其他熏蒸剂的中毒诊断和处理按有关规定执行。

参　考　文　献

［1］《关于消耗臭氧层物质的蒙特利尔议定书》(The Montreal Protocol on Substances that Deplete the Ozone Layer),Ozone Secretariat,United Nations Environment Programme (UNEP),P16～19,ISBN:92-807-1888-6,Published 2000.

［2］《关于消耗臭氧层物质的蒙特利尔议定书》(哥本哈根修正案),1992年11月25日签署.

ICS 65.100
B 17

中华人民共和国国家标准

GB/T 22498—2008

粮油储藏　防护剂使用准则

Grain and oil storage—Protectants application guideline

2008-11-04 发布　　2009-01-20 实施

中华人民共和国国家质量监督检验检疫总局
中国国家标准化管理委员会　发布

前　言

本标准由国家粮食局提出。

本标准由全国粮油标准化技术委员会归口。

本标准负责起草单位：河南工业大学、中国储备粮管理总公司、南京财经大学、国家粮食储备局成都粮食储藏科学研究所。

本标准主要起草人：白旭光、严晓平、赵英杰、宋伟、袁小平、万忠民、郭道林。

STANDARDS PRESS OF CHINA

粮油储藏　防护剂使用准则

1　范围

本标准规定了储粮防护剂的相关术语和定义、防护剂的使用、残留限量和检测方法及安全使用的防护原则。

本标准适用于储藏的粮食和油料虫害防治。

2　规范性引用文件

下列文件中的条款通过本标准的引用而成为本标准的条款。凡是注日期的引用文件，其随后所有的修改单(不包括勘误的内容)或修订版均不适用于本标准，然而，鼓励根据本标准达成协议的各方研究是否可使用这些文件的最新版本。凡是不注日期的引用文件，其最新版本适用于本标准。

GB 2763　食品中农药最大残留限量

GB/T 5009.20　食品中有机磷农药残留量的测定

GB/T 5009.110　植物性食品中氯氰菊酯、氰戊菊酯和溴氰菊酯残留量的测定

GB 7794　职业性急性有机磷农药中毒诊断标准及处理原则

GB 11510　职业性急性拟除虫菊酯中毒诊断标准及处理原则

LS/T 1211　粮油储藏技术规范

LS 1212　储粮化学药剂管理和使用规范

3　术语和定义

下列术语和定义适用于本标准。

3.1

防护剂　protectant

一类持效期较长，通过触杀、胃毒、忌避等方式防治储粮有害生物的高效低毒化学药剂。

3.2

安全间隔期　pre-outloading interval

防护剂最后一次使用后至其在粮食中的残留量降至卫生标准要求的最大限量以下所经历的时间。

3.3

应用剂量　application dose

单位空间或单位质量粮食中防护剂的用量。以有效成分用量计。

4　防护剂的使用

4.1　要求

4.1.1　用于储粮的防护剂应取得农药登记证号(或者农药临时登记证号)、农药生产许可证号(或者农药生产批准文件号)和产品质量检验合格证。

4.1.2　防护剂用于原粮中虫害的防治，不得用于成品粮。

4.1.3　使用防护剂的粮食应符合 LS/T 1211 规定的基本无虫粮标准，粮食水分含量应符合安全水分的要求。

4.2　防护剂种类

4.2.1　马拉硫磷：原药纯度 97%以上。

4.2.2 杀螟硫磷：原药纯度93%以上。

4.2.3 甲基嘧啶硫磷(虫螨磷)。

4.2.4 溴氰菊酯：含增效醚(溴氰菊酯：增效醚为1：10)。

4.2.5 上述药剂的其他剂型或混配剂型。

4.2.6 其他经国家法定程序批准的防护剂。

4.3 应用剂量

4.3.1 马拉硫磷：粮堆有效剂量一般为10 mg/kg～20 mg/kg，最高不得超过30 mg/kg。

4.3.2 杀螟硫磷：粮堆有效剂量一般为5 mg/kg～15 mg/kg，最高不得超过20 mg/kg。

4.3.3 甲基嘧啶磷：粮堆有效剂量一般为5 mg/kg～10 mg/kg，最高不得超过15 mg/kg。

4.3.4 溴氰菊酯：粮堆有效剂量为0.4 mg/kg～0.75 mg/kg，最高不得超过1mg/kg。

4.3.5 施用混配药剂时，应用剂量应符合4.3.1、4.3.2、4.3.3和4.3.4的要求。

4.4 安全间隔期

4.4.1 载体拌粮法没有安全间隔期，但施药的粮食须将带药载体清除后方可使用。

4.4.2 喷雾拌粮的安全间隔期

4.4.2.1 马拉硫磷：使用剂量10 mg/kg～15 mg/kg，安全间隔期不得少于3个月；使用剂量15 mg/kg～20 mg/kg，安全间隔期不得少于8个月；使用剂量20 mg/kg～30 mg/kg，安全间隔期不得少于10个月。

4.4.2.2 杀螟硫磷：使用剂量10 mg/kg以下，安全间隔期不得少于8个月；使用剂量10 mg/kg～15 mg/kg，安全间隔期不得少于15个月；使用剂量15 mg/kg～20 mg/kg，安全间隔期不得少于18个月。

4.4.2.3 甲基嘧啶磷：使用剂量8mg/kg以下，安全间隔期不得少于8个月；使用剂量10 mg/kg～15 mg/kg，安全间隔期不得少于12个月。

4.4.2.4 溴氰菊酯：使用剂量0.75 mg/kg以下者，安全间隔期不得少于4个月；使用剂量0.75 mg/kg～1 mg/kg者，安全间隔期不得少于10个月。

5 残留限量和检测方法

5.1 在粮食使用之前，马拉硫磷、杀螟硫磷、甲基嘧啶磷的残留应符合GB 2763的最大残留限量，检测方法按照GB/T 5009.20执行。

5.2 在粮食使用之前，溴氰菊酯的残留应符合GB 2763的最大残留限量，其检测方法按照GB/T 5009.110执行。

5.3 其他经国家法定程序批准的防护剂在粮食中的残留限量及检测方法按照国家有关标准执行。

6 安全使用的防护原则

6.1 防护剂在使用过程中的安全防护按照LS 1212执行。

6.2 有机磷类防护剂的中毒诊断和处理按照GB 7794执行。

6.3 拟除虫菊酯类防护剂的中毒诊断和处理按照GB 11510执行。

ICS 67.060
B 22

中华人民共和国国家标准

GB/T 22499—2008

富硒稻谷

Rich selenium paddy

2008-11-04 发布　　　　2009-01-20 实施

中华人民共和国国家质量监督检验检疫总局
中国国家标准化管理委员会　发布

前　言

本标准由国家粮食局提出。

本标准由全国粮油标准化技术委员会归口。

本标准主要起草单位:中粮集团武汉科学研究设计院、江苏省宜兴市粮油集团大米有限公司。

本标准主要起草人:谢健、邓霄、杨林、高占争、周俊梅、张朝富、王宝奇。

富 硒 稻 谷

1 范围

本标准规定了富硒稻谷的相关术语和定义、质量要求、检验方法、检验规则、标签标识以及包装、储存和运输要求。

本标准适用于收购、储存、销售、运输和加工的商品富硒稻谷。

2 规范性引用文件

下列文件中的条款通过本标准的引用而成为本标准的条款。凡是注日期的引用文件，其随后所有的修改单(不包括勘误的内容)或修订版均不适用于本标准，然而，鼓励根据本标准达成协议的各方研究是否可使用这些文件的最新版本。凡是不注日期的引用文件，其最新版本适用于本标准。

GB 1350 稻谷

GB 1354 大米

GB 2715 粮食卫生标准

GB 2762 食品中污染物限量

GB/T 5009.93 食品中硒的测定

GB/T 5490 粮食、油料及植物油脂检验 一般规则

GB 5491 粮食、油料检验 扦样、分样法

3 术语和定义

下列术语和定义适用于本标准。

3.1

富硒稻谷 rich selenium paddy

通过生长过程自然富集而非收获后添加硒、加工成符合 GB 1354 规定的三级大米中硒含量在 0.04 mg/kg～0.30 mg/kg 之间的稻谷。

4 质量要求

4.1 基本要求

质量指标应符合 GB 1350 的规定。

4.2 硒含量要求

本标准规定的富硒稻谷加工的大米中硒含量应在 0.04 mg/kg～0.30 mg/kg 之间。硒含量要求不分等级。

4.3 卫生要求

4.3.1 按 GB 2715 和 GB 2762 及国家有关规定执行。

4.3.2 植物检疫按国家有关规定执行。

5 检验方法

5.1 扦样、分样：按 GB 5491 执行。

5.2 质量指标的检验：按 GB 1350 执行。

5.3 硒的检验：样品加工成 GB 1354 规定的三级大米，按 GB/T 5009.93 执行。

STANDARDS PRESS OF CHINA

6 检验规则

6.1 检验的一般规则

按 GB/T 5490 执行。

6.2 检验批

为同种类、同产地、同收获年度、同储存单元和同运输单元的稻谷。

6.3 判定规则

检验时，除按照 GB 1350 有关条款判定外，还应执行以下内容：

——检验结果符合 4.2 要求的，判定为富硒稻谷；

——检验结果硒含量小于 0.04 mg/kg 的，判定为非富硒稻谷；

——检验结果硒含量大于 0.30 mg/kg 的，判定为含硒量超标稻谷，不应食用；

——初验不合格时，可加倍抽样复验，以复验结果为准。

7 标签标识

7.1 应在包装物上或随行文件中注明产品的名称（富硒稻谷）、执行标准（本标准）号、类别、等级、产地、收获年度和月份。

7.2 应标明种植生产过程中所使用硒肥等硒制剂的种类。

7.3 应满足国家有关规定和标准对可追溯性的要求。

8 包装、储存和运输

8.1 包装

包装应清洁、牢固、无破损，封口严密、结实，不应撒漏，不应给产品带来污染和异常气味。

8.2 储存

应储存在清洁、干燥、避光、防雨、防潮、防虫、防鼠、无异味的仓库内，不应与有毒有害物质或水分较高的物质混存。

8.3 运输

应使用符合卫生要求的运输工具和容器运送，运输过程中应注意防止雨淋和污染。

检28